魔鬼出没的世界

〔美国〕卡尔·萨根　著
李大光　译

海南出版社
·海口·

The Demon-Haunted World
by Carl Sagan

版权合同登记号：图字：30-2018-107 号
图书在版编目（CIP）数据

魔鬼出没的世界 /（美）卡尔·萨根 (Carl Sagan) 著；李大光译 . -- 海口：海南出版社，2019.6（2023.11 重印）
书名原文：THE DEMON-HAUNTED WORLD
ISBN 978-7-5443-8613-5

Ⅰ . ①魔… Ⅱ . ①卡… ②李… Ⅲ . ①科学学 – 研究
Ⅳ . ① G301

中国版本图书馆 CIP 数据核字 (2019) 第 099205 号

魔鬼出没的世界
MOGUI CHUMO DE SHIJIE

作　　者：〔美国〕卡尔·萨根
译　　者：李大光
出 品 人：王景霞
责任编辑：张　雪
策划编辑：李继勇
封面设计：@ 吾然设计工作室
责任印制：杨　程
印刷装订：三河市祥达印刷包装有限公司
读者服务：唐雪飞
出版发行：海南出版社
总社地址：海口市金盘开发区建设三横路 2 号 邮编：570216
北京地址：北京市朝阳区黄厂路 3 号院 7 号楼 101 室
电　　话：0898-66812392　010-87336670
电子邮箱：hnbook@263.net
经　　销：全国新华书店
出版日期：2019 年 6 月第 1 版　2023 年 11 月第 5 次印刷
开　　本：787mm × 1092mm　1/16
印　　张：29.5
字　　数：433 千
书　　号：ISBN 978-7-5443-8613-5
定　　价：68.00 元

此书送给我的孙子——托尼奥

祝愿我们的世界摆脱恶魔的纠缠，充满阳光。

我们等待光明，但面前一片黑暗。

——以赛亚[1]

与其咒骂黑暗，不如点亮一支蜡烛。

——民谚

[1] 以赛亚（Isaiah，公元前8世纪）:《圣经·旧约》中的先知。亚述人入侵前他在犹太诸国王的宫廷中起着举足轻重的作用，最后成为殉教者。——译注

Contents / 目录

新版序 **像科学家一样思考**

再版序 **伟大之人的思想和启示**

原版序 **我的老师**

第一章 **最宝贵的东西** 001

与客观事实相比，我们全部的科学都很原始和幼稚，但是，这正是我们所拥有的最宝贵的东西。

第二章 **科学与希望** 023

当我们自我放纵和放弃自我批判时，当我们将希望和事实混为一谈时，我们就滑入了伪科学和迷信的泥沼。

第三章 **月球上的人和火星上的人脸** 041

科学的任何一个领域内都有与其相关的伪科学。我们人类有欺骗自己的才能，因此，怀疑精神必须成为我们这个时代探索者的各种探索工具中的组成部分。

第四章 **外星人** 061

我们对于外星人的期盼是如此之朴素，我们所乐意接受的证据是如此之轻率。

第五章 **欺骗与秘密** 081

几乎从未有人问过我："把 UFO 说成是外星飞船的证据的可信性有多大？"

第六章 **幻觉** 099

幻觉随时随处存在。如果你曾体验过，这并不意味着你精神不正常。它们具有许多跨文化和跨年代的共同因素。

第七章 **魔鬼出没的世界** 115

在传统的宗教被科学所鄙视的时代，用科学的外衣将古老的神灵和魔鬼包装起来，并将其称为外星人，这不是很自然的吗？

第八章 **真实与虚幻的区别** 139

很少的一点提示和问题，特别是在治疗的环境中，都很容易地诱导出清晰的但完全是错误的回忆。

第九章 **治疗方式** 155

在这些治疗专家中，大多数人认为他们的职责是支持自己的病人，而不是提问或怀疑。无论病人讲的是什么，不管多古怪，他们都接受。

第十章 **车库中的飞龙** 173

同样，唯一明智的办法是暂时否定龙的假说，等待今后的事实材料，思考究竟是什么原因使那么多清醒的、严肃的人都有同样奇怪的错觉。

第十一章 **忧伤的城市** 193

如此多的来信，如此热烈的反响以及伴随着这一奇怪经历（被外星生物劫持）——不论其真正的含义是什么——的如此巨大的痛苦，深深地打动了我。

第十二章 **鉴别谎言的艺术** 205

烟草业之所以能够成功地为这种成瘾性毒品制造出一种品位，其部分原因是鉴别谎言的技术、怀疑的思维方式和科学的方法还远未得到普及。轻信是可以杀人的。

第十三章 **对现实的迷狂** 225

让兰迪气恼的不是远古的神秘主义和迷信在我们这个社会的复苏，而是人们那么轻易地就接受神秘主义和迷信并由此而导致欺诈、凌辱，乃至谋杀行为。

第十四章 **反科学** 251

尽管各种各样的偏见和文化沙文主义层出不穷，而且不断地改头换面，但是，科学仍然是接近于数学而远离时尚的。

第十五章 **牛顿之眠** 271

今天的一些神秘现象也会被我们的后代彻底揭示。比如说，我们现在还不能通过大脑化学来给出意识状态的变化的详细解释，这并不意味着“精神世界”的存在是非物质的奇迹。

第十六章 **当科学家认识到罪恶** 285

今天，我们的毒箭能够破坏全球的文明，也可以灭绝整个人类。现在道德上的模糊不清所造成的代价太大了。因为这一点，科学家们必须承担高度的伦理责任——非同一般的、前所未有的伦理责任。

第十七章 **怀疑主义与好奇心的联姻** 295

科学的核心是平衡两种看起来互相矛盾的态度——对新想法的开放，不管它是多么古怪，多么与直觉相反；以及对所有想法，新的或旧的，进行最无情的怀疑性的调查。

第十八章 **风扬起尘土** 309

科学倾向深深地埋藏在我们之中，不论是在任何时间、任何地点，还是任何文化中。它已经成为我们生存的手段。它是我们与生俱来的权利。

第十九章 **世上没有傻问题** 321

有天真的问题、乏味的问题、表述不当的问题，以及在不恰当的自我批判之后提出来的问题。但是每个问题都表明提问者渴望理解这个世界。

第二十章 **火中的房子** 339

科学应该属于每个人，为了我们孩子的更美好的未来共同努力，我们还能做点别的什么？

第二十一章 **自由之路** 355

文化是从奴隶制度通向自由的必由之路。世上有各种各样的奴隶制度和自由，但是读书永远是寻求自由的道路。

第二十二章 **概率与运气** 369

运气仅仅是你最喜欢的状态而已。我们仅记住了自己过五关斩六将，却忘记了走麦城。

第二十三章 **麦克斯韦和“科学呆子”** 381

不是根据人的优点或缺点对人进行评价，而是将注意力集中于人的零星信息，然后将这些零星信息归入以前建立的数量本来就不多的认识框架中。这样做省去了思考的麻烦，但却因为在许多问题上的深刻偏见而付出代价。

第二十四章 **科学与巫术** **405**

因科学发展而获得的空前力量必须与科学团体的道德关注和关心程度相辅相成，必须建立在最广泛的对公众进行的科学与民主重要性的教育基础之上。

第二十五章 **真正的爱国者应该提问题** **425**

在这个魔鬼出没的世界里，我们作为人而居住在这里，这可能便是我们与这个日益增长的黑暗势力之间的全部区别所在。

致谢 **441**

再版后记 **445**

新版序

像科学家一样思考

卡尔·萨根爱科学，科学也善待了他。科学使他成为著名大学的学生，包括康奈尔大学和芝加哥大学；科学使他获得了卓越的职业生涯，使他在研究行星大气层和设计美国国家航空航天局太空探测器方面做出了杰出贡献；科学使他通过撰写非虚构类书籍、小说，拍摄电影和被全球数百万人收看的电视纪录片《宇宙》，进而成为全世界最著名的科学家。他以满腔热情出现在电视和流行杂志上，用现代科学去揭示天文宇宙之美，以无与伦比的方式向公众解释科学的复杂性。

萨根创作了许多关于科学的文章、书籍并进行了许多演讲。《魔鬼出没的世界》是他对科学最伟大的赞歌，也是他对科学思维方式最真挚的情歌。这本书是他 1996 年 62 岁去世前最后的作品之一，代表了他这一生对科学的反思乃至深思的顶峰——科学在人类活动中具有如此特殊的意义。这本书也是他对科学方法的成功和它所展现出来的力量的赞叹，科学方法可以阐明人类的思想，描绘出自然之美，提防真实的骗局。他鄙视江湖骗子，他想拯救那些不愿正视身边的证据的人，因为一厢情愿的想法会让他们陷入自我欺骗之中。对萨根来说，防止被人欺骗是一项浩繁的工作，他发现科学方法可以防止被人欺骗，特别是防止自我欺骗。此外，萨根还声明，任何人都可以使用这个强大的工具。科学方法不仅是专业科学家的工具，它也是全人类的礼物。

萨根在这本书的开头引用阿尔伯特·爱因斯坦的话来阐述自己的观点：无论我们的科学知识多么不完美，科学仍然是人类所拥有的最宝贵的东西。许多人认为科学是一个集合体：有些为善，如医学治疗、通信设备、交通工具；有些为恶，如武器、污染和管制工具。萨根坚持认为科学不是产品及其衍生品的集合，科学甚至不是收集奇妙的发现和公认的事实的产物。科学是一种产生可靠知识的巧妙的思维方式，它是一种关于物质世界启蒙的本质。科学最大的好处就是科学本身，一种了解世界的手段。如果我们不利用科学来理解我们的世界，我们就会生活在失控和无法理解的黑暗之中，好像恶魔控制着我们的环境和我们的生活。萨根喜欢将科学形容为在黑暗中驱走阴暗恶魔的蜡烛。这是指明道路、引导我们前进的蜡烛。这就是为何科学会成为人类最宝贵的东西的主要原因。

这不仅仅是对科学或事物是如何运作的一系列事实的解释，科学也让我们认识到，我们不会总是被未知和未知的力量所打击。爱因斯坦说，宇宙最不可理解的特征是它的可理解性。几个世纪以来，科学思维方式的成功应用为我们提供了一系列相互关联的描述、解释和可测试的预测，让我们有充分的理由相信，我们正走在通往越来越可靠的宇宙知识的道路上。根据爱因斯坦的观点，萨根说，宇宙实际上是可以理解的。要想在通往更可靠知识的道路上走下去，我们必须像科学家一样不断地提出问题，并在寻找答案时防止偏见。

科学是一种成熟的提问方式，可以通过经验和可验证的方式来回答问题，因此，科学提供了一条远离魔鬼、通向理解的道路。从这个角度来说，我们很容易得出结论：科学是人类最伟大的智力成就。这是一种巧妙的思维方式，而且非常简单。当然，对有关人类和我们的宇宙的问题，越深入地探究以证据为基础的答案，观察和实验就越复杂。因此，有人会说，科学并不简单。然而，这种复杂性并不是科学的本质。科学的本质是，一个 10 岁的孩子问了一个问题，这个问题可以用实验和观察来回答。科学的本质是，对药物的双盲实验，病人和医生都不知道药物是安慰剂还是要测试的物质。科学的本质是，一个人公开地表达他对某一主题的看法，这样其他人就可以对其进行思考和评论。

萨根喜欢说，科学家与大多数人不同，如果有强有力的证据可以证明那些他们曾反对的观点，他们会改变自己的想法，甚至会放弃自己珍视的信念。事实上，当面对那些强力证据时，科学家们会做出自己的专业判断，进而放弃他们的猜想。当然，科学家也是人，他们并不总是以这种理想的方式行事，有时甚至在面对新信息时也会固执而自私地坚持己见。但萨根认为，每天都有证据推翻科学家的先入之见，相比来说推翻政治家先入之见的就很少。科学可能不完美，但它非常有效。

《魔鬼出没的世界》是为我们这个时代所写的一本书，近四分之一个世纪过去了，今天这本书甚至比刚出版时更有现实意义。在今天的社会里，加深对科学的理解仍然是必要的。对科学的正确认知在几个世纪前就已经发展起来了，但现在可能正在减弱。在这本书中，萨根哀叹说，组成我们这个社会最关键的部分依赖于科学技术，但了解科学技术的人却太少了。他说，这是无知和权力的可燃混合物。然而，萨根看到的一个更重要的问题不是缺乏应对技术社会的技术培训，而是对什么是科学及其如何运作的认识不足。今天，这个问题依然存在，许多人已经不知道科学带给我们的福祉从何而来。人们似乎忘记了，科学的奇妙成果不是通过扭曲事实来迎合理论，而是通过发展理论来符合证据。随着知识越来越多地在不需要更多思考的碎片信息中传播，验证媒体、政府或朋友在互联网上发表的言论的真实性的努力也越来越少。专家被普遍排斥，虚假新闻在广泛传播，建立了严格核查标准的媒体在逐渐消失。伪科学有着难以撼动的吸引力。在公共辩论和公共政策中，观点和主张的政治意识形态通常被认为等同于经过验证的证据。当然，情况并非总是如此。有些人有时仍像科学家一样思考。通过这本久负盛名的书，萨根仍然在呼吁我们所有的科学家与非科学家，要提高像科学家一样思考的能力，我们应该更经常地锻炼这些能力。

我是美国科学促进会（AAAS）的首席执行官，这个组织是世界上最大的多学科的科学会员组织。在超过 170 年的时间里，美国科学促进会的使命是确保维持科学和工程学蓬勃发展的条件。我们还努力确保科学充分融入社会和公共决策之中，目前我们面临着政府在公共决策中忽视科学的问题。此外，在整个社会中，人们似乎对证据不太关心，更愿意轻易得出结论，而不愿费心去寻找证据。我们正努力实现萨根的目标：不仅科学家，而且所有公民都点燃科学的蜡烛，带领我们走出充满偏见、未经证实且危险的断言和错误思维的神秘世界。

我曾经遇到受过良好教育的人向我提出这样的问题：你相信进化论吗？你相信人类造成的气候变化吗？你相信外星访客吗？你相信医学顺势疗法吗？这些问题表明他们并不了解科学研究的基本原理，对此我深感忧虑。我告诉他们不要问我相信什么。对于顺势疗法、不明飞行物、气候变化，以及其他许多事情，这不是一个信仰的问题。这不是我的信仰，也不是任何人的信仰。相反，他们应该问：证据是什么？科学怎么解释？也许，我应该给每个人一本卡尔·萨根的《魔鬼出没的世界》，而不是给他们讲课。

拉什·D. 霍尔特，美国科学促进会首席执行官，《科学》杂志执行主编

2018 年 8 月

再版序

伟大之人的思想和启示

我是一个专业魔术师，一个变戏法的人，一个走上舞台或者在电视镜头前假装展现奇迹的人。但是，这些仅仅是为了娱乐的目的。我不是科学家。我在人类面前无限扩展的知识浩瀚大洋中仅仅沾湿了双脚。我必须依靠你们手中捧着的这本类似的书来扩展对真实世界的把握。请允许我鼓励你们接受和欣赏《魔鬼出没的世界》的作者给你们带来的礼物。

我所遇到的非常荣幸的事件之一就是结识卡尔·萨根。他是一个非同一般的人，正如所有科学家做的一样，他献身于追求建立在证据基础上的真理。他是一个天文学和天体物理学的专家。他所选择的专业绝不允许任何没有根据的胡说和失实陈述。我们非常幸运的是，他还经常观察忽略这些严格原则的科学领域。在这本书中，有很多内容是他对违背了科学基本原则的行为进行观察后得出的结果。本书的题目表达了他应对的重大问题：迷信和建立在宗教神秘主义信仰基础上的误解。

我现在领导着一个基金会，进行着反对歪理邪说和伪科学的斗争，尽管我无论在博学还是专业知识上都远不如卡尔，但是我们在他实践的方向上做了很多事情。在与各种错误的信息做斗争的时候，我们在美国面临的显而易见的问题之一是，媒体过于沉迷于娱乐公众，而不是为他们提供知识。卡尔清醒地意识到了这一点。在这本书里，他说：

“怀疑主义和好奇都是需要经过磨炼和实践才能获得的技巧。在学生们的头脑中使它们和谐联姻应该作为公共教育的基本目标。我将很乐意在媒体，特别是在电视上看到这样一种家庭式的幸福场景：人们真的在创造融合——充满好奇，宽容地对待每一个见解，除非有好的理由，否则不拒绝任何想法。而同时，作为第二个特性，要求证据符合严格的标准——而且这些标准在应用于他们珍视的观点时的严格程度至少应与评判他们企图不受惩罚地拒绝观点时的程度相当。”

我非常遗憾地说，卡尔的这个愿望仍然没有实现。

卡尔在 1996 年去世了，但是，这本书以及他的其他作品，比如《外星球文明的探索》（*Cosmic Connection*，1973）、《伊甸园的飞龙》（*The Dragons of Eden*，1978）、《布鲁卡的脑》（*Broca's Brain*，1979），以及内容丰富的《暗淡蓝点》（*Pale Blue Dot*，1994），将他的思想带给了我们。在你们欣赏这本书的时候，我希望你们记住，这本书是由这样一个人写的，他坚决拒绝接受那些对我们今天的公众生活造成侵害的胡说八道。他作为个人和电视上表现出的公众形象以及他的内容广泛的著作是我们前进道路上珍贵的、闪闪发光的珍珠。我们必定明智地停下脚步，审视它们，然后将它们传递给别人，使得他人能够更深入地理解这个真实的世界——这个唯一的世界——到底是如何运转的。

在我 81 岁的今天，我仍然能够看到我的“巨人们”的品质，这些男女巨人曾经激励与教育了我，但是，卡尔对我成长的影响却是长久不衰的，尽管他在我写这篇文章时已经逝世了 13 年之久。2001 年的一天，我在桌前阅读电子邮件的时候，我的助手在我的身边。电脑屏幕上出现了一个关于天文学的笑话，我大声地笑了起来，我的左手伸向了电话机……我的手突然僵持在半空中，我的助手问我：“出什么事了？”我不知所措，看着自己伸出的手，不能相信自己。“我想打电话给卡尔。”我对他说……是的，对我来说，卡尔·萨根仍然活着，他活在我的记忆里，活在这些篇页中。

这本书中所谈到的一些重要内容对我来说有特别重要的意义。我个人参与了卡洛斯——一个魔鬼的“通灵人”，于 1988 年在澳大利亚引起轰动——事件，我向你们保证，《对现实的迷狂》一章对那个事件的描述是准确而翔实的。在《麦克斯韦和“科学呆子”》一章中，我的朋友卡尔有了一个最好的机会表达他的幽默感，使得内容更容易理解一些。每个读者都会从书中获得他们感兴趣的东西。当然，中国——一个曾经给世界贡献了指南针、算盘、日晷、印刷术和造纸术，而且至今仍然在慷慨地贡献着智慧的国家——也应该欣赏这位追求真理的天才所做出的事业，因为这项事业是如此美好与迷人，对我们所有的人都具有重要的意义。

自从1998年第一个中文版《魔鬼出没的世界》出版发行以来，书中描述的许多事件仍然在继续。我们现在对假想的新墨西哥州的罗斯维尔“飞碟”坠毁事件有了更多的发现；许多对世界末日的可怕预测并没有发生；预言对世界名人的暗杀事件并没有发生；尽管有许多被骗的人还会坐在山顶上等待某个神或者魔鬼将他们带到天堂或者地狱，宇宙却仍然一直在正常运转。永动机或者“免费能源”计划仍然在向那些不明真相的投资者展现美好的前景。1989年，在美国物理学会的一个会议上，我和卡尔坐在巴尔迪莫会议厅后排，亲耳听到两个科学家在展示被他们称为“冷聚变”——一个通过原子技术在室温中产生能源的系统——的“发明”。一些人仍然在顽固地坚持这个想法，某些政府为开发这个项目花费了数百万美元。但是，正如卡尔对我正确指出的，尽管那些科学家宣称做过，或者确实做过这样的实验，这些实验都会非常非常失败……卡尔的说法切中要害。

卡尔·萨根用他的常识、才华和渊博的科学知识使全世界受益。我希望《魔鬼出没的世界》的读者充分利用他献给我们的礼物，阅读、思考、敬服和享受。一个伟大的人的思想和启示通过阅读而为你所有……

詹姆斯·兰迪

詹姆斯·兰迪教育基金会

美国佛罗里达州，劳德尔堡

2009年

原版序

我的老师

那是 1939 年秋季的一个狂风怒吼的日子。公寓楼外面的街道上，落叶随风旋转，每一片树叶都像是有生命一样在舞动。我很舒适地待在温暖安全的卧室里，母亲在另一间屋里忙碌地准备晚餐。在我们公寓里没有那些经常无须借口找你麻烦的大坏孩子。只是在一个星期以前，我刚刚打了一场架——这么多年过去了，我已经忘记了是与谁打的架了，可能是第三楼层的桑尼·阿格塔，我狠命地向他抡出一拳以后，发现自己的拳头打穿了斯奇彻特先生药房的大玻璃窗。

斯奇彻特先生对我的伤势非常关心：“很快就会好的，我保证。”他边安慰我，边往我手腕上敷一些令人痛苦难耐的消毒剂。我母亲把我带到设在本公寓里的一个医生的诊所。他用一把小钳子取出了玻璃碎片，并给我缝了两针。

“两针！”当天晚上父亲不断地唠叨。他知道针的意义，他是一家制衣厂的裁衣工。他的工作就是用非常锋利的锯将大厚堆的布料裁剪成服装初样，接着这些初样被传给一大排坐在缝纫机边的女工。他对我能够克服天生的羞怯而发怒感到高兴。

奋起反击有时是一件好事。我从来没有打算使用暴力。这件事是偶然发生的。桑尼先推了我，而我是随后用拳头击穿了斯奇彻特先生的玻璃窗的。我伤了自己的手腕，花费了一笔不该花的医疗费用，打坏了一块平板玻璃，然而却没有人对我发火。就连桑尼对我也比以前友好多了。

我对事情的结果为什么会是这样而百思不得其解。但是待在温暖的公寓里，边透过卧室的窗户凝视纽约湾，边考虑这个问题，比起到下面街头再去冒险要舒适得多。

像往常一样，我母亲换了衣服，化了妆，等待着我父亲回来。太阳快落山了，我们一起眺望着波涛汹涌的水面。

她指了指大西洋的对面，说："那边的人正在打仗，彼此残杀。"我聚精会神地向那面瞭望。

"我知道，"我答道，"我能看见他们。"

"不对，你不可能看见，"她反驳说，口气几乎是严厉的，"他们太遥远了。"然后返回厨房。

她怎么知道我是否能看到他们？我不明白。我眯着眼睛眺望着，我认为我确实看到了地平线上那一小条土地，在那上面有很小的人影，他们相互推打，用刀剑决斗，就像我的漫画书上画的一样。但也许她是对的。或许这只是我的想象，有点像是午夜时分偶尔将我从沉睡中惊醒的怪物，我的睡衣被冷汗浸透，心怦怦直跳。

当一个人在想象的时候，你怎么能知道呢？我凝望着灰暗的海水，直到母亲招呼我洗手吃晚饭。让我高兴的是父亲用双手一下子把我举了起来。我可以从他一天内长出的胡茬上感觉到外面世界的寒冷。

就在那年的一个星期天，父亲耐心地向我解释 0 是算术中的一个占位符号，教我读那些发音古怪的大数字的名字，还告诉我为什么没有最大的数字。（他说："你可以永远在一个数字上再加 1。"）我忽然被要求进行儿童必须接受的写出从 1 到 1000 的所有整数的必修课程。我们没有成沓的纸张，但父亲给了我一沓灰色的硬纸片，那都是他将自己的衬衫送到洗衣房时积攒下来的。我兴致勃勃地开始了这项训练，但是使我感到惊讶的是，进展非常缓慢。当我刚刚写到几百的时候，母亲告诉我已经到我洗澡的时候了。我很不情愿，我决心写到 1000。就像他一生中常扮的调停者的角色一样，父亲介入了：如果我能很高兴地去洗澡的话，他将帮我继续写下去。我非常高兴。当我重新接手时，他已经写到将近 900 了，于是当我达到 1000 时只不过是比平常上床的时间晚了一点点。这些大数字的重要性我一生都没有忘记过。

同样也是在 1939 年，我的父母带我参观了纽约世界博览会。博览会在我眼前展现了科学和高新技术可能带来的美好前景。萌芽时代已经结束，这里展示着我们这个时代能为未来的人们带来利益的各类产品。但很有可能令人感到惊讶的是，未来人对 1939 年的人并不很了解。“未来世界”将人人身强体壮、干净整洁，工作效率很高，就我所知，看不到任何穷人。

“看声”是一个令人困惑但却吸引人的展品。确实如此，当用小锤敲击音叉时，在示波器的屏幕上出现了美丽的正弦曲线。另一张海报告诉人们：“听光”。确实如此，当光线射到光电管的时候，我可以听到摩托罗拉收音机调台旋钮处于两个频道之间时产生的静电噪声。世界清晰地向我展现了我从未想象过的奇妙。声音是如何变成图像，而光线又是如何变成声音的呢？

我的父母不是科学家，他们对科学几乎一无所知。但是他们通过让我了解既要具有怀疑精神，又要保持求知欲望的这种方法，教给了我这两种难以结合在一起的东西，而这却是科学方法的核心所在。他们的生活几乎可以说是贫穷的，但当我宣称要成为一位天文学家时，我得到了毫无保留的支持，尽管他们（像我一样）对什么是天文学并不了解。他们从未劝我考虑周全一些，提出成为一名医生或是律师也许会更好的建议。

我真希望能够讲一下在我小学、初中、高中阶段里激励我从事科学事业的老师，但当我认真回想时，这样的老师竟然没有一位。能够回忆起来的只有元素周期表、杠杆和斜面、绿色植物的光合作用、无烟煤与有烟煤之间的差别等呆板的记忆。全然没有不断增长的对新事物的新奇感，没有接触到任何进化的历史演变过程，也没有任何人给我们讲过每个人所曾信奉过的错误思想。在高中的实验课上，我们得到的都是由猜测所得的结果。假如得不出结果，我们就得不到及格的分数。那时，我们根本就得不到追求个人兴趣的鼓励，也没有人让我们去探究那些知觉的或概念性的错误。在课本的后面，才有可说是令人感兴趣的材料。学校的时光通常都是在你尚未真正体会到的时候就已经结束了。你可以在图书馆里，而不是在教室里找到有关天文学的美妙的书籍。教师将多位除法像教烹调书上的配方一样灌输给你，却不解释单位除法、乘法、减法是怎样组合起来以得出正确答案的。在高中时，教师恭敬虔诚地传授求平方根的方法，似乎这种计算方法是西奈山亲手所授。我们的学习仅仅是记住自己被要求做什么，并得到正确的答案，而你不明白自己在做什么并不重要。在高中二年级时，我遇到了一位非常称职的代数老师，从他那里我学到了很多数学知识。但他也非常严厉，常常使得一些女孩子哭鼻子。在上学这些年中，我对科学的兴趣是通过读科学和科幻的书以及杂志而保持下来的。

大学是我实现梦想的地方：我发现大学的老师不仅懂得科学，而且还确实能够对科学做出解释。非常幸运的是，我进入了对于学习的时代来说非常好的学校——芝加哥大学。我成了以恩里科·费米[1]为宗师的物理系的一名学生。我从萨布拉曼·扬·钱德拉塞卡[2]的理论中领略到了数学的真正优雅迷人之处；我有幸可以与哈罗德·尤里[3]讨论化学；在夏季，我又成了印第安纳大学赫尔曼·约瑟夫·穆勒[4]的生物学徒弟；我跟杰勒德·彼得·柯伊伯[5]学习行星天文学，他是当时唯一的全食研究者。

在跟柯伊伯学习时，我第一次知道了什么叫作信封背面的计算：一个可能解决某个问题的想法突然涌现在脑海里，你立即找出一个旧信封，用你的基础物理学知识，在信封上写下几个粗略的公式，填上可能的数值，检验一下你的答案是否能够解决你的问题。如果不成功，你再寻求另外的解决方法。这样

---

[1] 恩里科·费米（Enrico Fermi，1901—1954）：美籍意大利物理学家。1938 年因在放射性实验中取得重大成果而获得诺贝尔物理学奖。——译注

[2] 萨布拉曼·扬·钱德拉塞卡（Subramanyan Chandrasekhar，1910—1995）：美国天体物理学家。著有《恒星结构研究导论》（1939）、《恒星动力学原理》（1942）和《辐射传能》（1950）等著作。——译注

[3] 哈罗德·克莱顿·尤里（Harold Clayton Urey，1893—1981）：美国科学家。因发现氘获 1934 年诺贝尔化学奖。是研制原子弹的关键人物。著有《行星的起源和发展》（1952）。——译注

[4] 赫尔曼·约瑟夫·穆勒（Hermann Joseph Muller，1890—1967）：美国生物遗传学家。获 1946 年诺贝尔生理学或医学奖。——译注

[5] 杰勒德·彼得·柯伊伯（Gerard Peter Kuiper，1905—1973）：美国天文学家。太阳系理论最有影响的权威之一。——译注

寻找错误，就像刀切奶油一样容易。

在芝加哥大学我还非常幸运地修完了罗伯特·M. 胡钦斯[1]开设的一门普通教育课。他的课程将科学作为人类知识灿烂辉煌的织锦中的一个组成部分展现在你的面前。难以想象一个有抱负的物理学家会不去了解柏拉图、亚里士多德、巴赫、莎士比亚、吉本[2]、马林诺夫斯基[3]和弗洛伊德以及其他的著名学者。在一堂科学概论课上，他将托勒密[4]关于太阳围绕地球旋转的学说讲得生动感人、引人入胜，使得一些学生对哥白尼学说的研究有了更新的认识。在胡钦斯的课程中，老师的地位与他们的研究几乎毫无关系。与今天美国大学的标准不同，那时对老师的评价却是根据他们的教学水平，以及他们是否具有向下一代传授知识和启发学生的能力。

这种活跃的学术气氛使我得以填补上了我过去所接受的教育中的许多空白。许多以前非常神秘（不仅是在科学方面）的东西在我的头脑中变得清晰明了起来。我同时也亲眼看到了那些能够发现一些宇宙规律的人所享受到的荣耀。

我一直对 20 世纪 50 年代的那些辅导我的教师非常感激，而且一直在试图知道他们中的每一个人是否都知道我的感激之情。但是，当我回首往事时，我似乎清楚地感到，我所学的最重要的东西，不是来自中学和小学的老师，也不是来自大学教授们，而是来自我那对科学几乎一无所知的父母，他们对我的教育早在 1939 年就开始了。

---

[1] 罗伯特·M. 胡钦斯（Robert Maynard Huchins，1899—1977）：美国教育家。芝加哥大学校长和名誉校长（1929—1945、1945—1953）。——译注

[2] 爱德华·吉本（Edward Gibbon，1737—1794）：英国历史学家。其名著有《罗马帝国衰亡史》。——译注

[3] 布罗尼斯瓦夫·马林诺夫斯基（Bronislaw Malinowsi，1884—1942）：英国社会人类学家。作品有《迈卢土著人》（1915）、《原始心理学的祖先》（1927）以及《科学的文化理论》（1942）。——译注

[4] 托勒密（Claudius Ptolemy，？ 90—168）：古希腊天文学家、地理学家和数学家，生于埃及，长期居住在亚历山大。他在天文学上的研究成果体现在《天文学大成》这部巨著之中。另著有《光学》和《地理学指南》。——译注

chapter one / **第一章**

最宝贵的东西

与客观事实相比，我们全部的科学都很原始和幼稚，但是，这正是我们所拥有的最宝贵的东西。

——阿尔伯特·爱因斯坦（1879—1955）

当我走下飞机的时候，他已经等在那儿了。他手上举着一块写有我名字的纸板。我要参加一个科学家和电视播音员的会议，会议的内容是增加商业电视台中的科学节目，这种努力似乎是毫无希望的。会议组织者很友好地派了一辆车来接我。

等托运的行李时他说："我问你一个问题你不介意吧？"

"不，我当然不介意。"

"你与那个搞科学的家伙同名不会被人弄混吗？"

我愣了一会儿才明白了他的问题的意思。他不是在耍弄我吧？我终于明白了他的本意。

我回答说："我就是那个搞科学的家伙。"

他愣了一下，然后笑了笑："真对不起。我以为你也有这样的困扰。"

他伸出手来："我的名字叫威廉·弗·巴克利。"（哦，他确实不是那个威廉·弗·巴克利，但他确实与那个好辩论的著名电视采访记者同名。为此他无疑会经常被开一些善意的玩笑。）

当我们坐在汽车里开始我们漫长的行程时，风挡玻璃前的雨刷正在有节奏地来回摆动着。他告诉我，他很高兴我就是那个"搞科学的家伙"，他说他有许多关于科学的问题要问我，问我是否会介意。

不，我不会介意的。

这样我们就聊了起来。但是话题不是科学。他想要谈谈正在圣安东尼奥附近一个空军基地中奄奄一息的冷冻外星人、“通麦”（能听见死者正在想什么的一种方法——据说死者的想法并不多）、水晶球、诺查丹玛斯[1]的预言、占星术、都灵的裹尸布……他热情澎湃地介绍着每个怪异的话题，但每一次我都不得不使他大失所望。

“证据靠不住，”我不断地说，“都是过于简单的解释。”

从某种程度上说，他读了不少书。他知道譬如说对大西洲和莱姆里亚这两块“沉没的大陆”所做的种种推测的细微差别。他非常熟悉可能即将开始的海底探测，海底探测将会发现那些曾一度辉煌的文明时代的倒塌的拱柱和破碎的伊斯兰宣礼塔，而现在造访这些遗迹的只有深海冷光鱼和传说中巨大的斯堪的纳维亚海妖。但是，尽管海洋中蕴藏着许多秘密，但我知道没有任何海底照片和地质的证据能证实亚特兰蒂斯和利莫里亚。就目前科学的研究水平来看，它们从未存在过。我有点勉强地告诉了他我的看法。

当我们在雨中行驶时，我能够看出他逐渐变得有些怏怏不乐。我否定的不仅仅是一些错误的说法，还有他内心生活中蕴藏着的宝贵的东西。

然而在真正的科学中，有着如此众多的东西同样激动人心，更加神秘莫测，更为挑战智力，而且更加接近真理。他知道星际寒冷稀薄的气体里存在着酝酿生命的分子结构团吗？他听说过有人在 400 万年前的火山灰里发现了早期人类始祖的足迹吗？是次印度板块撞击亚洲板块从而导致了喜马拉雅山脉的隆起吗？病毒是怎样将 DNA 像针一样刺过有机体的防线并改变细胞的复制功能的？如何利用无线电波找寻外星智能？为埃卜拉[2]啤酒的优良品质大做广告的是指新发现的埃卜拉古文明吗？不，他从未听说过。他甚至对量子不确定性没有起码的了解。他认为 DNA 只不过是三个经常写在一起的

[1] 诺查丹玛斯（Nostradamus，1503—1566）：法兰西星占学家、医学家、预言家。——译注

[2] 埃卜拉（Ebla）：叙利亚西北部古城。在阿勒颇以南，即今泰勒马尔迪赫。——译注

大写字母罢了。

非常健谈、聪明而又好奇的“巴克利”先生几乎对现代科学一无所知。他对宇宙间的神奇事物具有本能的好奇心，他想了解科学，但是科学在未到达他的面前时就已经消失殆尽。我们的文化主旨、教育体系以及大众媒体毁了他。我们的社会为传播假象和混乱开了绿灯。我们的社会从来没有告诉过他如何鉴别真正的科学和廉价的模仿。他对科学方法一无所知。

目前有数百本描写亚特兰蒂斯——据说是在 1 万年前存在于现在大西洋上的神秘陆地（亦有说其地址在南极洲）的书。关于亚特兰蒂斯的传说可追溯至柏拉图，他对这块大陆的描述也是来自早期人们的道听途说。最近还有书籍很具权威性地描述了高度发达的亚特兰蒂斯时代的技术、高尚的道德水准和精神生活，以及这个人口聚居的整块大陆沉没波涛之下的大悲剧。有一个“新时代”亚特兰蒂斯，即那个“先进科学的传奇文明”，主要热衷于水晶球“科学”。在一本由卡特利纳·拉斐尔写的名叫《水晶球启蒙》的三部曲中——此书应对风靡美国的水晶球狂热负主要责任——亚特兰蒂斯人的水晶球能看透别人的心事，传递思想，是解读古代历史和埃及金字塔的建造结构和起源的知识宝库。书中没有提供任何哪怕接近于证据的东西来说明其结论的可靠性。（真正的地震科学的最近一项发现也许会导致水晶球狂热的复活，该发现认为地球的内核可能是由一个单个的、巨大的、几乎完美的晶体——铁晶体——组成的。）

有些书——例如多罗迪·维塔莱诺的《地球的传说》——抱着同情的态度解释大西洲的传说，认为它最初是源自地中海中一座小岛，被火山爆发所毁灭，或一个古代城市在地震后沉没于科林斯海湾。就我们所知，这也许是该传说的来源，但是这与一个已涌现出奇异的先进技术和神秘的文明的大陆之毁灭，有天壤之别。

在公共图书馆、报摊杂志或黄金时间电视节目中，我们几乎从没有看过介绍来自海床扩张和大陆板块移动的证据，以及来自对海底勘测的证据，这些证据准确无误地表明在欧洲和美洲大陆之间，在那个假定的时间范围内，不可能存在过大陆。

骗人的说法专骗轻信者，关于这一点，人们普遍承认。但是，用怀疑的精神看待事情却要难得多。怀疑主义不容易被人们接受。一个精神生活完全依赖于大众文化的既聪明又具有好奇心的人，在他所接收到的像亚特兰蒂斯这样的信息中，有成百上千倍的可能性是未进行过任何批评的无稽之谈，而不是认真而审慎的、公正的判断。

也许巴克利先生应该知道，对于大众文化向他大量播撒的各种传闻，他应该持更严格的怀疑态度。但是除此以外，我们很难说这是巴克利先生的过错。他只不过简单地认为，那些最广为流传的、最容易获得的信息都是对的。由于单纯无知，他被社会体系误导和迷惑了。

科学激发了人们不断增长的探求神秘的好奇心。但是伪科学也有同样的作用。少且落后的科学普及所放弃的发展空间，很快就被伪科学所占领。如果大家都能够明白一种学说在被接受之前必须有充足的证据支持，那么伪科学便无立足之地了。但是由于在大众文化中格雷欣法则[1]之类的东西在普遍地起作用，坏科学将好科学排挤了出去。

全世界数量众多的聪明人，甚至有天赋的人对科学怀有激情。但这种激情却没有得到回报。调查表明大约95%的美国人“不具备基本的科学素养”。这个数字相当于南北战争前美国黑人文盲的比例。那时大多数黑人是奴隶，教黑奴读书识字会遭受严厉的惩罚。当然，对基本文化知识的测定，无论是对语言文字水平的测定还是对科学知识水平的测定总是带有某种程度的主观判断。但是，无论怎么说，95%的人不具备基本的科学素养都是非常严重的事情。

每一代人都对教育标准的不断降低而忧心忡忡。早在约4 000年前苏美

[1] 托马斯·格雷欣爵士（Sir Thomas Gresham，1519—1579）：英国金融家、慈善家。“格雷欣法则”以其姓氏命名，即“劣币驱逐良币”，意为两种货币同时流通时，如果其中之一发生贬值，其实际价值相对低于另一种货币的价值，其后者，即良币，将被普遍收藏起来，逐步从市场上消失，最终被驱逐出流通领域。而前者，即劣币，将在市场上泛滥成灾。——译注

尔时代[1]的人类历史上最早的一篇短文就感叹年轻一代与上一代相比，其无知已经达到灾难性的程度。2400年前，年老而又性情暴躁的柏拉图在《法律篇》第七卷中对科学素养做出了定义：

> 不能数出1，2，3……或不能分清奇数和偶数，或根本就不会数数，或分不清白天黑夜之人；完全不知道太阳和月亮以及其他星球是在旋转之人……我认为，所有的自由人都应该学习这些方面的知识，就像埃及的儿童在刚开始学习字母时就要学习各类知识一样。在那个国家里，仅仅为了满足孩子们的需要，就创造了各种数学游戏，他们可以在愉快的娱乐中进行学习。我……在生命的最后一段时期，听说了我们的人民对这些问题的无知，对此我感到惊讶。在我看来，我们更像是猪而不是人。我感到非常羞耻，不仅为我自己，更是为全体希腊人。

我不知道科学和数学的无知在多大程度上导致了古雅典的衰亡，但我知道科学素养低下的后果比过去以往任何一个时代都要危险得多。对于每个公民来说，对全球变暖、臭氧层破坏、空气污染、有毒和放射性废料、酸雨、表土流失、热带森林的消失、人口的指数增长等问题持续无知是危险的，是愚昧的表现。就业机会和工资水平都依赖于科学技术。如果我们国家不能制造我们的人民想买的高质低价的产品，我们的工业将会继续萎缩，并会将繁荣更多地让给世界其他国家。我们仔细想一下我们的社会是如何构成的：核裂变和聚变能、超级电脑、信息“高速公路”、堕胎、氡、大规模毁灭性战略武器、吸毒、政府对公民生活的窃听、高清晰度电视、飞机航线和机场安全、胚胎器官移植、医疗费用、食品添加剂、治疗癫狂和抑郁症或精神分裂症的药品、动物的权利、超导技术、日常保健药物、所谓的遗传性反社会倾向、太空站、火星探

[1] 苏美尔时代（Sumer）：苏美尔古代为美索不达米亚的一部分，后为巴比伦南部地区，即现在的伊拉克中南部，位于底格里斯河和幼发拉底河之间。——译注

索、寻找治愈艾滋病和癌症的方法。

假如我们对上述知识所知甚少，我们如何参与国家政策的制定，甚至如何对我们自己的生活做出明智的选择？在我写作此文时，国会正要解散它的技术评估办公室——这是唯一一个专门向众议院和参议院提供科学技术咨询的机构。在过去的年代里，这个机构的专业能力和诚实正直堪称楷模。在20世纪国会的535个议员中，只有不到1%的人接受过良好的科学教育。最后一位科学知识丰富的总统可能只有托马斯·杰斐逊[1]。

那么美国人是怎样对问题做出决策的呢？他们如何向他们的代言人表达他们的意见和看法呢？谁是事实上的决策人？他们的决策是根据什么做出的呢？

科斯岛的希波克拉底[2]是医学之父。2 500年后人们仍然记得他的“希波克拉底誓言”（现在各地的医科学生在毕业时宣誓其略有变动的内容）。但是，他的主要功绩是使医学从迷信的雾霭中走出来，成了一门真正的科学。在希波克拉底的一段著名的文字中他这样写道：“人们认为癫痫是神灵造成的，仅仅是因为他们不了解它。但是如果把所有的本身不懂的事物都当作是神灵安排的，那么神灵造成的事物将层出不穷，永无止境。”我们总是倾向于说宇宙充满了不可言喻的奥妙这样的话，而不承认我们对许多领域一无所知。空缺之神（God of Gaps）[3]承担了我们对许多事情仍然一无所知的责任。医学知识从公元前4世纪以来不断积累提高，我们懂得的东西越来越多，无论是在疾病的病因还是治疗上，我们越来越少地将出现的问题归咎于神灵的作用。婴儿在分娩时的死亡率和儿童的死亡率降低了，人们的平均寿命延长了，医学提高了这个星球上数十亿人的生活质量。

在对疾病的诊断上，希波克拉底引入了科学的基本方法。他强调认真细

---

[1] 尽管有人认为有科学知识的总统有西奥多·罗斯福、赫伯特·胡佛和吉米·卡特。英国有这样的首相，就是玛格丽特·撒切尔。她早年研究化学，曾师从诺贝尔奖获得者多罗西·霍金。她对在英国和全球范围内有效地推进和成功地宣传禁止使用对臭氧层造成破坏的氟利昂起到了重要的作用。

[2] 希波克拉底（Hippocrates，？前460—前377）：古希腊医学家。被誉为“医学之父”。——译注

[3] 意为在科学尚无法解释的领域就由神来填补空白。

致的观察。“不给任何疾病留下机会。不漏过任何细节。将相互矛盾的观察结合起来分析。你自己一定要有充分的时间。”在体温计发明以前，他就对许多疾病都描画出了其各自的体温曲线。他建议，医生应该能够仅仅根据病人的当前症状说出每种病的大概病史和病情的发展过程。他强调忠诚老实。他乐于承认医生知识的局限性。在面对后人时，他毫无尴尬地向后人透露，有一半以上的人死于他治疗的疾病。他那时的治疗方法有限，可以使用的药品也主要是缓泻药、催吐药和麻醉药。施行外科手术时只能用烧灼的方式来消毒。从古典时期到古罗马衰亡时，医学才有了长足的发展。

当医学在伊斯兰世界兴盛时，欧洲却进入了一个黑暗的时代。许多解剖学和外科学的知识都丢失殆尽，人们依靠祈祷和大量神奇的自我痊愈，世俗的医生几乎全部消失了。人们广泛地使用赞美诗、圣水、占星术和护身符。解剖死尸是被禁止的和违法的，于是那些从事医学的人便无法从人体获得第一手的知识。医学研究停滞不前。

那时的情景酷似历史学家爱德华·吉本对以君士坦丁堡为首都的整个东罗马帝国的描述：

> 在十个世纪的革命中，没有出现一项有助于提高人类的尊严和幸福的发明。在古代的思想体系中没有增添过一个新思想，一代接一代的折磨人的训练使人们轮流成为卑躬屈膝的下一代的只懂教义的老师。

即使最好的前现代医学实践也没能救活许多人的生命。安妮女王是大英帝国斯图亚特王室的最后一代君主。在 17 世纪的最后 17 年里，她怀孕过 18 次，但仅生了 5 个孩子。其中只有 1 个活到了童年，但是在女王 1702 年加冕前就夭折了。似乎没有任何证据表明有什么遗传上的疾病。她能够得到当时最好的医疗保健。

曾经悲惨地夺走了无数孩子和婴儿生命的疾病已经被科学逐步控制和治愈，这都应归功于人们发现了微生物世界的秘密；归功于人们意识到医生和从事接生工作的人应该洗手并对器械消毒；归功于公共保健和卫生措施；归功于抗生素、药物、疫苗、DNA 分子结构的揭示、分子生物学以及新的基因疗法。至少是在发达国家，与 17 世纪末期世界上最强大的国家的王位继承人相比，今天的父母更有机会看见自己的孩子长大成人。天花在世界范围内已被消灭，受到携带疟疾病菌蚊虫侵害的地区已经大大减少，诊断出患血癌的儿童的存活年限也一年一年地逐步延长。科学使得地球可以供养比几千年前多几百倍的人口，并且生活状况不会很糟。

我们可以为霍乱患者祈祷，也可以每隔 12 小时让其服用 500 毫克的四环素（仍然有一种宗教——基督教科学，否认病菌理论。如果祈祷无效，这种宗教的信仰者即使眼睁睁地看着自己的孩子死去，也不给他们服用抗生素）。我们可以尝试几乎无效的精神分析谈话治疗法来治疗精神分裂症患者，也可以每天让他们服用 300 到 500 毫克镇静剂。科学的医疗方法比其他方法的有效率要高出成百上千倍（即使其他方法好像也起了一点作用，但我们却无法确切知道它们究竟起了什么样的作用：可能是病情的自我缓解，即使是霍乱和精神分裂，不做祈祷或精神分析治疗也可能会自我缓解或康复）。放弃科学就意味着放弃了比空调、CD 唱机、电吹风和高速汽车更多的东西。

在狩猎和前农业时期，人的期望寿命在 20 岁到 30 岁。在罗马后期和中世纪时期的西欧，人的期望寿命也是同样。到 1870 年时，人的寿命还未达到 40 岁。1915 年达到 50 岁，1930 年 60 岁，1955 年 70 岁，今天人的期望寿命已经达到 80 岁（女性稍高，男性略低）。其他国家正跟着欧洲人寿命增长的速度在增长。是什么导致了人类会产生如此惊人和前所未有的变化？是病菌理论，公众卫生保健措施，药物和医疗技术。寿命的延长可能是衡量人类物质生活质量的最好的唯一标准了（倘使你死去了，那还有什么幸福可言呢？）。这是科学给人类的最宝贵礼物——没有任何东西能和生命的礼物媲美。

但是微生物却会变异。新疾病像野火般蔓延，在微生物传染和人们反传染之间存在着不断的斗争。我们要在这场斗争中取胜，不仅要研制新的药物和治疗方法，而且要不断深入地了解生命的本质，这就是基础研究。

如果我们这个世界想避免由于全球人口的增长和到 21 世纪后期时人口达到 100 亿或 120 亿所带来的直接后果，我们必须发明安全和更加有效的增加食物的方法，与此相配套的还有良种库、水利、灭虫、运输和冷藏。要有足够的可以接受的计划生育手段，要采取重要的措施，使妇女享有与男人同样的政治地位，提高贫困人群的生活标准。没有科学和技术，如何解决这些问题？

我知道科学和技术源源不断地带给这个世界的并不仅仅是取之不尽、用之不竭的礼物。科学家不仅研制出了原子武器，还把政治领导人揪到面前，对他们说，他们的国家——无论他们是哪个国家的——必须首先拥有一枚。于是他们制造出了 6 万多枚。在冷战时期，美国、苏联等国家的科学家为了准备核战争，竟情愿使自己的国民在对核武器的危害一无所知的情况下，遭受核辐射的危害。塔斯克基和亚拉巴马的医生欺骗一组老军人，在他们受辐射过重而无法挽救的情况下，却让他们以为是在接受梅毒治疗。这伙残忍毒辣的纳粹医生臭名远扬。我们的技术制造了沙利度胺[1]、氟利昂、落叶剂、神经毒气，造成了大气和水污染、物种灭绝。我们的工业如此强大，能够破坏地球的气候。我们这个地球上大约有一半科学家至少是部分时间在为军事服务。尽管有少部分科学家被认为是局外人，他们勇敢地批评社会的弊病，并提早警告可能出现的技术灾难。但是，许多科学家被看成是顺从权威的机会主义者，或者是愿为公司获利和生产大规模杀伤性武器工作的人，他们从不考虑长期后果。科学成果带来了技术风险，对公认为正确而普遍接受的经验和知识构成了绝对的挑战，以及人们认为的科学的复杂性，都是人们不相信科学和回避科学的缘故。因此，在这个世界上我们到处可以看到疯狂的科学家的身影——星期六早间儿童电视节目上穿着白大褂的狂人以及大众文化中对浮士德式交易的过分鼓吹——从其始祖浮士德，到弗兰肯斯坦，到奇爱博士，以及侏罗纪公园。

[1] 也称反应停。是一种镇静剂，过去孕妇服用后曾产肢体畸形儿，现已禁用。——译注

但是，我们不能简单地下结论说，科学使品行不端的技术人员或贪污成性、痴迷于权力之争的政治家们掌握了巨大的权力，因此要抛弃科学。医学和农业的进步所挽救的人命比死于历史上各种战争中的人的总和要多得多[1]。运输和通信的进步以及娱乐业改变了世界并将世界连接成一个整体。一个接一个的民意调查表明，尽管人们对科学有所顾虑，但是人们仍然将科学工作列为最值得尊重和信赖的职业之一。科学是一把双刃剑，它令人畏惧的力量使所有人，包括政治家，当然特别是科学家，必须肩负一种新的责任，那就是，一定要从全球和超越时代的角度，对技术所带来的长期后果给予更多的关注，竭力避免对民族主义和沙文主义的依恋。犯错误的代价太昂贵了。

> 你在乎什么是事实吗？
> 事实是否重要？
> ……在无知是福的地方
> 智者有罪

托马斯·格雷[2]在他的诗中曾写过这样的诗句。但是有道理吗？爱德蒙·卫·提勒在他的1950年出版的书《四季循环》中对这个问题有更好的理解：

> 只要一件事情使你觉得舒服，你就不问它的真假，这跟你只要拿到了钱就不问钱是哪儿来的一样，是不道德的。

举个例子，如果你发现政府是个腐败和不胜任的政府，你会觉得令人沮丧。但是如果不知道这些是否就更好呢？无知对谁有利？如果我们人类具有世

[1] 在最近一次吃饭时，我问聚会的来客们——各种年龄的人都有，我估计可能从30岁到60岁——如果没有抗生素、心脏起搏器以及其他现代医学的蓬勃发展，他们中有多少人能够活到今天。只有一个人举起了手，而这个人不是我。

[2] 托马斯·格雷（Thomas Gray，1716—1771）：英国诗人。其作品标志着英国诗坛从18世纪的经典主义演变到早期的浪漫主义。——译注

代相传的讨厌陌生人的倾向，自我封闭是不是唯一的灵丹妙药？如果我们一定要认为日月星辰为我们升落，因为有了我们宇宙才存在的话，科学是否挫伤了我们的自信心？

在《论道德的谱系》一书中，弗里德里希·尼采就像他的前人和后人一样，认为科学革命所带来的是“人类自我轻视的不断发展”。尼采哀叹“人类的尊严，人类的独立的特性，人在存在的规律中的不可替代性”的丧失。我认为，了解宇宙的真相要比坚信错觉却感到满足和正确无误好得多。哪一种态度对我们的长期生存更具有推动作用？哪一种观念对我们的未来更有影响？如果在发展过程中，我们天真的自信受到一点挫折，是否就意味着全部失败？我们是否应该把了解宇宙当作走向成熟和完善自身的过程？

发现宇宙年龄为 80 亿到 150 亿年，而不是 6 000 到 12 000 年[1]使我们对宇宙之浩瀚和伟大更为敬仰。我们是由原子按照复杂的结构所组成，而不是神灵的产物，承认这个观点至少可以提高我们对原子的尊重程度。我们发现，正像现在看起来是完全有可能的那样，我们的星球是银河系中数以十亿计的星球中的一个，而银河系是宇宙中数以十亿计的星系中的一个。整个宇宙在可能的空间雄伟地扩展。我们发现我们的祖先同时也是猴子的祖先，这一点说明我们与其他生物拥有共同的血缘关系，并有可能产生重要的——即便有时是令人感到遗憾的——对人类本性的思考。

显然没有回头路。无论我们喜欢与否，科学与我们紧密地联系在一起。我们最好是尽可能地充分利用科学。当我们最终看清了科学的本质，充分领悟到它的美妙和力量的时候，我们将会发现，无论是在精神领域还是在现实问题上，我们在谋取我们自身的幸福中就占据了有利的地位。

但是迷信和伪科学仍在大行其道，它们迷惑了我们中的“巴克利”，它们

---

[1]“用宗教的观点思考问题的人绝不会相信这一点。他们都是守旧的人。”这本书的一个评论者这样写道。但是许多“科学的创世论者”不仅相信，而且用他们不断投入的积极的和卓有成效的工作，在学校、博物馆、动物园和教科书中宣讲这个观点。为什么？因为增加了“创世”的时间，增加了《圣经》中主教和其他人物的年龄，这些数字正好说明，《圣经》是“正确无误的”。

提供的是简单的答案，逃避怀疑性的考察，随心所欲地利用我们的敬畏之心，使我们的经验变得一钱不值，使我们成为循规蹈矩、没有个人思想的行事者和谣言的牺牲品。是的，假如 UFO 藏匿在百慕大深深的大海中，吞噬轮船和飞机，死人能够操纵我们的双手，还能给我们写信，这个世界将会变成更加有趣的地方。如果小孩仅靠思维便能使电话机从托架上掉下来，与偶然的机会或世界的知识所能做出的解释相比，如果我们的梦能够更准确地预测未来，那么，我们这个世界就太令人神魂颠倒了。

这些都是伪科学的一些实例。它们声称是利用科学的方法和发现，然而，事实上它们与科学的本质背道而驰。这是因为，它们通常的结论是以不充足的证据为基础的，它们对导致其他可能性的线索不屑一顾。它们要弄无知。在报纸、杂志、出版商、电台、电视台、制片商等机构和人的无知的配合下（通常是只顾一己利益，不顾社会影响），伪科学的思想得以轻易和广泛地传播。我遇到“巴克利”先生而使我想到，与相信伪科学和迷信的人相比，遇到能够做出其他选择的，懂得更具挑战性，甚至更加光彩灿烂的科学发现知识的人要困难千百倍。

与科学相比，编造伪科学要容易得多。因为它使我们远离真实性——而真实正是我们无法控制的经过比较而获得的结果——总是被更多地忽略掉了。探究证据的一般争论的标准更不明确也更不严谨。部分是由于相同的原因，与科学相比，向普通公众散布伪科学容易得多。但这还远不足以解释伪科学为何如此盛行。

人们会很自然地尝试各种不同的认识体系以寻求帮助。如果我们寻求这种帮助过于急迫，那么我们在情感上就会极大地偏向于摒弃被认为是怀疑主义的沉重的包袱。伪科学用科学总是无法满足人们的需要的说法来适应人们强烈的情感需求。伪科学提供给人们的是我们缺少而又盼望得到的对人的力量的幻想（就像现在漫画书中的超级英雄和更早些时候传说中的神）。伪科学宣称，它能满足人们的精神渴求，医治疾病，许诺死亡并不是生命的终结。伪科学一再让我们相信，人类是宇宙的中心并在宇宙中具有重要地位。伪科学赐给了我们与宇宙结下不解之缘并与宇宙融为一体的特权[1]。有时伪科学成了一种伪科学和新科学折中的产物，但双方又对其并不信任。

某些伪科学的本质（某些宗教也是如此，新时代的或旧时代的）是用愿望代替现实的思想。就像民俗故事和儿童故事里通过愿望实现我们内心的渴求，这该多么令人心满意足啊！特别是与我们通常必须依靠艰苦努力和好运气才能实现愿望相比，这种观点多么具有诱惑力！有魔法的鱼或是油灯精灵会满足我们三个愿望——无论是什么样的愿望只要我们不是贪得无厌。谁没有考虑过自己想要些什么呢？这也是为了保险起见吧，毕竟，万一有一天我们发现了一盏旧黄铜油灯，而且无意中蹭了它一下呢？

我还记得童年时代我看的漫画书和其他书里，有一个戴着高帽子，留着小胡子，手里挥舞着黑色的手杖的魔术师。他的名字叫扎塔拉，无论什么事情，他都能做到。他怎么做呢？很简单，他只要把话倒过来说就行了。于是如果他想要100万美元，他就会说："srallod noillm a emevig。"他做了这些就足够了。这有点像做祈祷，但是比祈祷更灵验。

我在8岁的时候曾经花了许多时间做这个试验，我对那些有纹理的、像是具有威力的石头大念"esir enots"，想使其升空飘荡，但从未成功过。我责怪自己发音不准。

有些人可能会说，有多少人不了解真正的科学，就有多少人相信伪科学，除非咒语失灵。如果你从未听说过科学（更不用说科学的原理了），你就不可能知道你所接受的就是伪科学。你会简单地认为人们都是这样做的。宗教通常是国家政权保护下滋生伪科学的温室，尽管宗教为什么一定要起这样的作用实在没有道理可言。在某种意义上说，这是在很早以前人类自造的现象。在一些国家里，包括政府领导在内的几乎所有人都相信占星术和先知。但是这不是宗教简单灌输的结果，而是他们生活的文化环境的产物。在这种文化中，所有人

---

[1] 尽管对我来说，很难看到比现代核天体物理学中的惊人发现更为深远的联系：除了氢气以外，构成我们每一个人的所有的原子——我们血液中的铁、骨头中的钙、大脑中的碳——都是由在空间和时间距离上远至数千光年和数十亿光年范围内的红巨星制造的。我经常说，我们是由星际物质构成的。

都对这类做法感到满意，而且这样的文化随处可见。

我在本书里引述的历史个案大部分发生在美国，这是因为我最了解这些事件，而不是因为美国的伪科学和神秘主义比世界其他国家更为突出、更引人注目。但是，具有将勺子扭弯的特异功能、能与外星人进行对话的乌利·盖勒则是在以色列显灵的神人。随着阿尔及利亚世俗主义者和穆斯林原教旨主义者之间的紧张关系的日趋严重，越来越多的人小心谨慎地求助于这个国家中 1 万多位占卜术士和特异功能者（他们中一半以上的人用国家发给的执照营业）。法国高层政府官员，包括法国前总统，对一场骗局投资数百万美元（埃尔夫·阿奎坦丑闻），寻找用空气转换石油的新方法。在德国，人们正在关注科学无法探测的能够致癌的“地球射线”，而这种射线却只有挥舞着分叉手杖的经验丰富的占卜术士才能探测出来。“特异功能外科”在菲律宾大行其道，而幽灵则是英国举国上下痴迷的东西。自从第二次世界大战以来，日本出现了大量的信仰超自然的新宗教。估计在日本大约有 10 万名算命先生活跃在民间，信徒主要是年轻妇女。涉嫌于 1995 年 3 月在东京地铁释放沙林神经毒气案的奥姆真理教，以飘浮术、信念治疗术和超感知觉为其主要的教义。信徒用高价购买“圣水”喝——实际上是他们的领导人麻原的洗澡水。在泰国，使用研磨成粉的经书制成的药片治疗疾病。“巫师”在今天的南非正遭受被火烧死的命运。澳大利亚维和部队在海地解救了一名被捆绑在树上的妇女，她被指责为在屋脊上飞翔并吸吮幼童的血。占星术在印度泛滥，算命先生在中国盛行。

或许全世界伪科学——据多种标准判断，就是宗教——最成功的例子是印度的超觉冥想（念诵梵文真言松心缓性法，源于印度。——译注）的教义。人们可以在电视上看到它的创始人和精神领袖马哈里希·马赫什瑜伽大师进行有关催眠术的规则等问题的冗长而令人厌倦的说教。他坐在瑜伽大师的座位上，白色和灰黑色的头发披散着，身边环绕着花环和敬献的鲜花，仪态非凡。有一天在看电视选择频道的时候，我们恰巧看到了此人的尊容，4 岁的儿子问我：“你知道他是谁？”“上帝。”世界各地的超觉冥想组织据估计有 30 亿美元的资产。只要你交上一定的费用，他们就能教你运用冥想穿越墙壁、隐身、飞翔。他们说，他们的协同冥想，降低了华盛顿特区的犯罪率，使苏联解体，还创造了其他现世奇迹。但是他们对他们的说法却没有提供一点儿实际证据。超觉冥想组织出售假药，经营贸易公司，开设医疗门诊并创办“研究”大学，只是进入政界的计划没能成功。靠具有不可思议的神授能力的领导人，靠对社会的许诺，靠提供魔力换取金钱以及狂热的信仰，这是许多伪科学兜售所谓超自然力的典型手法。

任何放弃国家管理和科学教育的地方都有助于伪科学的泛滥。列昂·托洛茨基[1]描述了希特勒接管国家之前德国伪科学的情况（这种描述同1933年苏联的情况类似）：

> 不仅仅是在农民的家庭里，甚至在城市的摩天大厦里，这种现象从13世纪到20世纪都存在。成千上万的人在使用电的同时，仍然相信护身符和祈祷的神秘力量……电影明星扮演着非人非神的角色。驾驶着由人的天才智慧创造的神秘机器的飞行员也在他们的衬衫外戴着护身符。由它们支配的黑暗、无知和野蛮竟如此漫长无尽头，挥之不去！

俄国发生的事情令人深思。在沙皇时代，宗教迷信得到鼓励，但是，科学的和怀疑的思想——除了一些驯服的科学家——被野蛮地扼杀了。在共产主义时期，宗教和伪科学都从制度上受到压制——除了对国家意识形态的迷信。这种迷信被宣传为科学，但是，最不能进行自我批判的神秘的崇拜与过度缺乏这种理想一样，其结果都是破灭。批判的思维——只允许科学家在知识处于封闭分割的状态下有这种思维方式——被认为是危险的。在学校里不许传授，如果表达科学思维方式即受惩罚。这样做的结果是，在后共产主义时期，许多俄

[1] 列昂·托洛茨基（Leon Trotsky，1879—1940）：俄国十月革命的领导人之一。原名列夫·布隆施泰因。——译注

国人用怀疑的眼光看待科学。揭开盖子细看内幕，我们就会发现，随着幻想的破灭，其真正的本质是刻骨的种族仇恨，这也是其真实的后果之一。而现在，这个国家已经淹没在 UFO、魔鬼、信念疗法、庸医、神水，以及古老的迷信的汪洋大海之中。人的期望寿命明显降低、儿童死亡率增长、传染病肆虐、医疗标准几乎降到最低点、对预防医学的忽视，所有这一切都使在公众范围内迅速引发怀疑思潮的可能性达到临界状态。在我写作此书的时候，在杜马成员选举中获很高支持率的极端民族主义者弗拉基米尔・日里诺夫斯基是一个安纳托利・卡斯皮诺夫斯基式的人物，即靠信念治病的术士，他可以使用通过电视机凝视你的方法，遥控治疗从疝气到艾滋病等各种疾病，他面对着停止不动的时钟，可以使其重新走动。

类似的情况在中国也存在。在向市场经济逐渐转变的过程中，UFO、心灵感应以及其他西方伪科学也蜂拥而至，与中国古老的祖先崇拜、占星术和算命——特别是抽签算命和用易经的六爻算命——并行其道。政府报纸哀叹道："封建迷信在我国农村有死灰复燃的趋势。"现在这种迷信活动主要在农村，城市不是主要受害区域。

具有"特异功能"的人都拥有大量的追随者。他们说，他们可以从身体中施放气体，即"宇宙能量场"，能够在 2 000 公里以外改变化合物的分子结构，能够与外星人交流和治疗疾病。一些人在一个"气功大师"气功治疗下死于非命。1993 年，这个气功大师被逮捕定罪。王洪成，一个业余化学家，宣称他本人可以合成一种液体添加剂，只要在水中添加一点这种液体，水就会变成汽油或者类似的燃料。有一段时间他的研究曾得到资助。但是，当他的发明被发现是一场骗局时，他被捕并被判刑。王洪成的盲信者们说他的不幸不是因为他是骗子，而是因为他不肯将他的"秘密配方"透露给政府（类似的传说在美国几十年来也有流传，只不过主角通常都是一些大型石油公司或是汽车公司）。亚洲犀牛正趋于灭绝的境地，因为据说它们的角被研磨成粉末后具有治疗阳痿的功效，其销售范围覆盖整个东亚。

这些伪科学和迷信的蔓延引起了中国政府的警觉。1994 年 12 月 5 日，中国政府发表了一项联合公开声明：

> 我国的科普工作在近些年来取得了令人瞩目的成就……与此同时，一些迷信、愚昧活动却日渐泛滥，反科学、伪科学活动频频发生，令人触目惊心……因此，采取有力措施，大大加强科普工作，已成为一项迫在眉睫的工作。科学技术的普及程度，是国民科学文化素质的重要标志，事关经济振兴、科技进步和社会发展的全局。因此，必须从社会主义现代化事业的兴旺和民族强盛的战略高度来重视和开展科普工作。贫穷不是社会主义，愚昧更不是社会主义。

由此看来，美国的伪科学仅是其全球发展趋势中的一个组成部分。其产生的缘由、其危险性、其诊断和治疗方法等在世界各地大同小异。现在巫师们在传播范围广泛的商业电视节目中大肆兜售他们的巫术，自诩为娱乐节目表演者。他们拥有自己的频道，“特异功能之友联系网”。每年有大约 100 万人报名并将大师们传授的技能应用到他们的日常生活之中。大公司的执行董事会成员、金融分析家、律师和银行家在遇到问题的时候，总是听取占星术士、巫师和占卜者们的建议。俄亥俄州克利夫兰市的一个巫师说：“如果人们知道有多少人，特别是有多少腰缠万贯的富翁和手握大权的权贵们都求助于巫术，他们定会惊讶得合不拢嘴。”王族成员历来是各种巫术骗子极易征服的对象。在古代中国和古罗马时代，占星术是只有帝王才能占有的特殊财产，任何民间俗人对这种功力无边的技巧的擅自使用均被认为是对其资产的侵犯。受到南卡罗来纳特别容易轻信别人的文化环境的影响的南希和罗纳德·里根无论在私人还是公共事务上历来依靠占星术士帮其决策，而广大选民对此一无所知。对我们的未来文明将会产生影响的各种决策中，有相当一部分显然是由骗子们做出的。对于是否确有其事，世界各国已经议论纷纷，与这种情况相比，美国却鸦雀无声。

尽管某些伪科学似乎令人感到十分可笑，尽管我们对在伪科学的说教下编造出的骗局自信不会轻易相信，但是，我们清楚地知道，伪科学在我们身边一直不停地出现。超觉冥想（trascendental meditation）和奥姆真理教似乎吸引了许多受过良好教育的人士，包括一些拥有物理学和工程学领域高级学位的人。伪科学的说教并不是为傻瓜笨蛋们编造的，它正在产生其他效应。

另外，如果没有人对宗教的本质进行研究，也不去了解宗教的起源，那么，我们将会对宗教一无所知。尽管在某些地区和某方面伪科学与世界宗教之间似乎存在着巨大的鸿沟，但是相对科学而言，其区别非常小。世界给我们带来了许多无法解决的问题。虽然世界也为我们提供了多种解决问题的方法，但是，从世界范围来看，有些方法十分有限，有些方法具有普遍的作用。按照一般意义上的达尔文的自然选择学说，一些做法会盛行，而大多数做法会很快消失。但是，有时正如历史所展现的，最肮脏和毫无吸引力的少数做法可能却具有能够产生深刻影响的力量，这种力量能够改变世界历史的进程。

从被错误运用的科学到伪科学，到迷信（不论是新时代的还是旧时代的），一直到值得尊重的以神为基础的神秘宗教，是一个连续过程，各个层次之间没有明显界限。我在本书里将尽可能不使用一般宗教意义上的“膜拜”（Cult）一词，因为经常说这个词的人会不喜欢我这样做，但是，我会尝试着将话题延伸至知识的领地——他们是否明白自己所说的事情到底是什么？事实上每个人都有自己的看法。

在本书的某些篇幅里，我将对神学的过分行为进行批评，因为将伪科学与僵化的、教条主义的宗教区分开来非常困难。虽然如此，我首先承认，在过去的几千年中，宗教的思想和实践活动具有繁杂的多样性和复杂性。在19世纪里，自由宗教和基督教团体得到了长足的发展。新教改革、犹太教变革、梵蒂冈教皇二世以及对《圣经》的所谓更高级的批评，这些都是宗教针对自身的过分行为所进行的修正（取得了不同程度的成功）。但是，如同许多科学家似乎不愿争论，甚至不愿公开讨论伪科学一样，许多主流宗教中的主要人物也不愿意接受极端保守主义者和原教旨主义者。如果这种趋势继续发展下去，最后整个领域都会被其占领。他们将因对手不到庭而胜诉。

一位宗教领袖写信给我，表达了他对希望宗教“有约束的统一性”的心情：

> 我们已变得过于情感化……一方面是过度虔诚和肤浅的心理，另一方面是傲慢自大和教条主义的不容异说的态度，在几乎还没有认识宗教的情况下，就扭曲了真正的宗教生活。有时，我几乎接近绝望的边缘，但我仍顽强地生活，并总是充满了希望……诚实坦率的宗教比那些冒用批评者的名义，歪曲宗教、使宗教荒谬化的人更清楚其批评；诚实坦率的宗教为其自身的目的积极鼓励有益的怀疑精神……宗教与科学建立起强大的联盟共同反对伪科学是有可能的。令人感到奇怪的是，我想，这个联盟在不远的将来也可以展开反对伪宗教的斗争。

伪科学与错误的科学是不同的。科学是在犯错误并一个一个地改正错误的过程中发展起来的。科学经常会做出错误的结论，但是这些结论都是尝试性的、实验性的。科学家们提出的假说总是要使其能被证伪。假说的更替面对的是实验与观察的质疑。科学在不断加深对事物真相的了解的征途上探索着，踉踉跄跄地蹒跚前行。当一种假说经实验证实为不可行的时候，假说的提出者的情感当然受到伤害，但是，正是这种证伪过程被认为是科学事业的精髓所在。

而伪科学正好相反，其假说的设计往往恰恰在于使假说在能展示证伪的实验面前无懈可击，甚至原则上也不能被认为是不成立的。伪科学的实践者总是处于防备和警惕的状态，他们反对任何怀疑者的检验。当伪科学的假说在科学家的检验面前失败时，他们就会设计出压制科学家意见的阴谋。

健康人开汽车的能力几乎可以说没有任何问题。除了孩提时期和老年时期以外，我们一般不会跌倒或摔跤。我们可以学会例如骑车、滑雪、跳绳和驾驶汽车等各种事情，而且可以终生保持这些能力。即使我们有十年不做这些事，一旦我们再做时仍然毫不费力。但是我们开车技能的瞬时恢复也许会使我们对自身其他方面的能力产生一种错误的感觉。我们的认知能力具有欺骗性。我们有时会看到事实上并不存在的东西。我们要经受视觉幻象的折磨。偶尔我们会产生幻觉。我们很容易犯错误。托马斯·季洛维奇写的一本名为《感知我们所不知：日常生活中人类理性的易错性》的非常具有启发性的书里描述了人在认知数字方面所犯的系统性错误。拒绝接受自己不喜欢的证据，易受别人观点的影响。我们精于某些事情，但不可能通晓所有的事情。智慧产生于我们对自身局限性的了解。“因为人易迷惑”，威廉·莎士比亚这样教导我们，这正是我们需要严谨的充满怀疑精神的科学的精确性的原因。

可能科学和伪科学之间的最大差别在于：与伪科学（或“永无错误的”启示）相比，科学对人类的不完美性和易犯错误的本性的认识要深刻得多。如果我们坚决拒绝承认我们犯错误是必然的，那么，我们注定会犯错——甚至是严重的错误，重大的过错——永远与我们形影相随的错误。但是，如果我们具有一点儿自我评价的勇气，无论错误会给我们造成多么令人遗憾的思考，我们取得胜利的机会必定会极大地增加。

如果我们只向广大公众讲解科学的发现和成果——无论这些成果具有多么大的使用价值，甚至多么鼓舞人心——而不向公众讲解严格的科学方法，普通人怎么能够分清什么是科学，什么是伪科学呢？然而，科学和伪科学都是以无证据的结论的方式表现在人们面前的。在中国和俄罗斯，科学曾有过很简单的表达方式——具有权威性的科学就是权威人士所讲的科学。什么是科学、什么是伪科学只能靠你自己来判断。但是当政治发生变化，对自由思想的禁锢有所放松的时候，许多可靠的和有号召力的主张——特别是那些我们以前想知道，但是现在才了解的学说——赢得了普遍的拥护。但是，这时所有的观点都变成权威性的观点的可能性就不大可能出现了。对从事科学普及的人来说，最大的挑战是向公众讲清楚科学的重大发现、误解和科学的实践者偶尔顽固地拒绝改变研究方向的真实的和曲折的发展历史。然而大多数科学教科书所描述的都是春风得意的科学家所走过的轻松的道路。用引人入胜的方式表述科学家在几个世纪中对自然所进行的耐心和共同的质问所积累起来的智慧，比详细教授杂乱无章的积累这种智慧的方法要容易得多。科学方法似乎毫无趣味、很难理解，但它比科学上的发现要重要得多。

chapter two / 第二章

科学与希望

有两个人来到天国的入口处，一个人让另一个人将他拉上去……但是，那人在入口的边缘看到了天国美丽的景色，他忘记了一切，忘记了他曾经答应给予帮助的同伴，纵身跳入天国那壮丽与辉煌之中。

——摘自 20 世纪初期因纽格·帕素格约克给格陵兰北极探险家克努德·拉斯穆森[1]讲的一个伊格鲁里克·因纽特人的散文诗

[1] 克努德·约翰·维克多·拉斯穆森（Knud John Victor Rasmussen，1879—1933）：丹麦探险家和人种学家。写了《横跨北美》一书（1927）。此外，还有大量文学作品和科学著作。——译注

我的童年是充满希望的年代。我还在刚上小学的时候就想成为一名科学家。当我第一次知道恒星都是雄伟的星体，当我第一次明白它们距离我们非常遥远，因此它们只能在天空中闪烁着点点星光时，我对它们的认识变得那么清晰与明确。我怀疑，我那时甚至都不明白“科学”一词的含义是什么，但是，无论如何，我要投身于那伟大壮丽的事业中去。我被宇宙的绚丽所吸引，当我知道事物的真正运行规律，在这些知识的帮助下揭开难解的奥秘和探索新世界——这居然可能是真的——憧憬这一切带给我们的前景时，我被深深地震撼了。我的运气一直不坏，这些梦想已经部分得以实现。在我的眼里，科学的神秘诱人依然像半个多世纪以前，我参观 1939 年世界博览会时一样，那么令人向往，新奇的感觉依然如初。

科学普及——尽可能使非科学家们了解科学的方法和发现——随后就自然而然地很快成了我所追求的事业。对我来说，不讲解科学似乎是不可思议的事情。当你坠入爱河，你就想告知天下所有人。本书是我的个人坦白，向你们讲述我对科学终生的爱情故事。

写此书还有另一个原因：科学不仅仅是一个知识体系，它还是一种思维方式。我一直在预想我的儿子或孙子时代的美国，那时的美国已经进入了服务和信息经济的时代，几乎所有的主要制造工业都移往其他国家，令人感到敬畏的技术实力都掌握在少数人手中，没有任何代表公众利益的人能够理解主要议题，人们已经丧失了向掌权人呈交他们自己的议程表或向他们提出内行问题的能力，人们所能做的事情就是紧紧抓住水晶球，神经质地求助于占星术，我们批评的才能已经衰退，人们已经无法分辨出什么仅仅是良好感觉，什么是事实真相。我们在几乎毫不知觉的情况下，滑退至迷信和黑暗的社会之中。

美国人越来越愚蠢的最明显的证据，是在有巨大影响力的媒体中的实质性内容越来越少，是每段内容不超过 30 秒（现在已经是 10 秒或更少了），是一节目编排迎合欣赏水平最低的人群，是对于伪科学和迷信的介绍，尤其是对于无知有一种庆贺的态度。在我写本书时，美国录像带租赁市场上最抢手的影片是《阿呆和阿瓜》。青少年电视节目中收视率持续最高的（最有影响的）是“B 仔闯荡美利坚”。使人清楚无误地感到，学习的节目——不仅学科学，还要学其他知识——是可以免除的，甚至是不受欢迎的。

我们已经创造了一个全球的文明，在这个文明世界中，大多数重要的元素——交通、通信、工业、农业、医学、教育、娱乐、环境保护，甚至重要的民主选举制度——都与科学技术密切相关。但是，与此同时，我们也创造了另外一些东西，使得几乎无人理解科学和技术。这是一个制造灾难的药方。我们可能会在某个短暂的时间内消除灾难，但是，这种无知和权力混合制成的易燃品早晚有一天会在我们面前燃成熊熊大火。

托马斯·艾迪于 1656 年在伦敦发表了名为《黑暗中的蜡烛》（*A Candle in the Dark*）一书，这本通篇充满大无畏精神、主要依照《圣经》教义写成的书，将当时正在进行的搜捕巫婆运动抨击为一种“迷惑人”的骗局。艾迪在阐述他的观点的时候，引用了“做坏事的巫婆”这个名词，巫婆必定存在。“这些东西会以其他形式出现，还是即将销声匿迹？”在我们历史上很长的时间内，我们惧怕世界以外的东西，害怕那些不可预见的危险，我们乐意接受任何能够保证减少恐惧和消除恐惧的东西。科学在了解世界、控制事物、掌握我们自己的命运、保持安全的前进航程中一直在进行着尝试，而且取得了巨大的胜利。现在，微生物学和气象学所能说明的问题，在几个世纪之前却被认为是将妇女烧死的充足理由。

艾迪还警告："无知将导致国家的灭亡。"无知，特别是对自己本身的无知会更有可能造成不可避免的人类苦难。我担忧，特别是在这个千年即将结束之际，伪科学和迷信似乎越来越具诱惑力，非理性的海妖的歌声更加悦耳迷人。我们以前是否在什么地方听到过这歌声？在物质稀缺时期，在国家的自尊心或敏感的问题受到挑战之时，当我们为失去在宇宙中的位置和目的而极度忧虑之时，当狂热的火焰在我们身边沸腾之时，我担心，长期以来我们的思维习惯会控制我们的一切。

蜡烛火苗在摇曳。暗淡的烛光在颤抖。黑暗在降临。魔鬼开始蠢蠢欲动。

科学未探明的事情很多，许多秘密仍待揭示。宇宙之浩瀚广阔达数百亿光年，其年龄也高达 100 亿～ 150 亿年，其貌其状将永世长存。我们经常会获得意外的惊喜。然而，某些新时代的宗教作者却下结论说，科学家认为"他们发现的都是现实存在的"。科学家不承认没有证据的神秘意外事件，除非有人说亲眼所见，但也并不认为他们对自然的认识是全面彻底的。

科学远不是十全十美的获得知识的工具。科学仅仅是我们所拥有的最好的工具。就此而言，与其他并无差异，比如民主。科学本身不能指出人类行动的方向，但是，科学却能够预测人类选择行动途径的可能结果。

科学的思维方式既富想象力又要以科学素养为基础。这是取得成功的关键所在。科学要求我们以事实为基础，即使事实与我们以前的看法不相符合。科学劝告我们要首先在头脑中形成假想，然后看这个假想是否符合事实。科学催促我们要时刻保持开放，接受新思想，同时要允许持异端观点的人和严格的怀疑论者对新思想、新经验和新知识进行验证。这种思维方式对不断变化的时代中的民主制度同样是重要的工具。

科学取得成功的原因之一是科学具有改正错误的内在机制。有些人可能认为这是对科学过于夸张的描述，但是，我认为，我们在进行科学研究时，时刻在进行自我批判，时刻将我们的思想与外部世界的思想进行比较。当我们自我放纵和放弃自我批判时，当我们将希望和事实混为一谈时，我们就滑入了伪科学和迷信的泥沼。

每次，当一篇科学论文告诉了我们一些数据的时候，同时也告诉了我们一些错误。它对我们的提醒虽然是无声的，但却是非常及时的，那就是，任何知识都不是完全的和十全十美的。这是我们衡量我们认为自己知道的东西的标尺。如果错误之处很少，我们通过实验获得的知识的准确度就很高；如果错误之处很多，我们所获知识中的不确定性就很大。除纯数学，没有任何东西能够被认为是确定的（何况有许多东西毫无疑问是错误的）。

此外，科学家在确定他们试图理解世界这一符合实际的重要性时，通常是很认真的——从臆想和假设等具有很高程度的试探性理论，到通过对世界运行规律的多次探索而对自然法则的重复和系统的确认。但即使是自然法则也不是绝对确定的，也许还存在以前从未被检验过的领域——比如黑洞内部、电子内核或接近光速——在这些领域内，即使是我们借以自夸的自然法则也不起作用，而且无论它在常规条件下怎样有效，都需要被更正。

人类可能渴望绝对的确定性，人类也许渴望有一天获得绝对的确定性。人类可能会像某些宗教信徒一样自称已经得到绝对的确定性。但科学（目前最成功地说明人类可以获得的知识）学说的历史告诉我们，我们最为盼望的是在理解世界的过程中取得不断的进展，从错误中获得新知——一种通往宇宙的渐进的线性方式。但是，绝对的确定性这个我们前进路上的伴随物却常常在我们的身边，可望而不可即。

我们经常陷入错误的泥沼之中。几乎每一代人最希望的都是减少一点点误差，而增加一些由误差所提供的资料。误差是一个普遍存在的、能看得到的、对我们知识的可靠性的自我评估。你经常可以在公众舆论调查中看到误差（比如，±3%的不确定性）。我们可以想象一个这样的社会，在这个社会中，议会记录中的每一个演讲内容，每一个商业电视节目，每一次布道都伴随着误差，或类似误差的东西。

科学的最重要的戒律之一是“不要轻信权威的观点”。（当然，科学家也是灵长类动物，也有与生俱来的等级观念，所以不会总是遵从此戒律。）产生于权威的观点很多被证明是有严重错误的。权威必须证明他们的论点，像其他所有人需要证实自己的论点一样。科学的这种独立性，以及在接受传统观点中所表现出的偶尔不情愿，使得缺乏自我批判的说教，或声称正确无误的自我标榜，变得具有危险性。

因为是科学使我们理解世界的本质，而不是我们按自己的希望理解世界的本来面目，所以，科学发现可能不是在所有的方面都能立即被理解或令人满意。这需要花费一点精力来改变我们的思维方式。某些科学非常简单。当它们变得复杂时，那常常是因为世界变得复杂了，或是因为我们变得复杂了。当我们因为它太困难（或是自己所知太少）而羞愧地远离它时，我们就丧失了掌握自己未来的能力。我们的自信心受到了伤害。

但是当我们越过障碍时，当我们掌握了科学的发现和科学的方法的时候，当我们理解了这些知识并将其付诸应用时，许多人就享受到了很高程度的满足感。对于每个人都是如此，尤其是对孩子们——他们生来就具有对知识的热情，我们能够意识到他们必定要生活在一个由科学所创造的未来社会中，但却常常认为，在他们青少年时代科学并不适合他们。我个人认为，无论是别人对我讲解的科学还是我试图对别人讲解的科学，当我们获得它时，当晦涩难懂的术语突然明朗起来时，当我们了解了所有令人烦恼的问题时，当隐藏在最深处的秘密被揭示出来时，我们会得到极大的满足。

在探索自然的过程中，科学总是能够探索出自然所具有的令人尊崇和敬畏之处。理解本身，就是对人类加入和融入宇宙之壮美的一种盛赞（即使是在极小的程度上的加入）。长时间世界范围内不断积累形成的知识体系将科学转化为一种几乎是跨国界、跨时代的超意识。

"精神"一词来源于拉丁语的"呼吸"。我们呼吸的是空气，无论空气如何稀薄，但它是物质这一点却是毫无疑问的。无论"精神的"一词在用法上多么相互冲突，其含义与物质无关，与科学王国内的事物无关，甚至于有时我们感觉到用起这个词来很自由。科学不仅仅与精神性相一致，而且本身就是精神性的底蕴深厚的源泉。当我们认识到我们在浩瀚无垠之中空间的位置和时间通道中的位置的时候，当我们抓住生命中错综复杂、美轮美奂、精细微妙时所产生的那种欢欣鼓舞和谦逊自制交织而成的飞腾上升的情感，无疑就是精神。我们在伟大的艺术、音乐、文学或甘地[1]和马丁·路德·金[2]等人堪称楷模的无私勇气面前也会产生同样的情感。科学与精神性在某种程度上彼此排斥的观点对两者都具有不利的影响。

理解科学可能是一件很困难的事情。它可能会向众人认为是正确的观念进行挑战。当科学的成果被政客或工业家所控制的时候，它就可能被利用制造大规模的毁灭性武器，并对环境造成威胁。但有一点你必须承认：科学给你带来了幸福。

并不是科学的每个分支都可以预测未来——古人种学就不能——但许多分支却可以，并且具有惊人的准确性。如果你想知道下次日食的时间，你可以试试去问魔术师或神秘主义者，但最好是问科学家。他们会告诉你应该什么时候站在地球的什么位置，你会看到日全食、日偏食还是日环食。他们可以提前1000年预测出日食的时间，甚至精确到分钟。你可以去找巫医驱除使你得致命的贫血症的魔咒，也可以吃维生素 B_{12}。如果你想把你的孩子从小儿麻痹症中挽救出来，你可以祈祷，也可以接种疫苗。如果你想知道未出生的孩子的性别，你可以以一种自定的方式来请教铅锤吊摆（如左—右，男孩；前—后，女孩；或其他的方式）。但是平均地来说，它们只有50%的准确率。如果你想获得真正的精确度（比如99%的准确度），试试羊膜穿刺术和超声波检查方法，试试科学。

想想有多少宗教试图用预言来证实他们自己的正确，想想有多少人虔诚地相信这些预言，无论这些预言是多么含混不清，多么不可能实现，他们用这些预言支持或支撑他们的信念。但是有哪种宗教具有与科学一样可靠的精确预

[1] 甘地（Gandhi，1869—1948）：印度民主主义领袖，有“圣雄”之称。1918年在印度发起非暴力抵抗运动，开始为印度独立进行毕生的斗争。——译注

[2] 马丁·路德·金（Martin Luther King，Jr.，1929—1968）：美国黑人牧师和民权运动领袖、演说家。1964年获得诺贝尔和平奖。——译注

见吗？在地球上没有一种宗教不渴望一种非凡的能力——预知，而且能在固执的怀疑论者面前重复地证实他们所预知的事情，没有任何其他人类团体更可与之相比。

这是在科学祭坛上敬拜吗？这是用一种信仰来代替另一种信仰，还是同样是专横独断的信仰？我认为都不是。科学通过直接观察得到的成功是我颂扬其有效性的原因，如果有别的什么比科学做得更好，那么我也会拥护它。科学将自己与哲学批判主义隔离开了吗？它把自己定义为对“真理”拥有垄断权的东西了吗？再想想将在千年以后发生的日食。与你所能想到的各种学说比一比，注意一下它们对未来的预言，哪一个是含糊的？哪一个是精确的？哪一种说教——每一种说教都与人类易犯错误的特性相适应——具有内在的改正错误的机制？认真考虑一下这个事实吧，那就是，没有任何一个说教是完全正确的、十全十美的。我们拿出一个通过公正地比较（而不是根据感觉判断）挑选出的最好的。如果各种说教在无关联的和独立的领域里都行之有效，那么，我们当然可以随意地选择几个——但是它们之间不能相互矛盾。这绝不是盲目崇拜，而是一种手段，通过这种手段，我们能够将虚假的崇拜偶像与真实的事物进行区分。

需要重申的是，科学之所以有效，部分原因是内在改正错误的机制。在科学上没有被禁止讨论的问题，无论是过于敏感的问题，还是需要深入研究的问题。在科学中，没有神圣的、不可冒犯的真理。对新思想的开放与对所有思想进行的严格的怀疑主义的验证相结合，才使得麦子能够从干草中筛选出来。在科学面前，无论你多么聪明敏捷、多么令人敬畏、多么受人尊重，都与他人一样，无高低贵贱之分。你的成果必须经受严格的专家的评审才能得到证实。不同的意见和争论都具有重要的意义，所有的观点都应当受到鼓励——应鼓励不同的观点在广度和深度上进行争论。

科学的程序听起来杂乱无章、毫无秩序。从某方面来讲，的确如此。如果你从日常生活的角度检验科学，你就会发现，科学家们拥有全部的人类情感、个性和性格。但从另一个角度看，给科学界以外的人留下真正深刻印象的，是被认为可以接受的、有价值的相互批评的交锋。科学界的新手总是能够得到他们的良师益友的非常热情且具有激励作用的鼓励。但是，可怜的研究生们在他们的博士论文的口头答辩过程中，必须接受掌握他们未来命运的那些教授所提出的问题的猛烈攻击。学生们自然会感到很紧张，谁会不紧张呢？是啊，他们已经准备了许多年，但是他们知道，在这个关键时刻，他们必须能够回答专家们提出的尖锐而深刻的问题。因此，在为通过他们的论文做准备时，他们必须练习一种非常有用的思维习惯：他们必须预测可能提出的问题；他们必须自问：在我的结论中是否有别人可能发现的弱点？我最好在他们发现之前就对它进行论证。

你坐在一个各种观点争论不休的科学会议上。你发现在大学的讨论会上，发言者在他们的听众的各种难以回答的问题和评论提出后不到 30 秒钟就开始发表看法。你可以检查一下在这种会议上所提交的书面报告，这些报告都是按照某一科学杂志的需要而写的，是为了能够发表而写的，它们被编辑转送到名字不公开的裁决者那里，这些裁决者的工作就是问这样的问题：作者是否做过蠢事？文章的内容是否足够引起读者的兴趣，有否出版的价值？这篇文章的缺点是什么？论文的主要结论是否别人已经得出？在作者实际上已经公开论证了自己的研究结果后，其观点的表述是否充分？其论文是否应该重新呈交？这一切都是在幕后进行的：作者对裁决者一无所知。这就是科学团体每天期望知道的东西。

我们为什么要忍受这种过程？我们喜欢被批评吗？不，没有一个科学家喜欢被批评，每一个科学家都觉得他对自己的思想和发现拥有所有权。但是，你却不能对裁决者说："等一等，这确实是个好想法，我非常喜欢它。它又对你毫无害处。请你放过它吧。"相反，一条不易实行却又公平的原则是：如果某个想法行不通，你就应该把它扔到一边去。不要在无效的事情上太伤脑筋。英国物理学家迈克尔·法拉第对那些具有强大吸引力的诱惑提出了警告：

以我们的需要为目的去寻找证据与发现，对与这些证据相反的观点和证据置之不理……我们和颜悦色地接受与（我们）的观点相一致的看法，厌恶地拒绝那些反对我们的观点；而这种反常的做法正是为所有常识的判断所需。有效的批评只会对你有利。

有些人认为科学傲慢自大——尤其是当它据称与长期存在的信念相互矛盾，或当它提出一种似乎与常识完全不同的稀奇古怪的概念时。就像在我们所站立的地面上发生地震，科学震撼着我们的信念，向我们所熟悉的信仰发起挑战，使我们长期以来所信仰的说教产生了根本的动摇。然而，我依旧认为科学的主要部分是谦逊的。科学家们没有将他们的需要和索求强加给大自然，相反，他们谦卑地询问着自然，并且用非常认真的态度看待他们的发现。我们意识到那些深受尊敬的科学家错了，我们认识到了人类的不完美。我们坚持研究的独立性，尽最大可能地对所提出的观点进行定量核实。我们不停地前进，发出挑战，寻找自相矛盾的观点，寻找那些微小的但不断出现的其他错误，做出其他解释，鼓励各种言论的自由发表。我们高度赞赏那些用雄辩的观点反驳已有的学说的行为。

在此，我们可以举出许多这类的例子：与牛顿的名字联系在一起的运动定律及引力与距离平方成反比的定律被认为是人类最杰出的成就之一。300 年后，我们用牛顿力学来预测日食。宇宙飞船从发射开始的数年后，能在距离地球数十亿千米外，准确地进入太空中选定区域轨道上的预先确定的点，好像世界在向我们款款漫步而来，其精确性令人瞠目结舌，牛顿显然知道他当时所做的事情所具有的意义。

但是，科学家们并不满足于自我探索，也不对自己的成绩孤芳自赏，他们坚持不懈地寻找牛顿观点中的缺陷。在高速及强引力方面，牛顿的物理学体系崩溃了。这就是阿尔伯特·爱因斯坦的伟大发现之一——狭义和广义相对论，这也是他的理论长期受到尊敬的原因之一。牛顿力学适用于许多领域，包括日常生活，但在某些对人类来说极不寻常的条件下——毕竟我们没有以近光速旅行的习惯——难以做出正确的回答。牛顿力学与人们对自然的观察不相一致。广义和狭义相对论在其有效领域与牛顿力学没什么区别，但却在其他方面（高速、强引力）做出了不同的预测，这些预测与观察完全吻合。牛顿力学被证明接近真理，适用于我们日常所熟悉的情形，但不适合其他情形。这是人类智力所取得的一个辉煌的、值得庆贺的成就，但却有其局限性。

但是，与我们对人类易犯错误的本性的了解相一致，我们已经注意到这样的看法，即，我们可以无限接近真理，却永远不能完全获得真理。科学家们如今正在研究广义相对论中站不住脚的地方。比如广义相对论预言存在着一种被称为引力波的令人感到惊异的现象。人们从来也没有直接检测出这些引力波。但是，如果它们不存在，那么广义相对论从根本上就是错误的。脉冲星是迅速旋转的中子星，现在人们对它们闪烁速度的测量已达到小数点后 15 位。人们预测在轨道上相互环绕的两颗密度很大的脉冲星会放射大量的引力波，这种引力波迟早会轻微地改变这两颗星的运行轨道和旋转周期。普林斯顿大学的约瑟夫·泰勒和拉瑟尔·赫尔斯使用了这种检验方法，从另一个全新的角度检验广义相对论所做的预测。他们认为，他们得出的结果会与广义相对论不一致，有可能会推翻现代物理学中的一个主要支柱。当时，不仅他们自己愿意对广义相对论发起挑战，他们也受到多方鼓励。事情的结果却是，他们对两个脉冲星的观察，充分地证实了广义相对论的预测。为此，泰勒和赫尔斯共同获得 1993 年诺贝尔物理学奖。其他许多物理学家通过各种不同的方法也在检验着广义相对论，比如试图通过直接探测的方法捕捉难以捉摸的引力波。他们希望不停留在理论阶段，而是找到突破口，发现在爱因斯坦所理解的自然王国中所取得的伟大成就是否到了该开始经受论证的时候。

只要有科学家在，这种努力就不会停止。广义相对论在量子水平上当然不可能对自然做出充分的描述，但是，即使能够做出充分的描述，即使广义相对论放之四海而皆准，永远有效，那么，除了共同努力去发现其错误和局限性以外，还有什么更好的办法使我们更相信其有效性呢？

这就是为什么有组织的宗教不能使我对其信任的原因之一。哪些主要信仰的领袖承认他们的观点可能是不完全的、有错误的，并建立研究机构来寻找其可能存在的说教中的缺陷呢？除了日常生活中的检验，谁在系统地检验传统的宗教学说可能不再适用的那些情形呢？（我们当然可以得出这样的结论：在父权制社会、早期或中世纪时期非常有效的教义和伦理观念在我们今天所居住的各种完全不同的世界中也许完全无效。）什么教义能公正地检验上帝的假设？已建立的宗教体系给了宗教的怀疑者们什么奖励吗？同样，社会学界和经济学界的怀疑者们在他们巡视的社会中又得到了什么回报呢？

安·德鲁彦关于科学的论述总是在我们耳边低声回荡："记住，你对此一窍不通，你可能会犯错误，你以前犯过错误。"我不管那些谦逊的谈话，请告诉我可与宗教学说相提并论的东西。据说，《圣经》是上帝对人的启示：一语具有多种含义。但是如果它仅是由本质上就必定会犯错误的人写成的，其结果如何？令人无法置信的奇怪事情被说成确有其事，但如果它们是由骗术、我们尚不了解的意识状态、对自然现象及精神疾病缺乏了解而形成的综合产物呢？我认为，当代的任何宗教和新时代的信仰都不能像科学那样引起我足够的重视，因为它们不能像科学那样揭示出自然本身所具有的伟大壮观、雄伟壮丽、精美绝妙和错综复杂。大多数现代科学发现都没有被《圣经》所预示，这一事实使我对它神圣启示的怀疑又加深了一层。

当然，我也有可能是错的。

请阅读下面这些文字，请你读这些文字不是让你理解它们是如何描述科学的，而是体味作者的思维方式。他研究的是物理学上的异常现象，物理学上明显的自相矛盾现象，他将其称作"非对称性"。我们能够从中学到些什么呢？

> 现在人们一般认为，麦克斯韦的电动理论会导致一些不对称，而这看起来并不是现象本身所固有的。例如一块磁铁与一根导线之间相互的电动作用，我们所观察到的现象只依赖导线和磁铁之间的相对运动，但是从习惯的角度看"磁铁运动"与"导线运动"是截然不同的。因为，如果磁铁运动而导线静止，则在磁铁的附近形成一个具有有限能量的电场，从而在通过电场的导线里产生电流。如果磁铁静止，导线运动，磁

> 铁周围不产生电场，然而在导线中，我们却发现有一个电动势，没有相应的能量产生它，但是它却在导线中产生了一个电流，假设这两个例子中的相对运动完全相同，则后者导线中电流的方向和大小都与前者相同。这一类例子，以及无法找到与“以太”有关的地球运动，使人感到电动力学现象，以及各种力学现象，不具备与绝对静止观念相对应的性质。这些事例还使人感到，正如对于一阶小量已经证明的，电动力学和光学的相同的规律，在力学方程成立的任何参照系中都是有效的。

作者想告诉我们什么呢？在本书的后面我将解释一下有关背景。现在，也许我们可以意识到语言是简练的、技术性的，用词谨慎而清楚明了，比它所需要使用的语言简单得多。你不可能仅根据文章使用术语（或根据其并不矫揉造作的题目《论动体的电动力学》）就不假思索地猜到这篇短文标志着狭义相对论诞生的重要时刻，通过它，物质和能量被成功地宣布是等价的，我们这个小小的世界是宇宙中一个“特殊的参照系”这一错误信条被击破，从几方面说这篇短文都是人类历史上跨时代的事件。爱因斯坦 1905 年这篇论文的开场白是科学报告的一个典型例子。它令人感到与众不同的是，无私的剖析，谦虚谨慎，对自己的重大成果没有进行过多地描述。表述的语调与当今产品广告、政治演讲和权威的神学公告（甚至包括书皮上的内容简介）形成鲜明对照。

请注意爱因斯坦的论文是如何在开始时就尽可能交代清楚实验结果。只要可能，科学家们就做实验。这种实验通常根据当前占主导地位的理论来进行并拿出结果。科学家们总是要检测这些理论直至找到突破点。他们并不相信凭直觉感到很明显的东西。地球是平面的曾是明显的事实；重物比轻物坠落得快曾是明显的事实；吸血的水蛭会治好许多病曾是明显的事实；某些人是奴隶，这是因为他们生下来就是奴隶，也是上帝的旨意，这也曾经是很明显的事实；宇宙有个中心，而地球则正在那个被称颂的中心点上，这也曾是明显的事实；静止有绝对的标准，这也曾是明显的事实；真理可能会使人感到惊讶无比，也可能与人们的直觉恰恰相反；真理可能与人们深信不疑的看法完全不同；实验的作用就是使我们能够获得真理。

在几十年前的一次午餐中，有人向物理学家罗伯特·W. 伍德祝酒时说："为物理学和玄学干杯！"人们要求他对这句祝酒词做出解释。那时，人们认为"玄学"是类似哲学的东西，或者是通过思考就能认识到事情的真相的学问。这种玄学也可能包括伪科学在内。伍德做了如下回答：

> 如果一个物理学家有了一种思想，那么，他想得越深刻，就越想更深入地了解这种思想。他查阅科学文献，他读得越多，这个思想就变得越清晰。理论准备好后，他就到实验室，并设计一个实验来验证这个思想。实验是非常辛苦的工作，多种可能性都要验证。实验的精确度要求很高，错误尽可能减少。他严格按照实验过程进行实验，他仅为获得实验结果而废寝忘食。在经过严格实验后工作结束时，却发现这个思想毫无价值。这时，物理学家就将其抛弃一旁，让自己的头脑从杂乱的错误中解脱出来，转而去做其他事情。[1]

伍德将酒杯高举过头，下结论说，物理学和玄学间的区别并不在于一类实践者比另一类实践者更聪明，而在于玄学家没有实验室。

我认为，电台、电视台、电影、报纸、书籍、电脑程序、主题公园和教室共同努力向所有公众传播科学有四个主要原因。在科学的所有用处中，培养出少量的、专业知识水平很高的、高酬金的牧师式的专家是不够的，事实上也是危险的。相反，某些最重要的科学发现和科学方法必须在最大的范围内使公众得到了解。

- 对新兴的民族来说，尽管有许多失误，但是，科学仍然是摆脱贫穷和

---

[1] 正如物理学先驱本杰明·富兰克林所说："在进行实验时，我们建立了多少精妙的系统，而这些系统又很快地使我们走向失败之路。"他认为，至少这种经验足以"帮助一个自负的人变得谦虚谨慎起来"。

落后的金光大道。科学能够使国家经济发展，全球文明程度不断提高。许多国家都明白了这一点。这也是为什么有这么多来自其他国家的研究生在美国的大学（目前仍是世界上最好的大学）里学习科学和工程学。美国有时没能有效地掌握科学，即放弃了科学，这样做的必然结果，就是退回到贫穷和落后之中。

- 科学提醒我们要重视由于我们改变世界的技术而带来的严重后果，特别要关注我们赖以生存的全球环境。科学给我们设置了一个重要的预警系统。
- 科学告诉了我们关于人类、生命、我们的星球和宇宙的起源、本质和命运等最深刻的问题。在人类历史上我们确实第一次真正了解了其中一些问题。地球上的每一种文明都提出了这样的问题并高度重视其所具有的重要意义。当我们领悟到这些重大问题时，我们所有的人都会惊出一身冷汗。从长期的发展过程来看，科学送给我们的最贵重的礼物可能就是，它告诉了我们人类能够了解我们的宇宙的产生和发展、我们来自何处、何时来到这个世界上以及产生我们自身的方式。
- 科学的价值观和民主的价值观是一致的，在许多情况下是无法区分的。科学与民主起源于——从它们文明的典型特征上说——同时同地，即公元前7世纪至公元前6世纪的希腊。科学赋予任何一个刻苦学习（尽管非常多的人由于学习有方而避免受苦）它的人以权利。科学发达，确实需要思想的自由交流，其价值观与事事秘而不宣的价值观水火不相容。科学绝不改变自己的原则，即科学本身没有特别的有利之处或特权地位。科学和民主鼓励非正规思想的自由发表和激烈的争论。科学和民主都需要具有足够的理性、有条理的论据、证据的严格标准和诚实。科学是防范假装有知识的人的有效方法。科学是反神秘主义、反迷信以及反对在不属于自己范围内的地方滥用教义的宗教的一座堡垒。如果我们忠实于科学的价值观，那么，科学就可以告诉我们，我们什么时候被欺骗了。科学在我们犯错误的过程中就能将其

> 改正。科学的语言、规则和方法应用得越广泛，我们就越会有更好的机会来保留托马斯·杰斐逊和他的同行们思想中的东西。但是，科学的成果比前工业时期那些蛊惑人心的政客所梦想的东西更能彻底地破坏民主。在困惑和迷惑的浩瀚大洋中发现偶尔浮现的真理的迹象，需要警觉清醒的头脑、忘我的工作热情和旺盛的斗志。但是如果我们不培养这种严谨的思考问题的习惯，我们就不要想解决我们所面对的确实非常严重的问题，那就是，我们面对这样一个危险：我们的民族将变成一个很容易受骗的民族，我们的世界是一个充斥着傻瓜的世界，如此世代相传，被今后四处招摇的骗子牢牢掌握在手中。

如果有一个刚刚降临到地球上的外星生物仔细地看或听了我们通过电视、广播、电影、报纸、漫画以及书籍所展示给我们的子女的东西后，可能很容易得出这样的结论，我们在有意地教他们谋杀、强奸、残忍、迷信、轻信以及功利主义。我们一直在这样做，通过不断地重复，许多东西最终起到了作用。但是，如果我们向他们灌输科学和希望，我们又将创造一个什么样的社会呢？

chapter three / **第三章**

月球上的人和火星上的人脸

月涌大江流

……

飘飘何所似

——《旅夜书怀》杜甫（中国唐朝，公元 765 年）

科学的任何一个领域内都有与其相关的伪科学。地球物理学家中有地球平面说、地球中空说，有坚持认为地球是由猛烈挥动的斧子砍削而成的学说，迅速上升或下沉的大陆板块学说，还有地震预言家；植物学家中有人认为，植物强烈的情感变化可以用测谎器检测出来；人类学家中有人认为现今仍有猿人存活；动物学家中有人认为，恐龙并未灭绝；进化论生物学家中有些人认为可以用《圣经》来解释生物的进化过程；考古学家中有人宣称发现了古代宇航员，并相信那些伪造的神秘而有魔力的符号和拙劣的雕塑品；物理学家中则有人鼓吹永动机，可能还要加上常温核聚变[1]；业余人士中有人号称推翻了爱因斯坦的相对论；化学家中至今还有人相信炼金术；心理学家中有非常多的人使用的心理分析方法几乎全都是心灵学方法；经济学家声称可以进行长期的经济预测；而气象学家从根据太阳黑子计算日期的《农民历书》出现以来就一直在进行长期天气预报（当然长期气候预测是另外一回事）。天文学家中拥有影响力最大的伪科学——产生了这个学科的占星术。伪科学有时与其他学科交叉，使人造成知识混乱，比如用心灵感应寻找大西洲下埋藏的珍宝，或用占星术来

[1] 1990 年一组物理学家宣布常温核聚变实验成功，轰动一时。后来经过仔细检查，才发现其实是实验做错了，闹了个丑闻。——译注

预测经济发展。

因为我主要研究星球，也因为我一直在对外星生命存在的可能性进行研究，所以，关于未知世界的各种伪科学就十分频繁地光顾我的门槛。在我们这个时代，人们通常将外星生命称为“外星人”。在这章中，我将介绍两种最近出现的、相互间有所关联的伪科学的学说。这些例子说明了人类理解和认知能力的不完善使得我们在非常重大的问题上受到欺骗。第一件事是关于自远古时代就存在于火星表面上的一个巨大的石脸，这个石脸在火星的沙地上毫无表情地凝望着太空；第二件事是外星人从遥远的星球漫不经心地、不受任何伤害地造访地球的故事。

尽管我将这些事情概括得如此直截了当，但是，在仔细思考这些说法时是否会让人产生惊恐的感觉呢？如果这些古老的科学上的幻想——毫无疑问与人类内心深处的恐惧和渴望具有重要的关系——实际上确实曾发生过，又会怎样？难道有谁能够对此不感兴趣吗？仔细看一下这些材料，即使是彻头彻尾的愤世嫉俗者也会有所触动。我们是否能够打百分之百的包票，确信自己能够保持怀疑态度，坚持不相信这些说法？如果说连坚决认真的探索者也能感觉到这些说法具有吸引力的话，那么那些未受过科学的怀疑精神教育的像“巴克利”先生那样的人又会如何感觉呢？

在历史上的大部分时间内——在出现航天飞机和望远镜以前，当我们主要沉浸在幻想中的时候——月球一直是个谜。几乎无人认为它也是一个世界。

当我们用肉眼仰望月球的时候，我们实际上看到了些什么？我们看到的是不规则的明暗交错的斑点，与我们所熟悉的任何客观事物都无相像之处。但是，我们的眼睛会将那些斑点结合在一起，我们会将注意力集中在某些斑点上，而忽略其他斑点，这几乎是无法避免的人的本能。我们有意识地找一个图形，然后我们就会发现这个图形。在世界各地的神话和民间传说中，人们看到了许多形象：一个正在月桂树下织布的女人，一头正跳下悬崖的大象，一个背着篮子的姑娘，一只兔子，月亮的肠子被一只不会飞的暴躁的鸟啄出后撒满月球表面，一个正在捣塔帕维维布[1]的女人，一只四眼美洲虎。生活在一种文化环境中的人很难理解生活在另一种文化环境中的人怎么会看出那么奇怪的东西。

普遍的说法是月亮里面有一个人。当然他并不是真的像人。这个人的面孔一边高一边低、歪扭并且下垂。在左眼的上面挂着一块牛排似的东西。那张嘴在表达一种什么情感呢？在喊表示惊讶的"嗷"吗？还是一种忧伤或者悲痛的表情？还是沮丧地对地球上芸芸众生的艰辛努力表示了他的认可？显然这张脸是太圆了，耳朵不知跑到什么地方去了。我猜他的头也是秃的。尽管如此，每次我看月亮的时候，就会看到一张人脸。

世界各地的民间传说把月球描述成一个无聊的东西。在阿波罗火箭登月前，人们告诉孩子们月亮是用绿奶酪（就是带有臭味的那种）制成的，这种比喻被认为并不美妙，但却很有趣。在孩子们的书中和编制的卡通片中，月亮上的人经常被简单地画成一个圆圈中的脸，与配有两个小黑点似的眼睛和一个两端上翘的嘴那种没有任何含义的"笑脸"没有任何区别。他和蔼慈祥地俯视着在月色中嬉戏的动物和儿童以及餐桌上的叉勺。

我们现在再考察一下我们用肉眼观察月球时所看到的两种地形：一种是比较明亮的前额、脸颊和下巴，另一种是比较暗淡的眼睛和嘴巴。通过我们的望远镜我们可以看到，明亮的面部一部分事实上是古火山喷发后形成的高地，据我们目前所知（使用放射方法测量阿波罗号上宇航员带回的样品从而得知火山形成的年代），这个火山形成于45亿年前；暗淡一些的形象则是被称作洼地（MARIA，单数形式是MARE，源自拉丁文，海洋的意思，尽管就目前我们所知，这个洼地实际上干燥得就像一块骨头）的形成年代短些的玄武岩熔岩流。洼地是在月球历史上于最初几亿年前形成的，形成的部分原因是无数的小行星和陨石的高速撞击。右眼被称作英布里姆洼地，而左眼上

[1] 塔帕维维布：在太平洋岛屿上以一种构树、面包果以及其他植物捣烂的树皮织成的粗布，通常配有几何图案。——译注

方的那块下垂的牛排则是塞伦尼达提斯洼地和特郎奎里达提斯洼地（阿波罗Ⅱ登陆地点）的接合部，歪斜地张着的嘴是胡莫拉姆洼地（不借助仪器仅靠人们的肉眼是无法分辨的）。

月球上的“人脸”事实上是古代灾难的一种记录，人脸中的大部分形象是在人类出现以前形成的，甚至是在哺乳动物、脊椎动物、多细胞有机体，甚至可能是在地球上出现生命以前形成的。这是我们人类自高自大的特点——将人脸的形象强加于偶然的宇宙撞击形成的形象。

人类像其他灵长类动物一样，喜群居生活。我们还喜欢与别人合作。我们是哺乳动物，对后代的亲情照料是保证世代繁衍的主要因素。父母对孩子微笑，孩子回报以微笑，亲情关系得以建立或加强。一旦婴儿能够视物，他便开始认识面孔，就目前我们所知，这种技能是大脑遗传的结果。那些在 100 万年前不能认识人脸并很少回报以笑容的婴儿不太可能赢得父母的欢心，因而也较少有机会活下去。而现在，几乎每一个婴儿都会很快地辨认出人脸，并对之报以傻傻的微笑。

我们大脑中辨认形状的机能是如此有效，以至于能够从相似的其他人中辨认出一张人脸，以至于我们有时可能看到实际并不存在的人脸，而与此同时，这种机能也带来一种尚未引起我们注意的副作用，那就是，在没有人脸存在的地方，我们也能看到脸。我们将一些毫不相关的明亮的或暗淡的独立图形组合在一起，并无意识地尽力看出一张人脸。月球上的人就是这样一种结果。米凯兰杰洛·安东尼奥尼[1]的电影《爆炸》描述的就是另一种例子。其他的例子也很多。

有时还有地理结构形成的人形，比如说在新罕布什尔州福兰克·诺奇的老人山。我们认为它们是一些超自然的东西或者是新罕布什尔州未被发现的古代文明，然而，它们只不过是岩石表面的风化和崩塌的产物。无论怎样看它都

[1] 米凯兰杰洛·安东尼奥尼（Michelangelo Antonioni，1912—2007）：意大利电影导演。作品《冒险》（1959）和《红色的沙漠》（1964）使他蜚声国际。他执导的影片善于表现现代化的社会题材，对话简洁，寓深意于画面之中。——译注

不像人脸。北卡罗来纳州的魔鬼头，英格兰威斯特沃特的司芬克斯石，法国的老妇人，亚美尼亚的瓦坦石。有时候人们又发现了一个斜躺的女人，如墨西哥的依克斯塔其豪特山；有时候人们又会发现人体的其他部分，如怀俄明州的伟大的泰坦（由法国探险家命名的一对从西部一直延伸过来的山峰，事实上是三座山峰）；有时候是人们对变幻的云的图形的错觉。在中世纪晚期和西班牙文艺复兴时期，许多人"证实"在云中看到了圣母马利亚（当我乘船行驶在斐济苏瓦的时候，曾看到一个在酝酿着风暴的乌云中下颚凸出的真正面目狰狞的怪兽的头）。

有时你会看到蔬菜、树皮或牛皮的某些部位很像人脸。有一个很有名的茄子与理查德·M. 尼克松非常相像。我们从这件事上能够推论出什么呢？是神明的旨意，还是外星生命介入了我们的生活，抑或是共和党人对茄子遗传基因的干预？都不是。我们应该承认，世界上有大量的茄子，假如我们能够见到数量足够的茄子，我们迟早会发现有像人的面孔的茄子，甚至是像非常特殊的人脸的茄子。

当人们发现的脸像是宗教名人的时候——比如一块玉米饼据说显现出耶稣的脸——信徒很容易将其推论为上帝的杰作。在一个充满疑惧的年代，人们渴望寻求解脱精神上的压力，不过，一个奇迹好像不应该出现在玉米饼这种转瞬即逝的东西上。我们可以想一下，自从人类出现以来，人们做出了多少玉米饼，如果没有几块至少有点像我们熟悉的人物[1]的玉米饼，那才真是令人感到奇怪呢。

人参和曼德拉草[2]的根被人为地赋予了神奇的功效，部分原因是它们有点像人的形状。有些栗子的裂口就像是一张笑脸，有些珊瑚看起来像是手臂，耳蘑（有时被不太好听地称为"犹太耳"）的确很像一只耳朵。人们还可以在一些蛾子的翅膀上看出像是许多眼睛的图案，有些并不仅仅是一种巧合。像人脸

[1] 这些事例与所谓都灵的裹尸布有很大的差别，都灵的裹尸布有时太像人的形状，而会被误解为自然的形状。现在人们对其碳 -14 的检测表明，这件裹尸布不是耶稣的裹尸布，而是 14 世纪虔诚的信徒所制造的赝品。14 世纪是宗教遗物赝品制作兴盛的时期，宗教遗物赝品制造业也是有利可图的家庭制造工业。

[2] 有毒，用作麻醉、催眠药。——译注

的动物或植物一般不会被有脸的生物所捕食，或许是因为这些生物害怕有脸的食肉动物。“手杖”是一种巧妙地伪装成一截树枝的昆虫，它们一般在树的表面或缠绕在树上生活，与树的天然形状和颜色浑然一体。它们在植物世界中的保护性拟态使得它们免遭鸟类和其他食肉动物的捕食。把这说成是达尔文自然选择原理所描述的缓慢形成的形态是有充足的理由的。生命王国之间的这种界限的交叉使人产生很多疑问。一个孩子看到一根手杖很容易就会想象到出自植物险恶目的而布置的大量的树干、树枝和树。

在一本出版于1979年的题目为《自然界中的相似》的书中描述了许多类似的例子，并配有插图。作者约翰·米歇尔是英国一个神秘学的狂热鼓吹者。他崇信理查德·谢弗，正是谢弗（下面我还要详述此人）在美国掀起UFO的热潮中起了重要的作用。谢弗在他的威斯康星州农场里凿开石头，发现里面有用一种象形文字写的详尽的世界历史。这些文字只有他一个人能看见，而他对这种文字也懂得不多。米歇尔还信以为真地接受了剧作家和超现实主义理论家安托南·阿尔托[1]的学说。安托南·阿尔托在取自佩奥特掌的致幻药的作用下，从岩石风化的表面图形上能够看到正在经受拷打的人、凶猛的野兽和类似的东西。米歇尔说：“全部景象按照一种独立的思想的创造揭示出自身。”但是在此我们要问一个关键的问题：这个思想存在于阿尔托的头脑之外还是之内？阿尔托下结论说，这些岩石上明显的图形是古代文明所制造的，米歇尔也同意这种说法，而不是阿尔托在迷幻剂的作用下被改变了意识状态的幻想的产物。当阿尔托从墨西哥回到欧洲后被确诊已经疯了。米歇尔所诋毁的“唯物主义观点”从怀疑主义的角度对阿尔托的观点提出了疑问。

米歇尔给我们看了一张用X光射线拍摄的太阳的照片，那上面的太阳隐约看出像是一张人脸，他告诉我们这是在日冕中“古尔捷耶夫[2]的信徒看到自

[1] 安托南·阿尔托（Antonin Artaud，1896—1948）：法国演员、诗人、戏剧理论家。主张把戏剧比作瘟疫，经受它的残忍之后，观众得以超越于它，对荒诞派戏剧有重大的影响。——译注

[2] 格奥尔吉·伊万诺维奇·古尔捷耶夫（Georges Ivanovitch Gurdjieff，1873—1943）：俄国神秘主义者。——译注

己主人的脸”。遍布世界各地的巨石、山岭和树干上的数不清的人的面孔都被推论为是古代智慧的产物。将石头堆积起来，从远处看就像巨大的人脸在做法，可能有些善意的现实的玩笑，也会鼓动人们将其当作一种宗教的象征。

认为大多数图形是岩石在自然形成的过程中自然形成的，以及动植物的双边对称加上一点自然选择的作用的观点——所有这一切都是经过人类的偏见对我们的洞察力进行处理的结果——都是米歇尔所描述的“唯物主义”和“19世纪的幻想”。“受唯理论观点的影响，我们对世界的认识比我们想了解的自然本质要模糊和更具有局限性。”然而自然的本质并未因他的操作有所显露。米歇尔对自己的描述下结论认为：

> 它们的奥秘在本质上仍未被探究，它们仍然是奇迹、激动与思考的无尽的源泉。我们确切知道的是，自然创造了它们，与此同时给予了我们观察它们的工具和欣赏它们的无尽魅力的智慧。为了获得最大的利益和快乐，这些智慧应该被认为是用天真纯洁的眼睛，不受任何理论和先入之见的影响，从多种视角以及运用我们的天赋丰富我们的生活和使人类的生命具有尊严，而不是仅使用模糊不清的和武断的单一的视角观察自然。

可能关于图形不详的最为著名的虚假的观点就是关于火星上的运河了。世界各国的具有献身精神的几代职业科学家通过大型望远镜在1877年就对火星进行观察，并似乎证实了那些运河的存在。据称那个由单直线和双直线构成的网络，在火星表面纵横交错，这是出乎人们想象的有规律的几何图形，它们只能是智能生物创造的东西。于是有人便做出能够引起回味的结论，认为在这个干热、物种绝迹的星球上居住着历史悠久和智能发达的技术文明，他们奋力工作以保存水资源。数以百计的河道被绘制成地图并命了名。但是，令人奇怪的是，这些运河却从来没有出现在照片上。有人认为，人眼能够记住大气透明度良好的情况下出现的瞬间事物，然而那些无法看清的感光底片所拍摄的是许多不清楚的时刻，仅有很少一些胶片可以看清楚。一些天文学家看到了运河，而很多却并未看到。或许有些观察者在观察运河方面技巧更高超，也可能整个事情只是一种错觉而已。

火星是生命的居所的思想，以及到处流传的畅销小说中所描述的“火星人”，都源自这些运河。我本人就是在阅读这种文学中长大的，当我自己成了火星探险“水手9号”——第一艘沿这个红色星球轨道环绕飞行的宇宙飞船的研究人员时，我很自然地对搞清楚到底实际情况是什么充满了兴趣。通过“水手9号”和“海盗”宇宙飞船，我们能够探测这个星球的全部表面，探测精度比在地球上所能探测到的精度要高出数百倍，所有的探测结果不出我之所料，没有发现任何运河的痕迹。通过望远镜可以发现一些多少带有直线痕迹的东西——例如一条5000千米长的裂谷很容易就被发现了。但是数以百计的“古典的”将水从极地经过荒芜的沙漠输送到干热的赤道附近的城市的运河却根本就不存在。这些传说都是人们的想象，是我们透过不稳定的、扰动频繁的大气层，以很有限的分辨率，由我们功能有限的肉体器官所制造的想象。

即使是几代职业科学家们——包括一些著名天文学家，他们曾经做出了一些为我们所确认，还在得到赞扬的发现——在模式识别上也会犯严重错误，甚至是影响深远的错误。特别是当我们在应用我们认为和我们正认识到的似乎是很深刻的观点的时候，我们可能就不进行充分自我检验和自我批评。火星运河的神话是一个有警示意义的故事。

宇宙飞船探险计划为我们提供了改正我们对运河的错误了解的机会。但是，对于意外图形谈论最多的话题却是来自飞船探索，这也是确实的事情。在20世纪60年代早期，我就鼓励说，我们应该注意发现古代文明的人工制品的可能性，无论这些制品是那些属于某个特别世界的当地物品，还是来自其他地方的来客所制造的东西。我并没有将这件事想象为很容易的或可能实现的事情，我当然并不是说，对于如此重要的问题，任何缺少确凿证据的说法都值得认真考虑。

自从约翰·格伦发布了他的引起争论的“萤火虫”飞绕在他的太空舱的

报告以来，每次当宇航员报告说看见了某些东西时，总是不能马上被人们理解，在这种情况下，总会出现一些将这些东西推断为“外星人”的人。枯燥无味的解释——例如在太空环境下从飞船上脱落的油漆斑点——被很轻蔑地否定了。奇妙的不可思议的事情对我们的诱惑减弱了我们批判的才能（好像一个人变成月亮也不足以为怪了）。

在阿波罗飞船登月的那一段时间，许多不是什么专家的人——小型望远镜的拥有者、飞碟的狂热者、宇宙空间杂志的投稿人——扑到那些发回的照片上，试图发现国家航空航天局的科学家和宇航员忽略的异常事物。很快便出现了月球表面上刻有巨大的拉丁字母和阿拉伯数字的报道，还有金字塔、高速公路、十字架、闪着光亮的 UFO；还有报道说月球上面有桥梁、无线电天线、大量缓慢行驶的车辆留下的痕迹，以及能够将火山口切割为两半的机器所造成的毁灭性的后果。然而，每种说法都是业余的分析家对月球自然的地理形成状况所做出的错误判断，或者是宇航员的哈赛尔布拉德牌相机光学镜头内部的反光造成的效果，或类似的原因。某些热心人辨认出了弹道火箭长长的影子——不详地报告说苏联的火箭正对着美国。还有被描述为“圆锥体的”火箭，实际上是当太阳接近月球的地平线的时候所抛下的长长的阴影。只需要一点三角数学知识便会破解这个海市蜃楼。

这些事情也给我们提出了很好的警告：对于那些由我们并不了解的过程蚀刻而成的复杂地形，如果非专业人员（有时甚至是专业人员）研究照片，尤其是在分辨率有限的情况下研究照片的时候，经常会得出错误的结论。他们的希望和恐惧，可能会使意欲获得重要发现的激动之情战胜通常所具有的怀疑精神和严谨的科学研究方法。

如果我们仔细观察一下我们目前所掌握的金星表面的图像资料，有时候我们会看到一些很奇特的地形，比如美国地理学家在分析苏联轨道雷达拍摄的图片时，发现了约瑟夫·斯大林模糊的肖像。我猜想，没有任何人会坚持认为这是未重新形成组织的斯大林分子伪造的磁带，或者苏联在金星表面曾经策划了前所未有的行动，而至今其整个计划仍未得到揭示，在那个地方所有的着陆航天器在一到两小时之内都被烧焦。这些古怪的东西，无论它们是什么，都是地质变化形成的结果。在天王星卫星天王卫一上的看起来像卡通人物巴格斯·巴尼的肖像同样是地质变化的结果。哈勃天文望远镜用近红外线仪器观测到的泰坦星的图像使我们知道，是星云大略地勾画出一个巨大的笑脸。每一个研究行星的科学家都能说出自己喜欢的形象。

银河系天文学中也充满了想象出来的类似的东西。例如马头星云、爱斯基摩星云、夜枭星云、小丑星云、大蜘蛛星云和北美星云，所有的不规则的气体星云和暗云，都被明亮的恒星照亮，它们的某一部分比我们的太阳系还要大。当天文学家绘制几百亿光年外星系的分布时，他们发现自己正在勾画一个很粗鲁的人的形象，由此他们将其称作“拄拐人”。整个图形就像数量巨大的紧密相连的泡沫，各个星系在这些紧密相连的泡沫表面上组成，而在内部没有星系。这使得天文学家们将其勾画成两边对称的像一个“拄拐人”的图形。

火星比金星要温和得多，尽管海盗探测器没能提供有生命存在的有力证据。它的地形构成非常复杂、变化多样。大约 10 万张近距离拍摄的照片展示，关于火星上有一些不寻常的东西的说法并不令人感到惊奇。比如在面积达 8 平方千米的火星冲击坑中有一张快乐的“笑脸”，外面有一系列呈放射状的泼洒痕，使其看起来很像是传统的绘画手法所描绘的微笑的太阳。但是可能没有人会为了引起人们的注意而将其说成是一种先进的火星文明所创造的东西。我们认识到，太空中坠落的大小不一的物质，在每一次冲击后所形成的表面的反弹和回落，使得表面的形状发生变化。由于远古时代的水和泥石流以及近代风沙对表面的蚀刻，必定会形成多种多样的地形地貌。如果我们仔细观察这 10 万张照片，偶尔发现像人脸的图形并不令人感到奇怪。根据我们从婴儿时期发展起来的大脑功能，如果我们不能在这儿或那儿发现一个像是人脸的东西反倒令人奇怪了。

火星上一些小山酷似金字塔。在极乐世界[1]高原有许多这样的山丘，最大

[1] 极乐世界（Elysium）：希腊神话中的福地，受诸神所宠爱的英雄们的天国。后来的传说中将它说成是善人灵魂归宿的冥国的一部分。——译注

的底部直径达几千米，向同一个方向排列。在沙漠中耸立的这些金字塔令人感到有些恐怖，使人联想起埃及的吉萨[1]高地。我倒非常希望能够更详细地对它们进行研究。然而，由此而推断在火星上也有法老是否有道理呢？

同样小型的类似金字塔的东西也有，特别是在南极洲。有些高度仅达你的膝盖。如果我们对其形成的原因一无所知，那么，我们是否也可以下结论认为它们是生活在南极洲荒原上的埃及人式的小人儿们建造的呢（这种假设虽然与观察有相符之处，但是我们还非常了解极地环境和人类生理学的反对意见）？事实上它们是风蚀作用形成的。松散的细沙被强劲的风刮向同一个方向，许多年后，将原来并不规则的小丘逐渐地蚀刻成非常对称的金字塔。它们被称为 dreikanters，源自德语，意思是三面。这是自然过程造成的从混沌中产生的有序。这是我们在整个宇宙中（比如在螺旋状的星系转动中）多次见到的现象。每次出现这种现象时，我们总要不由自主地下结论说它们是某个造物主的直接发明。

有证据表明，火星上的风比地球上的猛烈得多，最大风速可达音速的一半。席卷整个星球的、携带着大量沙尘的沙暴经常发生。持续不断的夹杂着沙粒的风暴的速度比地球上最猛烈的风暴的速度要快得多，在漫长的地质时间里，使岩石和地貌发生了重大的变化。风神施威将一些东西，甚至是非常大的东西雕刻成我们所看到的金字塔的形状，这并无多少稀奇之处。

在火星上有个地方叫作基多尼亚，那儿有一张直径达一千米的巨大的石脸无神地呆望着天空。这是一张不太友好的脸，但是似乎是很容易辨认出的人类的脸。在表现手法上，很像普拉克西特利斯[2]的作品。这张巨大的石脸藏卧在许多低矮的被蚀刻成奇形怪状的低丘中，这些沙丘可能是古代泥石流和长年风蚀的作用形成的。根据撞击坑的数量判断，整个地区看起来至少已有几百万年的历史了。

---

[1] 吉萨（Giza，EL）：埃及北部城市。位于尼罗河畔，与开罗隔河相望。——译注

[2] 普拉克西特利斯（Praxiteles，？～前 4 世纪中叶）：雅典雕刻家。希腊最有创造性的艺术家之一。以其大理石雕像闻名。——译注

这张“脸”时时吸引美国和苏联人的注意。1984 年 12 月 20 日的一份叫作《每周世界新闻》的以诚实报道而出名的市场小报在头条位置写道：

> 苏联科学家的惊人结论：
> 火星上发现庙宇遗址，
> 太空研究发现具有 5 万年历史的文明遗产。

据称消息来自不愿透露姓名的苏联机构，并绘声绘色地描述了事实上根本不存在的苏联空间探测器的发现。

但是这张“脸”的整个报道几乎全部是美国人炮制的。1976 年“海盗”轨道飞行器发现了它。由于光线和阴影所造成的幻觉，一个研究计划人员不幸地忽略了这个物体，此事后来引发了一场对国家航空航天局隐藏了它对一个巨大文明的发现的指责。一些工程师、计算机专家以及其他人——其中一些是国家航空航天局的雇员——在业余时间用数字技术提高图像的清晰度，也许他们期待令人激动的发现。即使所要求的证据的标准很高，在科学上也是可以实现的，甚至是会得到鼓励的。有些人为了使图像更清晰，工作得非常仔细认真，他们真应该受到赞扬。另外一些人的想象力则更加丰富，他们推断，不仅这张脸是真实的人类不朽的雕塑，而且他们发现其附近还有一个有庙宇和要塞的城市[1]。一位作家用站不住脚的证据宣布说，那些古迹对于天文学来说具有指导意义——尽管不是现在，而是 50 万年前——从那个遥远的时代起，基多尼亚的奇迹就耸立在那里了。但是，那时建造这些奇迹的怎么就是人类呢？ 50 万年前我们的祖先正忙于掌握石器和钻木取火，他们没有宇宙飞船。

---

[1] 广泛流行的观点已经过时，我们可以追溯到 100 年前帕西瓦尔·洛威（Percival Lowell，1855—1916，美国天文学家。20 世纪初用数学方法深入研究天王星的轨道。将天王星轨道的某些不规则性归于海王星以外的一颗未知行星的作用，并计算出它的位置。在他去世 14 年后，人们成功地发现了冥王星。——译注）的火星运河神话。在 P. E. 克里特所列举的许多例子中，有一个是他在 1936 年出版的一本名为《穿越太空的火箭：星际旅行的黎明》的书中特别提到的：“在火星上可能会发现正在毁灭的古代文明的遗址，这些遗址无声地证明了那个正在毁灭的世界曾经有过的光荣。”

火星上的人脸被用来与“地球上的文明所建造的同样的人脸”相比较，因为“这张脸仰望着天空，因为他们在寻找上帝”。也有人说，这张脸是由星际大战留在凹凸不平、惨遭破坏的火星（包括月亮）表面上的幸存者所建造的。是什么造成了那些陨石坑呢？这张脸是早已灭绝的人类文明的遗迹吗？它的建筑者来自地球还是火星？这张脸是那些在火星上做短暂停留的星际旅游者所雕刻的吗？它留在那儿是等待我们去发现的吗？他们是否也曾到过地球并创造出生命？或者至少是创造了人类？他们到底是谁，是上天的神？这张脸引起了纷纷扬扬的猜测。

更近一段时间以来，有人提出的一些观点将火星上的“古迹”与地球上的“麦田圈”联系到了一起。还有人说，在古老的火星机器中蕴藏着取之不尽、用之不竭的能源等待人们去提取。还有人说国家航空航天局掩盖了大量的事实，不让美国公众知道真相。这些宣称已经不仅仅是对复杂的火星地貌的不认真的猜测了。

1993 年 8 月，当“火星观察者号”航天飞机在火星着陆区着陆失败时，有些人指责国家航空航天局伪造事故，以便自己能够认真地研究那张脸，而又不必将结果公之于众（如果事实确实如此，这个拙劣的表演还搞得挺复杂）。所有火星地貌学专家对真相都一无所知，我们中的一些人还在辛辛苦苦地设计新的火星着陆计划，使它不会重蹈“火星观察者号”失败的覆辙。我们甚至在喷气推进实验室门外安装了一些加固栓以防可能出现的能量浪费。

1993 年 9 月 14 日，街头小报《每周世界新闻》用第一版整版的篇幅进行了题目为《国家航空航天局的新照片证实火星上确有人类生存！》的报道，报上刊登了一张伪造的人脸的照片，这张照片据称是“火星观察者号”在火星轨道上拍摄的（事实上，这艘宇宙飞船似乎在进入预定的轨道之前就失败了），一位实际上并不存在的“一流太空科学家”证实说在 20 万年前火星人曾在地球上生活过。这个消息被封锁，有人要求他说这样做是为了防止“世界恐慌”。

我们先不谈这样的消息泄露实际上根本就不可能引起什么“世界恐慌”。对于任何一个目睹了不详的科学发现的人来说——1994 年 7 月木星与“苏梅

克 – 列维 9”相撞的情景会涌入我们的脑海——他们很清楚地看出，科学家们总是非常活跃和控制不住自己的激动，他们在分享新数据时具有一种无法控制的冲动。除非事先有协议，或有事前和事后的各种因素需要考虑，否则科学家是不会严守军事机密的。我不接受科学具有事事保密的特性的观点。科学文化和科学精神就是（而且我们也有充足的理由认为）集体性、合作性以及相互交流性。

如果我们只是将自己局限在我们已知的范围内，无视小报业炮制的在稀薄的空气外的前所未有的发现，我们的处境将会怎样？如果我们对那张“人脸”所知甚少，我们会产生恐惧。如果我们对其了解得多一些，其神秘的面纱就会昭然若揭。

火星表面大约有 1.5 亿平方千米，相当于地球的陆地面积。火星“司芬克斯”高地大约 1 平方千米。大约在 1.5 亿张邮票中有一张（比较而言）邮票大小的地方被看成是人造的东西，是否太令人感到奇怪（尤其是我们从童年时期开始就有观察人脸的嗜好）？当我们仔细观察周围的山丘、平顶山和其他复杂的地貌的时候，我们会承认，这些物体虽然与人脸的相像程度很高。为什么会出现这种相似？古代火星工程师们为什么不断地加工这座小山（也可能还有其他一些小山），而不使用古代雕刻技术加工其他所有的物体呢？也许我们应该得出这样的结论，即其他大山包也被雕刻成人脸的形状，只不过是更加奇特的人脸，与我们的地球人的脸完全不同罢了。

如果我们更仔细地研究这些原始图片，我们会发现，一个设置在关键部位的“鼻孔”——一个使这张脸更富有表情的鼻孔——事实上是由无线电信号在从火星到地球的传播过程中丢失的数据形成的黑点。这张“脸”的最好的一张图片显示，它的一半是由太阳照亮的，另一半是处于黑暗的阴影中。使用数字处埋数据技术，我们可以极大地提高阴影部分的对比度。当我们这样处理后，我们发现了一个不像人脸的东西。最多可以说是半张脸。无论我们怎么感到呼吸憋闷，心跳加快，火星司芬克斯看起来仍然是一个自然形成的东西，而不是人造的，外观上看起来也不像人脸。这张“脸”可能是在几百万年缓慢的地质变化过程中形成的。

但也许是我错了。对于一个事实真相我们了解甚少的世界，我们是很难下结论的。对于这些物体，应该用更大的决心进行更为贴切的研究。我们需要更清晰的关于“人脸”的照片，这样的照片将会解决亮暗对称的问题，同时有助于解决这张人脸到底是地质变化的结果，还是伟大不朽的雕塑品之间的争论。人脸上或附近的小撞击坑能解决其形成年代的问题。关于其附近的结构确实曾经是一座城市（我不同意这种看法）的观点，也需要通过更严格的考察才能搞清楚。那些东西是残破的街道吗？是城堡上的雉堞吗？还是庙塔、塔、有立柱的庙宇、伟大不朽的雕塑、巨大的壁画？抑或仅是岩石呢？

即使这些说法事实上是完全不可能的——我个人也是这样认为的——但是它们也值得研究。与 UFO 现象不同，对于这些物体我们有可能进行决定性的实验。这种假说是可证伪的，这些物体所具有的特性使其进入了科学研究的领域。我希望在不久的将来，美国和俄罗斯的火星探险计划，特别是装备有高清晰度电视摄像仪的轨道飞行器，将会在更详尽地研究金字塔和有些人所称的“人脸”的物体中做出特别的贡献（在数以百计的各种科学问题中）。

即使有一天，每个人都弄清楚了，火星上的那些物体是地质变化形成的，而不是人工建筑，但我想，对于太空中那些伟大不朽的人脸（以及类似的奇迹）的议论却不会销声匿迹。现在就已经出现了市场小报关于有人已经看到从金星到海王星（随云层飘动？）都有几乎非常相像的人脸的报道。这些“发现”都被归功于子虚乌有的俄罗斯宇宙飞船和想象出来的空间科学家——这种说法当然使得任何一个怀疑者在验证这个传说时都增加了一些困难。

一个火星人脸的热心人现在宣布：

本世纪重大科学发现新闻
唯恐引起宗教动乱和骚动
受到国家航空航天局查封
月球发现古代外星人遗迹

一座“相当于洛杉矶盆地面积的巨大城市，被巨大的玻璃圆顶所覆盖，几百万年前即被遗弃，被流星雨摧毁，这些流星高达 5 英里（1 英里约合 1.61 千米），有的是巨大的达 1 平方英里（1 平方英里约合 2.59 平方千米）的立方体”。这个在已经被认真研究过的月球上的发现令人惊异地被“得以确认”。你要证据吗？国家航空航天局的机器人和阿波罗登月计划中所拍摄的照片的重要性受到政府的掩盖，许多国家的不为“政府”工作的月球科学家们都没有对这些照片的重要性引起足够的重视。

1992 年 8 月 18 日出版的《每周世界新闻》报道了“一颗秘密的国家航空航天局发射的卫星”的一个发现，从位于星系 M15 的中心的黑洞中发出了“几千个，甚至可能上百万个声音”，这些声音齐声高唱“‘光荣，光荣，光荣属于上帝’，这些声音‘一遍又一遍’，连绵不绝”。而且这些歌声是用英语演唱的。甚至还有一个小报报道说（尽管还配有模糊不清的图片），在一次太空探测中，在猎户座星云中拍摄到了上帝，至少拍摄到了他的眼睛和鼻梁。

1993 年 7 月 20 日《每周世界新闻》在头条新闻中报道说“克林顿会晤了肯尼迪”，配有一张看起来年代久远的经过伪造的照片，肯尼迪在暗杀中神秘地逃脱，他正躺坐在戴维营里的一辆轮椅上。在这张小报的许多版面中，我们被告知或许会对另外一件事情感兴趣。在“末日小行星”里，一份被列为绝密的文件中记录了一些号称“一流”的科学家的话，他们认为，一个小行星（M167）将会在 1993 年 11 月 11 日撞击地球，这可能意味着“地球生命的末日”。报道还说，克林顿总统随时会得到关于“这个小行星的位置和运行速度”的消息。可能这是他与肯尼迪总统会晤时讨论的众多议题中的一个。不知为何，地球逃脱了这场“灾难”，在 1993 年 11 月 11 日平安度过以后的回顾文字中竟然不值得一提。至少头条新闻的记者在头版新闻中关于世界末日的新闻报道没有得到澄清。

有些人将这件事当作仅仅是一个玩笑而已。然而，在我们生活的时代，小行星撞击地球的威胁在今后一个长时期里确实存在（这个真实的科学结果无疑是《每周世界新闻》那个故事的灵感，如果灵感在这里是个恰当的词），政府机构正在研究应对措施。这种四处流传的对某些事件的过度夸张和虚假的报道使得公众无法分辨真正的灾难和小报的虚构，可以想象公众是否有能力采取预防措施减少或防止危险的发生。

这种小报常常被控告——有时是男女影星们，他们坚决否认自己干过小报上报道的那些丑事——个别时候小报要付大笔的赔偿费。这些小报肯定认为这种控告正是在做大获利润的买卖时所必须付出的。他们辩护时经常说，他们对作者很宽容，他们没有学术机构所必须承担的检查这些作者发表的作品的真伪的责任。《每周世界新闻》的责任编辑塞尔·伊冯在谈到他发表的报道时说："就我所知，这些报道都是活跃的想象力的产物。但是，我们是小报纸，我们没有必要去询问报道以外的问题。"怀疑主义卖不了报纸。那些背叛了这些小报的作者描述了作者和编辑编造报道和头条新闻的"创作会"，报道内容越稀奇古怪越好。

在这些小报的大量读者群中，许多人并没有肤浅地相信这种报道。他们认为，这些小报如果本身不想这么做，"怎么会"印刷出这些故事来呢？在我与之交谈过的读者中，有些人坚持说，他们读这种报纸仅仅作为一种消遣，就像看电视中的"摔跤"节目一样。他们一点都不相信这些报道，出版社和读者都知道这些小报刊登的都是幽默故事，追究这些插科打诨的东西才是荒唐，它们才不会按照证据法则承担那么多责任呢。但是我收到的信件表明，相当大数量的美国人确实非常认真地看待这些小报上的报道。

20 世纪 90 年代，小报发展很快，贪婪地吞没了媒体中的剩余领域。报纸、杂志或电视节目中的报道由于许多东西大众实际上已经知晓，因而处处谨慎小心，这些传媒的收视率和发行量受到那些报道标准不严肃的传媒的排挤。我们可以从新出现的观众已经确认的小报电视中看出这一点，这样的情形正在导致新闻和信息节目标准的降低。

这种报纸能够生存和不断发展是因为看的人多。我认为，这些东西受欢迎的原因是，我们中的许多人渴望从单调乏味的生活中解脱出来。渴望重温记忆中儿时的"世界多么奇妙"的感觉，也渴望，哪怕从很少的几个故事里，能够真诚地相信，有个比我们年长，比我们聪明，比我们智慧的人[1]在关照着我们。很显然，对许多人来说仅有信仰还不够，他们渴望有确凿的证据和科学证实。他们渴望有科学的证明标志，但是，却不愿意忍受使科学的标志具有可信性的严格的证据标准。这是怎样的一种轻松感：怀疑被可靠地解除了！使我们困惑的令人厌恶的负担便被解除了。对此，我们有充足的理由感到忧虑，如果我们仅相信自己，人类的未来将会怎样？

这是那些为证明某种东西的存在而无中生有编造证据的不知羞耻的人所创造的现代奇迹。他们躲避怀疑论者的例行检验，以低廉的价格在这个国家的市场、杂货店和方便的小商店中出售。这些小报的伪造手法之一是用科学——虽然正是科学使我们怀疑这些"奇迹"——来"证实"我们的古老的宗教信仰，从而达到伪科学和伪宗教的统一。

总的来说，科学家在探索新世界时思想是开放的。如果我们预知自己将会发现什么，我们就没有必要进行探索了。在未来火星探险和其他令人神往的地球附近的宇宙世界中进行探索时，我们完全有可能——可能是必然地，获得令人惊奇的发现，甚至是我们曾经想象过的神秘的事物。但是我们人类有欺骗自己的才能，因此，怀疑精神必须成为我们这个时代探索者的各种探索工具中的组成部分。我们不必再创造任何东西，等待我们去发现的宇宙中的奇迹已经足够多了。

[1] 这里指上帝。

chapter four / **第四章**

外星人

"实际上，真正使我相信这个星球上没有居住者的理由，是在我看来，任何有理智的生物都不愿意在此居住。"

"照你这么说，"迈克尔迈佳说，"也许居住在那上面的生物都没有什么理智。"

——两个外星人在到达地球时的对话

伏尔泰[1]《哲学史》(1752)

[1] 伏尔泰（1694—1778）：法国哲学家、历史学家、作家、启蒙思想家。著有《哲学的通信》、《牛顿哲学原理》、《路易十四时代》、长诗《奥尔良少女》、悲剧《查伊尔》、哲理小说《天真汉》和《老实人》等。——译注

外面天还黑着。你十分清醒地躺在床上。你发现自己完全瘫痪了。你感觉到有人在房间里。你想喊，却喊不出来。几个不到 4 英尺（1 英尺等于 0.3048 米）的小东西站在床脚边。它们的脑袋呈梨形，光秃秃的，与身体相比显得很大。它们的眼睛很大，面部毫无表情，彼此没有什么差别。它们穿着紧身上衣和靴子。你希望这仅仅是一个梦。但是，你渐渐地断定，这是真的发生在你身边的事情。它们把你抬起来，令人感到恐怖的是，它们和你沿着卧室的墙滑了出去。你飘到了空中，你高高地升到天空，升到一艘碟状的金属飞船前。当你一进入飞船，便被护送进一间医疗检查室。一个体积稍大但是模样相同的东西——显然是医生——将你接了过去。下面发生的事情更令人感到恐怖。

各种仪器和机器探测你的身体，尤其是性器官。如果你是男人，它们可能从你身上采集精液样本。如果你是女人，它们可能从你身上取走卵子或胎儿，或在你体内注入精液，也可能强迫你与其性交。这些事情都做完后，它们会将你带到另一个房间去，在此，那些一半是人，一半是这种生物的杂种婴儿或胎儿的东西在你的身后盯着你。你会接受对人类不端行为的警告，尤其是关于掠夺环境或艾滋病流行问题的警告。它们会为你描绘未来遭受破坏的情景。最后，这些面色阴暗的灰色使者将你护送出飞船，像流水一样渗流、穿过墙壁，进入房间，将你放到床上。当你能够活动和说话的时候，它们已经走了。

你可能立刻就忘记了这个事件。但是你却会发现某段时间莫名其妙地消失了，为此，你困惑不已。因为这一切看起来如此怪诞，你甚至有些担心自己的神志是否还清楚。很自然，你不愿意谈论此事。但这段经历却又使你烦躁不安，很难做到只字不提。一旦你听到相似的谈论，或当你接受富有同情心的治疗专家的催眠治疗时，甚至当你在某本大众杂志、书籍和电视关于 UFO 的“特别节目”中看到一个“外星人”的图片时，你就会滔滔不绝地讲起你的经历。有些人说，他们能够回忆起他们童年时代的类似经历，他们认为自己的孩子如今也被外星人所绑架。这种事情许多人的家庭中都发生过。他们说，改进人类的繁衍血统是一项优生工程。也许外星人一直是这样做的。有些人说，人类也许最初就是与外星人结合的产物。

正如近几年来的民意测验结果表明的，大多数美国人相信 UFO 和外星人访问过人类。在 1992 年进行的一次洛普（Roper）调查中，将近 6000 名美国成年人，特别是那些自己说曾经遭遇过外星人绑架的人接受了调查。结果 18％的被调查者说，有时他们醒来时，发现自己处于瘫痪状态，同时感到房间里有一个或更多个奇怪的生物；约 13％的被调查者说，他们有一段时间奇怪地消失的经历；将近 10％的被调查者说，他们曾经有过在没有任何机械帮助的情况下在空中飞翔的经历。调查的发起人仅从这些调查结果中得出结论，2％的美国人曾被绑架过，其中许多次的绑架是其他世界的生物所为。从未有人问过这些被调查者这样的问题，即他们是否被外星人绑架过。

如果我们相信这次调查的赞助者们和解释调查结果的人所做出的结论，如果造访美国人的外星人仅仅是他们当中的一部分，那么，整个地球就有上亿人被外星人访问过。这意味着在过去几十年时间内，每隔几秒钟就发生一起外星人绑架地球人的事件。令人感到惊讶的是，我们更多的邻近国家却没有注意到这种事情。

我们这儿发生了什么事？当你与曾经自己描述被绑架过程的被绑架者进行交谈时，尽管他们情绪激动，但是大多数人似乎非常诚实坦率。对他们进行检查的精神病学家说，从他们身上没有找到比其他人更多的精神病理学证据。如果这种事情从来没有发生过，那么，为什么一个人要说自己被外星人绑架过呢？难道所有的人都错了？他们在撒谎吗？还是他们在幻觉中经历了相同的（或类似的）事情？对如此多具备非常健全的心智的人提出疑问是否过于傲慢和轻蔑了？

另一种可能就是确实有过一次大规模的外星人入侵。它们对数以百万计的无辜的男人、女人和儿童进行了令人厌恶的医学处理。人类显然在过去的几十年时间内被利用做了繁殖载体。对发生的这一切负有责任的媒介、医生、科学家以及信誓旦旦要保护公民的生命和健康的政府却为什么对此知之甚少，也未采取任何措施？是否正如许多人所说，政府有一个不让公民知道真相的巨大的阴谋？

为什么外星人在物理学和工程学上如此先进——它们能够跨越广阔的星际距离，能够像幽灵一样穿过墙壁——而生物学却如此落后？如果外星人打算秘密行事，为什么不彻底消除人们头脑中所有有关绑架的记忆？是这样做对它们来说太难，还是有别的原因？为什么那些检查仪器那么大，而且跟社区诊疗所里的仪器那么相似？为什么外星人不厌其烦地重复外星人与人类之间的性关系？为什么不偷几个卵子或精子细胞，解读全部基因密码，然后按照你想象出的基因变异形态，随意制造出许多副本呢？即使是我们人类，虽然目前还不能快速穿过星际空间或穿墙而过，但是已经能够克隆细胞了。如果我们人类拥有与黑猩猩相同的99.6%的活基因，那么，人类怎么成为外星人繁衍计划的成果呢？人类与黑猩猩之间的血缘关系远比成年老鼠与幼鼠之间的关系更亲密。这些人在谈论中，对生殖后代的痴迷和专注树起了一面警告大旗——特别是考虑到无例外地构成人类的处境特点的性冲动和社会约束之间的不平衡，考虑到我们正生活在充满了无数的可怕的儿童性骚扰案例的时代，当然，这些案例有真有假。

与许多媒介报道相反[1]，洛普调查者们与那些撰写“官方认可的”报告的人从来没有问过，他们的被调查者是否被外星人绑架过。这些人推理：他们曾经被身边奇怪的东西惊醒，他们也曾经莫名其妙地似乎飞到空中，还依稀发生了其他一些无法解释的事情，因此，他们曾被绑架过。调查者们甚至没有调查感觉到这些东西的存在和飞到空中等这些现象是同一事件的组成部分，还是不同的事件。他们的结论——数以百万计的美国人曾被绑架——是在不严格的实验设计的基础上得出的，是伪造的结论。

但是至今仍有数以百计，也许数以千计的人声称他们曾被绑架，他们要求得到富有同情心的治疗者对他们进行治疗，或加入救助被绑架者团体。除此之外，还有人可能也有同样的抱怨。但是，由于害怕被人说有精神病而招讥笑或蒙受耻辱，他们都克制自己，不说自己的遭遇，也不寻求帮助。

有些被绑架者说，由于害怕那些态度鲜明、立场坚定的怀疑论者的攻击和驳斥（尽管许多人愿意在电台和电视脱口秀节目中露面），他们不愿意谈及他们的经历。他们缺乏自信的说法恐怕对那些已经相信外星人绑架事件的听众也产生了影响。但是，也可能还有其他原因。那些被调查者本人可能都不能确信——至少是在最初的时候，至少是在许多人重复他们的故事之前——这些事件是非主观的、自己记忆中的精神以外发生的事件，还是一种精神状态。

约翰·洛克[2]在1690年写道：“热爱真理的一个正确标志是：不能超越证据所能保证的可信度去考虑问题，因为证据是事物存在的基础。”对于UFO，目前的证据有多大说服力呢？

当我上高中的时候，“飞碟”一词就已经产生。报纸充满了关于星空以外的飞船的报道。那时，这一切对我来说都十分可信。除地球以外，有许多的星体，至少其中部分星体像太阳系一样有行星系统。许多星体的星龄与太阳一

---

[1] 比如，1994年9月4日《出版者周刊》（*Publisher Weekly*）载文说：“根据洛普调查结果，300万以上的美国人认为他们曾被外星人绑架过。”

[2] 约翰·洛克（John Locke，1632—1704），英国哲学家。在哲学上继承培根和霍布斯的学说，论证知识起源于感觉，是英国经验论的创始人。主要著作有《政府论》《教育漫话》和《人类理解论》等。——译注

样，甚至比太阳还长，因此，有足够的时间进化出智力生命。加州理工学院的喷气推进器实验室刚发射了一枚远离地球的双层火箭。我们在向月球和其他行星迈进。为什么其他星球上的历史更悠久的、更聪明的生物不能从它们的星球到我们地球上来呢？为什么不能？

有关飞碟的报道的大量出现是广岛和长崎遭受原子弹轰炸仅仅几年之后的事情。也许飞碟上的乘客对我们很关心，想帮助我们。但也许它们是想确保我们的核武器不去骚扰它们。认真谨慎的社会栋梁、警官、商用飞机飞行员、军事人员等许多人似乎都见过飞碟。除了一些冒失的评论和傻笑以外，我没有发现任何相反的意见。所有的目击者怎么可能都弄错了呢？另外，雷达已经侦察到这些飞碟，也拍到了这些飞碟的照片。你可以在报纸上和杂志上看到这些照片。甚至还有报道关于坠毁的飞碟和放在西南部空军冷藏室内的少量外星人尸体，这些外星人的牙齿完好无损，坚硬无比。

几年以后《生活》杂志对这种盛行的说法用这样的话进行了解释："目前科学还无法将这些客体解释为自然现象——而只能解释为由高智能创造和操纵的人造装置。""地球上还没有任何已知的和正在计划中的东西能够与这些装置的性能相提并论。"然而，就我所知，当时还没有一个成年人在全身心地研究 UFO，我不明白他们为什么不去研究。相反，他们却对共产党、核武器、麦卡锡主义[1]和租金忧心忡忡。我不知道他们做事情是否有轻重缓急之分。

科学的基本原理是什么？科学为什么会获得巨大的成功？如果我们确实想知道某件事情的真相，其证据的标准必须达到何种程度的精确严密？多少错误的开端和不能自圆其说的结论打乱了人们的思维？人们的偏见是如何渲染了我们对证据所做出的说明？人们的信仰体系是如何广泛地和经常地受到政治、宗教的控制和左右的？各个阶层的学术机构所犯的错误已不是微小的过错，而是可怕又可笑的大错特错。20 世纪 50 年代早期，当我还在读大学的时候，我

[1] 麦卡锡主义（McCarthyism）是美国参议员约瑟夫·麦卡锡（1909—1957）在美国推行的一种反共产主义的思潮。他在 1951 年至 1954 年间操纵参议院常设调查小组委员会和其他机构对许多进步组织和个人进行"调查"，指责他们是"赤色分子"，采取各种手段迫害民主和进步力量。他的主张被称为麦卡锡主义。——译注

就对这一切开始有了一些感悟。

我曾读过一本书，书名是《异常流行的幻想与芸芸众生的疯狂》。这本书是查尔斯·麦基于1841年写的，至今此书仍在不断再版。在这本书中我们可以了解一些暴富者传奇般的故事。其中包括密西西比河和南海的“暴富”和不顾一切地大肆买卖荷兰郁金香；骗取许多国家的财富和名誉地位的骗局；数目众多的炼金术士，包括那些令人悲哀的关于凯利先生和迪医生的冒险故事（以及迪医生8岁的儿子亚瑟对他的走火入魔的父亲为与神灵世界交流而睁大眼睛窥视一块水晶的情景的回忆）；对那些没有应验的预言、占卜、算命进行的悲伤的描述；女巫迫害他人的行径；闹鬼的房屋；“老百姓对江洋大盗的钦佩之情”等，如此这般，不一而足。书中还风趣地描绘了圣·杰门的伟大事迹。他在外面吃饭时，眉飞色舞，自吹自擂，即使事实上他还没有永垂不朽，但是也活了几百年了。在就餐期间，他在谈起他与狮心王理查一世[1]之间的谈话时表露出对自己的怀疑，他向他的仆人进行确认。仆人回答说：“先生，您难道忘记了吗？我已经伺候您500年了。”圣·杰门说：“啊，确实如此，我出生的时间比你到我身边来的时间更早些。”

一篇引人入胜的关于十字军东征的文章是这样开始的：

> 每个时代都有其特有的愚蠢的事情。当制订计划、方案或编织幻想时，在受到利益的贪欲和寻求刺激的需求，或仅仅是受到模仿力量的驱使的情况下，就会有愚蠢的事情发生。一旦陷入这些贪欲和需求中，愚蠢的事情就具有疯狂的野性，它受政治与宗教，或两者的综合体所激发、所驱使。

我读的版本中有金融家、总统顾问伯纳德·M.巴卢奇的一段评语，他声

[1] 理查一世（Richard，the Lionheart，1157—1199），英格兰国王（1189—1199）。中世纪传说中的英雄人物，亨利二世之子。——译注

称，读麦基的书使他节省了数以百万计的资金。

用磁性的作用治疗病症的说法已经有了很长的历史。比如，帕拉塞尔苏斯[1]使用磁铁将疾病从人的身体内吸出，再将这些疾病埋入土中。但是，重要的人物是菲兰兹·麦斯迈[2]。我只是模糊地知道“麦斯迈术”的意思是对某人施催眠术。但是，我对麦斯迈的真正了解来自麦基。这位维也纳的医生认为行星的位置影响人的身体健康，并且对电和磁的神奇功效痴醉入迷。在法国大革命前夕，他追随被赶下台的法国贵族。他们挤在一个黑暗的房间，麦斯迈身穿镶嵌有金色花纹的丝织长袍，挥舞着一根象牙魔杖，在一个装有经过稀释的硫酸的坛子周围摆放了各种符。这个磁化医疗家和他的年轻男助手们死盯着病人的眼睛，搽着他们的身体。他们抓着深入溶液的铁条或相互抓着手。在富有感染力的极度狂乱中，贵族的成员们——尤其是年轻的女人们——就被胡乱地治好了。

麦斯迈成了轰动人物。他把这种疗法称为“动物磁疗”。然而，对于更多的传统的行医者来说，他的这种疗法对于他们的生意可不是什么好事，于是，法国医生们对国王路易十六施加压力，要求他对麦斯迈的疗法进行限制。他们说，麦斯迈的疗法已经对法国公众的健康造成了危害。法国科学院委派了一个委员会调查此事，该委员会的成员包括化学创始人安托尼·拉瓦锡[3]、美国外交官和电学专家本杰明·富兰克林[4]。他们进行了一次明确清楚的控制实验：在病人毫不知晓的情况下，对其进行磁化效果实验，结果没有任何效果。调查委员会总结，如果说有什么治疗效果的话，那么，都是相信者精神感觉的结果。麦斯迈和他的追随者并没有因为这个实验的结果和结论而气馁。麦斯迈阵

[1] 菲利浦斯·帕拉塞尔苏斯（Philippus Paracelsus，1493—1541）：瑞士医师、炼金家。其激进思想对文艺复兴时期的医学发展产生影响。——译注

[2] 菲兰兹·安东·麦斯迈（Franz Anion Mesmer，1734—1815）：德国医生。在维也纳和巴黎用实为催眠术的“动物磁疗”治病。他的工作对催眠术的研究起到了促进作用。——译注

[3] 安托尼·劳伦特·拉瓦锡（Antoine Laurent Lavoisier，1743—1794）：法国化学家。现代化学之父。——译注

[4] 本杰明·富兰克林（Benjamin Franklin，1706—1790）：美国政治家、作家、科学家。——译注

营中的一个人后来力陈其对精神的看法，以尽可能地挽回面子：

> 暂时忘掉所有的物理学知识……从你的头脑中排除掉可能产生的所有的异议……在六个星期内不要进行任何思考与推理……不要轻易相信任何人；要坚信不疑；摒弃所有过去的经验，不要听从理性。
>
> 啊，确实如此，最后的劝告是："绝不要在爱管闲事的人面前做磁化治疗。"

另一个使人大开眼界的是马丁·加德纳的《建立在科学名义上的狂热与谬论》。威廉·赖克[1]从性高潮时产生的能量中为我们找到了星系构成的关键因素；安德鲁·克罗斯通过电解盐创造出了微昆虫；汉斯·豪尔毕格在纳粹的保护和支持下，对世人宣布说，银河不是由行星构成的，而是由雪球组成的；查尔斯·皮亚兹·斯密斯在吉萨大金字塔的塔身内发现了从创世记到上帝降临期间的世界纪年表；L. 朗·哈伯德可以使读者发疯的手稿（此事是否被证实过，我不得而知）；布莱迪·墨非事件使数以百万计的人相信确实有灵魂转世的确凿证据；约瑟夫·莱因[2]超感知觉的演示；用冷水灌肠治愈阑尾炎，黄铜圆柱治愈由细菌感染而得的病，绿光治愈淋病……令我惊讶不已的是，在这些自我欺骗和冒充内行的胡说八道中，竟然还有一章是专门谈论 UFO 的。

当然，麦基和加德纳写的书只是罗列了荒谬的观点。这样做显得他们有些爱抱怨和自以为高人一等。他们就没有接受任何一个观点吗？但是那么多自封的真理被激情地宣传和捍卫之后，最终仍然一文不值，这很让人震惊。我慢慢地明白了，因为人类是如此容易犯错误，也许对于飞碟也应该有其他的解释。

当我还在孩提时代，还没有听说过飞碟时，就对地球以外生命存在的可

---

[1] 威廉·赖克（Wilhelm Reich，1879—1957）：英国精神病学家。著有《情欲亢进的作用》（1948）、《性格分析》（1949）等。——译注

[2] 约瑟夫·班克斯·莱因（Joseph Banks Rhine，1895—1980）：美国心理学家。因在灵学尤其是超感官知觉方面的实验而闻名。——译注

能性产生了兴趣。当我对 UFO 的热情有所减少，而对所谓科学方法的了解越来越多的时候，我就开始为这个铁面无私的监工所倾倒，这种痴迷之情长盛不衰。科学方法告诉我们：无论何事何物，必须有证据。在论证一个重要问题的时候，证据必须缜密严谨，无懈可击。我们越想探究真相，就越要审慎小心。没有证人的信口开河是再轻松不过的。人会犯错误，也会开实事求是的玩笑，会为得到金钱、引起别人的注意或为了成名而夸大事实。人有时会误解他们亲眼所见的事情，甚至有时会看到实际并不存在的事物。

事实上，所有的 UFO 事件都是人们传说的奇闻逸事，是人们自认为存在的东西。人们对 UFO 众说纷纭，莫衷一是。有人说其移动或在空中飞行，迅疾无比；有人说其状如圆盘；有人说其像支雪茄；有人说其圆球模样；有人说其移动或无声无息或噪声如雷；有人说其尾部喷火；有人说其并不喷射任何东西；有人说其飞行时或发出耀眼闪光，或放射犹如银光般均匀的光芒，或自身发光。各种不同的观察结果向我们说明，他们的观察结果不是来自共同的原始目标。诸如 UFO 或“飞碟”这样的词所起到的作用不过是使人们对将一些毫无关联的现象进行大体归纳的问题变得迷惑不解。

就“飞碟”一词的发明这件事来说，实在令人感到有些蹊跷。在我写本章时，我的面前放着 1950 年 4 月 7 日哥伦比亚广播公司著名记者爱德华・R. 莫罗采访民航机飞行员肯尼斯・阿诺德的文字副本。爱德华于 1947 年 6 月 24 日在华盛顿州境内雷尼尔山附近看到了特别的物体，他有些创造性地发明了这个词。

阿诺德声明，这张报纸“没有正确地引用我的话……当我告诉这家报社，他们错误地引用了我的话时，报社对我说的一切都兴奋不已，各家报社对我的话夸大其词，没有人准确地知道他们在说什么……这些物体在上下波动，就像，啊，我看就像是漂泊在波浪汹涌的水面上的小船……当我形容它们怎样飞行的时候，我说它们的飞行就像在水面上抛出一个碟子。大多数报纸误解了我并且错误地引用了我的话。它们说我说这些物体就像碟子一样。我说它们飞行的样子像碟子”。阿诺德认为他看到了一连串 9 个物体，其中一个发出了“可怕的蓝色闪光”。他得出结论，它们是一种新式的带翼飞机。莫罗总结说：“这是一个历史性的错误引用。阿诺德先生的最初描述被人们遗忘，‘飞碟’已经成为家喻户晓的词语。”在短短的几年时间内，肯尼斯·阿诺德的飞碟无论是外观还是飞行动作都与公众对这个词普遍理解的固定不变的意义有很大区别：那些物体就像一种巨大的、极为灵巧的飞盘。

大多数人都诚实地报告了他们的亲眼所见，但是，他们所看到的只是人们不太熟悉的自然现象。一些 UFO 目击者说他们看到的是非常规飞机，带有特殊发光装置的常规的飞机，高空气球，可以发光的昆虫，在特殊大气状况下所看到的行星，由于光的作用产生的海市蜃楼幻觉和隐约出现的扁豆状的云，雷电形成的火球，近幻日，带有绿色火球的流星，卫星，火箭的前锥体，火箭推进器壮观地重新进入大气层。[1]还可以推测，有一些可能是消失在上空的小彗星。至少一些雷达报告是“不恰当的宣传”——由于大气中的冷热倒置，无线电波沿弯曲路径移动。传统上，人们将它们称作雷达“天使”——一些似乎有，但是实际上并不存在的东西。在没有任何“存在的东西”存在的情况下，你也能同时具备雷达的视觉形象，看到雷达监测的目标。

当我们注意到空中一些稀奇古怪的东西的时候，我们中的一些人就会激动异常，变成毫无批判分析能力的愚钝的目击者。有人怀疑对飞碟的研究吸引来了许多无耻之徒和骗子。许多 UFO 的照片被证实是伪造的——它们是用细绳挂起来的小模型，经过两次曝光的方法拍摄成的赝品。在一次足球比赛中被数以千计的人看到的 UFO 被证实是大学男生同学会的恶作剧——一片硬纸板，几根蜡烛，干洗器产生的气体吹起一个薄薄的塑料袋，所有这些东西粗略地缝制到一起做成的一个简单的热气球。

最早的坠毁的飞碟的报道（飞碟上还有外星人和完整无缺的牙齿）被证实是一场胡编出来的恶作剧。《综艺》专栏作家福兰克·斯卡利转述了他的从

---

[1] 在天空中有许多人造卫星，这些卫星经常在世界的某个地方的上空放射出艳丽的光彩。在地球大气层的两层或三层，用肉眼每天都可以看到燃烧的残骸。

事石油开采工业的朋友讲的故事。这个故事成了斯卡利 1950 年畅销书《飞碟内幕》的主要故事内容。书中描述说，在 3 个坠毁的飞碟中，发现了其中的一个飞碟上有来自金星的 16 个已经死亡的外星人，它们每个身高 3 英寸（1 英寸等于 0.0254 米）。附有外星人图片的小册子恢复出版发行。军队掩盖了事实真相。整个事件的含义变得讳莫如深。

这场恶作剧的编导人是塞拉·牛顿。他说，他用无线电波寻找黄金和石油，而神秘的“基博士”实际上是盖博先生。牛顿自己制造了一个说是从 UFO 上卸下来的机器齿轮，并用闪光灯拍了一些飞碟近照。但是他却不允许任何人进行详细检查。当一个经过充分准备，对此持怀疑态度的人，通过巧妙的手法，偷换下齿轮，将这个外星人工制品带出来进行检验，结果发现这个齿轮实际上是用家用铝水壶制造出来的。

坠毁飞碟骗局仅是牛顿和盖博在 25 年行骗生涯——主要出售毫无价值的再生油和勘探机器——中的一段小插曲而已。1952 年他们被美国联邦调查局逮捕，第二年，他们被宣布犯有欺骗罪。他们英勇的冒险事迹被历史学家克迪·菲伯斯载入编年史中。他们的所作所为应该使 UFO 发烧友们永远保持警惕，防止再上 1950 年前后从美国西南部传出的坠毁飞碟的报道的当。我们不会有那份儿运气的。

1957 年 10 月 4 日，世界上第一颗环绕地球的人造卫星 Sputnik 发射升空。就在这一年，美国有记载的 1178 次 UFO 目击事件中的 701 次，占全部目击事件的 60%——而不是你认为的 25%——发生在 10 月到 12 月之间。这清楚地说明，第一颗人造卫星和随之而来的宣传在某种程度上促进了 UFO 的报道。可能人们比平时更多地仰望夜空，看到了更多的他们不了解的自然现象。否则怎么可能仰望天空次数越多，对一直在天上的外星飞船发现的次数就越多呢？

飞碟思想的产生值得怀疑。它可以追溯到由理查德·席弗写的《我记忆中的狐猴》，这本书发表在 1945 年 3 月的庸俗刊物《神奇故事》上。可这正是我儿时如饥似渴地阅读的东西。这本书告诉我，15 万年前，太空外星人在已经消失了的大陆上定居下来，由此而导致了恶魔般的地下生物的出现，它们对人类的苦难和罪恶的存在负有责任。该杂志编辑雷·帕莫——他警告我们说，这种地下生物只有大约 4 英尺高——进一步扩展了这种古怪的想法，他说，在阿诺德看到外星人之前，地球就已经被飞碟状的外星飞船访问过，政府一直在隐瞒事情的真相和细节。在“飞碟”这个词被造出来之前，仅从书摊上有关杂志的封面上，数以百万计的美国人就已经对飞碟的概念耳熟能详了。

从各方面来说，人们提供的证据似乎软弱无力。这些证据大多数是由于轻信、欺骗、幻想、对自然世界缺乏了解而形成的，有的是将希望和恐惧经过修改作为证据提供，还有的是为引起别人的注意，为了获得名誉和金钱而编造的。这可太糟糕了，我记得我曾这样想过。

从那时起，我就非常幸运地参与了发送宇宙飞船到其他星球上去寻找生命，收听外星球文明（如果遥远的行星上有文明的话）可能发出的无线电信号的工作。我们曾经有过一些诱人的时刻。但是，如果这些值得怀疑的信号不能经受严格的批判检验，我们就不能说这些是来自外星生命的信号——无论这些猜测对我们的诱惑力有多么大。我们必须等待获得更可靠的数据的时刻，如果这一刻会到来的话。到目前为止，我们还没有发现有关地球以外生命的足以说服人的证据。虽然我们探索外星生命的研究刚刚开始，但是，就我们所知，我们可能在明天就会获得新的更确切的信息。

我想任何人都不会像我一样对外星人是否访问过我们的问题更感兴趣。与最多能间接地和远距离地研究外星生命相比，能够直接研究外星生命会节省我许多时间和精力。即使外星人身材矮小、阴森可怖、易对别人进行性骚扰，但是，只要它们即刻在我的面前，我就想了解它们。

我们对于外星人的期盼是如此之朴素，我们所乐意接受的证据是如此之轻率，以至于它们的足迹和发明、访问过地球的证据在关于庄稼地里的圆圈的传说中就可以找到。这些实际是起源于英国，后来又传遍世界的一些不足为怪的事情。

农民或过路者会发现在小麦田、燕麦田、大麦田和油菜田里压出来的圆圈（近几年，有更为复杂的图案）。从 20 世纪 70 年代中期开始就出现了简单的圆圈，这种现象每年都在发生变化。直到 80 年代后期和 90 年代早期，在农村，特别是英格兰南部农村，由于出现了巨大的几何图形而显得优雅漂亮起来。有些印在收割前的庄稼地里，有足球场那样大。圆圆相切或轴线相连，平行线向远处延伸，逐渐模糊、消失，也有些呈“昆虫形”。有些图案是四个对称的小圆围绕着一个中心圆，人们于是断定，很显然，这是由一个飞碟和它的四个着陆架造成的。

这是骗局吗？几乎所有的人都说，这不可能。已经发生了上百例这样的事件。有时，这些图案仅仅是在深夜里一小时或两小时内出现的，而且规模又是如此之大。现场没有发现任何进入或离开这些图案的恶作剧者的脚印。另外，编造这样一个骗局的动机又是什么呢？

人们提供了许多非常规性的推测。受过一些科学教育的人检查了现场，编造出一堆论据，以这件事为研究对象的刊物也陆续发表。这些图案是由奇怪的“柱状旋风”，或更令人感到奇怪的“环状旋风”造成的吗？是否有可能是电火球呢？日本研究人员可能试图在实验室里和小规模地进行模拟实验，他们认为是等离子体造成了遥远的威尔特什尔发生的现象。

但是，随着这些庄稼地里的图案的越来越复杂，从气象学和电学角度所做的解释越来越牵强。显然，这是 UFO 们干的。外星人正在用几何语言与我们进行交流。也有可能是魔鬼干的，或者是经受了长期折磨的地球在抱怨人类之手对它的蹂躏。新时代的旅游者在成群涌来。手持录像机和红外摄像机的感兴趣的人在此彻夜不眠，忙碌不停。全世界的印刷和电子媒体不断跟踪这些勇敢无畏的麦田图案学者。紧张惊异、呼吸急促，对外星客人钦佩羡慕的公众争相购买关于来自天外的、在庄稼地里画各种图案的怪物的畅销书。虽然人们都这么说，但是，事实上，没有任何人亲眼看到飞碟降落在麦田里，没有任何人在这些几何图案产生的过程中拍摄到现场影片。但是，占卜术士们却证实了他们的外星人的起源，传信者们信誓旦旦地保证他们已经与真实的物体接触过。

在这些圆圈中还探测到了“奥根能量”（Orgone energy）[1]。

在国会上人们提出了问题。皇室召请了国防部前首席科学顾问索利·朱克曼男爵[2]进行特别咨询。在做出的各种可能性的猜测中，幽灵在被考虑之列。马耳他的圣殿骑士团[3]和其他秘密团体也是怀疑对象。也有人暗示是撒旦[4]崇拜者。国防部对此事闭口不谈。人们判断有几个笨拙的、很难看的圆圈是军队弄出来的，其目的是转移公众的视线。小报新闻界煞是紧张忙碌。《每日镜报》雇用了一个农民和他的儿子画了 5 个圆圈，企图诱骗一个小报竞争对手《每日快讯》将其作为新闻进行报道。但是，至少《每日快讯》没有受骗上当。

“麦田图案学”的各种组织在壮大，在分裂。相互争斗的团体不断地向对方发出恐吓性的蹩脚歪诗。他们指控对方无资格从事研究。农田中的“圆圈”数量增长到了数以千计。这一现象扩展到了美国、加拿大、匈牙利、日本和荷兰。这些图案——特别是那些更为复杂的图案——开始在关于外星人访问地球的讨论中被越来越多地引用。这些图案也被牵强附会地与火星表面联系在一起。我所熟悉的一个科学家写信给我说，在这些图案中隐藏有非常复杂的数学计算。这些图案只能是超级智能生物创造出来的。事实上，几乎所有的进行研究的麦田图案学家都同意，后来的麦田图案过于复杂和精美，因而不可能完全是人的杰作，更不可能是一些衣衫褴褛、对任何事情都不负责任的骗子所为。外星智能只须看一眼就可昭然若揭……

1991 年，从南安普敦来的两个家伙，多哥·鲍威尔和德夫·乔利宣称，他们在过去的 15 年里一直在制作这种麦田图案。一夜，他们在经常光顾的普希·霍伯小酒馆中突发奇想，梦想一夜成名。他们觉得有关 UFO 的报道非常好玩，他们想，愚弄一下那些轻信 UFO 的人可能挺有意思。最初，他们用一

[1] 一种被认为遍及自然界，并且坐在一种特别设计的箱子内可以积累起来供人体使用的活力。——译注

[2] 索利·朱克曼（Lord Baron Solly Zuckerman，1904—1984）：英国解剖学家。著有《猿猴的群体生活》（1932）、《象牙塔以外》（1970）以及自传《从猿到军阀》（1978）。——译注

[3] 圣殿骑士团（Knights Templar）：法兰西骑士于 1120 年前后在耶路撒冷组成的宗教团体。——译注

[4] 撒旦（Sadan）：《圣经》故事中的魔鬼。希伯来文原意为“敌手”。逐渐演变成诱人犯罪、与上帝为敌的魔鬼形象，是西方许多流行传说中的主要角色。——译注

根沉重的钢棍压倒麦子，这根钢棍是鲍威尔相框商店后门的保险装置。后来，他们又使用木板和绳子。起初他们用几分钟就可以做完这些事。但是，作为捣乱成性、恶习难改的恶作剧好手和严肃的艺术家，他们开始挑战自己。他们逐渐开始设计和制作越来越复杂的图案。

起初，似乎没有人注意他们的杰作，也没有任何媒介对此进行任何报道。飞碟发烧友们根本就没注意到他们的艺术形式。他们几乎就要放弃这种庄稼地画圈的游戏，去搞其他花样，去搞那些在情感上能获得更多回报的骗局。

就在这时，庄稼地里的图案突然引起了人们的注意。飞碟发烧友们对这些图案是外星人所为完全信以为真。鲍威尔和乔利躲在一旁乐不可支——特别是当那些科学家和其他人开始宣布他们关于纯粹人类智能完全不可能制作出这样的图案的经过深思熟虑的判断的时候。

他们尽心计划着每次夜间行动——有时他们按照事先用水彩画好的极精细的图表制作那些麦田图案。他们仔细搜集对这些图案做出解释的人的评论。当有个地方气象学家根据所有的庄稼都顺时针倒伏，从而推论是一种台风所为时，他们又做了一个外环逆时针倒伏的新图案，从而使这位气象学家大为困惑不解。

很快，其他麦田图案又出现在英格兰南部和其他地方。这时出现了抄袭者。鲍威尔和乔利在麦田里画出一条回应信息："我们并不孤独。"即使是这样一条信息，有些人也把它当作真正的来自外星的信息（尽管如果将它读成"你们并不孤独"更好些）。多哥和德夫在他们的艺术品上签上他们两人名字的第一个字母，两个"D"，即使是这两个字母也被认为是神秘的外星人为某种目的所为。鲍威尔经常的夜间失踪引起了他妻子爱琳的怀疑。爱琳陪伴德夫和多哥一夜后，第二天就开始敬佩他们的艺术品，成为轻信他们的队伍中的一员。经过一番努力，她终于相信了，她丈夫的整夜不归，从他们所做的事情的意义上讲，他们是无辜的。

最终，鲍威尔和乔利对他们越来越复杂的恶作剧厌倦了。尽管他们的身体状况良好，但是，他们毕竟已经 60 多岁了，对于在夜间到那些默默无闻、通常并不讨人喜欢的农民的庄稼地里去执行半夜袭击式的军事任务来说，未免也稍微老了一些。他们也可能对于那些仅靠拍摄他们的艺术品，然后四处宣扬外星人是艺术家，从而声名鹊起，财源滚滚的人一直十分恼火。他们开始担心，如果他们再任由现状发展下去，那么，他们自己的任何声明都可能无人相信了。

因此，他们坦白了他们的所作所为。他们向记者们演示了他们是怎样制作出那些图案的，即使是那些最为复杂的昆虫图案。你可能会认为再也不会有人对“一个持续多年的骗局是不可能的”进行争辩，再也不会听说不存在这种可能，即企图欺骗轻信者使他们相信外星人的存在。但是，媒介对此事并没有看得很重。麦田图案爱好者们对他们的声明进行了轻描淡写的处理，毕竟他们剥夺了许多人对奇异事件想入非非的乐趣。

从那时起，其他制作麦田圆圈的骗子们仍然乐此不疲，但是他们的圆圈大多数更为杂乱无章，也远不及过去吸引人。大多数情况下，人们持续不衰的兴奋往往会对骗局的揭露视而不见。当鲍威尔和乔利的名字和整个事件可能是一场骗局尽人皆知时，人们大为失望。记者吉姆・斯纳伯对此事内情进行了资料翔实的报道（《圈内的环绕》，企鹅出版社，1994），此书已经出版。我的许多论述就来自此书。斯纳伯在事件出现的初期曾是麦田图案迷之一，但到最后他自己就制作了几个成功的图案（与木板相比，他更喜欢使用园圃滚压机，同时，他还发现，简单地用脚使劲地踩谷物就可以得到可以接受的效果）。但是，被一个读者说成是“许多年以来我所读过的最有趣的书”的斯纳伯的著作却评价平平。魔鬼才畅销。骗子单调乏味，倒人胃口。

怀疑主义的原则不需要像最成功地买到二手车的人所炫耀的那样，必须用高深的知识水平去掌握。在民主的条件下对任何事物持怀疑主义态度的完整的思想，是每个人都应该具备的能够对任何声称是科学成果的陈述进行有效的和有益的评价所必不可少的工具。完整全面的科学提出的要求是，所有的公民在日常生活中都能运用普遍水平的怀疑主义精神。当我们购买二手车时，当我们根据电视商业广告判断止痛药或啤酒的质量时，我们要采取怀疑的态度。

但是，怀疑的工具对我们社会的公民来说，经常普遍丧失其效力。尽管日常生活中各种令人失望的事情使人们随即不断萌发出怀疑主义的精神，但是，在学校中根本就没有提起过有关内容，甚至科学在展现其成果（最令人失望的表现者）时也没有这种精神的体现。我们的政治、经济、宣传和宗教（新旧时代）都被淹没在轻易相信、盲目服从的汪洋大海之中。怀疑论者认为，那些有东西要卖的人、希望影响公众舆论的人、大权在握的人，将会在阻止怀疑精神的发展中获得好处。

chapter five / **第五章**

欺骗与秘密

如果一个目击者所说的不可思议的事情与他个人的兴趣无关，不是他的酷爱，没有他个人的偏见，与他的爱好也没有密切的关系，那么，无论这件事情多么不可思议，你都可以相信它。当他所说的带有上述的因素时，就需要经过检验的事物来确定相反可能性的精确比例进而衡量其证据的有效性。

——托马斯·亨利·赫胥黎（1825—1895）[1]

---

[1] 托马斯·亨利·赫胥黎（Thomas Henry Huxley，1825—1895）：英国博物学家。查尔斯·达尔文的好友和支持者。创“不可知论”一词。著作有《人类在自然界中的地位》(1863)、《动物分类学导论》(1869)、《进化论与伦理学》(即《天演论》)(1893)。——译注

当被绑架的名人特拉威斯・瓦尔顿的母亲听说一个 UFO 用一道闪电击昏了她的儿子，然后将他带到太空的消息时，她却漫不经心地说："一般这种事情都是这样发生的。"是这样的吗？

认可我们头顶上的这片蓝天上的 UFO 们并不需要费太多的口舌："UFO"是"不明飞行物"的缩写。这是一个比"飞碟"含义更为广泛的词。作为普通的观察者或者非专业的研究人员来说，不了解那些可以看到的飞行物是很正常的。但是，如果我们看到一些我们不认识的东西，为什么我们就下结论说，它是其他星球上来的飞船呢？大量的更不着边际的关于这些物体的种种猜测还在不断出现。

当我们将被误解的自然事件、骗局和心理错乱从数据库中删除，还能剩下什么可信度很高但是非常稀奇古怪的事件，特别是有物理证据的事件吗？在所有的噪声中隐藏有什么"信号"吗？在我看来，迄今为止，还没有探测出任何信号。来源可靠的报道的事件并没有发生在地球以外，地球以外发生的事件的报道并不可靠。尽管从 1947 年开始媒体对于 UFO 的报道逾百万次，但是，没有一篇报道中记载的事件奇怪到任何误解、骗局或幻觉都能可靠地被排除在外而可能用外星来的飞船来解释的地步。我还是认为，"此事糟糕至极"。

我们经常被那些支离破碎、吹嘘得吓人的 UFO 的传说所缠绕，但是我们却很少听到对这些传说的驳斥。这并不难理解：什么能够推销更多的报纸和书籍？什么能得到人们的更多关注？什么能使人感到更有趣？什么更能使我们打发令人难熬的时间？是真的坠毁的外星飞船还是那些经验老到的骗子在骗那些傻瓜兜里的金钱？是威力无边的外星人在耍弄人类，还是有人根据人类的软弱和缺陷而总结出的看法？

在过去的许多年内，我一直持续地研究 UFO 的问题。我收到了许多关于 UFO 的来信，这些来信大多数是详细的第一手资料。有时，信中所说的重大发现使我感到真应该给这些写信人打个电话。在我做完演讲之后——几乎涉及所有方面——经常有人问我："您是否相信 UFO？"我总是被这种提问题的方式所震惊，他们的意思是，对 UFO 是信与不信的问题，而不是证据的问题。几乎从未有人问过我："把 UFO 说成是外星飞船的证据的可信性有多大？"

我发现许多对 UFO 感兴趣的人的态度在很大程度上是事先就确定了的。有些人确信目击者的证词是可信的，人们不可能无中生有，如此大规模地编造虚幻的东西和制造骗局是不可能的。一定有一个不让其他人知道真相的长期的、高层的政府阴谋。对 UFO 的轻信随着日益扩散的对政府的不信任情绪而甚嚣尘上，这种轻信非常自然地产生的条件就是——公众的幸福与"国家机密"之间的张力——政府在撒谎。既然政府在许多事情上暴露出其有过欺骗行为和有秘而不宣的条约，那么就很难说掩盖这种事件是不可能的。政府绝对不会对它的公民隐瞒重要的消息。对隐瞒事实真相的一种常见的解释是，为了防止世界范围内的恐慌和对政府信任程度的下降。

我以前是美国空军科学咨询委员会理事会的成员，这个机构负责调查空军 UFO 研究——称作"蓝皮书计划"，但是，在早些时候和在公开场合又被叫作"怨恨工程"。我们发现我们在做事情的过程中既缺乏热情又漫不经心。20 世纪 60 年代中期，"蓝皮书计划"的大本营设在俄亥俄莱特–帕特森空军基地。这个空军基地也是外国技术情报部（主要任务是了解苏联新式武器）所在地。他们拥有检索文件的先进技术。如果你想了解某个 UFO 事件和当今烘干机里的紧身套头衫及西服，大批的文件就会在你的面前闪过，当你所要找的文件出现的时候，机器就停止检索，文件就摆在你的面前了。

但是，这些文件的内容并没有多大价值。比如老年人报告在他们居住的新罕布什尔小镇的上空有光亮在盘旋，时间长达一个多小时。这个事件被解释为附近空军基地的战略轰炸机在进行训练演习时机身发出的光亮。轰炸机飞过这个小镇需要一小时吗？不可能。轰炸机飞过的时间正好是报道的 UFO 出现的时间？不是。上校先生，您是否能向我们解释一下，战略轰炸机的飞行怎么能够被解释为“盘旋”呢？不能。马马虎虎写成的蓝皮书调查报告毫无科学根据，但是，这些报告确实符合官僚们让公众相信是空军当时正在演习，可能与 UFO 报道毫无关系的重要目的。

当然，这并不排除在其他什么地方正在进行由少将，而不是上校领导的更严格、更科学的 UFO 研究的可能性。我认为这样的研究更有可能并不是因为我相信外星人曾经访问过我们，而是因为 UFO 现象的背后一定隐藏着曾经被认为具有重要军事意义的情报。毫无疑问，如果 UFO 确实像所报道的那样是一种飞行速度极快、极为灵活的飞机，那么，研究这种飞机的性能则是军事部门的职责。如果 UFO 是苏联制造的，那么保护我们则是空军的责任。如果认真考虑一下报道中所谈及的这种飞行物具备的优越性能特点，苏联的 UFO 居然公然在美国军事设施和核设施上空飞行，其战略意义确实令人担忧。从另一方面看，如果 UFO 是由外星人所造，我们则可以模仿它们的技术（如果我们亲手接触到哪怕仅仅一个飞碟）并能保证在冷战中处于极大的领先位置。即使军方认为 UFO 既不是苏联也不是外星人所造，我们也有充分的理由密切关注这则报道：

> 在 20 世纪 50 年代，空军广泛使用热气球，但是，这种热气球并不是在天气预测平台上使用的那种气球，也不是主要用于做广告的那种气球，不是雷达反射器，不是众所周知的普通气球，而是用于从事机密工作的，配备有高分辨率照相机和信号智能装置的无人驾驶间谍飞机。尽管气球本身并没有什么特别机密之处，但是气球上携带的侦察设备却是

值得研究的。从地面上看，飞在高空的气球的形状像飞碟。如果你无法估计它们距离你有多远，但是，你会很容易地判断出它们飞行的速度非常快。它们偶尔会受到一股强风的推动，突然改变飞行方向，飞机没有这种性能，似乎也违反了动量守恒定律——你可要知道这些气球是空的，几乎没有重量。

在20世纪50年代早期，美国广泛试验这种最为著名的军事气球系统，这种系统当时被叫作“太空钩”。其他气球系统和研究计划被命名为“大亨”“墨比·迪克”“孙子”和“根由”。厄纳·利德在海军研究实验室的研究中承担了部分责任，后来成了美国航空航天局官员。他曾告诉我，他认为所有的UFO报道都与军事热气球有关。尽管“所有的”一词的使用有些过分，但是，我认为，气球的角色没有得到足够的认识。据我所知，从来就没有进行过系统的、有目的的控制实验。这种实验是秘密释放和跟踪高空气球。与此同时，出现了根据视觉判断和雷达观察人员注意到的有关UFO的报道。

1956年，美国侦察气球开始飞越苏联领空的侦察。放飞气球数量最多的时候一天多达数十个。后来气球高空侦察被类似U-2的高空飞机所取代，随后这些飞机大多数又被侦察卫星所代替。那个时候记录的许多UFO很显然是科学实验气球，正如从那时至今仍然在发射的气球一样——包括携带有宇宙射线传感器、光学和红外线望远镜、探测宇宙背景放射线的无线电接收器以及其他适应地球大气层以上外层空间的仪器。

1947年，新墨西哥州罗斯威尔市附近出现了关于一个或更多的飞碟坠毁事件的纷纷攘攘的报道。关于这个事件的最初的一些报道和报纸照片与那些碎片是坠毁的高空气球的残片的想象是完全一致的。但是，这个地区的其他居民——特别是几十年后——却记得那些残片更可能是来自其他星球的材料所制，残片上有神秘的书写符号。他们还说军方人士威胁目击者，他们必须对所知所见守口如瓶，不许对任何人说外星人机器零件和身体残肢已经被装进飞机，飞往莱特–帕特森空军基地马特利尔空军指挥部这个标准说法。人们发现一部分（而不是全部）关于外星人的尸体的说法与这个事件联系到了一起。

菲利普·克拉斯是一位具有献身精神的长期研究 UFO 的怀疑主义者。他发现了 C. B. 卡布尔少将（其后担任美国空军情报部主任，再后是中央情报局官员，是美国未能付诸实施的在猪猡湾对古巴的侵略行动的重要人物）写的一封信，这封信标明写信日期为 1948 年 7 月 27 日，即罗斯威尔事件一年之后（这封信后来被定为机密文件）。人们追问卡布尔是什么人向他报告 UFO 的。他没有任何线索。在 1948 年 10 月 11 日的总结报告中，明显包含有受马特利尔空军指挥部控制的情报，我们发现曾有人告诉这位情报部主任，在空军中没有其他任何人掌握有线索。这说明一年前 UFO 碎片及其所有者是不可能进入莱特 – 帕特森空军基地的。

空军最为担忧的是 UFO 是苏联人制造的。苏联人为什么在美国国土上空试验飞碟成为一个难解之谜。为揭开此谜，人们提出了以下四种解释："（1）挫败美国拥有原子弹这个在战争中最先进和具有决定胜败作用的武器的信心；（2）执行摄像侦察任务；（3）探测美国空军防卫能力；（4）对美国领土进行熟悉情况飞行（为轰炸机做准备）。"我们现在知道，UFO 在过去不是，现在也不是苏联人的什么武器，然而，尽管苏联对从（1）到（4）都具有极大的兴趣，但是，飞碟都不是他们达到这些目的的手段。

许多关于罗斯威尔"事件"的证据似乎都说明那是一堆可能从附近阿拉莫高朵军用机场或者白沙装备基地发射，坠毁在罗斯威尔附近的高空分类气球。秘密仪器残片被那些办事认真的军方人士迅速地收存了起来。关于这个事件的早期媒体报道说，坠毁的是来自另一个星球的宇宙飞船（"罗斯威尔美国空军基地在罗斯威尔地区农场擒获飞碟"），在过去的这些年里，人们不断地炒作着那些仍然记忆犹新的事件的细节，为了一点名利，人们利用这个机会不断温习着记忆中的过去（罗斯威尔的两个博物馆会将参观者引导到游客参观点）。

1994 年，空军和国防部长为对新墨西哥州议员的质询做出答辩，下令写出调查报告。该报告证实了罗斯威尔地区的碎片是一个远程、具有高度机密性能、由气球携带的低频声波探测系统的零件，这个叫作"大亨计划"行动的目的是尝试探测苏联核武器爆炸在对流层顶高度中的遗留气体。空军调查人员翻遍了 1947 年的机密文件，没有发现任何证据可以证明情报的来源是可靠的：

> 没有任何可靠的预示和警告、警报，或者任何紧急军事行动可以得出不明意图的外星飞行器进入美国领空的结论。所有的记录表明，从来没有这样的事情发生过（如果发生过，这种事便会在安全系统的控制之下，这种控制系统是有效的和严密的，其有效性和严密性是无论美国或其他国家的任何人都不可能复制的。如果这个系统在当时是有效的，它必定能够启动，以防止我们的原子秘密被苏联窃取。但是，历史记录显示，显然没有这样的事情发生过）。

雷达图标部分是由纽约装饰品和玩具公司生产的。这些公司的装饰性标志的产品似乎在许多年后仍然被人们当作外星人的符号。

UFO 的全盛时期正是核武器的发射方式由飞机发射转向火箭发射的时期。在这方面，一个早期就存在的，而且重要的技术问题是重返地球大气层的问题——核弹头重返地球时在穿越厚重的地球大气层的过程中不会被焚毁（像小行星和彗星这样的小星体在穿越高层大气区域的过程中就被焚毁了）。核武器的特殊材料、几何形锥体以及进入大气层的角度与其他物质相比要好。对重返大气层（或其他更为引人注目的发射过程）的观察能够充分地揭示美国在这项重要的战略技术中是取得了进步，还是在设计中存在不足或缺陷。这样的观察能够使我们了解敌手将会采取什么样的防卫措施。这样的军事问题被认为是高度敏感的，这是完全可以理解的。

军方人士被要求不得谈论他们所看到的一切，那些似乎无足轻重的事物突然被划定为最高机密，只有极少数需要知道事实真相的人才能了解这些机密。空军官员和民间科学家在多年之后回想此事时，有充分的证据断定政府设计了一个掩盖 UFO 事件的阴谋。如果那些锥体被判断为 UFO，那么，这个指控就是公平的。

我们现在考虑一下骗局的可能性。在美苏的战略对抗中，防空力量是否充足可谓生死攸关之大问题。这是卡布尔将军所提出的可能性中的第三个问题。如果你能够发现对手的一个弱点，那么你在全面的核战争中就掌握了获得“胜利”的关键。探测对手的防空能力的唯一可靠的方法就是派一架飞机飞越其边界，试探对手需要多长时间能够发现这架飞机。美国在过去定期地使用这种方法试探苏联的防空能力。

在 20 世纪 50 和 60 年代，美国在西海岸和东海岸，特别是北部通道（苏联轰炸机或导弹最有可能进攻的地区）设置了有效的早期预警系统。但是，仍然存在着一个软肋区——在地理情况复杂得多的南部地区却没有设置有效的早期预警系统。毫无疑问，这个情报对于潜在的对手来说是十分重要的。这个情况立即就为制造骗局提供了一个机会：一架或几架敌对方的高性能飞机从加勒比地区低空飞出，在美国空军雷达发现之前，比如飞入美国上空，纵深达数百英里，直至密西西比河，入侵者快速逃走。（或者，作为一次控制实验，一组高性能的美国飞机在一次未预先声明的出击中静悄悄地被派出探测美国的防空设施的漏洞到底有多大。）在这种情况下，军方和民间观察者们共同做出了视觉和雷达观测的结果，同时也出现了大量的独立报道。报道的内容都是关于无人知晓的飞机。空军和民航机构诚实地说明，他们的飞机中没有一架与此事有关。尽管空军一直在催促国会出资设置早期预警系统，但是，他们也不可能承认苏联或古巴的飞机会在没有任何人发现的情况下，飞至新奥尔良，更不要说飞到孟菲斯了。

现在我们仍然有充分的理由希望能有一个高水平的技术调查组来调查此事。空军和民间观察者们被要求守口如瓶，他们不仅在表情上要表现出茫然不知，而且对询问的问题也要表现出吃惊的真实感。这种保持沉默的合谋也需要显示出与外星飞船毫无关系。即使在几十年之后，国防部也会找出官僚机构惯用的理由对这类令人尴尬的事情保持沉默。在国防部的褊狭的考虑和揭开 UFO 谜底之间存在着一种潜在的利益冲突。

除此而外，中央情报局和美国空军所担忧的是，UFO 会在国家危急之时起到阻断通信渠道的作用，会混淆对敌机的视觉观察和雷达所搜索的图像——根据声音发信号在某种程度上是形成骗局的另一个原因。

从上述各种分析考虑，我完全有理由认为，至少某些有关 UFO 的报道和分析，也许还有大量的文件从未向纳税人开放过。冷战已经结束，导弹和气球技术已经过时，或者已经被广泛使用，那些为处理这些事情颇感为难的人也已经不在军队服役。从军事的观点来看，最为糟糕的事情是，美国公众以国家机密的重要性为由一再受到愚弄和误导。现在已经到了将档案进行分类并向公众公开的时候了。

另外，搞阴谋活动的一贯做法和保密文化之间带有指示意味的结合与国家保密局的活动有关。这个组织监听美国的朋友和对手的电话、无线电和其他通信设备。它偷偷地阅读各国信件。它每天截获的信息数量巨大。在关系紧张时期，国家保密局大批精通各种有关语言的雇员坐在那里，戴着耳机，用实时处理器监听从目标国家参谋部的加密命令到枕边话语的所有事情。如果要寻找其他材料，电脑会为人们从特别关心的情报中或与当前直接相关的谈话中挑选出关键词句。所有的信息都被储存，以便在需要重新查询时，能够找到磁带——查出一个密码最初出现的地方，比如出现在一次危机中具有重要意义的命令中。有些截获的情报是来自附近国家的监听站（土耳其与俄国之间、印度与中国之间），或来自在附近巡逻的飞机和舰船，或者来自在地球轨道上的间谍卫星。在国家保密局和其他显然不愿被监听国家的保密机构之间一直在进行着侦察和反侦察的较量。

现在，这个已经令人头昏脑涨的情报战中又被加上了一个信息自由法案[1]。国家保密局已经收到一项要求，要求其公布所有关于 UFO 的情报和信息。根据法律条款规定，对于这种要求必须予以答复，当然，不得透露“获得信息的方法和来源”。国家保密局还承担有重要的职责，那就是，不得以过于

[1] 信息自由法案（Freedom of Information Act）：1966 年美国国会通过的一项法案。法案要求美国政府机构应根据公众的要求，向公众公布除属于国家安全、个人隐私或机构内部管理等可以豁免的特殊情况以外的资料，并规定由法院对拒绝公布上述资料的机构进行审查。——译注

刺激和政治上令人难堪的方式使其他国家、朋友或对手对自己的活动倍加警惕。这样，在答复根据信息自由法而提出的要求时，国家保密局发布的多少具有点截获情报特点的信息是一页纸上的三分之一内容被删掉，一行字中留下了一些残缺不全的字："报告说一个 UFO 在低空"，剩下的三分之二被删除。国家保密局的立场是，透露这页纸上的其他内容就会泄露信息的来源和获得信息的手段，或者至少使这些国家意识到他们的航空无线电通信一直被窃听。（如果国家保密局从飞机到接收塔之间发送近距离的，似乎没有任何意义的信号，那么，有关国家就会意识到它的军事空间通信系统已经被监听，就会改换通信方式——如频率转换——这样，国家保密局的截获情报工作就更加困难。）但是，UFO 的阴谋理论家们答复根据信息自由法提出的要求说，他们接到几十页材料，其中绝大多数都被用墨水删除，由此推断出国家保密局掌握着大量的有关 UFO 的情报，他们的所作所为是保持沉默的密约的一个组成部分。

在与不愿透露姓名的国家保密局的官员的交谈中，他们对我说，真正截获的情报是军用飞机和民用飞机在无线电通话中说他们见到了 UFO，他们通话中所谈的 UFO 指的是在他们的附近天空中的不明飞行物体。这种不明飞行物也有可能是正在执行侦察任务或欺骗式飞行任务的美国飞机。在大多数情况下，是一些平平常常的东西。这种机密情报也被报告给国家保密局，成为后来保存的截获的情报。

用同样的逻辑来看国家保密局，这个机构看起来有可能是任何一个阴谋的组成部分。比如他们说，一项自由信息法案要求他们答复国家保密局他们所知道的猫王的消息。（曾有报告说猫王显灵并具有神奇的医治疾病的效果。）的确，国家保密局知道一些事情。比如有一个关于某个国家的经济状况的报告说有多少多少猫王的磁带和光盘在他们国家被一抢而光。这个信息也是以在一大片被删改的黑色墨迹海洋中显露出的少数几行白字的形式提供出来的。国家保密局是否也参与了掩盖真相的阴谋？尽管我本人没有参加国家保密局的有关 UFO 的调查工作，但是，我似乎觉得他们所说的还挺有道理。

如果我们确实相信政府正在防止外星人对我们造访的话，那么，我们就应该对付军队和情报机构的机密文化。最起码我们可以要求对几十年前的有关情报解密，在这方面，1994 年 7 月空军关于“罗斯威尔事件”的报告就是一个很好的例子。

在前《纽约时报》记者霍华德·布卢姆写的一本书（《远在那边》，西蒙与舒斯特出版社，1990）中，我们可以感受到众多 UFO 发烧友的偏执和狂热，感受到人们对于机密文化的天真和轻信：

> 无论我如何绞尽脑汁地尝试，我仍然无法逃脱一头撞进突然陷入困境的命运。我逐渐意识到，整个事件总是阴魂不散，萦绕徘徊，挥之不去。我对此已经无能为力。

为什么？

这是一个独立存在的、现实的、无法回答的问题。它在我日益增加的成堆的疑问顶端上不祥地端坐着。为什么所有的官方发言人和机构沆瀣一气，竭尽全力阻止和阻碍我的调查工作？为什么这类事件今天是真的，明天就成了假的？为什么所有这一切都成了滴水不漏的机密？为什么军事情报人员散布虚假信息，使得 UFO 的信仰者走火入魔？政府在那儿发现了什么？政府要隐瞒什么呢？

要搞清楚这些问题当然有阻力。有些信息在法律上是保密的。它们就像军事设施一样，有时确实是保护国家利益的机密。此外，军事、政治和情报部门习惯于为了自身的利益而热衷于保密。这是为了掩饰无能或更糟糕的东西而逃避批评和责任的一种手段。它们培育出了一个国家坚定信赖的社会精英、一个命运相连的兄弟同盟。而对他们所代表的广大公众，可能首先就是要保密。除几个例外情况而外，秘密与民主和科学是水火不相容的。

据说各种 UFO 事件和秘密中最引人注目的是所谓的 MJ-12 文件。1984 年末，正值有关 UFO 事件的报道沸沸扬扬之时，一个装着已经拍摄完但还没有冲洗过的一盒胶卷的信封被人投到电影制片人吉姆·桑德拉（他对 UFO 事件和政府隐瞒事件真相的事情很感兴趣）家门前的信筒里。这时正是他准备出去与一本书的作者共进午餐的时候，这个作者写的书的主题是发生在新墨西哥州罗斯威尔市的未经证实的事件。当胶卷冲洗出来后，“证实了”这是页码相连的 1947 年 9 月 24 日发出的高度机密的“只读”执行命令，这个命令的内容似乎是哈里 · S. 杜鲁门总统成立了一个由 12 个科学家和政府官员组成的委员会，其任务是检查一系列坠毁飞碟和那些小外星人尸体。MJ-12 委员会的成员资格引人注目，因为他们是军事、情报、科学和工程学的各界人员，如果有这类事件发生，他们会被随时召集起来，对坠毁事件进行调查。在 MJ-12 文件的附件中，还有诱人的关于外星人的性质的参考文献、飞船的技术，等等，但是，这个神秘的胶卷中没有这些附件。

空军说这个文件是伪造的。UFO 专家菲利普 · 丁 · 克拉斯斯和其他人发现文件中的用词和印刷版式与通常文件所惯用的不相符合，这说明，整个事情是一场骗局。买美术品的人总是关心画出自何人之手，即画的最近的主人是谁，以前的主人又是谁，以此类推，直至找到原始作者。如果追溯的链条出现了断裂——如果一幅具有 300 年历史的画只能回溯 60 年，那么，我们就无从得知在此之前这幅画曾在谁家或哪家博物馆悬挂过——那么，赝品的警告标签就要挂起来了。由于赝品非常多，因此，收藏家们就要十分谨慎小心。MJ-12 文件的最大的漏洞和最大的可疑之处就是其真实性问题——就像一个童话故事，可能是《鞋匠与小精灵》中所描述的那样，证据奇迹般地落到门口。在人类历史上有许多具有相同特点的事件。突然会出现一个出处值得怀疑的文件，文件上具有完全能支持发现者所说的事件的重要信息。在经过仔细的、某种情况下是无所畏惧的调查后，文件被证明是伪造的。了解这些骗子的动机并不是什么困难的事情。多少具有代表性的例子是《申命记》[1]。这本书是约西亚[2]在耶路撒冷神庙中发现的，在他重大的改革斗争中，他不可思议地在书中找到了他的所

[1]《申命记》(*Deuteronomy*):《圣经 · 旧约》第五卷，摩西五书之终卷。书中记载了摩西在以色列人进入迦南之前对他们的赐福和临别嘱咐，回顾以色列的历史，重申他在何烈山颁布的律法，指出只有恪守他的戒律才能在迦南兴旺繁荣。——译注

[2] 约西亚（Josiah）:《圣经 · 旧约》中犹太国国王（？前 640 年—前 609 年）。阿蒙之子，8 岁继承父位。公元前 609 年埃及国王尼科向犹太国发起进攻，约西亚在美吉多战役中兵败身亡。——译注

有观点的佐证。

另一个例子是所谓的君士坦丁大帝[1]赠礼。君士坦丁大帝是使基督教成为罗马帝国的正式宗教的皇帝。君士坦丁堡市（现在的伊斯坦布尔）曾经有1 000年的时间是东罗马帝国的首都。这座城市就是以君士坦丁大帝的名字命名的。他于公元337年去世。但在9世纪时，有关君士坦丁赠礼的书却突然在基督教教义中出现，书中记载了君士坦丁将整个西罗马帝国，包括罗马，赠予当时的教皇西尔维斯特一世的遗嘱。根据这个记载，赠送这点小礼物的部分原因是感谢西尔维斯特治愈了君士坦丁城麻风病。到11世纪时，教皇们不断援引君士坦丁赠礼来证明他们不仅是基督教会的传教士，而且是意大利中部政权的统治者。在整个中世纪，无论是反对还是赞同基督教会世俗权力的说法的人都认为赠礼之事真实无疑。洛伦佐·瓦拉[2]是意大利文艺复兴时期的博学之士之一。作为一个脾气暴躁、惯于批评、充满傲慢自大书呆子气的雄辩家，他被同时代的人攻击为亵渎神灵、鲁莽冒失、粗鲁放肆、傲慢无礼，还有其他各种毛病。在他下结论说《使徒信经》[3]从语法角度上讲事实上不可能是由十二使徒所写之后，异教裁判所宣布他为异教徒，多亏那不勒斯国王阿方索[4]的干预，他才免于被送上断头台。但是，他并没有因此而退缩，1440年，他又发表了一个专题论文，声称君士坦丁赠礼是一个漏洞百出的大骗局。遗嘱所使用的语言对于中世纪拉丁语系国家的宫廷来说，简直就像拿伦敦土话与王室英语进行比较一样。由于洛伦佐·瓦拉的出现，罗马天主教会再也没有借口坚持以君士坦丁赠礼为理由统治欧洲各国。人们普遍认为，这本在长达5个世纪的时间内一直存在有漏洞的书是在查理曼时期[5]，当罗马教廷（尤其是阿德里安一世教皇时期）要求政教合一的时候，由属

[1] 君士坦丁大帝（Constantine the Great，？ 285—337）：西罗马皇帝（312 ~ 324），罗马皇帝（324—337）。第一个信仰基督教的皇帝。公元313年发布米兰赦令，承认基督教在罗马的合法地位。——译注

[2] 洛伦佐·瓦拉（Lorenzo Valla，1407—1457）：意大利文艺复兴时期的人文主义者。保守思想的批判家和杰出的雄辩家。主要著作有：《论君士坦丁赠礼》（1440）、《优雅的拉丁语》（1471）和《新约全书集注》（1505）等，涉及伦理学、逻辑学、历史学和神学等领域。在路德时代被奉为宗教改革的先驱。——译注

[3] 《使徒信经》（*Apostles' Creed*）：基督教最古老的信仰声明。据传由十二使徒所制定。——译注

[4] 阿方索五世（Alfongso V，1396—1458）：阿拉贡和西西里国王。——译注

[5] 查理曼（Charlemagne，？ 742—814）：即查理曼大帝。法兰克王国加洛林王朝国王（768—814）。——译注

于教廷机构的一位牧师伪造的。

我们以为君士坦丁赠礼与 MJ-12 文件属于同一类骗局，只不过后者比前者的骗术更高明一些罢了。但是，在出处、既得利益和词语的漏洞等方面，两者可谓异曲同工。

将地球外生命或外星人绑架事件的消息掩盖了长达几乎 45 年之久，数以百计（如果不是数以千计的话）的政府雇员参与秘事，这想法真乃匪夷所思。当然，政府机密是按程序进行保密的，即使是广大公众非常感兴趣的机密也不能例外。但是，这类机密至少从表面上看起来是为了保护这个国家和公民的。尽管如此，机密仍然是有所区别的。那些具有从事机密工作许可资格的人设计阴谋的目的就是防止公民获得外星人会持续向人类进攻的有关机密。如果地球外生物真的成百万地绑架我们的话，那就不仅仅是国家安全的问题了，那将影响到地球任何一个角落的人类的安全。既然问题如此重大，那么，在将近 20 个国家所有掌握内部情报和证据的人中，竟然没有一个人公布内情、讲出真话帮助人类，而是帮助外星人，这事听起来可能吗？

自从冷战结束后，美国航空航天局一直在不停地探索，试图开展外空活动以证实其存在——特别是证实人类在太空的存在。如果怀有敌意的外星人每天访问地球，航空航天局为什么不抓住这个机会增加其经费呢？如果外星人入侵正在进行，为什么传统上由驾驶员驾驶的空军武装力量却放弃载人飞行，而花费其所有的经费制造无人驾驶推进器呢？

我们再看一下负责“星球大战”的前战略防御行动组织。这个组织现在处境困难，更不必谈它在外层空间建立防御体系的目标了。它的名字和前途已经暗淡无光。现在它已经更名为“弹道导弹防御组织”。它甚至已经丧失了直接向国防部长报告工作的权力。这种技术无力保护美国免遭核导弹的大规模袭击已经是公开的秘密。但是，如果我们正面对外星人的进攻，难道我们不想至少在设置太空防御体系方面做些尝试吗？

国防部，像所有国家类似的部一样，只有依靠真正的和想象的敌人才能兴旺发达。依靠敌人的存在才能获利的组织，自己本身却要掩盖其敌人的存在，这样的事情无论如何是无法让人相信的。冷战后美国（以及其他国家）的军事和民间空间研究计划的整体发展过程有力地驳斥了在我们中间存在有外星人的说法。当然，关于外星人的新闻对那些制订国防计划的人也保密的情况则另当别论。

就像不经认真思考就轻易相信所有的 UFO 报道的人一样，另有一些人对于自己无法了解的外星人访问地球的事情情绪激昂地断然否定。他们说，没有必要深究证据，甚至考虑这个问题本身就“不科学”。我曾经协助有关机构在美国科促会年会上组织了一次公众辩论会，让对 UFO 是太空飞船的这种假设持支持和反对态度的科学家进行辩论。在那次辩论会上，一个在许多问题上我十分尊重的杰出的物理学家威胁说，如果我在这种愚不可及的问题上仍然执迷不悟，他将策动副总统来攻击我。（然而，这场辩论会还是举行了，会议内容也公开发表了，问题得到了一些澄清，我也没有听到斯毕罗 · T. 阿格纽发表过什么看法。）

1969 年，美国国家科学院进行了一项研究，尽管这项研究承认有些报告“无法简单地做出解释”，但是仍得出结论“外星智慧生物造访地球是对于 UFO 的解释中可能性最小的一种”。我们可以想一下会有多少种其他的“解释”：时间旅行者；妖魔世界来的恶魔；另一维世界来的旅行者——比如在老掉了牙的“超人”漫画书中所描写的第五维中的 Zrfff 国中出来的 Mxyztplk 先生（或者是 Mxyzptlk 先生？我总是记不住这个名字）；死者之灵魂；或者既不符合科学原理，也不符合逻辑的“非笛卡儿哲学”现象。这些“解释”中的每一个解释事实上都被人提出过。“可能性最小”事实上是说明了一些问题。这种修辞表明许多科学家对整个事件是多么厌烦。

此事说明当我们对某件事情知之甚少时，情感的影响是多么大。这一点对说明最近闹得沸沸扬扬的外星人绑架事件的报道尤其正确。如果是正确的，那么，两种假设——在性方面有控制能力的外星人的入侵或是幻觉的流行——毕竟告诉了我们确实应该知道的一些事情。也许形成这种强烈情感的原因是，这两种选择都具有令人不悦的含义。

极光

一些报道和与这些报道相符合的一些事件表明，那些目击可能有某种根据，而不是致幻剂导致的结果。

神秘飞机报道，美国科学家联合会，1992 年 8 月 20 日

“极光”是一种可在很高的高度飞行的、具有非常高的隐蔽性的美国间谍飞机。它是继 U-2 和 SR-71“黑鸟”之后的又一种间谍机型。这种飞机也许已经研制成功，也许还没有。1993 年，据观察家报道，在加利福尼亚爱德华空军基地附近，特别是被称为 51 号区的内华达州的格卢姆湖地区，正在为国防部进行实验机型检测，这似乎与报道内容大体相符。随后世界各地出现大量证实这种飞机存在的报道。这种机型与以前间谍飞机的机型有所不同，据说这是一种超音速飞机，其飞行速度比音速快 6 ~ 8 倍。其飞行尾迹被形容为“一根绳上穿着面包圈”。它也可能是一种将小型间谍卫星送入轨道的工具，据推测，自从“挑战者号”航天飞机灾难表明载荷保护装置具有偶发不可靠性后，有关设备进行了改进。但是，美国参议员及前宇航员约翰·格兰说，中央情报局“不断发誓从来就没有这样的研制计划”。具有最高机密性能的美国间谍飞机主要设计人也说了同样的话。空军部长断然否认这种飞机的存在，同时否认美国空军或其他部门有研制这种飞机的计划。他是在说谎吗？一位空军发言人用可能是经过认真选择的词语说：“就像对 UFO 的报道进行调查一样，我们曾对所有的这类目击进行了调查，我们无法对其进行解释。”但与此同时，在 1995 年 4 月，空军强行征用了 51 号地区附近的 4 000 多英亩（1 英亩约合 4 046.86 平方米）的土地。这个地区禁止公众进入的戒严级别在逐步提高。

那么，我们现在来考察一下这两种可能性：“极光”存在和不存在。如果存在，那么，很明显，官方对其存在一直在试图进行掩盖和隐瞒，保密工作做得非常好。这种飞机可以在世界上的任何一个地方进行实验或加油，但是却没有一张它的照片或任何确凿的证据见诸报端。另外，如果“极光”并不存在，

那么，很明显，这个神话一直被人们炒得火热，而且有些过火；为什么官方连续否认却收效甚微？一种飞机名称——在我们这里说的是“极光”——是否就成了各种各样的现象的总名称了呢？无论从哪个角度讲，“极光”似乎都与UFO有关。

chapter six / # 第六章

幻觉

孩子在黑暗中会发抖并对每个东西都感到恐惧，有时我们在光亮之中也会对某些事物感到恐惧。我们所恐惧的并不亚于孩子在黑暗中所惊恐的那些东西。

——卢克莱修[1]《物性论》(约公元前60年)

[1] 卢克莱修（Lucretius，？前99年—前55年）：古罗马诗人、唯物主义哲学家。——译注

广告商必须了解自己的受众，这是企业的生存之道。因此我们可以通过考察刊登在有关UFO专门性杂志上的广告来获知美国这个商业化和企业自由经营化的国家是如何看待UFO之谜的。下面是一本名为《UFO世界》杂志上刊出的一些（十分典型的）广告标题：

- 资深科学家发现一个与财富、权力和浪漫爱情有关的长达2000年的秘密。
- 超级机密！我们当代最耸人听闻的政府阴谋终于被一名退休军官公之于世。
- 在这世上什么是你的“特殊使命”？唤醒宇宙之光的工作者们、不速之客以及所有的星生（Star-born）的议员已经开始了他们的使命！
- 这是你一直在等待的无与伦比的、能够不可思议地提高生活水平的UFO的精神标志。
- 我搞到一个女孩。你呢？别错过机会。去搞女孩吧！
- 现在请订阅世上最令人惊奇的杂志。
- 将不可思议的好运、爱情和金钱带进你的生活！它们的威力已经显示了几个世纪！它们可以为你服务。
- 令人惊奇的心灵研究成果。只需5分钟就可证明心灵神力确实有效！

- 你有勇气获得好运、爱情和财富吗？保证好运会降临于你！你将用世上最具魔力的法宝获得你想要的一切东西。
- 黑衣人：政府代言人还是外星人？
- 增加宝石、护身符、标记和象征物的魔力。提高你办事的效率。用精神力量的“放大器”放大你的精神力量和能力。
- 著名的金钱效应：你想有更多的钱吗？
- 莱尔圣约书，失落文明的圣经。
- 内部的“指挥官 X”所著新书《操纵者》已确认的地球幕后操纵者。我们是外星人智慧的财产。

将这些广告串联在一起的主要线索是什么？不是 UFO。毫无疑问，是使读者无限制地受骗上当的期望。这就是为什么这些广告会刊登在 UFO 杂志上的原因——因为总的来说，读者层次的分类是根据其购买的杂志这一特定行为确定的。毫无疑问，购买这些刊物的具有一般怀疑精神和充分理性的读者会被这些广告降低层次。但是如果大多数读者的层次都是完全相同的，那么，外星人绑架事例还可能有什么意义呢？

偶尔我会收到一封曾与外星人“接触过”的人发来的信。他们邀请我去“问他们一些问题”。为此，在过去的几年时间内我准备了一些问题。这些外星人都是非常先进的，这点要牢记。所以，我问的问题是：“请用最简单的方法证明费马大定理[1]或哥德巴赫猜想。”然后我必须解释这些都是什么，因为外星人不会称它为费马大定理。因此，我写出了带指数的简单方程式。我绝对得不到回答。另一方面，如果我问类似“我们能友好相处吗？”这样的问题，那我总可以得到答复。对任何模棱两可的问题，特别是关于道德的判断问题，这些外星人会非常乐意回答的。但是，一提及任何专门的问题——这些问题会使

[1] 彼埃尔·德·费马（Perrier de Fermat，1601 ~ 1665）：法国数学家。以律师为职业，业余研究数学。创立了数论并与帕斯卡尔一起创立了概率论。最著名的研究成果是“费马大定理”和“费马原理”。——译注

我们了解他们是不是真的知道大多数人类所不知道的事情——外星人便会保持沉默。从这种回答问题的能力差别中我们可以悟到一些东西。

在外星人绑架事件发生之前的美好日子里，他们就报道说有人曾被带入UFO，发表具有启发意义的关于核战危险性的演说。现在，当我们人类已经提出这种教诲的时候，外星人似乎又开始钟情于环境恶化和艾滋病。我问自己，UFO的所有者为什么会如此及时地和急切地关心我们这个星球呢？为什么在20世纪50年代出现氯氟烃和臭氧层变薄的问题或70年代出现艾滋病病毒的时候，连个临时警告都没有？而当时如果能够得到这些警告可能对我们确实是很有益处的。为什么现在不告诉我们至今我们还不知道的公众健康或环境威胁方面的问题？是不是外星人所知与那些报告他们存在的人所知同样多？如果外星人造访的主要目的之一是忠告人们地球存在的危险，那么为什么又只将它告诉令人怀疑的少数人呢？为什么不占用一整夜时间利用电视网络或利用具有强烈感染力的、可以警告天下所有人的声像系统在联合国安理会上播放？这对能够飞越数光年的外星人来说肯定不是一件太难的事。

最早在商业上取得成功的与UFO"接触过的人"是乔治·阿达姆斯基。他在加利福尼亚的帕洛马山麓经营着一家小饭馆，在饭店后面他架设了一架小型望远镜。在山顶上有一架世界上最大的望远镜，是华盛顿卡内基学会和加州理工学院制作的望远镜，这是一架口径200英寸的反射镜。阿达姆斯基自称为帕洛马山"天文台"的阿达姆斯基"教授"。他出版了一本书，引起轰动。我记得在书中他描述了他在附近的沙漠遭遇到披金色长发的漂亮的外星人。如果我没记错的话，那些外星人还穿着白色长袍。外星人警告阿达姆斯基说，地球存在核战的危险。他们来自金星（其表面温度为482摄氏度，我们现在可将它看作对阿达姆斯基所说的可靠性的疑证）。人们完全相信他的所见所闻。当时负责UFO调查的空军军官并非十分真实地用这样的话描述阿达姆斯基：

> 看到这个男人，听了他讲的故事，你就会有一种相信他的话的直接冲动。也许这是由他的外表造成的结果。他穿戴破旧，但总的来说很整

洁。他的头发有些灰白。他还有一双我从未见过的最诚实的眼睛。

随着阿达姆斯基变老，他的明星地位逐渐黯然失色。但他又自助费出版了一些书，在飞碟“信奉者”会议上占据了一个长期稳固的席位。

现代类型的外星人绑架事件中应首推新罕布什尔州的一对夫妻蓓蒂和巴尼·黑尔所经历的故事。蓓蒂是一名社会工作者，巴尼是邮局雇员。1961 年的一个深夜，在他们驾车穿越怀特山的过程中，蓓蒂发现了一个发光的、最初像星星似的 UFO，它好像在跟随着他们。因为巴尼担心他们受到伤害，就离开主干道，开上狭窄的山路，到家的时间比他们预想的晚两小时。这次经历促使蓓蒂读了一本描写像从其他星球来的太空飞船一样的 UFO 的书。UFO 的乘坐者是那些有时绑架人类的小个儿男人。

不久，蓓蒂就经常做可怕的噩梦。梦中，她和巴尼被劫持到 UFO 上。巴尼无意中听到蓓蒂把她做的梦讲给朋友、同事和志愿 UFO 研究人员（令人奇怪的是蓓蒂没有直接和丈夫讨论此事）。遇到外星人的事件大约一周之后，他们向人们描述那个“烙饼”状的 UFO，透过那个飞行物的透明的窗玻璃，他们看到了以前从未见过的生物形象。

几年之后，巴尼的心理医生将他托付给波士顿的催眠术士本杰明·西蒙医学博士。蓓蒂也同样接受催眠术治疗。在催眠状态下，他们分别详述了在“失踪”两小时的过程中所发生的事情。他们看见了 UFO 停在公路上，他们被带到 UFO 中，他们的身体部分失去知觉，在那个飞行物中，有一些矮个儿、长鼻子的灰色人形生物（与现在人们普遍认同的形状不同），这些生物强迫他们做非常规体检，包括用一根针刺进蓓蒂的肚脐（在地球未发明羊膜穿刺之前）。现在有些人相信外星人从蓓蒂的卵巢里提取了卵子，从巴尼身上提取了精子，然而这仅仅是原来故事中的一部分[1]。头领给蓓蒂看了一张星际空间图，

[1] 在最近一段时间内，黑尔夫人写了当时外星人劫持中发生的事情。她写道：“那些生物没有表现出对性方面的兴趣。但是，他们却擅自拿取（被劫持者的）东西，比如钓鱼竿、各种珠宝、眼镜和一块肥皂。”

图中标有飞船航线。

马丁·M. 科特麦耶于 1953 年在其电影《火星入侵者》中表现了黑尔叙述中的许多主要内容。巴尼讲的有关外星人长相的故事，特别是外星人巨大的眼睛，是在他进入催眠期的第 12 天里流露出来的，而此时正在公开讨论电视系列片《外空世界》，在这个系列片中外星人的形象就是按照他的描述设计的。

各界在广泛讨论黑尔事件。1975 年这个事件被搬上电视屏幕，这些电视节目向观众讲述了这样一种思想，即这些灰色矮个儿的外星绑架者已进入我们数以百万计的人的心灵之中。但是，甚至几乎没有哪个谨慎思考问题的科学家想过，某些 UFO 可能事实上是宇宙飞船。在亚利桑那州立大学大气物理学家詹姆斯·E. 迈克唐纳编辑的一系列令人浮想联翩的 UFO 事件中，传闻中与 UFO 遭遇的情节显然消失了。一般来说，那些认真对待 UFO 的科学家倾向于与那些外星人绑架的传闻保持一定的距离。还有一些对外星人绑架事件不以为然的科学家，则认为没理由去分析天空中出现的那些亮光。

迈克唐纳说，他认为，UFO 并不是建立在无可辩驳的证据之上的，他不得已做出了这样的结论：各种可供选择的解释对他来说可信程度都不高。20 世纪 60 年代中期，我曾安排迈克唐纳与在 UFO 事件上从未发表看法的第一流的物理学家和天文学家在一个私人会议室进行讨论，并让他演示他收集的最好的案例。但是他不仅没有使他们相信我们确实曾经被外星人造访，甚至没能引起他们对这个问题的任何兴趣。这是一个具有高度特别智商的群体。他们所要知道的就是迈克唐纳在什么地方看见了外星人，科学家们见过比这更平淡无奇的解释。

我很高兴有机会与黑尔先生、太太和西蒙医生谈了几小时。蓓蒂和巴尼的热心与诚恳没有被误解，我也能理解他们在这种古怪而令人难堪的境地下成为公众人物的复杂心情。在黑尔夫妇的允许下，西蒙为我（和受我邀请而来的迈克唐纳）播放了他们在催眠状态下的录音磁带。有生以来给我留下最深刻印象的是当巴尼在描述那次遭遇——更好的说法是“绝处重生”时，他的声音中所流露出来的极度恐怖。

西蒙是战争与和平时期催眠术的鼓吹者，他并没有被卷入到UFO的全民狂热之中。他得到了约翰·富勒的畅销书《被中断的旅程》的一大笔稿酬，因为书中有关于黑尔夫妻的经历。如果西蒙声明他们的描述是有根据的话，那么这本书的销售量将突破最高纪录，而他本人的财政收入又会增加一笔相当可观的数目。然而他没有这样做。同时他也立即否认他们在撒谎的看法。正如另外一个精神病学家所说，这是感应性精神病（folieà deux）——一个共同分享的幻想，这是一种谦恭的同伴总是附和有威望的同伴的想法的普普通通的事例。因此，还有什么问题吗？黑尔夫妇的心理医生说，他们共同体验了一种“梦”的感觉。

有关外星人绑架的消息，正如UFO的目击事件一样，来源不止一个。让我们审视一下UFO的几种可能性。

1894年，《对觉醒状态下幻觉的全球调查》在伦敦出版。从那时至今，数次调查的结果表明，10% ~ 25％的普通正常人在他们的生活中至少体验过一次生动的幻觉——通常是听到一种声音，或看到一个实际并不存在的物体。更少有的是，人们感觉到一种萦绕不去的芳香，或听到音乐，或接收到一种独立于意识之外的启示。在某些情况下，这些正日渐转变为个人生活中的正常发生的事件或深奥的宗教体验。幻觉可能是被人们所忽视的科学认识宗教神物的一种“门径”。

我的父母去世后，我可能有几次听见我母亲或父亲用平时谈话的声音呼唤着我的名字。是的，当我和父母生活在一起时，他们经常这样叫我——做家务、提醒我一件事情、吃晚饭、开会、了解当天发生的事情，等等。现在，我还是很想念他们，我时常清楚地记忆起他们的音容笑貌，这似乎一点儿也不奇怪。

这种幻觉可能出现在完全平常环境下的平常人身上。如在夜晚生起的篝火旁，或在情绪紧张激动时，或在癫痫发作时，或周期性头痛或发高烧时，或长时间禁食，失眠[1]，或感觉丧失（比如单独监禁），或吸食麦角酸二乙基酰胺、致幻剂、印度大麻制剂引起极度兴奋时，以上情况都可能引起幻觉。（可怕的酒精导致的“震颤性谵妄”就是众所周知的戒酒过程中产生的幻觉症状。）也有一些诸如吩噻嗪的物质（比如氯丙嗪），可使幻觉消失。很可能正常的人体内产生一些物质——包括形如吗啡的叫作内啡呔的小小的脑蛋白质——可导致幻觉，而另外的一些物质抑制幻觉。著名探险家（而且没有歇斯底里症的）艾德摩罗·理查德·伯德[2]、约夏·斯罗卡姆船长和内斯特·沙克尔顿爵士[3]在与难熬的孤独做伴时都有过生动的幻觉体验。

无论神经病学和分子学的先辈们对这个问题怎么看，幻觉总是让人感觉真实。许多文化中都可以找到人们对于幻觉的描述，同时，人们把幻觉看成是精神启蒙的信号。比如在西部平原的印第安人中，在许多本土原有的希伯来文化中，一个年轻人在一次成功的“幻觉寻求”之后所体验的幻觉的本意昭示着他的未来。幻觉昭示的意义要由部落的长者与头领进行非常严肃的讨论。全世界的宗教中有数不胜数的诸如此类的事例。这些宗教的圣祖先知都成群结队地到沙漠或山谷，饥饿和感觉丧失帮助他们遇到了神灵和恶魔。迷幻剂诱导的宗教体验成为 20 世纪 60 年代西方青年文化的特征。这种宗教体验经常被尊称为“超越的”“超自然的”“神圣的”和“圣洁的”。

幻觉随时随处存在。如果你曾体验过，这并不意味着你精神不正常。在人类学文献中我们随处可以看到幻觉、民族精神病学、快速眼动睡眠和催眠，它们具有许多跨文化和跨年代的共同因素。人们习惯于用善和恶的灵魂对人的

---

[1] 做梦经常与一种被称作 REM 的睡眠状态有关。这个缩略语指的是快速眼动（在紧闭的眼皮下眼睛在快速活动，可能这种眼动是跟随梦中的动作进行的，也有可能是随意的）。快速眼动与性兴奋有密切的联系。实验表明，当快速眼动状态出现时，实验人员将进入睡眠状态的人唤醒，而控制组的成员在他们没有做梦时，每晚被经常唤醒。几天以后，控制组感到睡眠不足，但是实验组（不让其做梦的成员）在白天时间出现幻觉。这说明，并不是少数的在特别的非正常状态下的人才会出现幻觉，任何人都有可能出现幻觉。

[2] 艾德摩罗·理查德·伯德（Admiral Richard Byld，1857—1888）：美国探险家。——译注

[3] 内斯特·亨利·沙克尔顿（Sir Ernest Henry Shackleton，1874—1922）：英国探险家。1901—1903 年参加斯科特的南极探险队。1907—1909 年率队去南极探险，到达离南极 10 千米的地方。1914—1916 年在横渡南极时，探险船在冰海失事，漂流 290 千米到达海象岛，5 个多月后才获救。1922 年在第四次探险途中死于南乔治岛。

控制所产生的效果来解释幻觉。耶鲁大学人类学家韦斯顿·拉·巴雷就此说，“文化中的许多东西可以造就一种令人惊叹的美妙事物，这就是幻觉”，“宗教仪式的全部意义和目的似乎存在于……有一群人希望将现实幻想化”。

在《大不列颠百科全书》第15版中，路易斯·丁·韦斯特，这位洛杉矶加州大学前任神经精神学中心主任，将幻觉描述为信–噪（Sirgal-to-noise）问题：

设想一个人站在与壁炉相对的一扇关闭的玻璃窗前，透过窗户看看日落的花园。他被外面世界的景色所陶醉，丝毫没有注意到屋里的情况。当外面开始变黑时，可以看见他身后屋内东西模糊地反射在窗玻璃上的影像。一时间，他要么看见窗外的花园（如果他盯得远点儿），要么看见屋内东西的影像（如果他只注意几英寸远的地方）。夜幕降临，而壁炉中的火依然烧得很旺，照亮了整个房间。观察者现在看见窗玻璃上有他身后屋里物品鲜明的影像，影像好像跑到窗户外面去了。随着炉火的熄灭，幻觉越变越模糊，最后，当屋里屋外一样黑时，便什么都看不见了。如果炉火有时亮起来，幻影便又出现在玻璃上。

同样，当“日光”（感觉恢复）变弱，而“室内照明”（大脑清醒的一般水准）保持“明亮”时，便会出现通常梦境中的那些幻觉般的感受，并且感觉我们大脑“房间”里产生的影像似乎来自我们的感官的“窗户”之外。

另一种类似情况可能是梦，像天上的星星，总是在闪闪发光。虽然白天因为阳光太强，看不到星星，但如果白天有日食，或者观察者在日落后或在日出前观察片刻，或者在晴朗的晚上时不时地醒来看看夜空，便总能看见星星，似梦似幻，尽管经常忘记。

与大脑更为密切的一个概念是持续的信息处理活动（一种“前意识流”），它不断地受到有意识的和无意识的力量的影响，不断地提供做梦的内容。梦是一种体验，在仅有的几分钟时间内，人会产生一种对被处理过的数据流的感应意识。清醒状态下出现的幻觉也有类似现象，它是由不同的心理或生理状况所引起的一种现象。

由此看来，人的行为和体验（正常的和非正常的）伴随着错觉和幻觉现象。虽然这些现象和精神疾病之间的关系已有详尽的记录，但是人们还未充分认识它们在日常生活当中的作用。对一般人的幻觉和错觉进行更深入的认识，可以为这些体验提供解释，否则它们仍将归于神秘的、“超感官的”和“超自然的”。

如果我们拒绝正视幻觉已经成为人类生活的一部分这个事实，那么我们肯定会失去我们人类自身性质的某些重要东西。但是，任何东西都不能够改变幻觉是精神的，而不是客观的这一事实。我们中有 5% ~ 10%的人极易受外界暗示，可以在指令下进入深层的催眠状态。大约有 10%的美国人说曾见过一个或多个鬼魂。这个数目多于那些声称记得曾遭外星人绑架的人数，大致与报告见过一个或多个 UFO 的人数相同，而少于在理查德·尼克松总统任期时最后一周的支持者——此前他辞职以避免被弹劾——尽管他的总统工作很出色。至少我们中有 1%的人患有精神分裂症。全世界共有 5000 万精神分裂症患者，其人数多于英国人口。

精神病学家约翰·马克——关于他，我此后还会讲到——在其 1970 年出版的关于梦魇的书中写道：

> 在孩提时代，有这样一个时期。孩子们以为做的梦是真的，以为梦中发生的事件、事物的变异的形态、令人高兴的事情以及吓人和恐怖的事情，就像他们白天经历过的实际生活中所发生的一样。确定和长久保持明确区分梦境中的生活和现实生活的能力并不是一件轻而易举的事情，这需要几年的时间，甚至正常的孩子在 8 ~ 10 岁以前都不能完成这个过程。由于噩梦中的内容与生活中的事情同样生动真实，具有强烈的震撼效果，因此，对孩子来说，分辨其真伪实在是一件困难的事情。

当孩子讲述一个令人难以置信的故事，如一个女巫在黑暗的屋子里扮鬼脸，一只老虎藏在床下，一只飞进窗户的色彩斑斓的小鸟碰碎了花瓶，一只足球被踢进房间，把家里的秩序搅得一塌糊涂，等等。他们是在有意识地撒谎吗？父母肯定会认为孩子不能完全分辨幻想和现实。有些孩子富于幻想，而有的孩子则在这方面缺少天赋。有些家庭很重视培养孩子的想象力并鼓励他们。同时，他们又会说这样一些话："这不是真的。那只是你的想象而已。"有些家庭可能会很不耐烦跟孩子进行交谈——这会使得家庭争吵经常发生，至少有些困难——告诫孩子不要幻想，甚至教育他们说胡思乱想是可耻的事情。一些父母可能自己就搞不清楚现实和幻想之间的区别，或者深深地沉湎于幻想之中。受到这些富于竞争的个性和养育孩子的方法的影响，有些人能够使自己的富于幻想的能力得以保持至长大成人。另一些人长大后会认为，不能区分现实与幻想的人是疯子。我们大多数人介于两者之间。

"被 UFO 绑架的人"经常说他们在孩提时代曾见过"外星人"，这些外星人或从窗户外面进来，或从床下钻出来，或从壁橱中出来。但是，全世界的孩子都讲述的是同样的故事，故事都是描述仙女、精灵、鬼怪、妖怪、女巫、小鬼和一大群"虚幻的朋友"。我们能否设想有这样两群不同的孩子：一群看到的是想象出来的地球人，而另一群看到的则是真实的外星人？但如果我们说这两群孩子所看到的或幻想到的是同一种东西，不是更有道理吗？

大多数人都会回忆起在 2 岁或再大一点的时候看到似乎是真的，但实际上是想象出来的"恶魔"时，特别是在夜晚或黑暗中看到这些东西时所受到的惊吓。我还记得当我大受惊吓时藏在被子下面直到实在无法忍受时跑到（如果在我落入"魔掌之前"能够跑到他们的房间的话）父母的卧室寻求安全的情景。专画恐怖故事的美国漫画家加利·拉尔森在他的一本书的献词中曾这样写道：

> 当我还是个孩子的时候，我们的房子里充满了妖怪。他们藏在壁橱里、床下、阁楼上、地下室以及别的地方。当夜幕降临时，它们就四处游荡。本书献给我的父亲，是他使我安然无恙。

也许被绑架者的治疗师们应该比他的父亲做得更多些。

孩子害怕黑暗的部分原因可能是，从人类的进化历史开始直至不久之前，孩子们从不单独睡觉，而是由一个成年人，通常是母亲看护，他们生活得很安全。在变化的西方，我们坚持让孩子单独睡在一个黑暗的房间，每晚对他们说晚安，对孩子有时的不高兴并不理解。对孩子来讲，幻想可怕的妖怪能使他们产生很好的成长的感觉。在一个到处都是狮子和猎狗的世界里，这种动物能够帮助无助的蹒跚学步的孩子不要远离他们的保护人。但是除非这种安全机制引发的恐怖感强烈而持久，否则它怎么能有效地保护一个充满活力和好奇心的小动物呢？不怕妖魔鬼怪的人一般都会让其后代单独生活。最后，我猜想，在人类的整个进化过程中，大部分孩子都会变得不怕妖怪。但是我们在孩提时期能够想象出可怕的妖怪，那么，我们成年人中的一些人为什么不能，至少是偶尔的，有一些相似的、真正可怕的共有的幻想呢？

据说，外星人绑架事件主要发生在熟睡后或醒来前，或坐在一辆长型汽车里行驶到一个众所周知的危险地方，自行进入催眠妄想之中。当病人说自己恐怖地大叫而其配偶却沉静地睡在身边时，治疗师们感到迷惑不解。然而这不正是典型的梦吗？难道在梦中，我们的求救声别人能够听到吗？这些故事难道不可能正如本杰明·西蒙对黑尔所说的，是一种睡眠状态中出现的东西，是一种梦境吗？

一种尽管并非尽人皆知，但却普遍存在的类似感到被外星人绑架的心理综合征被称为睡眠性麻痹，许多人有过这种体验，这种状态经常出现在半醒半睡的蒙眬时期。它会持续几分钟或更长时间，你这时不能动弹，万分焦急；你会感觉到有一个重物压在你的胸口，好像有什么东西坐在或躺在你的胸上；你的呼吸会急促并感到困难；你可能会产生视觉或听觉上的幻觉；你会感到有人、鬼、小精灵、动物或鸟出现在你的身边。据肯塔基大学心理学家罗伯特·贝尔说，在适合的环境下，这种体验可以“充满力量并具有真实的效果”。有时，幻觉中有很明显的性的成分。贝尔认为，即使不是绝大多数的，也是相当多的被外星人劫持的说法，其真实的原因只是普通的睡眠不安而已（他和其他人认为，其他各种关于被外星人劫持的说法也都是爱幻想的人，或者诸如骗子一类的人编造出来的）。

《哈佛精神卫生通讯》（1994 年 9 月刊）也做了同样的评述：“睡眠性麻痹可能会持续几分钟，间或伴随生动的梦幻似的幻觉，并由此产生关于神灵、鬼怪和外星生物的各种传说。”

加拿大神经学家怀尔德·蓬费尔德的早期研究结果告诉我们，对大脑某个部位进行电刺激，会产生充分的幻觉。癫痫患者其前额叶下部脑区自发产生一系列电脉冲，便能够体验一连串几乎与现实无法区分的幻觉，包括出现一个或多个奇怪的东西、忧虑、在空气中飘荡、性体验和失去时间的感觉。还会产生一种对最深奥的问题具有深刻的洞察力以及将其告诉别人的需要。一连串自发的颞叶刺激似乎从严重癫痫患者延伸到我们大多数人。在另一名加拿大神经病学家迈克尔·帕欣格的报告中，至少有一个病例说的是服用抗癫痫药物消除了一位妇女遭外星人绑架的幻觉。这种自然引起的幻觉，或用化学药物或靠体验的帮助而产生的幻觉，在关于 UFO 的各种传说中起到了一定的作用，可能还是关键的作用。

但是，这种观点很容易效仿：各种 UFO 的传说都用“群体幻觉”为借口进行解释。然而，谁知道有没有大众共有的幻觉呢？是不是？

当外星生命存在的可能性开始四处流传的时候，特别是在 19 世纪末 20 世纪初，帕西瓦尔·洛厄尔说他发现火星运河以来，人们就开始不断地说他们与外星人，主要是火星人接触的事件。心理学家西奥多·弗卢努瓦在其 1901 年出版的名为《从印度到火星》的书中描述了一个讲法语的灵媒在恍惚的状态中勾画出了火星人的图像（这些火星人与我们很相像），并且写出火星人使用的字母和语言（非常像法语）。精神病学家卡尔·荣格在他 1902 年的博士论文中描述了一个在火车上坐在他对面的年轻的瑞士妇女，这个妇女激动地说她发现了火星“居民”。她被告知火星人对科学、哲学和灵魂一无所知，但是拥有先进的技术，“飞行器在火星上早已存在，整个火星上布满运河”，还有其他关于火星的事情。1932 年去世的奇文报道的收集者查尔斯·福特写过这样的话：

"也许火星上有居民，他们秘密地从我们的星球向他们的政府发送报告。"20世纪50年代，杰拉尔德·赫德在他写的一本书中说飞碟所有者是具有智能的火星蜜蜂。谁能够逃脱如此大幅度的关于UFO的报道范围呢？

但是，在1971年"水手9号"证实运河是虚构的，在1976年"海盗1号"和"海盗2号"甚至显示仍然没有确凿证据证明火星上存在有微生物之后，大众对于洛厄尔所描述的火星的热情低落了，我们也很少再听说火星人访问地球的事件。但是，随后又出现了从什么地方又来了外星人的事件。这是为什么？为什么火星人不再来了？自从人类发现金星表面的热度足以熔化铅以后，就再也没有人说有金星人来访了。这些传说的某些内容能够成为我们信仰的准则吗？这些传说的来源说明了什么？

毫无疑问，人类常常会产生幻觉。外星人是否存在，它们是否经常到我们的地球进行绑架和骚扰活动？对此，我们深表怀疑。我们可能在细节上争论不休，但是，会有一种解释肯定比其他解释更令人信服。你的保留意见可能是：为什么当今有许多人报告这种特别的幻觉？为什么会有这种阴暗的小生灵、飞碟和性实验？

chapter seven / 第七章

魔鬼出没的世界

这个世界魔鬼出没，有些地方，漆黑一片。

——《奥义书》[1]（印度，公元前600年）

对不存在的事物的恐惧是每个人自身本能地产生的东西，这种东西叫作宗教。

——托马斯·霍布斯[2]《利维坦》[3]（1651）

---

[1]《奥义书》(*Unpanished*)：印度教古代吠陀教义的思辨作品。印度古老的文献《吠陀》经典的最后一部分。现存100多部。自公元前900年开始创作，前600年起次第成书，为后世各派印度哲学的依据。——译注

[2] 托马斯·霍布斯（Thomas Hobbes，1588—1679）：英国哲学家。注重对人性自然存在的研究。其著作《利维坦》（1651）认为人的自私本性生来具有，只有置于极权主义国家的统治下，才会有秩序和平静。主张君主专制。还著有《论形体》《论人性》等。——译注

[3]《利维坦》(*Leviathan*)：利维坦是犹太教神话中的一只巨兽。据《圣经·旧约》记载，利维坦是一种强大无比的鳄鱼或鲸，为海洋中的统治者。该词转义为巨人或巨灵。英国17世纪的政治哲学家T. 霍布斯借用它做书名，象征君主专制政体的国家。——译注

许多人类文化告诫我们，上帝在俯视着我们并指导着我们的命运的发展方向。其他更为恶毒的实体为邪恶的存在负责。两种东西，不论被认为是自然的还是超自然的，真实的还是想象的，都是为人类的需要服务的。即使它们全是想象的，人们一旦相信了它们，就会感觉更好。在传统的宗教被科学所鄙视的时代，用科学的外衣将古老的神灵和魔鬼包装起来，并将其称为外星人，这不是很自然的吗？

古代人们普遍信鬼。人们并不认为鬼神是超自然的东西，认为它们是自然的。赫西奥德[1]时而提到它们。苏格拉底说他的哲学灵感是具有人性的慈善的鬼启迪的结果。他的教师，曼提尼亚的迪奥提马告诉他（在柏拉图的《论文集》中）："任何神鬼之物都介于上帝与人之间，上帝与人之间不直接联系。"他还说："只有通过鬼神，人与众神之间才能进行沟通与对话，无论你是醒着时还是睡眠时。"

柏拉图，苏格拉底最得意的门生，认为神鬼有重要作用：

---

[1] 赫西奥德（Hesiod）：公元前8世纪的古希腊诗人。生活在希腊中部。继荷马之后古希腊最早的诗人之一。写有劝诫长诗《农作与时日》及其他诗作。被认为是有关众神的神话《神谱》的作者。——译注

未被赋予超然的能力，单靠人类的本性是无法处理人类各种事务的。他说，人类本性中也会被傲慢所充斥，并且易犯错误……

我们将牛视为牛，将羊视为羊，但我们自己是高级种族，我们统治着它们。仁慈的上帝，以他对人类的慈爱，给我们派来了神鬼，它们是高级种族，它们自己很闲适也很快乐，一点儿不亚于我们人类，它们在关照着我们，给我们以和平与尊重，秩序与公正永存，它们使各个部落的人快乐无比、团结一心。

他坚决否认神鬼是邪恶的起源，将性欲的守护神厄洛斯[1]描绘为鬼，而不是神。“既是人又不是人”，“既不好也不坏”。但后来所有的柏拉图主义者，包括那些强烈地受基督教哲学影响的新柏拉图主义者都认为某些鬼是善的，而另一些是邪恶的。但是，柏拉图的著名弟子亚里士多德从一个极端走向另一个极端，他认真地考虑了梦是鬼制造的看法。普鲁塔克[2]和波菲利[3]认为，充斥于外层空间的鬼来自月亮。

早期基督教教父们尽管从使他们感到眼花缭乱的文化中吸纳了新柏拉图主义的观点，但他们仍急于将自己与“异教徒”的信仰体系区分开来。他们教导说，所有异教徒的宗教都是由对鬼和人的崇拜思想组成的，在这些宗教的思想中都将鬼和人误解为神。当圣保罗《以弗所书》[4]抱怨高殿[5]的邪恶时，他没有提到政府腐败，却提到高殿中的鬼：

---

[1] 厄洛斯（Eros）：希腊神话中的爱神。罗马神话称之为丘比特。——译注

[2] 普鲁塔克（Plutarchus，？ 46—？ 120）：古希腊传记作家、散文家。著作甚丰，主要有《比较列传》《道德译丛》。他的著作在16—17世纪对欧洲具有重大影响。——译注

[3] 波菲利（Porphyrios，？ 234—？ 305）：古罗马时期哲学家。生于叙利亚，普罗提诺的门徒，撰有普罗提诺的传记并将其著作编撰成《九章集》。著有大量的宗教和哲学著作，据称有近80部，其中有《反对基督徒》等。——译注

[4]《以弗所书》（*Ephesians*）：《圣经 · 新约》中的一卷。保罗“狱中书信”之一。属于通函形式的神学著作。全书论述基督教救赎的秘密以及教会是基督奥秘身体的道理，并劝告信徒在各自的地位上保持彼此间的“心灵合一”。——译注

[5] 高殿（High Place）：古代闪米特人使用的神殿或巨坛，通常建筑在山丘或高地上。——译注

我们不应反对人性，我们应该反对的是特权统治国家的制度，反对强权，反对这个世界中黑暗势力的统治者，反对高殿中的精神邪恶。

从最初时起，他们就有意不过多地用鬼这个词，而是较多地使用一种富有诗意的隐喻来形容人们心目中的邪恶事物。

圣奥古斯丁[1]为鬼的问题所深深困扰，他援引了当时流行的异教徒的看法："众神占据了最高的位置，人处于最低地方，魔鬼居于中间……他们的身体不朽，但思想情感与人无异。"在《上帝之城》[2]第八卷中，奥古斯丁接受了这种古老的传统理论，用上帝取代了神，他着重描绘了鬼所具有的特性，即它们毫无例外全是邪恶的，它们没有救苦救难的品质，它们是灵魂和肉体邪恶的源泉。他把它们叫作"虚无缥缈的动物……急切地要对别人进行伤害，与正直的品格格格不入，高傲狂妄，嫉妒成性，邪恶至极"。它们可能声称在上帝和人之间传递消息，将自己伪装成上帝的天使，但是这种伪装是陷阱，引诱我们走向毁灭。它们能够假装成任何样子，而且知识渊博——"魔鬼"(demon)一词在希腊文中的意思是"知识"[3]——尤指物质世界的知识。尽管如此，但它们缺乏仁爱。它们折磨"人们被禁锢的和易受骗上当的头脑"，德尔图良[4]写道："它们居住在天空中，与星星为伴，与云彩交谈。"

在11世纪，有影响的拜占庭神学家、哲学家和不太正直的政治家迈克尔·卜塞路斯用这样的语言描述魔鬼：

---

[1] 圣奥古斯丁（希波的）(St. Augustine，354—430)：古基督教思想家、希波主教。著有《忏悔录》《三位一体论》和《上帝之城》等。——译注

[2]《上帝之城》(*The City of God*)：历史哲学名著。圣奥古斯丁著。此书始撰于公元410年，完成于426年，即西哥特族洗劫罗马城两年之后。全书共22卷。意在驳斥异教徒所散布的帝都遭灾皆因罗马帝国改信基督教的说法。——译注

[3]"科学"(Science)在拉丁文中的意思是"知识"(Knowledge)。即使我们不深究，但是一眼就可以看出，这可能会引发一种司法纠纷。

[4] 德尔图良(Tertullianus，？160—？230)：罗马帝国基督教神学家。在推广拉丁语，使之成为教会语言和西方基督教的传播工具方面有所贡献。其宗教观点和天主教教义有悖。公元213年脱离正统教会。——译注

这些动物存在于我们自己的生活中，它们情感丰富，因为它们就沉浸在浩瀚的情感海洋之中，它们上升的地位引人注目，正如它们的地位和等级一样。正因为如此，它们同时也受情感支配和束缚。

大约在1270年，一位斯科特拉男子修道院院长写了一篇关于鬼的完整的论文，其中不乏丰富的第一手材料：（只有当他眼睛闭着的时候）他看到了无数的邪恶的魔鬼，像垃圾堆里的尘埃，在他和其他人的头脑周围发出嗡嗡的声响。尽管理性主义者、波斯人、犹太人、基督教徒和穆斯林人的思潮一波接一波地涌现，尽管有革命的社会、政治、哲学思想不断煽动，但是它们的存在和主要特点，甚至魔鬼的名字从赫西奥德到十字军东征一直保持不变。

魔鬼，"天空中的强者"，从天而降，与妇女发生非法性关系。奥古斯丁认为，女巫是被禁止的性交合的产物。在中世纪，与其前的古代一样，几乎所有的人都相信这种传说。魔鬼叫作妖怪或堕落天使。用妖魔的手段勾引女人者被称为梦淫妖，勾引男人者被称为女梦淫妖。一些修女报告说，她们在一些迷迷糊糊的状态中，感觉到是在梦中与告解神父或主教之间发生了十分相像的事情。15世纪的一位编年史家写道："修女们第二天醒来，发现她们自己被玷污了，好像与某个男人有过性交行为。"在古代中国，也有类似的记载，但是在闺房里，而不是在女修道院中。长老制宗教作家理查德·巴克斯特在他写的《世界精神的必然性》（1691）中认为，如此多的妇女报告有过梦淫经历，"否定这种事情是没有道理的"。[1]

当他们被勾引时，他们感觉到男女梦淫妖就像重物压在做梦者的胸口上。无论Mare一词拉丁语意思是什么，在古英语中其意思就是梦淫妖，而nightmare原意是指压在睡眠者的胸口上，用梦来折磨他们的魔鬼。在亚大纳西的作品《圣安东尼的生活》（写于大约公元360年）中，魔鬼被描述为随意

[1] 在同样内容的著作中，也有同样的描述。神学家莫里克·佳索保在他1668年写的《轻信与怀疑》一书中说："女巫们掀起的日益高涨的风浪得到许多人的证实，我认为，对这些已经没有必要再复述了。"女巫们必须存在，无论如何，所有的人都相信她们。许多人相信的事情必定是真的。

出入紧锁的房间的东西。1400 年之后，法国学者吕道维克·希尼斯塔里在他的书《魔鬼》中向我们保证说魔鬼能穿墙而过。

从古代到中世纪后期，魔鬼的客观真实性几乎是毫无异议的。迈蒙尼德[1]否认它们的真实性。但绝大多数犹太教教士都相信恶魔。在我所发现的很少的事例中甚至暗示魔鬼是内在的产物，它产生于我们的思想。曾有人问一个早期教会教父阿巴·波门：

“魔鬼是怎样同我们争斗的？”

波门教父反问：“魔鬼同你争斗？我们自己的意志变成魔鬼，正是这些魔鬼攻击我们的。”

中世纪对梦淫妖的态度受到迈克洛比乌斯于 4 世纪写的《对西庇阿之梦的评论》的影响。这本书在欧洲启蒙时期之前再版多次。迈克洛比乌斯描述了“在醒时与睡去的时刻”所看见的鬼魂（phantasma）。做梦者将鬼魂“想象”为食肉动物。迈克洛比乌斯有怀疑的习惯，而在他所生活的中世纪时期，人们一般对此一无所知。

魔鬼对人的困扰开始变得日趋强烈。在这期间，教皇的 1484 年通谕（英诺森八世[2]时期）中表明：

> 我们听说，两性成员都不回避他们曾同邪恶的天使、梦淫妖发生过关系。
>
> 梦淫妖运用它们的魔力、咒语、迷人的妖法和魔术似的手法，窒息和扼杀，使得女性不能出生，以及产生许多其他灾难。

由于这个通谕，在整个欧洲开始出现有组织地对大量的“女巫”的迫害、

[1] 迈蒙尼德（Maimonide，1135—1204）：犹太教法学家、哲学家、科学家。生于西班牙，后迁居开罗，任埃及宫廷侍从医师。费时 15 年写成的宗教哲学著作《迷途指津》用理性哲学解释犹太教义，试图调和科学、哲学和宗教。——译注

[2] 英诺森八世（Innocent Ⅷ，1432—1492）：罗马天主教皇（1484—1492）。——译注

拷打和处决。她们按奥古斯丁所说被认为犯有“用不道德的行为扰乱未察觉的世界”罪。尽管在通谕中用其特有的语言不偏不倚地使用了“两性成员”这个词，但受迫害的主要是少女和成年妇女。

在其后的几个世纪里出现了许多主要新教派，尽管他们与天主教会有所不同，但他们的基本观点是相同的。甚至连德西迪里厄斯·伊拉斯谟[1]和托马斯·莫尔这样的人也相信女巫。卫理公会[2]的创始人约翰·卫斯里说：“放弃巫术实际上就是放弃《圣经》。”声名显赫的法学家威廉·布莱克斯通在其《论英国法律》(1765)一书中断言：“对巫术和魔法的可能性，而且对其事实上的存在的否认，就是对《新约全书》和《旧约全书》大量篇幅中出现的上帝这个词的断然否认。”

英诺森评论道：“我们亲爱的年轻人亨利·克雷默和詹姆斯·斯普林格已被教皇授命为对这些异教徒的邪恶进行审讯的宗教法官。”如果“被追究的令人深恶痛绝的人和穷凶极恶之人得不到惩罚”，那么，芸芸众生之灵魂将受到永远的惩罚。

教皇指示克雷默和斯普林格运用15世纪后半叶的全部理论写出一份综合分析报告。通过对《圣经》以及古代和现代学者理论的详尽的论述与引证，他们写出了《女巫惩治法》。恰当地说，这是人类历史上最为可怕的文件之一。托马斯·艾迪在其《黑暗中的蜡烛》一书中，对这个文件进行了谴责，认为它是“邪恶的学说与发明”，“可怕的谎言和不可能实现的法令”，其作用是用来“使他们无人可及的残酷行径瞒天过海”。所谓“惩治”指的是什么？无非就是说，只要你被控犯有从事巫术活动，你就是巫师。证实指控有效性的可靠手段就是拷打。被告没有任何权利。被指控有罪的人也没有任何辩解的机会。人们从不考虑控告可能是出于某种邪恶的目的，比如嫉妒、报复或者出于法官经常

---

[1] 德西迪里厄斯·伊拉斯谟(Desiderius Erasmus，1466—1536)：荷兰基督教人文主义者和作家。有许多独有见地的著作，包括《埃科米尤·摩尔》(1509)。——译注

[2] 卫理公会(Methodism)：基督教新教教派之一。强调改恶从善，强调福音布道与世俗讲道。于1791年与英国圣公会分离，现在主要在英美两国。——译注

没收被指控有罪人的财产，中饱私囊的贪婪。这个为打手们准备的技术手册还阐述了在处死女巫的程序之前将魔鬼从她们身体内驱除出去的适用的拷打方法。只要一纸《惩治法》在手，教皇为惩治女巫所付出的努力就得到了保证，宗教法庭审判官一夜之间遍及整个欧洲。

惩治女巫的行动很快就变成了费用巨大的骗局。由被控告者及其亲属承担调查、审判和执行刑罚所需要的全部费用，除此而外，还有雇用私人侦探跟踪调查女巫，请看守喝酒，宴请她的法官，派人到另一个城市去邀请更富经验的打手，购买柴火、焦油和绞索等各种费用。每判决一个女巫火刑处死，就要给参加惩治活动的成员一笔奖金。如果被定罪女巫有财产，那么，这些财产就由教会和政府瓜分。随着这种从法律和道德上都被允许的屠杀和盗窃被制度化，随着专门从事这种活动的一个庞大的官僚系统的产生，注意力就从贫穷的女巫和老太婆身上转移到中产阶级和富有的男人和女人身上。

越多的人在拷打下被迫承认从事巫术活动，将整个事情按一种纯粹的脱离实际的幻想继续进行下去就越发困难。当每个“女巫”被屈打成招，被迫将别人也拉下水时，女巫的人数就飞速增长。这些确立了的“魔鬼仍然活着的可怕证据”在后来美国的塞勒姆女巫审判案中被再次使用。在轻信的时代里，最不可靠的证据也会被认真而谨慎地接受。这造成了数以万计的女巫在“安息日”[1]时集中在法国广场。她们中的 1.2 万人逃往纽芬兰，逃亡的人群使得天色苍茫，黑暗凄凄。《圣经》劝告我们：“行邪术的女人，不可容她存活。”大批妇女被烧死。[2]当拷打工具被神父第一次赞美后，最可怕的刑罚便经常应用到年老的或年轻的被告者身上。英诺森死于 1492 年，在他实际上已经死后，人们还尝试用输血（导致三名男孩死亡）和吸吮一位正哺育孩子的母亲的乳汁的方法以保住他的命，未果。他的情妇和孩子悲恸欲绝。

---

[1] 安息日（Sabbath）：每周一次的圣日。犹太人定每周第七天，即星期六为安息日，以遵从《圣经》六日创世第七日休息之说。基督教定星期日为安息日，以纪念耶稣复活。——译注

[2] 这种处决女巫的方法被异端裁判所所采用，以确保教会法（图尔立法委员会，1163 年）中规定的意图良善的判决法案得以严格执行。

在英国，女巫发现者，也称“监视者”，很容易找到工作，他们将一个女孩或妇女抓住并被法庭处死，就可以收受一笔可观的奖金。没有人警告他们在控告别人时应该注重证据。一般他们只是根据“魔鬼记号”——疤痕、胎记或痣——来判断是不是女巫，当他们用针扎入妇女的肉体时，既不受伤又不流血，这时就可以判断她是女巫。

他们使用巧妙的手法经常使人看起来好像针深深地刺入女巫的肉体。当没有什么明显伤痕出现时，他们就会说，“看不见的标志”就足够了。在绞刑架上，一个17世纪中叶的监视者“承认他曾用这种方法害死过220多个英格兰和苏格兰妇女，每害死一个得到20先令”。[1]

在女巫审判中，能减刑的证据和被告证词无人理睬。在任何一个案件中，几乎不可能有女巫不在犯罪现场的证据得到提供。对证据的规定有与众不同的特点。比如在不止一个案子中，丈夫证明妻子被指控为在女巫的安息日与魔鬼嬉戏玩耍的时候，正睡在自己的身旁。但是大主教耐心地解释说，那时这个丈夫怀中搂抱的不是他的妻子，而是魔鬼。丈夫们从未想象过他们的感知力是否能超过撒旦的魔力。漂亮的年轻妇女只得被抛入火海。

有这样一种人，他们有很强的性欲而又厌恶女性——这种人更有可能出现在性欲压制、男性占统治地位的社会里，在这种社会里，宗教法官一般是从保持独身生活的神父阶层中选拔出来的。审判时，主要注意力都集中在被怀疑是女巫的被告与魔鬼或妖魔性交时性高潮的持续时间和出现的次数（尽管奥古斯丁已确定“我们不能把魔鬼叫作私通者”），以及魔鬼的“成员”的本质（所有描述都说是“冷酷”）上了。根据卢道维克·辛尼斯特拉里1700年的书中的描述，“魔鬼的标志一般在胸部或阴部”。结果，被指控为女巫者被剃掉阴毛，并由特别安排的男法官来仔细检查其阴部。在杀害20岁的阿卡迪亚姑娘琼的

[1] 在到处充斥着为获得奖金而搜索女巫的人和为了获得酬金而告密的人的黑暗的国家里，令人憎恶的腐败占据了人们的主要生活——遍布世界各地，充斥人类历史。我们可以随便举个例子。1994年，一组克利夫兰的邮件检查员，为了获取酬金，对邮递员进行秘密调查。他们想方设法捏造出犯罪案件，对32个无辜的邮递员进行了控告。

过程中，当她的裙子被火烧着时，鲁昂的刽子手扑灭了火焰，这样围观者就能看见“一个女人身上能有和应该有的所有秘密了”。

一部编年史告诉我们一些仅在1598年一年中，仅在德国小城维尔茨堡一个城市，葬身火海的人的统计数字，这些描述在我们面前再现当年的人类的实况：

> 参议员的服务员，叫作格林；上了年纪的坎兹勒；裁缝的胖妻子；门格多夫的女厨子；一个陌生人；一个陌生女人；保纳赫，议员，维尔茨堡最胖的公民；法院的老铁匠；一个老妇人；一个小姑娘，9到10岁；一个更年轻的女孩，前者的妹妹；格贝尔的孩子，维尔茨堡最漂亮的女孩；一个精通许多语言的学生；从敏斯特来的两个男孩，每个年龄都在12岁左右；斯德泊的小女儿；看守桥堡的女人；一个老妇人；城市委员会执行官的小儿子；克纳泽的妻子；一个屠夫；舒尔兹博士的女婴；斯瓦尔兹，哈赫的教士……

这种事情在继续发生。某些事件受到人们富于同情心的特别关注：“法尔肯博格的小女儿被秘密处死，并被焚烧。”仅在一年的时间内，在那个小小的城市，就发生28起公开处决事件，平均每次有4到6个受害者。这仅仅是发生在整个欧洲各地的各种形式处决事件的一个缩影。没有任何人知道共有多少人被杀害。也许几十万，也许几百万。那些对起诉、拷打、判决、执行火刑并证明这些处决公正的承担责任的人是胸怀坦荡的。这个问题应该问他们。

他们不可能犯错误。女巫的口供不可能是信口胡说，或者竭力满足审判者的要求以免继续遭受拷打。女巫审判法官皮埃尔·德·郎克莱在他1612年写的书《对邪恶天使不忠行为的阐述》中对此解释道：“在这些事件中，天主教教会因为对女巫执行火刑而犯下重大罪恶。但是，是由于那些人攻击天主教教会而使得事件发生的可能性增加了，因此，天主教会是根据事实本身（ipso facto）犯下了重大的罪恶。在一些事件发生的过程中，批评火烧女巫的人受到了惩罚，有些人以自焚的形式进行抗议。宗教法官和拷问者是在为上帝服务。他们在拯救灵魂。他们阻止魔鬼的肆虐。”

从事巫术活动当然不是唯一的应受拷打和遭受火刑的罪行。背叛教会是更严重的罪过，无论是旧教还是新教都要对这种行为进行无情的惩罚。16 世纪时，学者威廉·廷代尔[1]冒失地考虑将《新约全书》译成英文。但是，如果人们能实际用自己的语言，而不是神圣的拉丁语阅读《圣经》，那么他们便能形成自己独立的宗教观点，他们就会形成自己与上帝交流的个人渠道。这对罗马天主教神父地位的安全性形成了挑战。当廷代尔试图出版他的译作时，他在整个欧洲不断地受到骚扰和追捕。最后，他终于被捕，并被绞死，同时为他额外设置了多余的刑罚，将他的尸体绑在火刑柱上焚烧。他的《新约全书》的译本（一个世纪之后成为精确的金·詹姆斯译本的基础）被军队挨家挨户搜查，基督教徒以不让其他基督徒了解基督所说的话的含意，来虔诚地保卫基督教。这种认为知识应该通过遭受折磨和死亡来获得的思维模式和绝对的信念思潮不会对那些被指控犯有从事巫术活动罪的人有任何帮助。

焚烧女巫这个西方文化的特征，除偶尔政治的影响以外，从 16 世纪开始变得越来越不明显。英国最后一起判处女巫死刑的事件中，一个女人和她 9 岁的女儿被绞死。她们的罪过是用脱长筒袜的方式招惹来一场暴风雨。在我们这个时代，在孩子们的游戏中经常能找到女巫和妖怪。驱邪伏魔仍然是罗马天主教和其他教会的主要活动。一种信仰的崇拜者仍然指责对其他信仰的崇拜行为是邪恶的妖术。我们至今仍然在使用“地狱”（pandemonium）这个词（意指群魔聚居之地）。一个疯狂凶暴的人仍被说成是魔鬼般的人（在 18 世纪前，精神病还普遍地被归咎于超自然原因所造成，甚至失眠也被认为是魔鬼的惩罚）。半数以上的美国人告诉调查人员，他们“相信”魔鬼的存在，10%的人声称与鬼说过话，马丁·路德[2]说他经常与鬼交流。

---

[1] 威廉·廷代尔（William Tyndale，1494—1536）：英国《圣经》翻译家。——译注

[2] 马丁·路德（Martin Luther，1483—1546）：16 世纪德国宗教改革运动的倡导者。基督教路德宗的创始人。——译注

1992年，一本被称为“精神战手册”的《准备战争》的书中，丽贝卡·布朗告诉我们，流产和婚外恋“几乎毫无例外地会招致魔鬼的侵扰”。冥想、瑜伽和武术的目的是诱使虔诚的基督徒信奉鬼神；摇滚乐不是“偶然产生”的，而是撒旦本人精心控制人类头脑的计划产生的结果。有时“你爱的人被魔鬼缠身而毫无察觉”。魔鬼崇拜至今仍然是许多虔诚信仰的重要组成部分。

那么魔鬼到底做了些什么？在《惩治法》中，克雷默和斯普林格认为：“魔鬼忙于采集人们的精子，然后它们用自己转移这些精子的方法干涉人们正常的性交及受孕。”中世纪的由魔鬼进行的人工授精至少可追溯到圣托马斯·阿奎那[1]，他在《论三位一体》书中告诉我们：“魔鬼能使它们收集到的精子转移，并把它注射到其他人的身体里。”他的同伴圣波拿文都拉[2]更详细地描述道：女梦淫妖“逐渐占据了男人，吸纳了他们的精子；然后它们用熟练的技艺保持精子的存活率。然后，在上帝允许下，它们变成男梦淫妖，将精子灌入女子的卵巢里”。人鬼交配的产物也是如此。这些东西长大时，魔鬼就来拜访它们。一个跨辈、物种相互转换的性结合方式就产生了。我们还记得，这些生物以善行闻名，实际上它们是住在天上的。

这些传说中没有谈到太空飞船。但是却有大部分我们今天谈论的外星人绑架的主要内容，其中包括那些生活在天上对性非常感兴趣的非人类生物，它们能穿墙而过，能用心灵感应进行交流，在人身上进行生殖实验。如果我们不相信魔鬼确实存在，那么我们如何理解这个让整个西方世界（包括我们当中被认为是最聪明的人）欣然接受，被每一代人的经历不断强化，由教会和政府教授的奇怪的信仰体系？除了建立在广泛传播的认识以及由此而产生的复杂而神秘的变化过程之上的所有人都有的幻觉外，还有什么其他的真正的解释吗？

在《创世记》中，我们读到天使们与“人的女儿”进行性交的故事。古

---

[1] 圣托马斯·阿奎那（St. Thomas Aquinas，？1225—1274）：意大利神学家、经院哲学家、天主教多明我会会士。主要著作《神学大全》，为中世纪基督教神学的百科全书。——译注

[2] 圣波拿文都拉（St. Bonaventure，1221—1274）：意大利神学家、罗马天主教圣徒，世称撒拉弗博士。他试图将亚里士多德的哲学同天主教结合起来，但又不赞成亚里士多德强调宗教的神秘主义。著有《心灵通往上帝的历程》等。——译注

希腊和古罗马传说的神话中，讲述了神变成公牛、天鹅或一大堆金子出现在女人面前，并使她们怀孕。在早期基督教教义中，哲学不是源自人类的心智，而是来自魔鬼的枕边私话——从天而降的天使将上帝的秘密偷偷告诉给他们的人类配偶。具有同样内容的传说也在世界各国的文化中广泛流传。与梦淫妖类似的魔鬼有阿拉伯神灵、希腊的森林之神、印度妖魔、萨摩亚专门与人做爱的鬼、凯尔特鬼和许多其他各种鬼。在魔鬼猖獗的时代，人们很容易将他们害怕或仇恨的人形容为魔鬼。传说墨林[1]与女梦淫妖生下后代。柏拉图、亚历山大大帝、奥古斯塔和马丁·路德也都说有同样的经历。有时，整个民族——比如匈奴人和塞浦路斯人——都被他们的敌人咒骂为魔鬼繁殖的后代。

在《犹太圣法经传》中女淫魔的原型是夜妖，上帝用泥土创造了她和亚当。因为违抗上帝旨意，她被逐出伊甸园，但是没有回到上帝身边，而是到了亚当身边。从此，她每晚勾引亚当的后代。在古代伊朗文化和许多其他文化中，男人夜晚遗精被认为是女淫魔引诱的结果。阿维拉的圣特蕾莎[2]生动地描述了与天使——她坚信，那是明亮的天使，而不是黑暗的天使——性交的过程，正如其他后来被天主教徒神圣化了的女人也做过同样的事。18 世纪魔术师和江湖骗子卡廖斯特罗[3]毫不遮掩地让人们相信，就像在拿撒勒[4]时的耶稣一样，他是“天与地之子”结合的产物。

1645 年，有人发现英国康沃尔郡少女安妮·杰弗里疲惫地昏睡在地板上。过了很久，她回忆起遭到六七个小个儿男人的袭击，随后她瘫软如泥，被带到天上的一座城堡里，她在那里受到这些人的性诱惑，然后被送回家。她称那些小个儿男人为小精灵（对许多虔诚的基督徒来说，正如对贞德进行审判的宗教

---

[1] 墨林（Merlin）：中世纪传说中的巫师和贤人，是亚瑟王及其父亲的顾问。年幼时爱上尼穆，尼穆将他骗进一个山洞，用咒语将他永远关在里面。——译注

[2] 阿维拉的圣特蕾莎（St. Teresa of Avila，1515—1582）：西班牙白衣修女、天主教奥秘神学家。著有《生命》《至善至美》和《内部城堡》等书。为获得博士衔的两位修女中的一位。——译注

[3] 亚利山德罗·卡廖斯特罗伯爵（Conte di Alessandro Cagliostro，1743—1795）：意大利冒险家和魔术师。——译注

[4] 拿撒勒（Nazareth）：巴勒斯坦北部城市。位于古地中海。据《圣经》记载，为基督教圣城之一，耶稣曾在该城附近萨福利亚度过青少年时代。——译注

法官来说，这只是叫法不同，本质是一样的。小精灵即魔鬼，这是个既明确又简单的问题）。它们从天上回到人间就是为了恐吓和折磨她。第二年，这个女人就被控从事巫术活动而被捕。从传统上讲，小精灵有魔力，用最简单的触摸就能使人瘫软在地。在仙界，一般的时间推移很慢。它们的生育能力受到了损害，因此它们与人性交，并带走它们的孩子——有时留下一个精灵替代品，叫作“偷换的孩子”。从现在来看，这似乎是一个很简单的问题：假如安妮·杰弗里是在一种四处谈论外星人，而无人谈论小精灵，谈论 UFO，而不是天上城堡的文化中长大的女孩，那么她所说的故事与“被绑架者”所讲的故事有什么重大差别吗？

戴维·赫福德在他 1982 年出版的名为《来自夜晚的恐怖：对历来遭超自然袭击的经历研究》一书中描述一位 30 多岁，受过大学教育的，从事企业经营的年轻人的回忆。他说，当他还是一个十几岁的孩子的时候，有一年夏天与其姑姑住在一起。一天晚上，他看见在房间里有神秘的光亮在移动。后来，他就睡着了。在床上，他看见一个白色发光物体爬上楼梯。它进到他的房间，停了一会儿，然后说——令人扫兴的是，在我看来，它似乎说的是——“这是一张油地毡。”有的晚上，这个物体是个老女人，有的晚上，它是头大象。有时，这位年轻人相信整个事情是场梦，有时他又肯定他那时是醒着的。他被压倒在床上，浑身瘫软，不能移动，也不能叫喊。他的心跳加快，呼吸困难。在以后的连续许多个晚上都发生了同样的事情。发生了什么事情？这种事在外星人绑架事件出现之前在广泛流传。如果这个年轻人知道有外星人绑架的事，那么他说的那位老女人是不是应该有一个更大的头和更大的眼睛呢？

在《罗马帝国兴亡史》一书中，爱德华·吉本在一些著名的段落中描述了在古代后期，轻信与怀疑主义之间力量的变化：

> 轻信按照信仰的仪式行事；狂热可能假装成灵感的表达方式，偶发事件或发明的效果都是由于超自然原因造成的……
>
> 在现代（吉本在 18 世纪中期写道），潜在的甚至是无意识的怀疑精

神也要遵照最虔诚的意向行事。他们对超自然事实的认可是冷漠和被动的默认，而不是主动的同意。长期以来，人们都遵守和尊重不变的自然秩序。我们的理性，或者至少是我们的想象力对承受神性可见的行为没有充分做好准备。但是在基督教最初时期，人类的状况是完全不同的。异教徒中最好奇或最轻信的人经常被说服加入某个坚信存在神奇力量的社团。最早期的基督徒永远紧跟秘教观点。他们的思想受到对最奇特事件坚信不疑的习惯的熏陶。他们感觉，他们幻想他们不断地遭到来自各方面的魔鬼的袭击。他们被幻觉所安慰，他们接受预言的教诲，他们通过教堂祈祷以求奇迹般地解脱危险、疾病和死亡……

他们坚定不移地说服人们，他们呼吸的空气里充满了看不见的敌人和无数的魔鬼，它们观察着每一个机会，装扮成每一种形式，恐吓，最主要的是诱骗人们没有设防的美德。人们的想象力，甚至感觉都被用某种东西伪装的狂热所欺骗。那些半夜祈祷的隐士因无意的瞌睡而忧虑，他们很容易被占据他们睡眠和白日梦的恐惧或快乐的幻觉所迷惑……

迷信的实践适用于大众。如果他们被迫无法入睡，那么，他们会对失去令人愉快的幻觉而感到遗憾。他们对奇异和超自然事物的喜爱，他们对未来事件的好奇心，以及他们想超越这个可见世界的局限将自己的希望和恐惧扩展到无限的强烈嗜好，是适合建立多神崇拜的主要原因。最紧迫的是要告诫大众，他们应该相信，任何神秘主义体系的衰落都是其他迷信方式的引入所造成的结果……

除了吉本所论述的迷信对社会大众的影响，魔鬼也没有放过上层阶级。甚至英国的一位国王——詹姆斯一世，斯图亚特王朝第一位君主——也写了一本关于魔鬼的充满了轻信和迷信观点的书（《神灵的魔力》，1597 年）。他还是将《圣经》译成英文的资助人，译本上署有他的名字。烟草是“魔鬼的草”就是詹姆斯国王的观点，根据这一说法，人们根据烟瘾的程度发现了一些女巫。但是到 1628 年，詹姆斯国王变成了彻底的怀疑论者——主要是因为人们发现青少年有一些伪造的魔鬼物品，并且为此这些无辜的人被控告从事巫术活动。如果我们认为吉本说的怀疑论代表了他那个时代的特征，而这个特征在我们这个时代在减少，如果他认为代表后古典时代最大特征的无法遏制的轻信甚至有一点留传给我们这个时代，那么我们为什么不应该预料魔鬼之类的东西在现代文明的大众文化中找到自己的容身之地呢？

当然，正如热心于外星人访问地球事件的人急不可待地提醒我的那样，人们又说明现在仍然有具有同样历史意义的事件，那就是外星人。他们说，外星人一直不断地造访我们、戏弄我们、偷取我们的精子和卵子，给我们授精。以前，我们认为它们是神、魔鬼、精灵或妖魔，到了现在我们才明白它们是外星人，外星人欺骗了我们几千年。雅克·瓦利曾表述过这样的观点。但是为什么在1947年以前没有对飞碟的实际报道？为什么没有一个世界上的主要宗教用飞碟作为上帝的圣像？为什么外星人没有对那时高科技给我们带来的危险发出警告？为什么这不是一个目前已完成的遗传实验呢（无论其实验对象是什么）？而这个实验为什么不可能是由某种生物应用非常先进的技术造诣经过几千年或更长时间，到目前才完成的呢？如果这种生育计划的目的是改变我们的命运，我们为什么还要如此烦恼呢？

根据这个观点的思路，我们可以预料现在坚持旧信仰的人会将“外星人”理解为仙女、神和魔鬼。实际上，现在有几个教派——比如“雷利安斯”——认为神或上帝乘坐UFO到地球来。一些被外星人绑架的人将这些天外来客称为“天使”或“上帝的使者”（虽然这些说法令人反感）。也有一些人仍然认为它们是魔鬼。

在惠特利·斯特里伯的《教会》一书中，记载有“外星人绑架”的第一手资料，作者描述说：

> 不管是什么东西，反正它们看起来像妖怪似的丑陋而可怕、淫秽不堪、恶毒阴险。它们当然是魔鬼。它们一定会……我还记得那东西在那儿缩成一团，惊人地丑陋，其胳膊和腿像一只大昆虫的四肢，它的眼睛

直瞪着我。

据说，斯特里伯现在已经公开表明，夜晚的恐怖事件可能是梦和幻觉。

在一本由原教旨主义者汇编的《基督教新闻百科全书》中收录了有关UFO的文章，其中包括《非天主教徒的狂热迷恋》和《科学家认为UFO是魔鬼的产物》。加利福尼亚大学伯克利分校的宗教赝品研究课题组的人说UFO是魔鬼所造。俄勒冈的麦克明维尔的黄道教会认为，所有的外星人对地球人都怀有敌意。"认知宇宙联络委员会"1993年的快讯告知我们，UFO人把人类当成试验动物，希望我们对它们顶礼膜拜，但最好在祈祷时使用主祷文。一些被绑架者已经被从福音派教堂中驱逐出去。这些事情听起来很像撒旦崇拜。由戴夫·亨特于1980年写的原教旨主义小册子《崇拜狂热》认为：

> 很清楚，UFO不是物理的，它们似乎是来自另一维的鬼魂的显灵，它们企图改变人类的思维方式……我们可以推测，人们所说的UFO实体是用心灵感应方式与人类联系的，它们总是宣讲与蛇讲给夏娃的相同的四个谎言……这些生物都是魔鬼，它们的目的就是反对基督教。

许多教派认为UFO和外星人绑架案使人们预感到"时代的终结"。

如果UFO来自另一个行星或另一维，那么它们是在主要宗教中对我们进行谆谆教诲的同一个上帝派来的吗？原教旨主义抱怨说，UFO的各种现象从没有提出过对一个真实的上帝的信仰的要求，然而，UFO活动所透露出的主要思想和做法却是与《圣经》和天主教教义相悖。

拉尔夫·拉特在他的《新时代：基督教批判》（1990）中探讨了UFO的问题；他的文章是典型的文学式的描述，是一种彻头彻尾的轻信的产物。这种作品是为了达到让人们接受UFO是真实存在的观点，同时痛斥UFO是撒旦的工具，是反基督教的，而不是将科学的怀疑精神作为研究UFO的有力武器。经过磨砺的武器所能达到的目标远远超过反异教主义者的狭隘目的。

基督教原教旨主义作家哈尔·林德赛在他于1994年写成的宗教畅销书《地球——公元2000年》中写道：

> 我已经完全相信UFO是确实存在的……它们是由具有高智能和巨大能力的外星人所操纵的……我认为，这些生物不仅来自外星球，而且本质上是超自然的。坦率地说，我认为它们是魔鬼……是撒旦阴谋的组成部分。

这个结论的证据是什么？在圣路加[1]的著作第21章第11节和第12节中，谈到耶稣说的“来自上帝的伟大信号”绝没有提到UFO这样的东西。林德赛特别忽视了第32节，在这一节中，作者谈到，耶稣已经清楚无误地告诉我们的是发生在公元1世纪，而不是20世纪的事情。

还有一条基督教教义表明外星生命不可能存在。例如在1994年5月23日的《基督教新闻》中，神学博士W.加里·克拉普顿讲述了他的根据：

> 《圣经》无论是以清晰明了的还是晦涩隐晦的方式，谈论了生命的各种形式，它没有告诉我们明确的答案。在《圣经》的所有内容中都没有明确地肯定或否定智能外星生命的存在。但是，《圣经》隐晦地否认了这种生物的存在，因此也就否认了飞碟的可能性……《圣经》认为地球是宇宙的中心……圣彼得说，‘行星所盼望的’救世主是不值得讨论的问题。这就是对其他行星上有没有智能生命的回答。如果确实如此，那么谁来拯救它们？当然不会是基督……与《圣经》的教导不一致的经验必须被当作谬误而摒弃。《圣经》所说的一切都是真理。

但是许多其他基督教教派——比如罗马天主教——思想是完全开放的。

[1] 圣路加（St. Luke）：据基督教传说，《新约》中的《路加福音》和《使徒行传》的作者，圣保罗的伙伴。所著的《路加福音》可能成书于公元1世纪，同《马可福音》和《马太福音》并称“同观福音”。——译注

它并没有先天（a priori）反对或否认外星人或 UFO 的存在的理由。

20 世纪 60 年代早期，我认为，UFO 的传说主要是为满足宗教的需要而人为编造的。当科学使得不加批判地坚持古老的宗教变得不太容易了的时候，出现了上帝假说的另一种提法。这种方式就是使用科学术语，使用肤浅的科学词汇“说明”上帝的巨大力量。这种提法认为，古时的众神和魔鬼从天堂降临至地球，它们不断地纠缠我们，告诉我们未来的前景，用一个更充满希望的未来来戏弄我们，到那时，太空时代的神秘宗教即将形成。

民俗学研究者托马斯·E. 布拉德在 1989 年写道：

> 绑架报道听起来像是一个古老的与那些替神执法的外星人相遇的传说的翻版。

他下结论说：

> 科学也许已经从我们的信仰中赶走了魔鬼与女巫，但是这个空白又很快被具有同样魔力的外星人所填补。只是这些外星生物的外部标志是新的而已。外星人所带来的所有的恐惧和心理激情似乎都可简单地追溯到早时的传说，所有的传说与旧时的演义无甚差别，那些东西仍在夜间发出奇怪和可怕的声音。

所有的时代、所有地方的人都会有时体验如同真实一般生动的幻觉。在这些幻觉中经常有性的内容，感觉到被陌生的、会心灵感应的、在天空中飞行并能穿墙而过的生物所绑架（用流行的文化俚语，用我们时代的精华语言来描述细节），这一切都是可能的吗？其他那些没有这样的亲身经历的人感到这种事情很刺激，在某些地方也很熟悉。他们便相信这些传说。很快他们就将这些传说说成是自己的亲身经历，并启发其他人体会自己所遇到的情景和幻觉，让他们也加入到这些民间传说、神话和传奇故事的传播队伍中来。这些自发产生的世俗的幻觉和外星人绑架的范例之间的联系与这些假说是一致的。

事情可能就是这样产生的：当所有的人都认为神是从天上降临地球的时候，我们就会产生神的幻觉；当我们对魔鬼很熟悉的时候，就产生了梦淫妖；当精灵被大家所接受，我们就看见了精灵；在神灵主义泛滥的时代，我们就遇到神灵；当古老的神话对人们失去了吸引力，我们就开始认为外星生物是有道理的，然后靠催眠术产生幻想的趋势就出现了。

歌曲或外国话中的只言片语、我们看到的形象和事件、我们儿时听到的故事，当几十年以后我们就会准确地回想起来，而这种回忆并不是我们有意识地记忆的结果。赫尔曼·梅尔维尔[1]在其《白鲸》一书中说："当人处于强烈的激情中时，会满口古旧的语言而毫无察觉，当我们研究为什么会出现这样的现象时，结果发现，这些是当他们还是孩子的时候就经常听到的古老的语言。"在我们的日常生活中，我们会在无意中毫不费力地将文化中通行的东西吸收到我们自己的语言中来并使其变成我们自己的东西。

同样的接受别人传输的动机主要体现在精神分裂症的"指令幻觉"中。人们接受别人传输给他们的神秘的信号，根据指令去做事情。他们接受命令去暗杀政治领导人、民族英雄，击退英国侵略者或者伤害他们自己，因为这是上帝的、耶稣的、魔鬼的、妖魔的或天使的意志，也可能是其他人听不到的声音传达给他的强硬的命令。这些命令或指令无论如何都必须完成。谁发出的这些命令呢？谁在我们的头脑中说话？养育我们的文化为我们提供了答案。

想象一下广告中不断重复出现的形象所产生的巨大作用，特别是对那些易受影响的听众和读者所起的作用吧。它可以使我们相信几乎所有的事情，甚至吸烟是有益的。在我们这个时代，人们普遍认同的外星人来自数不清的科幻故事、小说、电视故事片和电影中的主要内容。UFO 成了周末小报将其虚假化和神秘化的主要内容。任何时代最赚钱的影片就是以外星人为主要内容的影

[1] 赫尔曼·梅尔维尔（Herman Melville，1819—1891）：美国作家。1851 年代表作《白鲸》问世。该书生动逼真地描写了船长埃哈伯捕杀大白鲸，最后与之同归于尽的全过程。蕴藏着多层次的含义，并写有短篇小说、散文和诗歌。——译注

片，就像被外星人绑架过的人所传说的事件一样令人感兴趣。在 1975 年电视台将黑尔事件拍成以没有任何证据为基础的电视片之前，关于绑架事件的传说是很少的。1987 年，当斯特里伯声称的亲身经历的事件被编写成配有引人注目的画有大眼睛的“外星人”的封皮的书成为畅销书以后，外星人突然成为大众最热门的话题。与这个话题相比，我们以后基本上再也没有听说那些梦淫妖、小精灵和小仙子了。它们都到什么地方去了？

这种外星人绑架的传说远不是全球性的，而仅仅是令人失望地局限于某些国家和地区。大部分传说都产自北美国家。这些传说很难超越美国的文化范围。在其他国家，也有一些外星人的报道，这些国家的外星人都长着鸟头、昆虫头，有的是爬行类动物，有的是机器人，也有的是金发碧眼（后一种估计出自北欧国家）的家伙。每一种外星人的行为都有所不同。很显然，文化的因素起着重要的作用。

在“飞碟”或“UFO”这样的词语出现的很久以前，科幻故事中充满了这些“小绿人”和“长着昆虫眼的妖怪”。不知是什么原因，那种长着大脑袋（和大眼睛）的没有毛发的小东西在相当长的时间内一直是我们心目中标准的外星人。你们可以从 20 世纪 20 年代或 30 年代的科幻畅销杂志中（还有其他的刊物，比如在 1937 年 10 月出版的刊物《短波和电视》中就有火星向地球发送无线电波的描写）经常看到它们的形象。这些形象可能在科幻先驱 H. G. 威尔斯[1]所描述的遥远的后代的身上找到。威尔斯认为，人类就是从小脑袋，但是毛发浓密的原始人进化而来的。他们身体强健，远不像维多利亚时期的学术味十足的人。我们可以沿着这个趋势推算到遥远的未来。也就是说，到那个时候，我们的后代应该是基本无毛、大脑袋的人，他们几乎不能依靠自己的力量走路。其他世界的先进的生物可能也应该生来就与他们没有什么差别。

在美国 20 世纪 80 年代和 90 年代早期媒体报道的典型的现代外星生命是

---

[1] 赫伯特·乔治·威尔斯（Herbert George Wells，1866—1946）：英国小说家、记者、史学家。《时间机器》《隐身人》《星际战争》等小说的出版为他赢得声誉，被誉为科幻小说的一代宗师。——译注

很小的，它们都长着不成比例的大脑袋和大眼睛，发育不良的面部特征，没有明显可见的眉毛和生殖器，皮肤呈灰色、光滑。它们像受孕仅 20 个星期的胚胎一样可怕，也像饥饿待毙的孩子。为什么我们这么多人对胚胎或营养不良的孩子如此着迷，还要想象它们向我们进攻和强行与我们发生性关系，这可真是个有趣的问题。

在近几年的美国，与那种矮小的灰色的形象不同的外星人形象正在兴起。萨克拉门托市的精神疗法医生理查德·博伊兰说："你看到过 3 英寸半到 4 英寸的外星人；你看到过 5 到 6 英寸高的外星人；有人看到过 7 到 8 英寸高的外星人；另一个看到过 3、4、5 英寸不等高度的外星人。它们有的手指尖有肉趾或吸盘；有的人看到的是有蹼或无蹼的手指；有的人看到的是有着大大的钻石形状的眼睛的外星人，它们的眼睛有的歪斜、有的外凸，有的是平行的。在有些事件中，有人将它们形容成有大大的卵形的眼睛，而没有钻石般的倾斜角度。有人还说外星人是瘦弱的小学生的模样，而其他人又说它们与其他说法中的身体形状完全不同，即所谓的螳螂形状或蜥蜴形状……我能够周期性地看到一个一个不同的外星人。我非常认真地注意那些很少出现的外国的和独特的外星人事件的报道，对于这些报道我还要进一步进行确认。"

尽管 UFO 绑架综合征描述的外星生命是这种模样，但是，我们认为，这仍然是一个乏味的世界。人们猜想的外星人的形状表现出人们想象的失败和人类深深的焦虑。在所有的传说中，描述的生物没有一个会使人感到你在没有见过鸟之前，看到一只凤头鹦鹉那样惊奇。原生动物学、细菌学或真菌学教科书充满了令人惊奇的事物，它们远远超过专门描写外星人绑架的作家所描述的最吸引人的故事的有趣程度。坚信外星人的人把这些故事中的共同点总看作它们真实性的标志，其实它们恰恰说明了人们是从共同的文化和科学背景出发编造了这些故事。

chapter eight / 第八章

真实与虚幻的区别

轻信的头脑……在相信稀奇古怪的事情中获得最大的愉悦，越稀奇古怪越乐于相信；他们对那些确切明了的东西不屑一顾，因为所有的人都相信它们。

——塞缪尔·巴特勒[1]《特性》(1667—1669)

[1] 塞缪尔·巴特勒(Samuel Butler，1612—1680)：英国讽刺诗诗人，出身农民。所著讽刺诗《休迪布拉斯》对清教徒的狂热和伪善进行了嘲讽鞭挞。——译注

在那一瞬间，我感觉到黑暗的屋里有个突如其来的东西，那是鬼还是什么东西？什么东西在动？我用眼睛的余光观察它，但当我转头看时，却什么也没有。是电话铃响，还是仅仅是我的“错觉”？在惊骇中，我似乎嗅到孩提时曾去过的康尼岛夏季沙滩上带有咸味的空气。我一进入初次游览的异国城市，我所看到的似乎是我以前就已熟悉的街道。

在这种经常出现的体验中，我们经常不知到底是怎么回事。我们的眼睛（耳朵、鼻子或记忆）在“欺骗”我们吗？难道我确确实实亲眼看到了超越自然的东西？我应该保持沉默，还是说出实情？

答案在很大程度上取决于环境、朋友、你所爱的人和文化。在非常刻板生硬、讲究实事求是的社会中，对是否应该承认这种体验需要抱谨慎的态度。人们会认为我反复无常、精神不正常、不可靠。但在一个相信有鬼或幻术的社会中讲述这种体验的人可能得到承认，甚至能获得声望。在前一种社会里，我会尽力压制住将这种体验讲出来的欲望，把它们全部隐藏在心里。而在后一种社会里，我可能夸大其词，演绎发挥，使它听起来比实际情况更加神秘奥妙。

查尔斯·狄更斯[1]生活在一个活跃的理性文化社会中，但当时唯灵论也很

---

[1] 查尔斯·狄更斯（Charlse Dickens，1812—1870）：英国小说家。1836年发表《匹克威克外传》一举成名。代表作有《奥利弗·退斯特》《大卫·科波菲尔》《艰苦时世》和《双城计》等。——译注

活跃。他对这种两种思潮并存的情况做了描述（摘自他的短篇小说《一粒盐让人着魔》）：

> 我已经注意到，人们普遍存在一种希望得到刺激的需求，甚至在具有很高智力和文化水平的人中间也是如此。当他们遇到一些稀奇古怪的事情的时候，他们愿意将自己的心理体验告诉别人。几乎所有的人都怕将这些体验讲给那些智能高的人时不能得到听者的精神生活有同样经历的肯定或回应，因而会受到他们的怀疑或嘲笑。一个诚实的游客看见类似海蛇的怪物，并不害怕提起它。但是他有某种奇异的不祥之兆、刺激、奇思怪想、幻觉（所谓的）、梦或其他心理意念，他就会犹豫、彷徨，不愿承认。我觉得人们之所以不愿承认是因为这种事情太捉摸不定。

如今，讲述这种体验仍会受到多数人的嗤笑和嘲笑。但人们较易克服隐瞒心理——比如在治疗师和催眠师的“诱导”下。不幸的是——对某些人来说，是不可思议的——想象和记忆常被混淆。

有些“被绑架者”说，他们不用催眠也可以回忆起那种经历，而很多人却做不到这一点。催眠并不是唤起回忆的可靠办法。除了真实情况外，催眠术常常诱发想象、幻觉和虚构，使得病人和医生都不能将真实和幻觉二者区分开来。催眠术似乎具有很强的暗示作用。法律禁止把催眠术作为法庭证据或调查犯罪的手段。美国医学协会认为用催眠术唤起的记忆并不比不用催眠术唤起的记忆可靠。一本标准医学教科书（哈罗拉尔·L. 卡普兰的《精神病学综合教程》，1989 年版）警告说：“催眠师的信念将与求医者产生交流并融入求医者所认为的记忆中，这样做很可能会产生这样的结果，即求医者坚信他的回忆是真实的。”因此，进入催眠状态的人所讲述的被外星人绑架的说法中可信成分极少。这样做存在这样一种危险，那就是，被施用催眠术的人——至少在某种情况下——急于取悦于催眠师，他们有时对催眠师不经意的巧妙暗示做出了顺应式的反应。

加州州立大学长滩分校的阿尔文·劳森做了一项实验，在筛除 UFO 迷以后，挑选出 8 个人，然后先由医生催眠，告知他们被外星人绑架，带到一艘宇宙飞船上，并受到检查。在没有进一步的提示下，要求他们描述自己的体验。结果证明他们极易受到诱导，叙述的内容同那些自称被绑架的人的叙述几乎没什么区别。的确，劳森对实验对象做了简单直接的暗示。但在很多情况下，处理外星人绑架病案的治疗学家都会按惯例诱导，有些诱导很详尽，有些则比较委婉。

正如劳伦斯·怀特所说，精神病学家乔治·加纳维曾对一个处在催眠状态下很容易受到诱导的病人提示说，某一天中有五小时从她的记忆中消失。当他说到她的头上有一盏明亮的灯时，她立刻告诉他见到了 UFO 和外星人。当他强调她被外星人做过实验，于是一个详细的绑架故事便产生了。但当她从恍惚中清醒过来，看到那段录像时，她承认，她像是经历了一种完全失去知觉的梦中的感觉。然而，在第二年时，她仍经常回想那个梦中的情景。

华盛顿大学的心理学家伊丽莎白·洛夫特斯发现，未被施用催眠术的人也很容易接受别人的观点，认为他们看到了他们并没看到的东西。在一个典型实验中，她让接受实验者看了一部关于车祸的电影。在询问他们看到了什么时，他们会草率地做出错误的回答。比如说，尽管在影片中并没有红灯出现，但实验人员仍不经意地提到红灯。于是，许多接受实验的人都听话地回忆说看见了红灯。当谎话被拆穿时，有些人愤怒地提出抗议，强调说他们非常清晰地记得看到过红灯。看电影的时间和给他们的错误信息的时间越长，记忆改变的人也就越多。洛夫特斯认为："记忆中的事件越接近一个被经常修改的故事，距离完整的原始信息也就越远。"

还有很多其他的例子——比如像孩子一样在商场走失的虚假的记忆——具有更大的情感上的冲击力。一旦提起有关的主要内容，病人经常振振有词地大讲这个事件的有关细节。很少一点提示和问题，特别是在治疗的环境中，都很容易地诱导出清晰的但完全是错误的回忆。记忆能够受到其他信息的影响。错误的记忆甚至会在对其毫不怀疑和不加任何批判的情况下被植入人的头脑之中。

康奈尔大学的斯迪芬·切希、洛夫特斯和他们的同事发现，学前的孩子对于别人的暗示特别敏感，对此他们并不惊讶。当孩子第一次被问到他的手是否曾被捕鼠器夹住过，他正确地否认了，但后来他又清晰地回忆起了那次事件的细节——自己编造的。当孩子被用更直接的方式告知“你小时发生的事”后，过一段时间，他们会很容易接受这些输入的记忆。观看孩子录像带的专家无法更好地分辨出他们所说的哪些是错误的记忆，哪些是正确的记忆。有什么理由认为成年人可以完全防止孩子所犯的错误呢?

“二战”时期在好莱坞度过的罗纳德·里根总统，生动地描述了自己在解放纳粹集中营中的受害者时所起的作用。生活在电影世界的他显然将他看到的电影与他从没有做过的事实混为一谈。在他竞选总统的过程中，他多次讲述“二战”时期一个英勇牺牲者的壮烈故事，鼓舞我们大家。但那个故事从未发生过。那是电影《飞行之翼与祈祷者》(*A Wing and a Prayer*)中的一个情节。当我九岁时看这部影片时，它也给我留下了非常深刻的印象。许多同样的例子在里根的公开报告中也时常出现。不难想象当政治、军事、科学或宗教的领袖不能区分事实和虚幻时会导致什么样严重的公众危机。

在准备法庭证词时，证人们都受到他们的律师的指导。他们常常一遍又一遍地复述那个事件，直到律师说“行了”为止。于是，在证人席位上，他们记住的是在律师的办公室里反复讲述的故事。细微的差异被隐去了，甚至在主要的内容上也与发生的事件真相不相一致。证人们也许很容易就忘掉了他们的记忆被进行了人为的加工。

这些事情涉及对广告和国家宣传造成的社会影响的评价。但在这方面，国家宣传倒认为根本就没有外星人绑架的事情——尽管这种没有任何证据的事件出现后一般都会在今后数年时间内有跟踪报道——治疗专家必须非常谨慎，他们不会意外地接受或选择他们从某人身上诱导出的故事。

也许实际上我们记住的只是一系列记忆的碎片，然后按我们自己设计的结构组合在一起的。如果我们的组合十分巧妙，那么，我们能给自己编织出一个易于回忆的容易记住的故事。碎片本身没有组合起来的话，检索会难一些。

这种情况很像科学的方法——很多离散的数据点可以在一个理论框架中记载、总结和解释。这样我们更容易回忆起理论而不是那些数据。

科学领域中，理论总是不断地重新评估并接受新的数据。如果这些事实之间产生了很大的差距——超过了误差允许的范围——理论可能就不得不进行修改了。但在日常生活中，我们很少会遇到很早以前发生的事件又产生出新事实的事情。我们的记忆几乎不会受到挑战。但是，记忆会凝固在某个地方，不论这个记忆中存在什么样的错误，或经过不断的艺术化修改而成为一件作品。

被证明是最好的幽灵的是那些远多于神和魔鬼的圣者，特别是从中世纪晚期到当代的西欧国家的圣母马利亚[1]。然而，外星人绑架的传说带有强烈得多的世俗、邪恶的气息。但是从那些被描述为“神圣”的幻象里，我们仍然可以得到一些对 UFO 神话的认识。也许最有名的有法国的让娜·德阿卡、瑞典的圣布里其和意大利的吉罗拉莫·萨丰纳罗拉。但更符合我们话题的幽灵是牧羊人、农夫和孩子们看到的那种幽灵。在这个被不确定的事情和恐慌困扰的世界中，人们渴望与上帝取得联系。关于在卡斯迪利亚和加泰罗尼亚（均为西班牙城市。——译注）发生的类似事件的详细情况在威廉·A. 科里斯迪安的著作《中世纪后期和西班牙文艺复兴时期的幽灵》（普林斯顿大学出版，1981 年）中有详细记载：

> 在一个典型的事件中，一个农妇和孩子说，他们遇到了一个女孩或一个身材极其矮小的女人——大约只有三英尺或四英尺高——自称是圣母马利亚，上帝的母亲。她要求心怀敬畏的目击者去找村子的德高望重的男子或当地教堂的权威人士，要求他们为死者祈祷，或遵守上帝的戒律，或就在郊外他们见面的这个地方建一座圣坛。如果他们不同意，就会受到可怕的惩罚，比如瘟疫。但是，当瘟疫流行时，如果满足了马利

[1] 圣母马利亚（the Virgin Mary）：基督《圣经·新约》故事中耶稣的母亲。据《福音书》载，是童贞女，由“圣灵感孕”而生耶稣。天主教、东正教尊之为“童贞圣女”；并相信她死后，灵魂和身体重新结合升入天堂。——译注

亚的要求，她许诺治愈疾病。

目击者竭尽全力按马利亚所说的去做。但当她告诉她的父亲、丈夫和神父时，他们要她不要向任何人再提起这件事。他们认为这只是妇人愚蠢的或轻浮之举，也可能是魔鬼给她造成的幻觉。于是她三缄其口。几天以后，她再次遇到了马利亚，马利亚因为自己的命令没有被遵照执行而有些生气。

“他们不会相信我，”她抱怨说，“给我一些能够证明此事的象征性的东西吧。”她需要证据。

马利亚虽然事先没想到需要提供证据，现在还是提供了象征性的东西。村民和牧师们很快就相信了。圣坛建了起来。附近地区的疾病不可思议地都治愈了。朝圣者从四面八方很远的地方赶来。牧师们忙了起来。这个地区的经济迅速繁荣。最初的目击者被任命为圣坛的守护者。

多数情况下我们知道，由城市首脑和名流组成的调查团负责证实幽灵真的存在，尽管最初他们都无一例外地怀疑过。而事实证明所要求的标准并不高。有一次，一个 8 岁男孩在因瘟疫而死的前两天所说的胡话被冷静地接受了。有些调查团在事件发生几十年甚至 100 年后还在讨论它。

在《真实的与虚假的幻觉的区别》一书中，这方面的一位专家，叫作让·德·热尔松[1]，他在大约 1400 年时，总结了目击者所提供的见到幽灵的可信程度的标准。其中之一就是政治和宗教统治者是否愿意接受建议。这样，任何看到破坏当权者权力的幻觉的人都被视为“事实上”（ipso facto）不可靠的证人。圣灵和圣母也会被迫按当权者的意愿说话。

那些据称是马利亚提供的“象征性的东西”，被认为是有说服力的证据，其中包括一支普通的蜡烛、一块丝绸和一块磁石、一片彩瓦、脚印、证人以异常快的速度采集到的蓟、一个插在地上的简单的木十字架、证人身上的鞭痕和

[1] 让·德·热尔松（Jean De Gerson，1363—1429）：法兰西基督教神学家、神秘主义者。——译注

伤口、一个 12 岁女孩把她的手扭成令人惊讶的形状和将腿向后折叠等多种扭曲形状，以及闭上嘴即暂时变哑。所有这一切在她所说的事情被接受的那一刻便都“治”好了。

有时候，提供证据前，目击者的说法被进行比较和综合分析。例如一个小镇上的许多目击者都说前天晚上有一个引人注目的、可以说是高个子的女人，穿着素白，抱着一个婴儿，在她的周围有光环笼罩着，光亮将整个街道照亮。而在其他时候，站在目击者身边的人们却什么也没看见，就像 1617 年在卡斯迪利亚出现的幽灵的报告中所记载的目击者的记录所描述的：

“啊，圣巴塞洛缪[1]，那个这些天来见我的女人，她穿过了草地，跪倒在地，抱住那个十字架——看哪，看她！”尽管那个年轻人努力去看，但他只看到几只小鸟在十字架周围飞翔。

编造和承认这类传说的可能的动机并不难找：为牧师、公证人、木匠、商人等人在经济萧条时期寻找就业机会以推动地方经济；目击者及其家庭的社会地位提高；为葬在墓地的亲属进行的祈祷因后来的瘟疫、旱灾和战争而取消；鼓动公众情绪以打击敌人，特别是摩尔人[2]；提高对教会法令的臣服和遵从的程度；确认对宗教的虔诚程度。到圣地进行朝圣的人的狂热令人叹为观止。朝圣者将从岩石上刮下来的石屑或坛上的尘土掺水当作药喝下是很普通的现象。但我认为大多数目击者并不是编造整个事件后就此罢手。他们继续编造其他事件。

圣母马利亚所提出的绝大多数紧急要求都具有平淡乏味的特点。例如在 1483 年加泰罗尼亚出现幽灵的记录报告这样写道：

> 我命令你的灵魂去命令堪普马里奥的厄尔·陶恩、米莱拉、厄尔·萨

[1] 圣巴塞洛缪（St. Bartholomew）：耶稣的十二门徒之一。被认为是《约翰福音》中提到的内森尼奥。据说曾在印度传教。——译注

[2] 摩尔人（Moors）：泛指公元 8—13 世纪从北非西部进入并统治伊比利亚半岛的柏柏尔人和阿拉伯人。是一个高度文明的民族，在哲学、医学、数学、建筑等方面都有成就，对欧洲的文化具有重要的影响。——译注

冷以及桑特·米科尔等教区的人的灵魂去命令牧师的灵魂，让人们在30天内交付什一税和教会所有的税赋，对他们暗示将暗地里或公开占有的不属于他们的东西归还给合法的所有者。这些必须做到，在主日检查。

另外，他们必须停止亵渎神祇，他们应该按他们死去的祖先的教诲乐善布施。

目击者常常在梦醒以后看到幽灵。弗朗西斯卡·拉·布拉瓦在1523年做证时说，她是在"不知道是不是由感觉支配"的情况下下床来的，但在后来的证词中她又说自己是完全清醒的（这是允许的按不同层次回答问题的方式：完全清醒、打盹、昏睡、沉睡）。有时细节被完全忽略，比如和她当时在一起的天使是什么样子；她描述的圣母马利亚有时高有时矮，有时是母亲有时是小孩——这些特点本身显然表明是梦中才出现的东西。在赫斯特巴赫的恺撒利奥在大约1223年所写的《关于奇迹的对话》一书中，圣母马利亚神圣的幻影经常出现在晨祷中，而晨祷的时间正是人们沉睡的午夜时分。

怀疑很多或所有这些幽灵是梦中的形象是十分自然的。这些东西出现在醒着或睡着的状态中，同时伴随出现的有编造的瞎话（制造骗局。现在正在兴起编造奇迹的热门工作：根据偶发事件或神的旨意创作宗教油画和形象）。有关事件载入大约在1248年由阿方索十世（智者）[1] 指示出版的教会法规和民事法律的手抄本《七法全书》之中。从中我们可以读到：

有些人编造假话说在田野或城镇发现了圣坛，或自己修建圣坛，他们说在那些地方有圣人的遗物，并且胡说这些遗物会创造奇迹。于是，人们被劝诱从各地到这些地方朝拜，以便从那里能够得到一些什么东西。还有一些人受梦或虚幻的空想的影响，建立圣坛，然后编造谎言说这些

[1] 阿方索十世（智者）（Alfonso X，the Wise，1221—1284）：西班牙卡斯迪利亚和莱昂国王（1252—1282）。费迪南德三世之子。出版《七法全书》，从而使法典系统化。同时兴办学校，振兴文化和科学。——译注

圣坛是在上述地方发现的。

在列举错误信仰形成的原因时，阿方索从宗教教派、人的看法、幻想以及梦和幻觉中总结出了一致的结论。他对一种名叫 antoianca 的幻想做出了这样的定义：

> Antoianca 是一种出现于人的面前，然后又消失的东西，人会在昏睡状态中看到它或听到它，因此它是一种没有实物形态的东西。

一份 1517 年的教皇诏书将“梦中出现的或上帝派来的”幽灵进行了区分。显然，无论是世俗的或宗教的机构，即使是在轻信盛行的年代，对骗局和错觉也都是十分警惕的。

尽管如此，在中世纪时代的大部分欧洲国家里，这种幽灵仍受到罗马天主教教士的热烈欢迎——尤其是因为圣母马利亚的训诫符合全体神职人员的需要。极不充分的一点作为证据的“象征性的东西”——一块石头、一个脚印儿及任何可以伪造的东西——这就够了。但在 15 世纪初，大约在新教改革时期，教会的态度改变了。那些宣称有独立渠道与上帝交流的人摆脱了必须遵照上帝旨意行事的教会的束缚。其他一些幽灵——比如贞德——具有一些令人感到不舒服的政治或道德的含义。1431 年审判贞德的宗教法官这样描述她所象征的冒险精神：

> 使她受到巨大危险的威胁是来自这种人，他们固执地相信他们见到了这种幽灵并拥有上帝给他们的启示，因此他们就编造上帝所说的话，捏造并非出自上帝之口的虚假的预言和预示。另外还有种族的诱惑、新教派的分立和其他大量的对上帝不敬的行为使教会和天主教徒变得道德败坏。

贞德和吉罗拉莫・萨丰纳罗拉因为自己所具有的洞察力而被火刑处死。

1516年第五次拉特兰会议[1]使“使徒的席位”保留了检查幽灵真实性的权力。对其幻觉没有政治含义的农民的惩罚接近最残酷的程度。看到了圣母马利亚幽灵的年轻母亲弗朗西斯卡·拉·布拉瓦，被一位名叫利森西亚多·马里安纳的宗教法庭法官形容为“损害了我们圣洁的天主教信仰，损害了其权威性”。她见到幽灵这件事“没有任何价值并且是无聊的举动”，“按理说，我们应该对她更严厉些”。宗教法官接着说：

> 出于对让我们缓和酷刑的某种理由的敬意，作为对弗朗西斯卡·拉·布拉瓦的惩罚和企图做类似事情的人的警告，我们宣判她剥光上衣，骑上毛驴，穿过贝尔蒙特的主要街道并当众鞭打100下，在厄尔·昆塔纳镇用同样的方法惩罚。从今以后她不能再以公开或秘密的形式直接地或旁敲侧击地宣传她在忏悔中所说的话，否则她将作为不信奉我们圣洁的天主教信仰的冥顽不化之人而被起诉。

尽管处罚如此严厉，但仍然经常有坚持步其后尘者，全然不顾那些迫使她坦白自己说谎、做梦或是在迷惑的状态下的胡说所使用的“手段”，坚持说自己的的确确看到了幻影，这可真让人感到惊讶不已。

在报纸、广播和电视出现之前，几乎人人都是文盲的时代里，为什么宗教偶像的幻觉在细节上如此相似？威廉·科里斯迪安认为，在宗教戏剧（特别是圣诞节戏剧）、牧师和朝圣者的游历和教会训诫中就存在着一个现成的答案。与附近圣坛有关的传说传播很快。有时人们从百里以外或更远的地方赶来，说他们生病的孩子能用圣母踏过的鹅卵石治愈。传说又对灵异现象产生了影响，反之亦然。在干旱、瘟疫和战争频繁的年代，普通人得不到社会的帮助和医疗服务，也没听说过科学的方法，因此，很少会对传说产生怀疑。

[1] 拉特兰会议（Lateran Council）：天主教会在罗马市拉特兰宫举行的5次会议，使争战中的各基督教国家君主之间恢复和平，并批准教廷与法国签订信任协议。——译注

为什么这些告诫如此现实？为什么在一个只有几百人的小村，需要像圣母这样有名的幽灵显现，才能有神坛修造出来，也才能从灾害中拯救人们？为什么一些重要和具有预见性的信息在其后的数年时间内其重要性才被确认，并且认为这些信息只能是上帝或圣人发出的？这是否极大地促进了天主教与新教、启蒙运动之间进行的殊死斗争事业？但是至今我们也没有遇到幽灵显现，警告天主教不要接受地球是宇宙的中心的错觉，或警告不要同纳粹德国结盟——这是两个具有重大的道德和历史性重要意义的事件，在这两个问题上，教皇约翰·保罗二世已经难能可贵地承认教会犯了错误。

没有一个圣者谴责对“巫婆”和“异教徒”所进行的严刑拷打、实施火刑处死。为什么？他们难道不知道发生了什么事情吗？他们不知道这是一种邪恶吗？为什么圣母马利亚总是要命令可怜的农夫将其旨意转告给当权者？为什么她不亲自去告诫当权者、国王或教皇？在19世纪和20世纪，确实人们更关注某些幽灵——1917年在葡萄牙的法迪玛[1]，圣母被激怒了，因为世俗的政府取代了由教会管理的政府。1961年至1965年，在西班牙的加拉班达，传说如果不立刻采用保守主义的政策和宗教学说，世界末日就会到来。

我想我能看出圣母马利亚的显灵和外星人绑架案之间的许多共同之处——尽管在前者的事件中，目击者没有被立刻带往天堂，外星人也没有用生殖器进行性骚扰。人们传说中的生物身材都很矮小，它们中的大多数只有两英尺半至四英尺高。它们都是来自天空。尽管据说它们都是神圣之物，但它们的谈话内容都是世俗的。这些事件很显然与睡眠和梦有联系。目击者，通常是女性的目击者，尤其在受到男性当权者嘲笑时，往往难以启齿。不过，她们仍坚持说，她们确实看到了这样的事情。传播这些传说的方式依然存在，甚至彼此互不相识的目击者，也会热烈地讨论，对传说中的细节进行相互补充和调节。这样，别人就不会发现幽灵出现的时间和地点的其他说法有什么特殊之处。没

[1] 法迪玛（Fatima）：葡萄牙中部村庄。1917年起成为罗马天主教的朝圣地。罗马教皇保罗六世曾于1967年到此访问。——译注

有任何传说中幽灵出现的“征兆”和证据是人类自己不能做到或伪造的。事实上，马利亚似乎对证据的必要性并不关心，她偶尔愿意给那些在她提供“征兆”前相信她的人治疗疾病。在社会本身没有治疗专家的时候，社会上就会遍布有影响的教区牧师和比他们地位更高的上层人物，他们对这些想象中的事物的真实性十分感兴趣。

在当今时代，仍有圣母马利亚和其他天使显灵的事件出现，同时也有——正如精神病治疗学家和催眠师 G. 斯考特·斯帕罗所说——耶稣显灵。在《我永远和你在一起：邂逅耶稣的真实故事》（班塔姆，1995 年）一书中，用有些令人动容、有些平淡乏味的第一手资料叙述一些与耶稣相遇的故事。令人感到奇怪的是，正如作者本人所承认的，他叙述的大部分资料来自别人自述的梦，以及一些幻象，据说这些幻象与梦是不同的，这“只是因为我们是在清醒的状态下所体验到的”。但是，斯帕罗认为，判断某事是否“仅是一场梦”与其客观真实性无关。在斯帕罗看来，你所梦到的所有的东西、所有的事情都确实存在于你意识之外的客观世界中。他明确否定梦是“纯粹的主观意识”的观点。这不需要任何证据。如果你梦到了一件事，你感到这梦又很好，如果这梦又引发出奇迹，那么，为什么不认为这事确实发生过？斯帕罗的大脑中没有怀疑的神经。当耶稣告诉一个正处在“无法忍受”的婚姻生活中的心情矛盾的妇女离开那个无赖时，斯帕罗承认这给“处于保持与上帝一致位置的倡导者”造成了难题。在那种情况下，“也许有人会说事实上所有的推测最终都是心理的产物”。如果事情确实如此，那么，如果有人说，在他做的梦中，耶稣劝其堕胎或复仇，我们该怎么办呢？如果我们最终在某个地方，以某种方式弄清楚了事情的真相并证明某些梦是做梦人编造出来的，那么，我们会问，为什么所有的梦不会是编造的呢？

为什么人们要捏造绑架故事？为什么在观众参与的电视节目中出现的人热衷于“嘉宾”受到性污辱的细节——目前美国影视荒漠中出现的时尚？你是被外星人绑架的人这种发现至少使人们从乏味的日常生活中获得了一点新奇的刺激；你引起了同行、治疗专家，甚至媒体的注意；你会获得一种被发现、兴奋而又有点害怕的感觉。随后你将会记住什么？你开始认为自己就是未卜先知者，甚至是促成我们这个时代不断涌现的重大事件的人物；你不想让你的治疗专家感到失望；你渴望得到各种人的肯定。我想，你成为被绑架者定会获得具有预知未来的特异功能的褒奖。

与外星人绑架事件相比，在产品上做手脚的事件，想引起人们对UFO和外星人绑架事件的惊讶的情感则收效甚微。有人声称在普通饮料罐中发现了针头。这成为轰动一时的事件是完全可以想象的。报纸、特别是电视新闻对这个事件进行了报道。同样的报道在全国范围内很快大量出现，而且愈演愈烈。但是人们很难理解一个针头怎么会进到饮料罐里，而且没有一个目击者能够向我们提供当时原封未动的饮料罐被打开并发现里面有个注射器的现场证据。

逐步积累的证据表明，这实际上是一种“一味模仿他人”的犯罪行为。人们只是假装在饮料罐中发现了针头。为什么人们要这样做？他们这样做的可能动机是什么？有些心理学家认为其主要动机是贪婪（他们可以向制造商索赔），渴望被注意和希望扮演受害者。值得注意的是，没有治疗专家借此事件大肆宣扬饮料罐里发现针头的真实性，鼓动病人——隐晦地或直接地——向公众宣扬这个新闻。产品中发现异物的厂家受到严厉的罚款，甚至被谎称产品中有异物的也受到处罚。但是，那些鼓动被绑架者向公众宣扬他们编造的故事的人和治疗专家仍然存在，对于谎称自己被UFO绑架的人也没有适宜的法律处罚条例。不管编造这种故事的人这样做的理由是什么，让别人相信他们被更高级的生物出于难以理解的原因而选中，要比他们在可乐罐中发现有个注射器这种偶然事件更让人感到心满意足。

chapter nine / 第九章

治疗方式

在掌握资料之前就建立理论是一种严重的错误。这时人会不知不觉地扭曲事实以适合理论，而不是让理论符合事实。

——歇洛克·福尔摩斯

阿瑟·柯南·道尔《波希米亚的丑闻》(1891)

真实的记忆看起来像幻影，而错误的记忆却如此令人信服，以致能够取代事实。

——加布里尔·卡希亚·马奈特

《奇怪的朝圣者》(1992)

约翰·马克是哈佛大学的一位精神病学家，我们已相识多年。

很久以前他问我，有没有什么与 UFO 有关的事件。

我回答说，不太多。不过从精神病学方面看倒有一些。他进行了调查，会晤了被绑架者，结果改变了自己的观点。现在看来他接受了被绑架者的看起来是真实的说法。这是怎么回事？

他说："当时我并没有想到会这样。我没有任何接受这些外星人绑架故事的思想基础。但这些经历所具备的情感力量使它们很有说服力。"在他的《绑架》一书中，马克明确提出了一个非常可怕的说法，即某些事情让人感受到的"力量或强度"，会对人们判断它的真实性产生一种引导作用。

我个人也承认这种情感的力量。但是，我们的梦不就是总有一种强大的情感成分吗？我们有时不是会在极度的恐惧中惊醒吗？马克自己就写过一本有关梦魇的书，难道他不知道幻觉的情感力量吗？马克的一些患者说过，他们从儿时起就有过幻想的经历。而催眠师和精神疗法医生在对"被绑架者"进行治疗时，是否尽职地学习过幻觉和感知功能障碍方面的知识？如果他们相信这些目击者，为什么不相信那些具有同样说服力的，遇到了神、魔鬼、圣徒、天使和精灵的报告呢？还有那些说自己体内有不可抗拒的命令声音的人？难道让人感受强烈的故事都是真实的吗？

我认识的一位科学家说："如果外星人扣留所有它们绑架的人，那我们的世界就更神志健全一些。"不过她的结论过于严酷并让人感到不舒服，这不是理智的问题，而是别的。加拿大心理学家尼古拉·斯潘诺斯及其同事认为，那些报告被 UFO 绑架的人都没有明显的病理症状。不过——

> 一般来说，倾向于相信神秘事物的人，特别是相信有外星人的人，以及用外星人假设来解释特异感受和幻想体验的人，更容易产生 UFO 体验。在相信 UFO 的人当中，嗜好幻想作品的人尤其可能有这种体验。而且，当他们在某些特定的感觉环境中时，这种体验发生的可能性更大，更有可能被说得像真实的事情而非想象……（例如发生在夜里的体验以及在睡眠中所产生的体验。）
>
> 具备较多批判精神的头脑将其看成是幻觉或梦，更易轻信的头脑将其看成是难以理解的，但却是深奥的客观现实。

一些被外星人绑架事件的描述想来可能是一些不甚清晰的被父亲、继父、叔叔或母亲的男友所强奸或童年性虐待的记忆。他们把施暴者当成是外星人，而非所信任的、亲爱的人，当然心理上会感到舒服一些。但将那些外星人绑架的传说当作真实的事情接受的治疗专家们却对此持否认态度，他们说如果他们的病人曾遭到性虐待的话，他们是能够了解清楚的。据民意调查结果显示，美国有高达 1/4 的女性、1/6 的男性童年时受到性虐待（尽管这些统计数字可能偏高）。如果为数很多的在外星人治疗专家面前出现过的患者没有受到过这种虐待，其比例甚至并不高于普通公众受到性虐待的比例，那才会让人感到非常吃惊。

性虐待治疗医师和外星绑架治疗医师都会花费数月、有时是数年的时间，鼓励他们的治疗对象记起被虐待的经历。他们的方法相似，目标也一样——恢复痛苦记忆，而这种记忆通常是很久以前的。对于这两种情况，治疗专家们都认为，无论是遭受精神创伤的还是遇到可怕事件的患者，其记忆功能都受到某种程度的抑制。我发现一种令人注目的现象，那就是，外星人绑架案的治疗专家很少发现性虐待的案例，性虐待受害者也很少向这种专家求医。

可以理解，性虐待或乱伦的受害者对于任何可能减少或否认自己经历的事情，都表现得非常敏感。他们会为此发怒——他们也有权这样。在美国，至少 1/10 的妇女被强奸，其中差不多有 2/3 是在 18 岁以前受到的这种伤害。一项最近的调查显示，向警方报案的强奸受害者有 1/6 在 12 岁以下（而这类强奸报案比例最小），这些女孩中有 1/5 是被她们的父亲强奸的。她们是被诱奸的。我想明确指出的一点是：在很多真实的案例中，父母或扮演父母角色的人是残忍的性施虐者。有的案例中揭露了一些有力的证据，如照片、日记，儿童所患的淋病或衣原体属疾病。虐待儿童被认为是社会问题的一个主要原因，根据一项调查，因暴力犯罪入狱的人当中，有 85% 在童年时受过虐待。十几岁的未婚母亲中，有 2/3 在童年或青少年时期遭受过强奸或性虐待。强奸受害者中，酗酒和滥用药物的比例比其他妇女高出 10 倍。这个问题确实存在，而且亟须解决。而在大部分案例中，这些无可否认的儿童性虐待悲剧，其记忆会一直留存到成年以后。他们没有需要恢复的隐藏的记忆。

我们今天有比过去更好的报告，每年医院和执法机构报告的虐待儿童案似乎有了显著增加，1967 年至 1985 年间在美国增加了 10 倍，达 170 万件。酒精和其他麻醉品，以及经济压力，被认为是今天的成年人比过去更容易虐待儿童的原因。日益受到公众注意的儿童虐待案，使成年人记起了他们曾受过的虐待。

一个世纪以前，弗洛伊德提出了压抑的概念，它是维持心理健康的一种反应机制，即为了逃避强烈的心理痛苦而忘掉一些事件。它尤其可能出现在被诊断患有“歇斯底里”症的病人身上，歇斯底里包括幻觉和麻痹的症状。一开始弗洛伊德认为，在每个歇斯底里病例的背后，都有一个被压抑的童年性虐待事件。最终，弗洛伊德改变了他对童年性虐待幻觉——并不是所有的幻觉都是不愉快的——引起的歇斯底里症状原因的解释。他认为这是罪恶感从父母转移给了孩子。至今这方面的争论还十分热烈。（关于弗洛伊德内心变化的原因今天仍有争议——从他在维也纳中年贵族中引起的暴怒的解释，到他承认他认真听取歇斯底里症患者所说的事情的解释。）

那些记忆突然浮现（特别是在心理学家和催眠师的帮助下的记忆浮现），而且第一次的“往事追忆”中有鬼怪或具有梦幻般性质的例子，是很值得怀疑的。有很多声称受到性虐待的案例看起来是编造的。埃墨里大学心理学家乌尔里克·奈瑟尔说：

> 确实有儿童被虐待，也有被压抑的记忆这样的事例。但这样的事例中也有很多是虚假的记忆和信口开河，这种情况并不少见。记忆错误是常有的事情，并不少见。这种情况总有发生。即使是在记忆主体绝对自信的情况下，即使记忆中是似乎不可能忘记的强烈闪光，是一幅含有隐喻的内心画面。在有生动暗示的情况下，记忆会按照治疗过程中医生对病人强烈的指示，进行塑造或修改，因而这样的情况更有可能发生。而一旦记忆以这样的方式被改造，再想改变将是十分困难的事情。
>
> 这些一般的原则并不能帮助我们确定，哪个个别事件、哪个陈述是真实的。但是一般来说，通过对大量这样的案例的了解，我们应该把宝押在哪里，已经很明显了。记忆失误和在回忆中对过去事情的重新编造是人的一种天性，这种天性在任何地方、任何时间都存在。

纳粹死亡集中营的幸存者为我们提供了最清楚的例证，即使最令人发指的虐待也能够一直留在人的记忆中。实际上，对很多的大屠杀幸存者来说，最大的问题是使自己和死亡集中营之间保持一定的情感距离，即遗忘。但是，假设在一个难以形容的邪恶的世界里，他们被迫居住在纳粹德国——我们假设一个强盛的“后希特勒”国家，其意识形态丝毫未变，只是改变了反犹太的思想——那么想象一下那些大屠杀幸存者的心理压力吧。那时他们也许能够忘记，因为记忆会使他们当前的生活无法忍受。如果存在对可怕回忆的压抑以及其后的重新回忆，那么可能需要两个条件：（1）虐待确实发生过；（2）要求受害者长时间内装作什么也没有发生过。

加利福尼亚大学的社会心理学家理查德·奥夫希解释说：

> 当病人被问起记忆是如何唤起的，他们说是把影像、概念、感情和知觉的碎片集合起来，勉强凑成连贯的故事。当这种所谓的记忆工作持续数月之后，感觉成了模糊的映象，映象成为人影，人影又变成认识的人；身体某个部位的隐隐作痛，转而被当作是儿时遭受的凌辱……最初的身体感觉，有时被催眠的作用放大，被称作“身体记忆”。人体肌肉能保存记忆，其机理让人无法理解。如果这些方式不能说服人，治疗者可能会求助于更强硬的治疗方式。有的病人被编入幸存者小组，让他们承受同组成员的压力，并要求他们通过加入某个小圈子，来证明其在政治上有相同立场。

美国精神病学协会在 1993 年发表的一份谨慎的声明中，承认作为一种应变的方式，有些人会遗忘童年时受的虐待，但声明警告说：

> 目前尚不知道，如何准确地区分基于真实事件的记忆和来自其他来源的记忆……反复询问可能使某些人说出从未发生过的事情的“回忆”。不知道在宣称有受性虐待记忆的成年人中，真正受过虐待的比例有多大……精神病医师先入为主地相信存在性虐待，或别的因素——不论是不是病人问题的原因，都可能会干扰诊断与治疗。

一方面，麻木不仁地无视对耸人听闻的性虐待的指控，这是毫无同情心的非正义行为。另一方面，篡改人的记忆、炮制虚假的童年性虐待故事、破坏完整的家庭，甚至将无辜的父母送入监牢，同样是毫无同情心的非正义行为。应该对这两种情况都持怀疑主义的态度。而在这两个极端中选择道路，是件非常棘手的事情。

在艾伦·巴斯和劳拉·戴维斯所写的很有影响的书《痊愈的勇气：童年性虐待女幸存者指南》(*Perelinnial Library*，1988)的早期版本中，给治疗专家们提出了一个启发性的忠告：

> 相信幸存者。你必须相信你的病人遭受过性虐待，即使她自己也怀疑这一点……你的病人需要你坚信她曾受到虐待。与一个心存疑念的病人打交道，和跟一个相信自杀是最好出路的人打交道很相似。如果患者不能肯定她是否曾被虐待，只是觉得有可能，那就当她曾被虐待来处理。迄今为止，在几百个与我们谈过话的，还有几百个我们听说过的妇女中，还没有一位妇女怀疑自己曾被虐待但经过调查确定未受虐待的。

但是，位于弗吉尼亚州堪迪托市的联邦调查局研究院“行为科学培训研究部”的特别督察员、儿童性伤害问题的权威专家之一肯尼斯·弗·兰宁提出了疑问：“我们现在盲目地接受关于儿童性虐待的所有陈述，不论它多荒谬或不可能，难道就是为了补偿几个世纪以来在这个问题上的矢口否认吗？”据《华盛顿邮报》报道，加利福尼亚的一位治疗专家说：“我不在乎它是否真实，实际发生的事情与我无关……我们都生活在幻梦之中。”

对于现有有关童年性虐待的不实指控——尤其是在权威人士帮助下进行的——我认为，都能与外星人绑架问题联系在一起。如果有人在强烈的情绪和确信之下，会被引导做出曾被自己的父母虐待的错误回忆，难道就不会有具有同样强烈的情绪和确信的人被引导做出被外星人虐待的错误回忆吗?

我对自称被外星人绑架的案例研究得越多，就越发现它们与“复苏的童年性虐待记忆”描述很相似。还有第三种自诉，即撒旦仪式崇拜者的被压抑的记忆——据说在记忆中主要的内容有性折磨、嗜秽症[1]、杀婴、同类相食。在对心理学会2700名成员进行的调查中，12%的人回答说自己处

[1] 嗜秽症(coprophilia)：特别对排泄物感兴趣；尤指利用粪便和猥亵语言使性欲激动。——译注

理过撒旦崇拜仪式虐待的案例（而在报告的案例中，有30%是以宗教的名义进行的）。近几年美国每年差不多有1万件这样的报案。在美国，那些劝诱别人进行疯狂的撒旦崇拜的人，包括组织此类主题讲座的执法官员当中，有相当一部分人其实是基督教原教旨主义者。他们的教派明确地要求有一个实实在在的魔鬼，来扰乱人类的日常生活。其逻辑简明地表述为："没有撒旦，就没有上帝。"

很明显，警方普遍存在轻易受骗的问题。在此我们摘录部分联邦调查局专家兰宁在其《魔幻、玄虚和仪式犯罪》中的分析。它是依据一些痛苦的经历写成的，发表在1989年10月号的《警察首脑》上面。

> 几乎所有的关于撒旦崇拜和巫术的论述，都是借助公众的宗教信仰来阐明的。在大部分人的宗教理念中，占统治地位的是信仰，而非逻辑推理。所以，一些本来具有怀疑精神的执法官员，在没有对其认真评价或质疑来源的情况下，就接受了那些大会上宣讲的信息……对某些人来说，所有不同于他们自己的宗教信仰体系的东西，都是撒旦崇拜。

兰宁随后提供了一份很长的名单，上面列出了他本人在这类讲座中听到的，被描述为魔鬼崇拜的信仰体系，其中包括罗马天主教、东正教、伊斯兰教、佛教、印度教、摩门教、摇滚音乐、与上帝心灵交流、占星术和新时代的普遍信仰。难道从这些信仰中我们还感觉不到追捕女巫是怎样开始的吗？

他接着说：

> 在执法官员的个人宗教信仰体系中，也许基督教是善的，撒旦崇拜是恶的。然而，在宪法之下，都无所谓好坏。这是一个重要的概念，但很难让执法官员们接受。他们拿薪水是要维护刑律，而非摩西十诫。以上帝、耶稣和穆罕默德之名犯下的罪和虐待儿童的行为，远比以撒旦名义犯下的罪多得多。很多人不喜欢这种说法，但很少有人能把它驳倒。

在很多对撒旦崇拜仪式虐待的指控中往往描述，在奇异的狂热仪式中，撒旦崇拜者们杀死婴儿并将他们吃掉。在整个欧洲历史中诽谤者也是这样指控他们的辱骂对象的——包括罗马的阴谋家，逾越节针对犹太人的“血腥诽谤”，以及14世纪时在法国被镇压的圣殿骑士团。具有讽刺意味的是，对吃人肉的杀婴犯和乱伦的祭神狂欢会的描述，在罗马当局迫害早期基督徒时也曾使用过。不管怎么说，耶稣自己就曾说（《约翰福音》6：53）：“除非你吃了人之子的肉，喝了他的血，否则你就不能生存。”虽然接下来一段文字说明，耶稣说的是吃他自己的肉，喝他自己的血，但是毫不留情的评论家可能会误将希腊语“人之子”理解成“小孩”或“婴儿”。特图里安教徒和早期的基督教神父都曾竭力为自己辩护，以免蒙受这种荒诞的罪名。

如今，警方档案中失踪婴儿相应数目的缺乏被解释为全世界的孩子都是由于这个原因而出生的——由被绑架者根据回忆所说的外星人与人类繁殖试验非常猖獗的原因。与外星人绑架范例类似的是，据说撒旦崇拜在某些家庭中是代代相传的。据我所知，如同在外星人绑架案中一样，没有物理证据可以在法庭上支持这类说法，虽然它们的情感力量是明显的。这类正在发生的事件的微乎其微的可能性，激励我们这些哺乳动物采取行动。我们相信撒旦仪式的同时，也提高了那些警告我们可能有危险的人的社会地位。

让我们仔细考虑以下五种情况：（1）麦拉·阿巴希，路易斯安那的一位学校教师，她和她的妹妹在咨询了一位伏都教教徒之后，相信自己被魔鬼附身。她的侄子的梦魇即是证据之一。所以她们抛下自己的五个孩子，去了达拉斯，之后，她妹妹挖出了她的眼睛。在审判中，她却为她的妹妹辩护，她说她们是在试图帮助她。但是伏都教并非魔鬼崇拜，它是天主教和非洲海地土著人宗教相结合的产物。（2）父母将他们的孩子打死，因为她不愿接受他们的基督教教派学说。（3）儿童骚扰者向受害者读《圣经》，以显示自己的行为是正当的。（4）在驱魔仪式中一个14岁男孩的眼珠被掏出。攻击者并不是魔鬼崇拜者，而是一个投身于宗教追随的新教原教旨主义牧师。（5）一个妇女认为她12岁的儿子被魔鬼附身，与他乱伦后，又砍下了他的头。但是在这个“占有”

中并没有撒旦仪式的内容。

第二和第三个案例来自联邦调查局文件。最后两个来自盖尔·古德曼博士 1994 年的研究。古德曼博士是加州大学戴维斯分校的一位心理学家，这项研究是为“虐待和忽视儿童国家研究中心”（National Center on Child Abuse and Neglect）做的。他们调查了 1.2 万件与撒旦仪式崇拜有关的性虐待报告，发现没有一个经得起仔细推敲。治疗专家报告的邪教虐待只是依据“病人催眠疗法中所说的”或孩子们“对魔鬼符号的惧怕”。有时候，诊断是依据一些对儿童来说很普通的行为得出的。“只在少数案例中提到了实物证据——通常是‘疤痕’。”但大部分案件中疤痕很模糊或根本不存在。“即使有疤痕，也不能确定是不是受害者自己造成的。”正如后面这位学者所说，这和外星人绑架案很相似。埃默里大学精神病学教授乔治·K. 堪纳维认为：“那些与邪教崇拜有关的记忆，最普遍可能的原因很可能是病人和治疗专家之间的互相欺骗。”

在最棘手的撒旦仪式虐待“复苏的记忆”案例中，有一件被劳伦斯·莱特记录在一本著名的书《记住撒旦》（*Remembering Satan*）里。这本书描述的是保罗·英格拉姆，他因为太容易受骗、太容易被暗示、不善质疑，而险些毁了自己的生活。1988 年，英格拉姆是华盛顿州奥林匹亚的共和党主席，地方治安部门的首席市民代表，颇有声望。他笃信宗教，负责向学校的孩子们宣传毒品的危害。后来噩梦开始了，他的一个女儿，在一次高度情绪化的原教旨主义者静修之后，提出了多项指控，每一项都比前一项可怕：英格拉姆对她进行性虐待，使她怀孕，折磨她，让其他治安代表“分享”她，介绍她参加邪教仪式，肢解并吃掉婴儿……她说，这从她的童年即开始，几乎持续到她开始“记起”这一切。

英格拉姆不明白为什么自己的女儿会说这样的谎，虽然他对此没有记忆，但警局的调查员们、一个心理治疗顾问和他的牧师都解释说，性犯罪的罪犯经常会抑制他们的犯罪记忆。莫名其妙地被孤立，同时又渴望合作，英格拉姆试着去唤起自己的记忆。在一个心理学家使用闭眼催眠术引起精神恍惚后，英格拉姆的头脑中开始显现出与警察描述相似的情景。意识中产生的东西并不像真正的记忆中的东西那样清晰明确，只是一些像雾一样模糊的想象片段。每次他在头脑中产生一个这样的形象——越多其内容越可憎——他就受到鼓励并增强了对这些形象的信任程度。他的牧师要他相信，上帝只允许真实的记忆从他的幻想中浮现出来。

“伙计，这些东西简直像是我虚构出来的，”英格拉姆说，“但我没有。”他认为这可能是魔鬼所为。在类似的影响下，加上教堂的秘密情报网在底下散布英格拉姆最新招供的恐怖事情，以及警方所施加的压力，他的其他孩子和妻子也开始“回忆”。有声望的市民被指控参加疯狂的仪式。美国其他地区的执法人员也开始注意此类事件。有人说，这只不过是冰山一角。

当伯克利的理查德·奥佛希被控方传唤时，他做了一个控制实验，让人茅塞顿开。他仅仅向英格拉姆暗示他曾强迫他的儿子和女儿乱伦，并要求他使用他所学过的“恢复记忆”方法，很快就引出了这样的一个“记忆”。它不需要压力和恐吓，只要有暗示和这种方法就足够了。这些已经被确认的参与者（他们已经“回忆”起很多其他事情），却否认曾经发生过这样的事情。面对这一证据，英格拉姆强烈否认他曾虚构任何事情或者被其他人所影响，他关于这一事件的记忆像他的其他记忆一样清楚和“真实”。

他的一个女儿描述了她身上因受折磨和被迫流产而带来的可怕的伤疤，但当她最后接受医疗检查时，却没有看到相应的伤疤。控方从来没有就穷凶极恶的虐待对英格拉姆提出控告。英格拉姆雇了一个从没接过刑事案件的律师，在他的律师建议下，他甚至没有读奥佛希的报告，有人告诉他，报告只会使他感到迷惑不解。他对 6 项强奸罪认罪，最后被送进了监狱。在监狱中等待判决的时候，由于离开了他的女儿、牧师及警察同事，他又考虑了一下，要求撤回他的认罪书，他的记忆是被迫接受的，他还没把真实的记忆从一种幻想中分辨出来，他的抗辩被驳回了。他被判处 25 年徒刑，如果是在 16 世纪而不是 20 世纪，说不定他的全家会被处以火刑——还有华盛顿奥林匹亚相当一部分知名人士。

联邦调查局有一份持怀疑态度的关于邪教虐待问题的报告（肯尼斯·V.

兰宁,《调查员确认宗教仪式虐待儿童指南》,1992年1月),但是它却被关心这个问题的人们普遍忽视。另外,一份1994年由英国卫生部做的,关于邪教虐待报告的研究发现,在84件被确认的实例中,没有一件经得起仔细推敲。那么人们到底为什么如此狂热地热衷于此呢?这份研究认为:

> 福音派基督徒反对新的宗教运动的势力,已经对鼓励确认邪教虐待形成了强有力的影响。在英国,传播邪教虐待思想中如果没有更大作用,起码也是同样重要作用的就是"专家们",他们之中有美国人也有英国人。他们可能很少有,甚至根本就没有专业资格,但却声称自己的专长是"事件体验"。

那些相信魔鬼崇拜的人是对我们社会具有严重威胁的人,他们一般很讨厌怀疑论者。我们思考一下美国临床催眠协会(American Society of Clinical Hypnosis)前主席科里登·哈蒙德博士的分析:

> 我将向您说明,这些人(怀疑论者)一种情况是比较天真,临床经验有限;另一种是他们具有人们在大浩劫时常有的无知,或者他们是怀疑一切的智者和怀疑论者;第三种是他们自己也是某种宗教派别的成员。我可以确信有处于此种状态的人……有些人自己是医生,有的人是精神医疗的专业人员,有的人属于某种教派,有的人主持着流传数代的教派……我认为调查是完全清楚的:我们进行了三项研究,前两个分别在门诊病人中发现了25%和20%的多重人格混乱,似乎是教派虐待的受害者;第三项则在特定的住院病人群体中发现了50%这样的情况。

在他的陈述中,可以看出他似乎相信,在成千上万不明真相的美国公民身上,中央情报局进行了邪恶的纳粹思想的控制实验。哈蒙德认为,其背后的主要动机是要"创造统治世界的邪恶秩序"。

在所有这三种“恢复的记忆”中，都有一些专家——外星人绑架专家、邪教专家和唤起童年性骚扰记忆的专家。和精神治疗中通常的做法一样，病人们选择或被指定给予他们诉说的问题相关的治疗专家。在所有三种情况中，都由治疗专家来帮助唤醒被确认的很久以前（有时是几十年前）发生的某些事件中的情景；在所有三种情况中，治疗专家们都被他们的病人的真切无疑的痛苦深深打动；在所有三种情况中，至少有某些治疗专家问引导性的问题——这实际上是权威人物对容易被暗示的病人说他们能够记起（我差点写上“承认”这个词）；在所有三种情况中，都存在一些治疗专家网络，他们交流病人的病史以及治疗方法；在所有三种情况中，行医者都感到有必要在持怀疑态度的同事面前为自己的治疗辩护；在所有三种情况中，由于治疗而带来的催眠都被轻描淡写地带过；在所有三种情况中，报告性骚扰的主要都是女性；在所有三种情况中——除了声明的例外——都没有物质上的证据。因此很难不让人怀疑，外星人绑架只是一幅更大图画中的一部分。

这幅更大的图画是什么？我向哈佛医学院精神病学教授弗雷德·H. 弗兰克尔博士提出了这个问题，他是设在波士顿的贝斯以色列医院的院长，一位催眠术专家，他回答说：

> 如果外星人绑架是一幅大图画中的一部分，那么这幅大图画到底是什么？我害怕涉足这个天使都不愿进入的领域。不管怎么说，你所描述的事情助长了在上个世纪之交被称为“歇斯底里”的东西。很遗憾，这个词被我们同时代的人广泛使用……不仅用得随随便便，而且无视它所代表的现象：高度的暗示感受性，想象能力，对文字线索的敏感性，以及感染的成分……看来大量的临床工作者都没有意识到这一点。

弗兰克尔指出，治疗专家不仅可以使人“回归”，以便他们能够恢复已经失落的“过去生活”的记忆，同样可以使人在催眠状态下“前行”，这样他们就能够“记起”未来。像进行“回归”或马克的被绑架者催眠一样，这可以引起强烈的情绪作用。“这些人并不想欺骗治疗专家，他们欺骗的是自己。”弗兰克尔说，“他们不能把闲谈跟自己的体验区分开来。”

如果我们不能妥善处理，如果我们因为没能充分了解自己而有一种负罪感，我们能不接受墙上挂着证书的治疗专家的专业观点吗？这不是我们的错，我们免除了这些烦恼，那些邪教主义者、性骚扰者、外星人，罪责都在他们身上。难道我们不会为这种安慰付个好价钱吗？要是那些怀疑论蠢驴说这些全是我们凭空想出来的，或者是那些让我们高兴的治疗专家强加给我们的，我们难道不反对他吗？

这些治疗专家接受过多少科学方法、怀疑论查验、统计学方面的训练呢？他们对于人都会犯错误又了解多少呢？精神分析不是一个自我要求很严格的职业，但至少它的很多从业者都拥有硕士学位。大多数医学课程都包括对科学结果和方法的学习，但其中讲授虐待案例的部分，却似乎不太符合科学的态度。在美国，从事精神治疗的人中，社会工作者与精神病医生或心理学博士的比例大概是 2 比 1。

在这些治疗专家中，大多数人认为他们的职责是支持自己的病人，而不是提问或怀疑。无论病人讲的是什么，不管多古怪，他们都接受。有的时候，治疗专家的提示根本就不是什么暗示。这里是一份很难称得上规范的报告（出自错误记忆综合征基金会的 FMS Newsletter，Vol. 4，No. 4，p. 3，1995）：

> 我以前的治疗专家证实说他仍然认为我母亲是一个魔鬼崇拜者，并说我父亲骚扰了我……正是我的治疗专家的那一套诱导性的思想体系和方法，包括暗示和说服，引导我相信，那些谎言就是记忆。当我怀疑记忆的真实性时，他坚持说是真的。他不仅坚持其真实性，而且告诉我，为了使我痊愈，我必顿接受并记住一切。

在 1994 年的一个案例中，在宾夕法尼亚州阿勒格尼郡，一个十几岁的孩子尼克尔·奥尔索斯，在其教师兼治疗专家的支持下，指控她父亲对其性骚扰，导致其父被捕。尼克尔还报告说，她生了三个孩子，被她的亲戚杀害了；她曾在一个拥挤的饭馆中被强奸；她的祖母骑着扫帚在天上飞来飞去。陪审团认定尼克尔的治疗专家和当地一个精神病诊所犯有渎职罪，判给尼克尔赔偿25万美元。她的父亲现已出狱。她和父母也已经和解。这种案件的数量在上升。

治疗专家之间在争取病人中的竞争、延长治疗期的明显经济利益，使他们不愿对病人所说的事情表示怀疑。天真的病人走入医生的办公室后，医生告诉他们，他们的失眠症或肥胖症是由于完全忘记了父母的骚扰、邪教仪式或外星人绑架而造成的。治疗专家们意识到病人的疑惑了吗？当存在道德和其他约束时，我们需要一个控制实验：把同一个病人送到上述三个领域的专家那里，看看是否有专家会说“不，你的问题并不是由于忘记了童年的骚扰（或邪教仪式，或外星人绑架）”？有多少人会问“是否还有更乏味的解释”呢？相反，马克竟然赞赏、安慰地告诉他的一个病人，他正在走上一条“英雄之路”。一组“被绑架者”——每人都有着独立的但相似的经历——写道：

> 我们中的几个人最终鼓足勇气，向职业咨询师们陈述我们的经历，但他们只是很敏感地回避主题，默不作声地扬起一条眉毛，或把这经历解释成一个梦或者白日梦，并且居高临下地“安慰”我们说，大家都会发生这样的事，“但是不要担心，你们基本上还是心理健康的”。“太棒了，我们没有发疯。但如果我们认真地把自己的经历当成是真事，可能就会发疯了！”

在非常放松的情况下，他们发现了一位富有同情心的治疗专家，他不但将他们所说的当作真实的并接受了他们的故事，而且知道很多外星人尸体的故事，还知道政府高层人物隐瞒UFO的事。

一位有代表性的UFO治疗专家通过三种方法找到病人：他们按照他的书背面的地址给他写信；他们通过其他治疗专家（主要是专门处理外星人绑架案的治疗专家）介绍到他这儿；或者他们在他演讲之后来找他。什么都还没谈，他们就已对彼此有很多了解。我很想知道，如果病人走进他的大门，却完全不了解通常的绑架案的描述，也不知道治疗专家自己的方法和信仰，那会是什么情景。

另一位著名的治疗专家把他自己关于外星人绑架的文章给病人看，以帮助他们“记起”自己的经历。当他们最终在催眠中回忆起的情景与他文章中的描述很相似时，他会感到很满足。这些案例相似的主要原因，是他相信确实发生过外星人绑架案。

一位 UFO 权威学者评价说：“如果催眠师对外星人绑架的对象没有足够的了解，绑架的真正本质也许永远不会被发现。”从这段评论中，我们是不是能够得出这样的结论：如果治疗专家没有意识到自己是在进行引导，病人又怎会被引导呢？

有些时候，当我们“沉睡”时，会有从高处倒下，四肢着地的感觉。这被称为“惊吓反射”。也许，这种本能是从我们的祖先在树上睡觉时留下的。为什么我们不能想象，当我们来到坚实的大地上时，我们为什么不会“回忆起”（多么美妙的词语）更好的东西呢？为什么我们不能假设，我们头脑中如此多的记忆宝藏中就有那么一些东西是在事件发生之后，将问题按照某个头脑容易接受的形态编造而成，按照令人愉悦的讲述和倾听好故事的方式，将某些事情与我们曾经读过或听过的东西相混淆，然后植入我们的头脑中呢？

chapter ten / **第十章**

车库中的飞龙

必须记住，魔术是一门需要艺术家与观众合作的艺术。

——F. M. 巴特勒《魔术师的神话》(1948)

“在我的车库里有一条喷火的龙。”

（我正在追踪心理学家理查德·富兰克林进行的分组疗法研究。）假如我非常肯定地对你这么说，你一定想亲眼看一下。几个世纪以来流传着无数关于龙的故事，但从没有真凭实据。这可是个好机会！

“带我看看。”你说。我带你到我的车库。你往里看，看到的是一个梯子，一些空的油漆桶和一辆旧的三轮车，但没有龙。

“龙在哪里？”你问道。

“噢，它就在这儿。”我回答说，胡乱地挥了挥手，“我忘了说明，它是一条看不见的龙。”

你建议在车库的地板上撒上面粉以获取龙的爪印。

“好主意，”我说，“但龙是浮在空中的。”

然后你想用一个红外线探测仪检测龙喷出的看不见的火。

好主意，但看不见的火也不会发热。

你想对龙喷漆使它现身。

“好主意，但它是非物质的龙，油漆无处可粘。”如此如此。你每提出一种物理检测方法，我就找个特殊理由来说明你的办法不会有效。

现在，一条看不见的、无实体的、浮在空中的、喷着没有热度的火的龙与根本没有龙之间有什么区别呢？如果没有办法反驳我的争辩，没有可以让人信服的实验来反对它，说我的龙确实存在意味着什么呢？你不能证明我的假设不成立，这与能证实它成立是完全不同的两回事。不能检验的观点和无法证伪的断言实际上毫无价值，不论它们在给我们以启示或是在激起我们的好奇心方面有些什么用处。我要你做的就是在缺乏证据的情况下，相信我的个人意见。

从我坚持说我的车库有条龙，你唯一意识到的就是我头脑里正在转着什么古怪的念头。你想知道如果没有可行的物理检测，用什么可以使我信服。你当然会想，那可能只是个梦或者幻觉。但为什么我要这么严肃地对待它呢？也许我需要一些治疗。至少，我或许严重低估了人类容易受骗的天性。

想象一下，尽管所有的检测方法都无效，你仍希望自己谨慎地不抱有偏见，愿意接受新的思想。因而你并不完全否定我的车库里有条会喷火的龙。你只是保留意见。虽然目前的证据强烈地反对它，但如果有新的资料出现，你就做好随时去检查这些资料的准备，看它们能否说服你。当然，如果我因为不被相信而感到受了冒犯，或仅因为你像苏格兰人那样坚持说它“未被证实”而指责你太乏味、太缺乏想象力，那么我显然是不公正的。

假如事情的发展完全相反。龙是看不见的，不错，但在你观察时撒在地板上的面粉上出现了龙的爪印，红外线探测仪发现了落下的鳞片，通过喷漆发现有个锯齿形的鸡冠在你面前的空中来回摆动。不论开始时你是多么怀疑有龙存在——不承认看不见的东西——你现在知道了这里一定有什么，而且可以初步肯定这与存在一条看不见的会喷火的龙是一致的。

现在想象一下另一个场景，假如不止我一个人，而是好几个你熟识的人，包括你非常肯定他们互不认识的一些人，都告诉你他们的车库中有龙——但每个人的证据都难以捉摸得让人发疯。我们每个人都承认我们对于被如此奇怪的一个没有事实根据的信念所吸引感到心烦意乱。我们所有的人中无一精神异常。我们思索全世界的车库中如果真的都藏着看不见的龙，而我们人类却不知所措，这意味着什么。说实话，我宁愿那不是真的。但也许所有古代欧洲和中国关于龙的“神话”根本就不是神话……

让人高兴的是，已有报道说，在面粉上发现了一些龙的爪印。但它们从不在怀疑者观察时出现。自然，另外一种解释是：通过谨慎检查，发现龙的爪印似乎是伪造的，这一点看来很清楚。另一个龙的狂热者以一个烧焦的手指作为龙喷火的罕见的客观证据。但同样还有别的可能。我们知道除了看不见的龙喷出的火外还有别的办法烧焦指头。这类证据——不论龙的拥护者认为它有多么重要——使人不得不相信这差得太远了。同样，唯一明智的办法是暂时否定龙的假说，等待今后的事实材料，思考究竟是什么原因使那么多清醒的、严肃的人都有同样奇怪的错觉。

魔术需要观众与魔术师的默契配合——放弃怀疑，或者如同有时我们所说，心甘情愿地放弃不相信的怀疑。我们立即可以看出，如果要使魔术被拆穿，使戏法被揭露，我们就必须中止合作。

对于这样一个非常情感化的、引起争论的、令人苦恼的话题，如何才能取得一些进展呢？病人也许对那些轻易推断或确信外星人劫持的治疗师持谨慎态度，那些治疗被劫持者的人可能向他的病人解释说幻觉是正常的，童年性虐待也令人窘困地普遍存在。医疗专家们可能应该记住，没有一个客户能够完全不受大众文化中流传的关于外星人的传说的影响。他们应该十分谨慎小心，不能用任何微小的暗示去诱导目击者。他们应该教给他们的客户怎样用怀疑的观点去看待出现的事物，也许他们自己的头脑中也应该不断充实正在日益减少的同样的思想。

据说外星人劫持事件以不止一种方式困扰着许多人。这一话题打开了我们内心生活的一个窗口。如果有很多人的被劫持报告是捏造的，那么，这就是引起我们担忧的主要原因。但更让人担忧的是治疗专家仅根据内容就接受这些报道——却没有充分注意其客户很容易受影响，并且受到了与其进行谈话的人的无意识的暗示。

令我惊讶的是，一些精神病学家和其他至少受过一些科学教育的人，他们知道人思维的弱点，却忘了这些陈述可能只是某种幻觉或隐藏的记忆。认为外星人绑架事件代表了真正的魔法的说法更让我感到惊讶不已。这是对我们理解现实的能力的挑战，或者说这种所谓真正的魔法就可以构成对世界的神秘的认识证据。或者，如同约翰·马克所言：“有许多现象非常重要，使我们有充分理由对它们进行认真的研究，西方主流科技范例体现的思辨哲学也许不能充分支持这个研究。”在接受《时代》周刊采访时他接着说：

> 我不知道为什么有这样一种寻求传统物理解释的狂热，我不知道为什么人们在仅仅是接受不寻常的正在发生的事实时有这么困难……我们已失去了了解物质之外的世界的所有能力。[1]

但我们知道幻觉源于感知丧失、麻醉剂、疾病或高烧、缺乏快动眼睡眠、大脑化学变化，等等。即使与马克一样，我们根据报道来思考这些事件，它们最显著的方面（如像蛇一样扭动滑行穿过墙壁等）更应该将其说成是物质——高度发展的外星技术——范畴的某种东西，而不是魔法。

我的一位朋友说，在外星人劫持的典型事件中唯一真正有意思的问题是“谁在欺骗谁”，是顾客欺骗治疗专家，还是相反？我不同意这种说法。一方面，在外星人劫持的传说中还有许多别的有趣的问题，另一方面，这两者并不是互相排斥的。

几年来我一直努力回忆关于外星人劫持的某件事。终于，我记起了那是我大学时期读过的一本书，1954年出版的《五十分钟一小时》。作者是名叫罗伯特·林纳的精神分析专家，被美国洛斯阿拉莫斯国家实验室请去治疗一位出色的核物理学家——他的幻觉系统正在影响他所进行的官方秘密研究。这位物理学家（化名为克尔克·阿伦）被发现除了制造核武器以外，他同时过着另一种生活。他透露，在遥远的将来，他曾经驾驶（应该说将要驾驶，这里他的时态变得有点混乱）星际宇宙飞船。他着迷于令人振奋的、浪迹天涯式的飞往别

[1] 然后，马克以一句话提醒我们外星人劫持的典型例子与弥塞亚救世和西力亚主义（基督教末世论之一）的宗教多么相近，马克总结说：“我是那两个世界之间的桥梁。”

的恒星的行星的探险。他是诸多世界的“主宰”。也许他们会称他查尔克船长。他不仅能“记起”这种生活，而且只要他选择一个时间，他就能随时进入其中。用这种方式和意愿，他能使自己穿越光年的距离和世纪。

> 从某种意义上我不能理解，仅仅通过渴望，我就穿越了无限的空间，打破了时间的局限，与距离和未来本身合为一体——更准确地说成为其本身。别让我解释，我不能，虽然上帝知道我曾经尝试过。

林纳发现他聪明、敏感、受人喜欢、彬彬有礼，完全有能力处理好人们的一般日常事务。但是——从他对宇宙生活的兴奋反映出——阿伦知道自己有些厌恶地球上的生活，即使确实涉及制造大面积杀伤性武器。

当他的实验室主管警告他别分散精神、胡思乱想时，他道了歉。他向他们保证他会尽力将时间花在这个星球上。那时他们刚开始与林纳联系。

阿伦就他未来的经历写了 1.2 万页的资料，还写了许多关于别的星球上的地理、政治、建筑、天文学、生活方式、家谱学、地质学和生态学方面的技术论文。这些专题文章的题目反映了材料所涉及的内容：“Srom Norba X 上大脑的独特发展”“Srom Sodrat Ⅱ上对火的崇拜与献祭”“星系科学学会历史”“统一场论和恒星驱动机制在星际旅行中的应用”。(最后一篇我想看看，毕竟，人们都说阿伦是第一流的物理学家。) 着迷的林纳熟读了这些资料。

阿伦对将他的作品展示给林纳，并就细节进行讨论没有任何害羞的表示。他从容不迫，在理智上难以对付，似乎一点也不会屈服于林纳的精神治疗帮助。别的方法都失败后，精神病学家又尝试一种不同的方法。

> 我试着……试着避免以任何方式给他留下我也是企图证明他疯了的人中的一个的印象，这是一场与他是否心智健全的问题间的拉锯战。相反，因为很显然，他的性情和所受的教育都是科学的，我便利用他在生活中表现出的本质，正是这种本质上的东西使他选择了以科学为职业，

> 即他的好奇心……这意味着……至少我暂时接受他的经历是真实的……一个灵感突然闪过我的脑海，我想到要让克尔克从疯狂中摆脱出来，我需要进入他的幻想中，从那个位置，我可以竭尽全力，一点点地把他从精神病中解脱出来。

林纳着重指出了档案中某些明显的矛盾并要求阿伦进行解释，这要求物理学家重新进入未来去寻找答案，阿伦会在下一次治疗过程中很负责任地带着一份字迹工整的解释文件来，林纳焦急地等待着每一次会面，这样，他可以再一次被银河系中丰富的生命和智慧的景象所迷住。在他们之间，他们能解决很多文件前后矛盾的问题。

随后一件奇怪的事发生了："克尔克精神病的材料与我个性中的阿喀琉斯脚踵[1]相遇，如同钟表上的齿轮一样啮合在一起。"精神病学家成了他病人的幻想的同谋。他开始拒绝对阿伦的故事进行精神病学解释，我们到底能在多大程度上肯定那些事是否可能是真的？他发现自己开始为仅靠意志的努力就能进入另一种生活，一种宇宙漫游者在遥远将来的生活的想法而辩护。

> 以一种令人吃惊的高速度……我的头脑中越来越多地被幻想所占据……在克尔克的令人迷惑的帮助下我参加了宇宙探险，分享他策划的包罗万象的狂想所带来的兴奋。

但最后，一件更奇怪的事情发生了：考虑到他的治疗学家的健康，克尔克·阿伦集中起他保存下来的可敬的诚实和勇气，承认说，整个故事都是他捏造的。根源是他童年时很孤独，长大后与女性关系相处不好，他隐藏并遗忘了事实与想象之间的界限。捏造出似乎合理的真实的细节，编织关于另一世界的

[1] 阿喀琉斯脚踵（Achilles' heel）：阿喀琉斯自幼被其母亲倒提浸泡于冥河中，欲使其成为不死之身，但其脚踵被握而无法浸泡，以至使其脚踵成为唯一的"致命点"。阿喀琉斯脚踵常被比喻为"致命弱点"或"薄弱环节"。——译注

丰富图景，让人感到挑战和兴奋。他对于引导林纳走向荒诞的生活感到很内疚。

“为什么？”这位心理学家问道，“为什么你要假装，为什么你一直告诉我……”

“因为我觉得我不得不做，”物理学家回答说，“因为我觉得你在要我这样做。”

克尔克和我调换了角色，林纳解释说：

> 而且，在那些使我的工作成为一种不可预知的、奇妙的、有价值的追求的使人吃惊的结局之中，我们共同的愚蠢行为的失败只是其中之一……我为了个人目的采用临床上的公理进行推理，于是落入了为不谨慎的治疗师所设的陷阱……在克尔克·阿伦进入我的生活以前，我从未怀疑过自己的精神的稳定性。所以我一直认为，精神错乱只会发生在别人身上……我为这种自鸣得意感到羞愧，但是现在，当我从长沙发后的椅子上倾听病人的叙述时，我更加清楚地知道，我的椅子和长沙发仅仅一线之隔。但毕竟，一连串意外事故决定了最终谁将躺在长沙发上，而谁会坐在长沙发之后。

我从这段描述中不能确定克尔克·阿伦是否真的有幻觉，也许他只是陷于某种性格错乱，以发明一种游戏让别人付出代价为乐。我不知道林纳在多大程度上润饰或捏造了部分故事，当他写“分享”和“闯入”阿伦的幻想时，没有迹象表明这位心理学家想象自己在遥远未来航行并参与星球探险。同样，约翰·马克和别的外星人劫持治疗师并未向他们的病人暗示对方曾被绑架，只有他们的病人这样想。

如果物理学家没有承认又会怎样呢？也许林纳在理性的怀疑之外，已使自己相信进入一个更浪漫的时代是可能的？他会说他刚开始也曾怀疑，但是他是否被有力的证据说服了呢？也许他自诩是个帮助从未来世界来的搁浅于20世纪的宇宙旅行者的专家？这样的精神病特例会鼓励别人认真考虑这类幻想或幻觉吗？治疗一些类似的病历之后，林纳会不耐烦地拒绝所有的“理智些”的看法，而推断出他正在新水平上深入理解现实吗？

克尔克·阿伦受的科学教育使他没有发疯。有一段时间治疗学家和病人调换角色。我更愿意认为是病人拯救了治疗师。也许约翰·马克就不这么幸运。

考虑另一种不同的方式去寻找外星人——以电波来寻找外星智能生命，这与幻想和伪科学有何区别呢？20 世纪 60 年代，苏联天文学家在莫斯科举行了一个新闻发布会，宣称来自一个名叫 CTA-102 的遥远的神秘天体发出的强烈的无线电信号，在大约 100 天中像正弦波一样规律地变化。以前从未发现过遥远的周期性射电源。为什么他们召开一个新闻发布会公布一个如此神秘的发现？因为他们认为已发现了具有强大力量的外星文明。当然，这值得召开一个新闻发布会，这一报道只是传媒耸人听闻的新闻，摇滚乐队“伯兹”（Byrds）甚至为此制作并灌制了一首歌：“CTA-102，我们在此守候你，信号告诉我们你在那儿，我们能清楚地听到它们……”

CTA-102 发出的无线电信号？当然，但 CTA-102 是什么？如今我们知道 CTA-102 是个遥远的类星体。那时，还没有“类星体”这个词，我们不太清楚什么是类星体；在科学文献上对此有不止一种互相矛盾的解释。不过，如今没有一个天文学家——包括当初在莫斯科新闻发布会上的那些天文学家——严肃地争辩像 CTA-102 这样的类星体是能利用巨大能量的几十亿光年以外的外星文明。为什么？因为我们还有别的对类星体特点的解释，它们与已知的物理规律相符，不必乞求有外星生命。外星人代表着作为最后手段的一种假说。只有别的都失败时你才求助于它。

1967 年，英国科学家发现一个来自近得多的星体上的信号：强烈的无线电信号源以令人吃惊的精确开关（on and off）表明，它的周期始终是十或更有意义的数。它是什么？他们的第一个念头是，那是向我们发的信号，或者也许是在太空中飞行的飞船的定时导航信号。在剑桥大学，他们甚至为它取了个名：LGM-1。LGM 是小绿人 Little Green Man 的缩写。

不过，他们比他们的苏联同行们聪明，他们并没有召开新闻发布会，他们很快了解到他们观察到的是如今所谓的脉冲星，即第一个脉冲星，格拉姆星云脉冲星。那么，什么是脉冲星呢？脉冲星是一个巨大的星球的最后状态，一颗萎缩成一座城市大小的恒星，同别的星球不同，既不是靠气压也不是靠电子衰变，而是靠核力来维持。从某种特定意义上说是一个直径大约有10英里的原子核。我坚持那是一个至少和星际导航信号同样古怪的概念。对于什么是脉冲星，答案可能很古怪，它不是外星文明，而是别的，只是开阔了我们的视野和头脑、证实自然界无奇不有。安东尼·修斯因发现脉冲星而获得了诺贝尔物理学奖。

最初的奥兹马（OZMA）实验（第一次有计划地用无线电寻找外星文明），哈佛大学行星学会强通道外星探测（Megachannel Extraterrestrial Assay）计划，俄亥俄州立大学的研究，加利福尼亚大学伯克利分校的SERENDIP[1]计划，以及许多团体都已探测到使观察者们激动非常的来自天外的不寻常的信号。一段时间内，我们认为我们收到了真正的来自太阳系以外的遥远文明的信号。事实上，对于它是什么，我们连最模糊的看法也拿不出，因为信号没有重复。几分钟后，或第二天或几年以后，你以同样的频率、带宽、极性及其他别的参数将望远镜转向天空中同样的一点，你什么都听不见。你不能推断，更不用说宣布，存在外星人。这可能是统计上不可避免的电子涌动，或者是检测系统故障，或发自地球的飞船，或飞过的军用飞机，正以被认为是保留给射电天文学家的波段发报。它甚至可能是街边车库的开门装置或几百千米外的广播电台。可能性多得很。你必须系统检查所有的可能，看哪些可能可以排除，当你唯一的证据是奇怪的不重复的信号时，你就不能宣称找到了外星人。

如果信号的确是重复出现的，你就能够向新闻界和公众公布吗？你不能。也许有人在骗你。也许是你不够聪明，无法查出检测系统的问题，也许是以前你并不知道的天体物理学已获知的结果。你应该做的是，打电话给别的射电天文台的科学家，告诉他们，在天空中的某一点，用某个频率、带宽、极性及其

[1] 出自18世纪英国作家贺拉斯的童话 *The three princes of Serendip*，书中主人公具有随处发现珍宝的本领。

他别的参数，你似乎发现了有趣的东西，问他们能不能尝试着确认一下？只有当若干个观察者（他们都清楚地了解自然界的复杂性，并且意识到观察者本身也会犯错误）在天空的同一点得到了同样的观察结果，你才能够严肃地认为自己真正地检测到了外星人发出的信号。

这当中涉及一些原则。我们不能总是一发现某种无法立即确认的东西，就喊“小绿人”！因为如果后来发现那是别的东西，会使我们显得很傻，就像当年苏联的射电天文学家一样。当有人出很高的奖赏的时候，尤其要谨慎行事。当证据尚未完全获得时，我们没有必要下结论，“不确定”是允许的。

我经常被人问：“你相信外星智慧吗？”每当这时，我总是用标准观点回答——地球之外有很多地方，生命的分子到处都有——我会用“几十亿”之类的词来形容它们。接着我会说，要是没有外星智慧，那我才要惊讶不已呢，当然直到现在还没有强有力的证据。

经常会有人接着问：“你到底是怎么看这件事的？”

我说：“我已经告诉了你我的真实想法。”

“是，不过你心里究竟怎么想？”但是我总是努力不用自己的心去想。如果我对“理解宇宙”是认真的，用我大脑之外的东西去思考，尽管那很诱人，但很可能给我带来麻烦。获得证据之前，只管保留自己的判断好了，就是这样。

如果飞碟和外星人劫持的鼓吹者们是正确的，并且有外星生命的真实证据可供我们检验，那我会非常高兴。可是他们并没有要求我们出于信仰来相信，而是要我们相信他们的证据的力量。我们当然有责任审查这些被称为证据的东西，至少要像那些寻找外星人无线电信号的射电天文学家一样仔细而审慎。

任何奇闻异事式的说法，不管它们多么诚恳，如何引起人们的共鸣，也不管提出证词的人在生活中如何堪称楷模，在这个问题上都没有多少分量。在以前的 UFO 案例中，奇闻异事式的描述都有一些无法回避的错误。这并不是对那些自称被劫持或向他们提问的人的个人批评，并不等于是蔑视那些自称为证人的人[1]，也不是——或不应该——要傲慢地打发掉那些真诚而动情的证言，而只是不情愿地承认，人都会犯错误。

如果任何力量都可以归于外星人——因为它们的技术非常先进——那么我们就可以指出所有的偏差、不一致或者不合理。比如有一位研究 UFO 的学者认为，在发生劫持时，外星人和被绑架者都进入一种隐形状态（但他们彼此看得见），所以大多数邻居都没注意到。这样的“解释”能够解释所有的事情，因此实际上什么也解释不了。

美国的警察调查程序重证据，轻陈述。欧洲的巫婆审判也许能够提醒我们，在审问过程中嫌疑犯可能会受到恐吓；人们可能会承认自己没有犯过的罪行；目击证人也可能会出错。这也是很多侦探小说要重点交代的部分。但是那些真正的、无法编造的证据——火药的烧痕、指纹、DNA 样品、足印、受害者搏斗时留在指甲里的头发——却有很大的证据价值。犯罪学家们用的方法与科学家非常相近，其出发点与科学家们也是一样。所以在 UFO 和外星人劫持的研究领域，完全有理由问：证据在哪里？真实的、毫不含糊、实实在在地能够说服尚未做出结论的陪审团的证据在哪里？

有些热心人会说，在数千个案例中有土地被翻动的情况，据猜测 UFO 就在这些地方降落，这难道还不够吗？这确实不够，因为除了被 UFO 上的外星人翻动以外，还有很多种方法翻动土地——人用铁锹翻动就是一种最容易想到的可能。一位 UFO 学者指责我，无视“来自 65 个国家的 4400 件有实物痕迹的案例”。但是据我所知，这些案例中还没有一例被分析过，并且将结果发表在物理学、化学、冶金学或者土壤科学的某一本同行评议的期刊上，表明这些“痕迹”不是人为制造的。和维尔特郡麦田里的圆圈比起来，这算是很朴实的欺骗。

同样地，不仅相片可轻易地伪造，而且大量据说是 UFO 的照片毫无疑问

---

[1]　他们甚至不能被简单地称为目击者，因为，他们是否真正看到了什么（或者说，属于外部世界的任何东西）恰恰是问题的关键。

是伪造的。一些热心人整夜整夜地待在田野里寻找天上的亮光，看见一束按一下闪光灯。有时，他们说会有回应性闪光，或许是的。但低空飞机的飞行器也会发出亮光，并且飞行员能够——如果他喜欢的话——用他的灯闪烁来回应，这样任何一点都不能构成严肃的证据。

那么客观证据又在哪儿呢？由于在撒旦宗教仪式中他们乱说乱指以此回应巫婆试验中的“魔鬼痕迹”，他们最一般的物理证据指的就是被劫持者身上的伤疤和凹痕，因此他们声称自己对这些疤痕从哪里来毫无印象。但这点很重要，如果疤痕是人力所及的话，就不能作为外星人虐待的令人信服的证据。实际上有很多广为人知的精神病例，他们弄伤、撕切，甚至致残自己和他人。有些人具有很高的痛苦阈值和极差的记忆力，可能偶尔伤害自己而对整个事件没有记忆。

约翰·马克有一个病人说她有一身伤疤，这让她的内科大夫感到完全迷惑不解。那么它们是什么样子的呢？她说不出来。像巫术的狂热一样，它们在隐秘的地方。马克认为这是令人不得不信服的证据。他看到过疤痕吗？我们有哪些由持怀疑态度的内科大夫拍下的关于伤疤的照片吗？马克说他认识一个四肢瘫痪身上带凹痕的人，认为这为反证法提供了证据，可以用来反驳怀疑者。一个四肢瘫痪的人怎么能在自己身上留下疤痕呢？这一推理只有当四肢瘫痪的病人被密封于一间没有其他人能进去的屋子时才是有效的。我们能看见他的伤疤吗？能让一个独立的内科大夫检查他吗？马克的另一名病人声称外星人从她性成熟时起不断摘取她的卵子，使得她的生殖系统让妇科大夫迷惑不解。这一病例足够使人迷惑以至值得记录下来，并写成一份一份研究论文投给《新英格兰医学杂志》吗？显然它还未让人迷惑到这一程度。

我们可以看出这样一个事实，马克的一个研究对象编造了整个事件。像《时代》周刊报告的那样，马克没有进行说明。他完全信以为真。他的关于必要的谨慎的标准是什么呢？如果他允许了其中一个对象对他的欺骗，我们又怎么知道他不会允许他的所有的观察对象做同样的事呢？

马克认为这些病例，这些“现象”对西方思维方式、对科学，乃至对逻辑本身构成了根本性的挑战。他说实行劫持的实体并不是出自我们宇宙的外星人，而是来自另一个空间。下面是他书中典型的、表明其观点的一段话：

> 被劫持者把他们的经历称作“梦”，他们经常这样认为，仔细的提问可以得出这样的结论，这也许是他们用来遮掩他们确信并非如此的一种婉言，这种婉言的意思是，人们还没有醒悟到发生在另一维的事件。

不过更高维空间这种想法，并非源于UFO论或《时代》周刊，相反，它是20世纪物理学中的一部分，依据爱因斯坦的广义相对论，一条宇宙学公理表明，空间和时间在穿越高维状态时是弯曲的。克鲁兹–柯兰理论提出了11维宇宙的假设。马克提出的是一种完全科学的观点，作为解释科学所无法解释的“现象”的重要理论。

关于高维的物体在碰到我们三维宇宙时看起来是什么样子的，我们知道一些情况。让我们简单地先从二维看起，从局限于平面上的二维存在来看，一个苹果穿过平面，它的形状一定会发生改变，开始是个点，然后苹果切面开始慢慢变大，接着又开始变小，又成一个点，最后消失了。同样地，一个具有四维或更多的维数的物体（假设不是一个非常简单的超柱面沿轴线通过三维空间）在我们目击它通过我们的空间时，其几何形状发生了显著变化，如果关于外星人的系统报告表明它们是不断变形的，我至少能理解马克是如何寻找外星人来自高维空间的观点的。（另一问题是三维和四维空间生物体杂交会是什么样子，是不是从三个半维中产生的呢？）

马克谈论来自别的空间的生物体时真正想说明的是，尽管他的病人偶尔描述他们在梦或幻想中的体验，但是他自己并没有一个关于它们到底是什么的哪怕是最模糊的观点。但显然他在描述时求助于物理学和数学知识，他在下面两方面都必须这样做：用于描述的语言和科学的可信性。但他并未受科学方法和规则的约束，看来他并未意识到科学的可信性恰好是这些方法的结果。

马克的案例构成的主要挑战是个老问题——在一个充满了轻信的社会

（可以想象甚至包括哈佛精神病学教授）中，如何让这种批判性思维方法更广泛更深刻地传播。认为这种批判性的思维方式是西方的最新时尚是愚蠢的，如果你想在新加坡或曼谷买一辆旧车，或在古代罗马或苏塞买辆旧的两轮战车，那么与你在麻省的坎布里奇买车都需要同样的谨慎。

买旧车时，你与我非常想相信经销商说的“价廉物美”，对此持怀疑态度是要费些力气的。你必须了解一些汽车方面的知识，可能弄得经销商对你有意见，这很有点令人不快。除了这些你可能会发现经销商有隐瞒真相的动机，也曾听到别人的一些类似情况，因此你会踢一下轮胎，在保险罩下看一看，试一下车，问一些刨根问底的问题。你甚至带一个爱好机械的朋友去。你懂得一定的怀疑是必要的，也知道为什么。买旧车时总会有一点不友好的冲突，没人会宣称这是一种特别愉快的经历，如果你不提出一点点怀疑，如果你绝对地无限度地轻信，日后必然付出惨重代价。那时你会希望早些时候要是多些怀疑就好了。美国许多家庭都有一定的高级防盗报警设备，包括远红外传感器，摄像机追踪设备。一盘真实的、带时间及日历指示的、记录了外星人入侵（特别是它们从墙中渗透而入时）的录像带，这应该是一份很好的证据。如果成百万的美国人被绑架过，而没有一个事件发生在这样的房子里，这不是很奇怪吗？

传说中还有人说，一些妇女被外星人强行性交或被迫接受外星人的精液而怀孕，胎儿后来被外星人取走，这样的例子很多。非常奇怪的是这些胎儿的例行超声波造影和羊水诊断中并没有发现任何与众不同之处，并从未出现过生出一个外星混血儿的流产状况，是不是全体医务人员都过于愚笨以致懒散地看一眼这个半人类半外星人的胎儿就转向下一个病人了呢？到处出现的丢失胎儿事件肯定会在妇科医生、助产士、产科护士中引起相当大的骚动，特别是在一个女权意识达到如此高度的时代。但没有一条可以证实这种声称的医学记录留下来。

一些妇女宣称自己由于性冷淡而不孕，而最终却怀了孕，并将这归结为由于外星人授精。一些 UFO 学者把这看成很有说服力的一点。她们中大多数是青少年，并非仅仅是严肃的研究人员才根据她们的陈述承认这些事件的可能性的。当然我们可以理解为什么一个处于不想要的怀孕的痛苦中，生活在一个充斥关于外星人来访的描述的社会中的青少年可能会编造这样一个故事。当然这里边也有一定的宗教影响。

一些遭绑架者声称，一些微小的植入物，可能是金属的，被插入他们体内：例如在鼻孔的最深处。外星劫持治疗专家告诉我们，这些小植入物有时也会脱落，但除了极少一些病例外，这种小外来物都被丢掉或扔掉了。这些被劫持者看来都麻木得没有任何好奇心，一个奇怪的物体（可能是一个发送机把提取出的关于你身体的信息发送给地球上空某地方的飞船），掉出你的鼻子，你不经意地检查了一下，随手把它扔进废纸篓里了。我们被告知，像这样的一些事，对于大部分绑架案例是真实的。专家们曾复制并检测过一些这样的小植入物，没有任何制品能够被确认是地球之外制造的。没有发现由不寻常的同位素组成的元件，尽管我们知道别的星体和世界可能由不同于地球的同位素比例构成。也没有发现属于称为超铀“稳定岛”的金属元素。科学家们认为，在铀之后应该有地球上未发现的一族新的非放射性化学元素。

外星劫持的热心者，认为最好的一个例子是理查德·普莱斯所遇到的事件，他说 8 岁时被外星人绑架过，并被在阴茎里放了一个小物品；25 年前后一个医生证实有个“外来物”嵌在那里；又过 8 年，它掉了出来，大约有 1 毫米粗，4 毫米长。麻省理工学院和麻省总医院的科学家对其做过仔细检查，你要问结论吗？那不过是由发炎部位身体分泌的胶原质加上来自他的衬裤的棉花纤维所形成的东西。

1995 年 8 月 28 日，鲁伯特·默多克在自己的电视台上放映了一段 16 毫米胶片拍成的据说是外星人尸体解剖的影片。穿着老式防辐射服（带矩形观察窗）和头盔的病理学家切开了一个有 12 根手指、大眼睛的怪物，检查了其内部器官，可是胶片常常没有聚焦，尸体的形象常常被拥挤的人群所挡住，一些看过影片的人对影片效果感到失望。同属于默多克经营的《泰晤士报》对影片是如何制作的却一无所知。尽管该报的确引用了一位病理学家的话，他认为尸体解剖进行得有些不恰当，不合实际地匆忙（尽管那对于电视观众是理想的)。据说该胶片是1947年的一个外星人目击者在墨西哥拍摄到的。现在他80多岁了，希望不要披露他的名字。具有决定意义的是，影片的开头一段（头几英尺）含有制作人Kodak 1947年译成密码的信息，但事实表明整个胶卷，除了剪下来的开头部分，并未提供给Kodak。众所周知，片子的开头可以从1947年新闻影片（这在美国有很多）上剪辑下来，尸体解剖可分开地在最近导演与拍摄。还有一个龙的脚印，只不过也是伪造的。如果这是一个骗局，那么，编造这个骗局并不比麦田里的圆圈和MJ-12档案需要更多的智慧。

这些故事没有一个能强有力地显示地外文明的存在，当然对超越当代技术的巧妙机械是无法复制的，没有哪个被劫持者能从外星人飞碟船长的日志中偷一页下来，或拍一张飞船内部结构的真正的照片。或者回来时，带一些地球上从未有过的详细的可证实的科学信息，为什么没有呢？这种失败或许会告诉我们点什么。

20世纪中叶以来，地外文明假说的支持者已使我们相信他们已掌握一些客观证据，不是许多年前记忆中的星图，不是伤疤，不是被搅动的泥土，而是真正的外星技术。这种分析不断发表出来，他们说的追溯到牛顿和盖博那个最早的坠毁飞碟的骗局。几十年过去后，我们仍在等待，这些文章又发表在公开的科学文献，冶金、陶瓷工业期刊，电力电子工程师协会的出版物，或《科学》与《自然》的什么位置上呢？

这样的发现确实应该说是重大的发现。如果确有真正的外来物品，物理学家和化学家会为发现有外星人在我们当中的特权而争议不休。这些外星人使用的是不知名的合金或材料，有极强的刚性、韧性和传导性。这种发现的实用意义是巨大的（不管是否肯定是外星人入侵）。这种发现是科学家们生活的目标，而这种发现的不存在也很说明问题。

保持头脑开放是优点，但是，像空间工程师吉姆·亚伯格曾说的，不要太开放了，以至让你的理智掉了出去。当然，如果有新的证据使我们有了充分的理由，我们乐意改变想法。但证据一定要有力。不是所有宣称的知识都有同等的优点，大多数外星人劫持事件中的证据大概与中世纪所谓的圣母马利亚显灵事件没有什么不同。

精神病分析学先驱卡尔·古斯塔夫·荣格对这类问题有一些比较合理的解释。他明确认为UFO是一种无意识思维的投影。在关于回归，即今天所说的“通道”的相关讨论中，他写道：

> 一个人可以轻易地把它当作一份心理学的事实报告或连续的一系列源于无意识的信息……在这一点上它们与梦相同；因为，梦，同样也是一种对无意识的表达……事情目前的状态给我们足够的理由让我们静静等待，直到更令人信服的物理现象出现。如果允许意识与无意识间的曲解、自我欺骗、偏见等存在，我们应该仍能在它们背后看见一些正面的东西，那么严谨的科学通过实验和实证肯定可以征服这一领域，就像在每个其他的人类经验领域所发生的一样。

对那些只根据陈述接受这些证据的人，他指出：

> 这些人不仅缺乏批判精神，更缺乏基本的心理学知识。说到底，他们不想进行进一步研究，而只是继续轻信。就我们人类的弱点而言，这当然是最天真的假定。

也许某一天会有一个完全被证实的UFO或外星劫持事件，伴随着令人不得不信服的客观证据，并只有借助于地外文明的来访才可以清楚地解释。很难想象出一个比这更重要的发现。但迄今为止，还没有这样的事件发生，连接近于此的也没有。迄今为止，看不见的龙还没有留下确确实实的爪印。

那么，更可能的是，我们正在经历一种大规模的，但通常被忽略的外星性虐待者的入侵，或者人们正在经历一些他们不熟悉、不理解的内在精神状态。无可否认的是，我们对于地外生命、对于人类心理学还是非常无知的。但是如果这真的是仅有的两种选择，你会选哪一种呢？

如果外星人劫持的记录主要是关于脑心理学、幻觉、儿童时期扭曲的幻觉或者骗局的话，摆在我们面前的难道就不是极端重要的事情了吗？它们揭示了我们人类的局限性，表明我们是如此容易被误导和操纵，显示了我们信仰的流行性，甚至揭示了我们宗教的起源。在 UFO 和外星人劫持事件中有些具有研究价值的东西。但是，我认为，它们显然具有明显的土生土长的、地球之内的特征。

chapter eleven / **第十一章**

忧伤的城市

……多么陌生啊，那悲伤之城的街道！

——赖纳·玛丽亚·里尔克[1]《挽歌之十》(1923)

[1] 赖纳·玛丽亚·里尔克（Rainer Maria Rilke，1875—1926）：奥地利诗人。欧洲现代文学的奠基人。其欧洲和俄罗斯的旅行对其创作产生巨大的影响。代表作有《祈祷书》《献给俄耳甫斯的十四行诗》和《杜伊诺哀歌》。——译注

以上十章中的观点摘要登载在1993年3月7日的《展示》杂志上。如此多的来信，如此热烈的反响以及伴随着这一奇怪经历（被外星生物劫持）——不论其真正的含义是什么——如此巨大的痛苦，深深地打动了我。这些有关被外星生物劫持事件的报道，意外地打开了一个窗口，使得我们得以了解我们的一些同胞是怎样生活的。这些来信的人，有的在推理，有的在辩解，有的在高谈阔论，有的在坦言困惑，有的则深深地陷入苦恼之中。

这篇文章也产生了普遍的误解。一位电视脱口秀节目主持人，杰拉尔多·里维拉，手里举着一份《展示》宣布说我认为我们受到了地外生命的访问。一位《华盛顿邮报》的影视评论家引述我的话说，每几秒钟就发生一起外星人劫持事件，却没有注意到我的讽刺语气以及紧随其后的一句话——令人惊异的是大多数邻居对这些劫持事件毫无觉察。我的关于偶尔似乎听到我已故父母的说话声的叙述（见第六章）——我称之为“清晰的回忆”——则被莱蒙德·穆迪在《新时代》杂志上和他的书《重聚》的序言中当作主旨，成了我们在死后仍然“活着”的证据。穆迪博士用他的毕生精力试图找到人死后仍有生命的证据。假如连我的这些叙述都值得他引为证据的话，那么，可见他并没有找到多少他想要的东西。有许多来信的读者认为，既然我在从事有关地外生命是否存在的可能性的研究，那么我一定“信”UFO；或者反过来说，如果我对

UFO 持怀疑态度的话，我就应该信奉那个认定人类是宇宙中唯一智慧生物的荒谬信仰。关于这个问题的某些东西对清晰的思考毫无益处。

下面是对这一问题来信的有代表性的摘录，未加任何进一步的评论：

- 我问自己，当动物们遭遇到我们时，它们会如何描述这件事。它们看到一个巨大的盘旋着的物体在它们上空发出令人恐惧的噪声。它们开始逃命却感到肋下一阵刺痛。它们一下子摔倒在地……几个人类生物拿着奇形怪状的仪器走过来，他们检查你的性器官和牙齿，他们在你下面放一张网，再用一种奇怪的设备把你吊在半空中。在形形色色的检查全都结束后，他们在你的耳朵上钳上一片奇怪的金属玩意儿。然后，他们就像出现时一样突然地消失了。在肌肉终于恢复了知觉以后，这个可怜的分不清东西南北的动物踉踉跄跄地走进了森林，搞不懂刚刚发生的事情到底是一场噩梦还是真的发生过。
- 当我还是个孩子的时候，我曾经受到过性虐待。在我恢复的过程中，我画了许多“宇宙生物”，并且多次感到自己被一种不可抗拒的力量所征服、所控制，我还曾感到我的身体在房间里四处飘荡。对于在幼时曾经遭受过性虐待的人来说，没有什么劫持事件能真正地让他感到吃惊……相信我，我真的宁愿把我受到的虐待归咎于外星人，而不是必须面对事实，面对那帮我曾经以为值得信赖的成年人对我干的那些事。听我的一些朋友谈论他们有关被外星人劫持的回忆，简直要让我发疯……我总是不停地对他们说，当这些小灰人在我们睡觉时来到我们身边的时候，我们作为毫无能力的成年人，在扮演着最终牺牲者的角色！这不是真的，最终的牺牲者是介于虐待狂父母和被牺牲的儿童之间的那个角色。
- 我不知道这些东西是魔鬼，还是根本就不存在。我的女儿说，当她小的时候，她的体内被植入了传感器。我不明白……我们总是把门锁着，再闩上，我实在是被吓坏了。我没那么多钱为她找个好医生，而她因为这些事无法工作……我女儿在一盘磁带中听到一个声音。这帮家伙晚上出来抓走小孩，对他们进行性虐待。要是你不按照他们说的去办，你家中的某个成员就会受到伤害。哪个精神正常的人会去伤害孩子？他们对这房子里的一切对话都了如指掌……有人说，很久很久以前有人对我们这个家族进行了诅咒。如果有人诅咒了我们，你怎么才能解除这个咒语？我知道这一切听起来古怪而又不可思议，但是相信我，这实在是太恐怖了。

- 有几个曾不幸遭到强奸的妇女能深谋远虑地从袭击者那儿拿来一张 ID 卡、一张强奸犯的照片，或是其他的什么东西，它们可以用来作为所说的强奸案的证据吗？
- 举例来说，从现在起我打算带着宝丽莱相机睡觉，希望下次我被外星人劫持时能记录下一些证据……为什么非得由遭劫持的人来证明发生了什么事？
- 2001 年，星际联盟的 33 颗行星派出的星际飞船将带着 3.3 万个弟兄降落在地球上！他们都是来自外星的教师和科学家，他们将帮助我们增进对星际生命的了解，而我们的地球则将成为星际联盟的第 34 个成员！
- 这是一个怪异而充满挑战的竞技场……我研究 UFO 已达 20 多年，我最终对这些崇拜者和崇拜者外围团体失去了兴趣。
- 我是一个 47 岁的祖母，我早在儿童时代就成了这种现象的牺牲品。我没有——而且从来没有——在表面层次上接受它；我没有——而且从来没有——声称我知道那是什么……我将很高兴被确诊为精神分裂症或是其他的什么被人理解的病，而不是这种未知的东西。……我完全同意，客观证据的缺乏，对受害者和研究者而言都是令人沮丧的。不幸的是，从受害者被劫持的方式来看，想再获得这类证据是极端困难的。我常常是在穿着睡衣（睡衣随后也会被脱掉）或是什么也没穿时被弄走的，在这种情况之下，要想在身边藏一架照相机几乎是不可能的……我醒来时，身上有很深的割伤、刺伤，身体组织被取出，眼睛受了伤，鼻子和耳朵都在流血，还有烧伤、指痕和瘀伤，好多天后才消失。我请有行医资格的医师对这一切做了检查，可是没有一个能给出令人满意的解释。我不是自残身体者；这一切并不是什么耻辱……请注意，大多数的遭劫持者声称他们原来对UFO并没有兴趣（我就是其中之一），他们没有童年受虐史（我就是其中之一），他们不想出风头或是赢得什么名声（我就是其中之一），而且实际上他们是在尽量避免承认自己与任何可能让人怀疑他或她正患有精神崩溃或其他心理疾病的事有什么关系（我就是其中之一）。我承认有许多自称遭劫持（或与外星人接触）的人是怀着赚钱的目的，或是为了满足自己想成为公众瞩目的焦点的欲望。我根本不想否认这一部分人的存在。我要反对的是，认为所有遭到劫持的人都是为了满足他们个人的某些目的而在想象或是虚构这些事件。

- UFO是不存在的。我认为那东西需要不灭的能量来源，而这是不可能的……我曾经同耶稣谈过话。《展示》杂志上的评论非常具有破坏性，它热衷于恐吓公众。我请求你们思想更开放些，因为地外空间智能生命确实是存在的，而且它们还是我们的创造者……我也是一个曾经遭到劫持的人。老实说，这些可爱的生物对我做的好事要比坏事多。它们救了我的命……地球生物的问题在于他们总想证实，证实，再证实！
- 《圣经》里谈到了地球和天体。这并不说明上帝想对人类进行性虐待或说明我们发了疯。
- 27年以来，我一直有着强烈的心灵感应。我并不接收，——我只是传送……波来自外层空间的某个地方——穿过我的大脑，然后将思想、语言和图像传播到一定范围之内的任何一个人的大脑里……那些我从未见过的图像会突然进入我的大脑，然后同样突然地消失。梦再也不是梦了，它们更像是好莱坞出品的影片……它们是些非常聪明的畜生，它们总是没完没了……也许这些小家伙想干的一切就是交流……

要是我终于被这些压力弄成了精神病——或是再次心脏病发作——那你们最后的太空里存在生命的确定证据就化为乌有了。

- 我认为我从地球科学的角度找到了一个对大量UFO事件的似乎合理的解释（然后来信者对球形闪电进行了讨论）。如果你喜欢我的材料，你能否帮我出版？
- 萨根拒绝承认任何20世纪科学不能解释的目击事件的报道。
- 现在读者们将感到可以轻松地对待那些曾遭到劫持的人了……就好像他们只不过是一些幻觉的牺牲品。遭劫持者们经受的痛苦，与强奸案的受害者所忍受的创伤是同样的。而那些同他们最亲近的人也不相信他们的经历，这使他们失去一切同情和支持，使他们再次成为牺牲品。同外星人的邂逅已足以让人难以应付；受害者需要的是支持，而不是推理。
- 我的朋友弗朗基让我去弄回一个烟灰缸或是火柴盒，可我想这些造访者恐怕聪明得很，它们不会去吸烟的。
- 我个人的感觉是，这些外星人劫持现象与从记忆存储中通过想象而再现的类似梦境的一段情节相比并无更多的意义。除了已经储存在我们大脑中的小绿人或飞碟之类的图像以外，没有什么更多的东西。
- 假如那些被称作科学家的人，阴谋检查或是胁迫那些致力于对传统理论提出新的充满洞察力的假说的人……他们就不该被看作是科学家了，显然他们只不过是些不可靠的、专为自己的利益服务的骗子……作为同样的象征，难道我们仍然非要相信J. 埃德加·胡佛是一位优秀的联邦调查局局长，而不是一个有组织犯罪的搞同性恋的走狗吗？
- 你得出结论，说这个国家中有为数众多的人——约有500万——都是一个相同的集体幻觉的受害者。这个结论是愚蠢的。
- 真得感谢最高法院……在撒旦及其魔鬼的庇护下，美国现在对东方的多神教敞开了大门。结果我们现在有了四条腿的灰色生物，它们劫持地球人，在他们身上进行各种各样的实验。这一切又被广为传播。这些传播者是些接受过超出他们智力水平之外的教育的人，按说应当更明白一些事理……你的问题（“我们是否在被外星人访问？”）对于那些真正明白上帝这个词意思的人而言，是不成其为问题的。他们是再生的基督徒，他们盼望着来自天堂的救世主让他们满怀欣喜地离开这个充满了犯罪、疾病、战争、艾滋病、罪恶、堕胎、同性恋、新时代新世界秩序的说教、媒体洗脑以及政府、教育、商业、金融、社会、宗教的全面堕落和毁灭的世界。那些拒绝《圣经》中的造物主的人，注定会迷恋上这类神话，也就是你在文章中不遗余力地作为真理来宣传的那些东西。

- 假如没有理由将外星人来访事件看得那么严重，为什么美国政府要将其列为最高机密呢？
- 没准一个来自一个金属相对缺乏的星系的庞大而古老的外星种族，正在打算通过接管一个更年轻更美好的世界并与这个世界的居民相融合而延续它们种族的生存。
- 如果我要和你打赌的话，我会赌你的信箱将被我刚才所提到的那类故事挤破的。我还会对你做一些让步，不然这个赌对你太不公平。我怀疑是心理的东西（心灵），作为我们进化的一个部分，产生出了这些魔鬼和天使、光亮和圆环。它们是我们的本性的一部分……
- 科学已经成了“法力无边的魔术”。UFO 学家们都是些异教徒，应该把他们逐出教会，要么就把他们绑在火刑柱上烧死。
- （一些读者来信说，外星人是撒旦派来的魔鬼，它们会蒙蔽我们的思想。有一位读者提出，撒旦阴险的目的，是使我们忧心忡忡于外星人的入侵，这样当耶稣和他的天使出现在耶路撒冷上空时，我们将不会满心欢喜，而会充满恐惧。）我真的希望你不要把我当成另一个宗教狂想者而不理睬我（她写道）。我是相当正常的，在我自己的小社交圈子里还颇有一点名气呢。
- 先生，你现在正在干下面两件事中的一件：明知有外星人劫持事件而将之隐瞒起来，或是因为你没有遭到过劫持（可能它们对你毫无兴趣）而觉得它们根本没有发生过。

- 曾有人提出对美国总统和国会叛国罪的起诉，控告他们于20世纪40年代初同外星人签订了一个条约，而那些外星人后来暴露出了它们的敌意……他们达成协议，保守外星人的秘密，外星人则以它们的某些技术（另一个记者披露，是隐形飞机和光导纤维）作为交换。
- 这种生物中的某些生物能够拦截正在旅途之中的灵魂。
- 我正同一个外星生物保持着联系。这种联系早在1992年就开始了。我还能说些什么呢?
- 外星人总是能够比我们的科学家们的思想领先一两步，而且它们知道如何留下些不够充分的线索来让萨根这类人满意，直到我们全社会在思想上准备得更充分，可以全面面对这一切时为止……你可能同意这种观点，即如果认为和外星人有关的这些事是真实的，将让人精神如此痛苦而无法想象正在发生的一切。然而……在5000年至15 000年或更早以前，它们曾经在这儿停留过很长时间并且展示过它们的形象，因而在我们所有的文化中都产生了有关上帝的神话。重要的是，在所有那些岁月中，它们并没有占领地球，它们没有将我们置于他们的控制之下或是将我们毁灭掉。
- 具有智力的人类是用基因的方法培养出来的，最初是为了替换上天之神（丁格尔斯 / 埃洛西姆 / 阿努纳基）的劳工和家仆。
- 人们看到的爆炸是一艘星际巡洋舰的氢燃料发出的，降落的景象将在北卡罗来纳……那艘星际巡洋舰上的人，看起来就像电视系列片《星际旅行》中的斯波克先生。
- 有一条共同的线索将15世纪或20世纪的报道联系起来。那些曾经经历性伤害的个体，在理解和对付这类伤害上有非常大的困难。用来描述（产生）幻觉的那些措辞总是支离破碎而且难以理解的。
- 尽管我们仍很顽固，而且我们最大的罪恶就是我们的傲慢，但是，我们还是发现自己并不像我们想的那么聪明。我们甚至不知道自己正在被引向善与恶的大决战。那颗星精确地瞄准一间孤独的小屋，穿越太空把智者引向那小屋。它告诉牧羊人不必惊慌，但这却吓着了他们。那光辉是以西结对上帝的赞美。保罗的光芒令他暂时目盲……那是小人们带走老里普的飞船，那些小人被称作棕仙、仙子、小精灵，这些造物主创造之物被赋予了特定的职责……众神还不准备让我们知道它们。首先，善与恶之间进行大决战，在我们醒悟之后，我们就可以将之继续进行下去。直到当我们变得非常谦卑，当我们不再想去击落它们的时候，上帝就会回来。

- 有关这些来自外层空间的外星人的答案很简单，它们就来自人类。有人对其他人施用各种麻醉剂。在全国各地的精神病院里，到处都是无法控制自己感情和行为的人。为了使这些人得到控制，他们又被施用了形形色色的抗精神病药剂……如果你总是被滥用这些药剂……你就会发生所谓的“走火入魔”。各种一闪而过的图像会突然出现在你的脑海里，你会感到怪模怪样的人来到你的面前。于是你开始琢磨这帮外星人到底对你干了些什么。你就会变成数以千计的被 UFO 劫持的人中的一个。人们会把你叫作疯子。你之所以会看到那些奇怪的东西，是因为氯丙嗪扭曲了你潜意识中的幻象……那个作者被笑话、被嘲弄，他的生命则受到威胁（因为说出了这些想法）。
- 催眠状态为魔鬼、魔鬼和小灰人的侵入做好了精神准备。上帝希望我们穿着完好，思想清晰。凡是你的“小灰人”能做的，基督都能做得更好！
- 我希望我从未具有如此的优越感，以至不承认“创世”不仅仅限于我自己，还包括整个宇宙以及其中的一切存在。
- 1977 年，一个宇宙生物跟我讨论关于 1968 年我的头受伤的事。
- （一个男子的来信，他曾有 24 次遭遇到）一个寂静的、悬浮的盘状飞行器，（结果他）经历了一次精神功能的开发和强化，包括遥视、心灵感应以及导引宇宙生命的能量来进行治疗。

- 很多年来，我曾看到并且和“鬼”谈过话，曾受到外星人的访问（虽然还没有被劫持过），曾看到三维的头颅在我的床边飘浮，曾听到有人敲我的房门……所有这些经历看起来同生活一样真实。但我从未把这些经历想象成别的什么东西，它们当然只不过是我的大脑在和它自己开玩笑。
- 幻觉也许可以解释百分之九十九，但它能百分之百地解释一切现象吗？
- UFO 是……一种极其荒诞的东西，没有任何现实的依据。我请求你不要把信任交给谎言。
- 萨根博士在空军的一个委员会任职，这个委员会的工作就是评估政府对 UFO 的调查。可是他却要我们相信没有什么有力的证据可以证明 UFO 的存在。请解释一下，为什么政府还要接受什么评估。
- 我准备去游说议员们，让他们争取取消这笔用于监听来自太空的外星人所发信号的项目的经费，因为这是白费钱。它们已经在我们中间了。
- 政府花费成百万美元的税收用于寻找 UFO。假如政府真的认为 UFO 不存在的话，搜寻地外智能生命计划将会是白白浪费钱。我个人对于搜寻地外智能生命计划感到很兴奋，因为这说明我们正在沿着正确的方向前进。我们开始试图同外星人联络，而不是仅仅充当一个不情愿的观察者。
- 所谓梦淫妖，我认为更像是星际强奸。这些事件发生在 1978 年至 1992 年间。对于一个道德的、认真履行教义的天主教徒来说，道德沦丧、失去人性是不可能的。毫不掩饰地说，我对这种病态事件在人们身上可能造成的后果深表忧虑。
- 太空人来了！它们希望在即将到来的太阳黑子 / 行星周期峰值——这峰值已经迫在眉睫了——之前尽其所能，将人们，尤其是人类将来的希望——孩子们和他们的父母、祖父母以及和他们有关的其他成年人——转移到安全的地方。那宇宙飞船每晚都进入我们的视野，飞近我们，赶在太阳耀斑大爆发、大气发生剧烈扰动之前来帮助我们。磁极互易即将来临，它们将移到宝瓶宫时代的新位置。（来信者还告诉我说，他们）正在阿斯塔特[1]的堡垒一同工作，那是耶稣基督会见那些上船来接受指示的人的地方。很多上层人物都到了，其中包括天使长米迦勒和迦百列[2]。

- 在能量疗法方面我有很多经验。这种工作包括取出人们体内及其周围能量场中的格栅、阴极记忆导线和外星人植入物。我的工作主要是作为心理治疗的一种辅助。我的当事人中有商人、管家、职业艺术家、治疗专家和儿童……外星能量有很强的流动性，不论是在人体内还是当它被取出后都一样。因此，必须尽可能快地将其控制住。能量格栅大多数都是被固定在心脏的附近，或是在一个横跨双肩的三角形结构中。
- 在经历了一次这种事情之后，我不知道如何才能翻一个身，然后重新酣然入睡。
- 我是个乐观主义者。我总是相信我们会有一个美好的结局。要是你曾经见到过一个有房间那么高的人形生物——有着金色的头发，犹如一棵点亮的圣诞树一样闪闪发光——把我们身边的小孩子举起来，你怎么会不这么想？我明白那个人形生物所传达的信息。这信息是传达给小孩子的——而那个孩子就是我。我们总是一起聊天。不这样的话，我们怎么可能忍受这种生活——在这么一个地方？……陌生的精神状态？你已经接触到问题的实质了。
- 到底是谁在统治着这个星球？

[1] 阿斯塔特（Astarte，或 Ashtait，Ashtoreth）：腓尼基的爱情和丰收女神。在古代近东地区受到人们广泛的崇拜。——译注

[2] 迦百列（Gabriel）：基督教《圣经》中的大天使。——译注

chapter twelve / 第十二章

鉴别谎言的艺术

人们对事物的理解并不是那么公正且富有理性的，而是要受到强烈的主观愿望和个人感情的影响。从这个角度来说，科学可以被称作“某人所期望的科学”。一个人更愿意相信他所倾向的东西，而不是真理。因此，他因为缺乏研究的耐心而排斥困难的东西；因为目光短浅而排斥神圣的东西；因为迷信而排斥大自然中深奥的东西；因为傲慢和自大而排斥经验的启示；因为顺从无知的平民的意愿而排斥未被普遍认可的东西。简而言之，个人感情会通过种种途径，而且有时是令人难以觉察地，影响人们对事物的理解。

——弗朗西斯·培根[1]《新工具》(1620)

[1] 弗朗西斯·培根（Francis Bacon，1561—1626）：英国哲学家和政治家。曾任总检察长、掌玺大臣和大法官。主要以哲学、文学著作和提倡新的科学方法著称于世。——译注

我的父母去世多年了。我和他们非常亲，至今仍无比怀念他们。我知道我将永远想念他们。我热切地相信他们的精神、他们的个性，所有这些我所如此热爱的东西，仍然——毫无疑问地、真实地——存在于某个地方。我并不要求有多么长的时间——每年有个十分钟八分钟的就够了——去同他们讲讲他们的孙子孙女们，去给他们讲讲最近的新闻，去让他们知道我爱他们。我想知道他们过得好不好——不论这听起来有多么幼稚——这是我生活的一部分。“一切都好吗？”我想问他们。我发现，在我父亲即将离开人世的那一刻，我对他说的最后一句话是“多保重”。

有时候我会梦见和我的父母在谈话。突然之间——当我仍沉浸在睡梦之中时——我强烈地感觉到他们并没有真的死去，那全都不过是一种可怕的误会。你看，他们不就在这儿吗，活得好好的？我父亲正在讲着有趣的笑话，我母亲则满怀慈爱地让我围上围巾，因为天气很冷。我醒来后，把为他们治丧的整个过程又很快地回忆了一遍。坦率地讲，我开始有一点相信人死后仍然具有生命，而对于到底有没有严肃的证据毫无兴趣。

因此，我决不会去取笑一位可能是在她丈夫的逝世之日来扫墓，并且时不时和她的丈夫聊上几句的妇女。这并不难以理解。假如我对同她谈话的那个实体的身份不能理解的话，那也没有什么关系。那并不是这件事的关键。这事的关键在于，人要有人情味。至少有 1/3 的美国成年人相信他们在某种程度上与死去的人有接触；从 1977 年到 1988 年，这个数字上升了 15 个百分点；有 1/4 的美国人相信来生。

但是，这并不意味着我就会相信“通灵者”们所自吹的本领。他们声称能够接通相处异地的亲人们的灵魂。我知道，这类活动中充满了欺诈。我明白我多么想相信我的父母只不过是抛弃了他们的肉体躯壳，正如昆虫或是蛇类蜕去它们的皮，然后到另一个世界去。我知道正是那些个人的感情，可能会使我轻易地成为一个并不聪明的骗术的牺牲者，成为不熟悉他们自己的无意识思想的普通人的牺牲者，或是成为那些深受精神分裂、神经错乱之苦的人的牺牲者。对这些问题我考虑了很久，它们引起了我从怀疑主义角度的一些思考。

为什么，我问我自己，那些通灵者除了无用的东西以外，从未提供给我们一些可供证实的信息？为什么亚历山大大帝从不告诉我们他的墓葬的确切位置？为什么费马从不告诉我们有关他的大定理的事情？为什么约翰・威尔克斯・布思[1]从不告诉我们谋杀林肯的阴谋？为什么赫尔曼・戈林[2]从不告诉我们关于德国议会纵火案的事情？为什么索福克勒斯[3]、德谟克利特[4]和亚里斯塔克[5]从不向我们口授他们的早已失传的作品？难道他们不希望后世的人们找到通往他们伟大著作的路途吗？

如果有人提供了一些有关人死后有生命存在的有价值的证据，我将迫不及待地去检验它们。但那些证据必须是真实的科学事实，不能只是些奇闻异事。对于火星上的图案和外星人绑架这类事，我想，更令人信服的事实要比使

[1] 约翰・威尔克思・布思（John Wilkes Booth，1838—1865）：美国演员，林肯总统的刺杀者。——译注

[2] 赫尔曼・戈林（Hermann Wilhelm Goring，1891—1945）：德国纳粹首领。在纽伦堡审判中被判处死刑，行刑前两小时自杀。——译注

[3] 索福克勒斯（Sophocles，前 496—前 406）：古希腊三大悲剧诗人之一。一生写剧本 123 部，只有 7 本完整保留。——译注

[4] 德谟克利特（Democritus，前 460—前 370）：古希腊哲学家、科学家。原子论的创始人。第一个提出唯物主义自然论。首先发现圆锥体的容量等于同底同高的圆柱体容量的 1/3 这一数学定理。他和留基伯一道创立了原子论。——译注

[5] 亚里斯塔克（Aristarehus，前 310—前 230）：古希腊天文学家。据说他是先于哥白尼第一个提出地动说的人。其仅有的残存作品为《论太阳和月亮的大小和距离》。——译注

人陷入遐想的传说好得多。

“通灵”、招魂术及其他形式的巫术，其基本的前提是，当我们去世时我们却没有死。这并不确切。是我们的某些思想、感觉和记忆依然存在。我们被告知，不论是什么，这些东西——精神或是灵魂，既不是物质也不是能量，而是些其他的东西——能够在以后重新进入人的身体和其他生物的体内。因此，死亡就不再令人觉得那么痛苦了。另外，我们还有了一个机会——假如招魂者和通灵者的说法是真的——去和已经死去的我们所爱的人们进行联系。

华盛顿州的 J. Z. 奈特声称同某个叫“拉姆萨”的 3.5 万年前的人有接触。那人的英语讲得相当不错，他利用奈特的舌头、嘴唇和声带发出了一种在我听来像是印度拉杰地区口音的声音。因为大多数人知道如何说话，而且许多人——从小孩子到专业演员——都具有控制他们声音的技巧，所以最简单的假设就是拉姆萨的谈话全是奈特女士自己装出来的，她从来没有与什么来自更新世冰期的、不依附于肉体而存在的实体接触过。如果有什么反面的证据，我倒很愿意听一听。要是拉姆萨能够自己讲话而不必借助奈特女士之口，那它显然能够给我们留下更深的印象。否则的话，我们怎么才能检验奈特女士所声称的东西呢？（女演员雪莉·麦克雷恩证实说，拉姆萨是她在大西洲的一个兄弟，但那就是另外一个故事了。）

假设拉姆萨可以在这里回答我们的提问，我们能否确定他是他所自称的人呢？他怎么知道他生活在 3.5 万年前呢，即便是近似地估计？他用的是哪种日历？有谁会跟踪这千万年间所发生的事情？ 3.5 万年间所发生的事情比我们所知道的多一些还是少一些？ 3.5 万年前的世界是什么样的？要么拉姆萨真的是 3.5 万年前的人，那么我们就能知道一些有关那个时期的事；要么他是个骗子，他——或不如说是她——将会露出马脚。

拉姆萨生活在什么地方？（我知道他说带有印度口音的英语，然而，他们在 3.5 万年前就说这种语言吗？）那时候的气候怎么样？拉姆萨吃什么？（考古学家们对于那个时代的人吃些什么倒是略有了解。）那时的当地语言和社会结构是什么？拉姆萨还同什么人一起生活——妻子、妻子们、子女们，还是孙子孙女们？那时的生活周期是什么样的，婴儿死亡率、人的平均期望寿命都是多少？他们有没有计划生育？他们穿什么样的衣服？那些衣服是如何制造的？那时最可怕的野兽是什么？狩猎和捕鱼的工具和方法是什么？他们使用什么样的武器？当地有没有性别歧视？有没有排外恐惧症或种族中心主义？另外，假如拉姆萨来自“高度文明”的大西洲，那么那里的语言、技术、历史等的详情又如何？他们的文字是什么样的？请告诉我们。然而，他们并不告诉我们这一切。他们告诉我们的全都是些陈词滥调。

在此，我再举另一个例子。这儿有一些消息，它们不是来自一个已经不在人世的古人，而是来自一个我们未知的在麦地里制造圆圈的非人类的实体。记者吉姆·施纳贝尔做了如下记载：

> 我们对于这个散布关于我们的谎言的罪恶民族万分焦虑。我们不是通过什么交通工具来到这儿的，我们没有驾驶着什么机器降落在你们的地球上……我们就像风一样来到这里。我们是生命之力。来自大地的生命之力……来到这里……我们之间只不过是咫尺之遥……而不是百万英里以外……生命之力比你们体内的能量更加强大，然而我们是相遇在一个更高的生命层次……我们不需要名字。我们的世界同你们的世界是并行的，我们就在你们的身边……壁垒业已被打破。两个人将从过去，从大熊座，复活？……世界将充满和平。

人们之所以把注意力投向这些幼稚的奇迹，主要是因为他们许下了某些类似于古老宗教的诺言，特别是人死后仍有生命，甚至是永生。

多才多艺的英国科学家 J. B. S. 霍尔丹[1]，不但在许多其他领域做出了重要贡献，而且是人口遗传学的奠基人之一。霍尔丹曾对如永恒的生命这类问题提

---

[1] 约翰·伯登·桑德森·霍尔丹（John Burdon Sanderson Haldane，1892—1964）：英国遗传学家和哲学家，在生物学方面有贡献。——译注

出了一个非常与众不同的想法。霍尔丹想象，在遥远的未来，一切星体都已暗淡，宇宙空间被一种又冷又稀薄的气体所充斥。然而，如果我们等待足够长的时间，那么这种气体的密度将会发生统计学上的涨落。经过漫长的时间，这种涨落将大到足以重新组成与我们自己的宇宙相类似的宇宙。霍尔丹指出，假如宇宙是无限古老的，那么就会有无穷多次这样的宇宙重组。

因此，在一个有着无穷多种星系、恒星、行星和生命的，无限古老的宇宙中，会重现一个完全相同的地球，在那上面，你和所有你爱的人将能够团聚。我将会再次见到我的父母，并可以把他们介绍给他们从未见过面的孙子孙女们。而且，这一切将发生不止一次，而是无穷多次。

然而，不知为何，这并没能提供宗教所能给予人们的那种安慰。如果对于读者们和我所共享的这个时代所发生的一切，我们之中没有人能留下任何记忆，那么，肉体再生的满足感，至少在我听来，是空洞无物的。

但是，在这个想法中，我低估了无限这个词的含义。在霍尔丹提出的图景中，将有很多宇宙——实际上是有无穷多的宇宙。在那里，我们的大脑中将保存着对在那之前的各次轮回中所发生的事情的全部记忆。这种满足感是不言而喻的——虽然这是一种有限的满足，因为我们知道所有那些别的将要来临的宇宙存在的悲剧和恐怖远远超过了当前这一个轮回中我们所经历的一切（我再次强调，不是一次而是无穷多次）。

尽管如此，“霍尔丹的满足感”仍取决于我们生存在一个什么类型的宇宙中，而且可能取决于是否存在足够多的物质来最终逆转宇宙的膨胀，以及真空涨落的特性这类宇宙的秘密。那些深深渴望着死亡之后仍有生命存在的人，看来可能会献身于宇宙学、量子力学、基本粒子物理学和超限数学。

亚历山大的克莱门特，一位早期基督教会的教父，在他的《告诫希腊人》（写于公元 190 年前后）一书中，驳斥了多神教的信仰。他的话在今天看来也许带有点嘲讽的味道：

耳朵毫无疑问地只是用来让成年人听这类故事的。正如俗话所说，即使当自己的孩子哭得死去活来的时候，我们也不能总是用讲神话故事的方法让他们高兴起来。

在我们这个时代，我们没有那么严的规矩。因为某些我们在情感上认为有道理的原因，我们给孩子们讲圣诞老人、复活节兔子和取走你牙齿的仙女（如果晚上把新拔下的牙齿放在枕头下面，仙女就会把它取走，并留下一个钱币）的故事。不过，我们又在他们长大成人之前纠正这些神话传说。为什么要收回我们所说的话呢？因为孩子们要想成为一个正常的成年人，就要知道这个世界的真实面目。对于一个仍然相信真有圣诞老人的成年人，我们有充分的理由对他表示担忧。

在教条主义的宗教中，“人们不敢坦诚相告，哪怕是面对着自己的心灵”，哲学家戴维·休谟[1]写道：

对这个问题，他们怀有疑问。他们把毫无保留的宗教信仰当作优点；他们实际上是不虔诚的，但他们通过最郑重的声明和最病态的偏执来自欺欺人。

这种不虔诚性对道德具有很深的影响。正如美国革命家托马斯·潘恩[2]在《理性的时代》中所写的：

对宗教的不虔诚，既不属于信仰的范畴，也不属于不信仰的范畴；它是一个人宣称信仰他并不信的东西。精神上的不诚实在社会道德中引起的危害，如果我能如此表述的话，是难以估量的。当一个人堕落到如

[1] 戴维·休谟（David Hume，1711—1776）：苏格兰哲学家、历史学家。在《人性论》中论述了印象和观念之间的关系，认为人们从不可知的来源获得印象，通过记忆和想象机制变成观念。知识来源于经验，没有任何超越经验的知识，知觉以外的事物不可知，从而进一步发展了怀疑论和不可知论。主要著作还有《人类理论》和《英国史》等。——译注

[2] 托马斯·潘恩（Thomas Paine，1737—1809）：美国作家、政治理论家。1776 年发表《常识》小册子，号召美国人民投入独立战争。1791 年写成《人权》一书，支持法国资产阶级革命。——译注

此地步，以至出卖他的精神节操，以至公然宣称相信他并不信的东西时，他就可能会去干其他任何坏事。

T. H. 赫胥黎的陈述是：

道德的基础是……不去假装相信没有证据的东西，不去重复有关那些超出知识可能性之外的事物的无法令人理解的观点。

克莱门特、休谟、潘恩和赫胥黎所谈论的都是宗教信仰问题。但他们所写的大多数东西都具有更广泛的意义——例如对于无所不在的、同整个世界纠缠在一起的我们的商业文明背景：有一个经典的阿司匹林电视广告，其中演员们扮成医生，告诉人们说，同他们竞争的产品中只含有那么些医生们竭力推荐的止痛成分——他们不告诉你那种神秘的成分是什么——而他们的产品则令人激动地含有多得多的上述成分（每片药中多含有 1.2 ~ 2 倍）。因此，请买他们的产品。但是，为什么不能吃上两片那种与之竞争的药片呢？或是考虑比竞争对手的“常规”产品更有效的镇痛药。为什么不采用更有竞争力的“超强”产品呢？当然，他们也不会告诉我们，在美国每年因使用阿司匹林而死亡的人数超过 1000 人，同样不会告诉我们，每年因使用醋氨酚类药品，主要是泰勒诺，导致大约 5000 例肾衰竭。又如我们在吃早餐时完全可以吃上一片维生素药片，谁还会在乎哪种麦片粥含有更多的维生素？同样地，假如钙只是作为一种营养成分而与胃炎毫无关系，一种抗胃酸剂含不含钙又有什么关系？商业文化中充斥着类似的对消费者的消费行为进行误导的花言巧语。你没有什么好问的。不用想，买就是了。

对产品做出的各项保证，尤其是由真正的或据称是专家的那些人做出的保证，包含着多如牛毛的欺诈。他们显出对他们的顾客的智力的藐视。他们导致了普通人对科学客观性的普遍态度的隐含危险的败坏。如今，在电视广告中，甚至有一些真正的科学家，包括一些相当有名气的科学家，在帮助公司设圈套。

它们使人知道科学家们也会为了钱去骗人。正如托马斯·潘恩所警告的那样，我们正渐渐变得对撒谎见怪不怪了，而这会为许许多多其他的罪恶埋下伏笔。

在我写这本书的时候，我面前正摆着每年一度的生活大展览之一“生命大观”——在旧金山举办的新时代展览——的节目说明书。通常情况下，会有数万人去参观这个展览。非常可疑的专家们在吹嘘着非常可疑的产品。这里有一些推销广告：“阻滞的血蛋白是如何引起疼痛的？”“水晶球，是护身符还是石头？”（我自有我的看法）其他的内容还有：“既然一块晶体可以为收音机和电视机聚集声和光”——这是对收音机和电视机工作原理的一种无知的误解——“因此，它也能够放大经过调谐的人类的精神振荡。”这儿还有一则：“女神的回报——一次产品展示盛典”。另外一则：“同时感应，无与伦比的感知体验”。那玩意儿是由“查尔斯兄弟”提供的。还有，在下一页：“你，圣——热尔曼，通过紫色之焰而获得治疗”。铺天盖地，全都是关于各种“机会”的广告——假冒伪劣，无所不有——这就是生活大展览所展示的一切。

心神错乱的癌症患者们踏上了前往菲律宾朝圣的漫漫旅途。那儿有所谓的“超感觉巫医”，他们在手心里藏着一小块鸡肝或是羊心，装作伸入患者的体内取出病变的组织，然后得意地把这块组织亮出来。西方民主政治的领导人在为他们的国家做出某些决策之前，常常求教于占星家和神秘主义者。在公众要求得到结果的压力之下，那些手中有一起未破的谋杀案或是失踪案的警察，就会去请教特异功能感知“专家”。（这些人从未比正常感觉的人猜得更准。可是，那些特异感知者说，警察们照样趋之若鹜。）有人提出，在特异遥视功能方面，我们与敌对国家之间存在差距。在国会的推动下，中央情报局动用纳税人的钱，去研究能否通过拼命去想深海中的潜水艇而发现它们的位置。一个“超感知者”——在地图上使用一个摆，还在飞机上使用“魔杖”——声称能找到新的矿藏。一个澳大利亚的采矿公司预支给他大笔的钱，说定如果找矿失败，此钱无须偿还；如果成功，在开发的矿藏中还将有他一部分股份。结果，一无所获。耶稣的塑像和圣母马利亚的壁画，由于潮气而变得斑斑驳驳，但是，成千上万的善良的人，却深信他们自己从中看到了奇迹。

上述这些骗人的鬼话，全都是已被证实或可以推断出来的。有时，欺骗行为的发生，是无意而为之的，但是起了助长欺骗的作用；有时则是愤世嫉俗者的预谋。通常情况下，欺诈行为的受害者总是处在一种强烈的情绪中——惊异、恐惧、贪婪或是悲伤。轻信那些鬼话，将让你白白丢钱；这就是 P. T. 巴努所指出的："每一分钟都有一个吸血鬼诞生。"然而，情况可能比这还要危险得多。当政府和社会全都失去了判断能力时，结果将是灾难性的——不论我们对那些轻信鬼话的人怀有多么大的同情心。

在科学领域中，我们可以从实验结果、数据、观察、测量和"事实"出发。如果可能的话，我们会得出许许多多可能的解释，并且可以对每一种解释用事实进行系统的检验。因此，科学家们在他们接受训练的过程中，被用一个鉴别谎言的工具箱武装起来。无论何时，当一个新的想法被提出来以供考虑时，这个工具箱就自然而然地派上了用场。假如那个新的思想可以通过这些工具的检验，我们将会满怀热情地、虽然是暂时地，准备去接受它。如果你对这些有兴趣，如果你即便在那些谎言向你再三保证时也不想使它得逞的话，你可以采取一些防患于未然的措施。这里有一个可靠的、经过了检验的方法。

那个工具箱中装的是什么东西？那里装的是怀疑的思维方法的工具。

所谓怀疑的思维方法，归根结底，是一种建立并且理解一个有说服力的论点的方法。尤为重要的是，这是一个可以识别谬论和谎言的方法。其关键不在于我们是否喜欢那个经过了一系列推理而得出的结论，而在于从前提和出发点是否能得出这些结论，以及那个前提是否正确。

这个工具箱中所包含的东西有：

- 只要可能，"事实"都必须经过独立的验证。
- 鼓励见多识广的各种观点的支持者们对已有的证据展开实质性的辩论。
- 权威的意见并不重要——"权威们"以往已经犯了不少错误，他们将来仍然会犯错误。说得更确切一点就是，在科学上没有什么权威，最多不过是有一些专家而已。

- 构造出不止一种假说。如果想解释某个东西，要尽可能地考虑各种不同的解释，然后，找出一批检验方法，可以用来系统地证伪每一种可能的其他解释。通过检验的，也就是在多种能够用来解释的假说中经受住了达尔文物种选择式考验的那个假说，相对于只不过是在最初的一念之间赢得你的好感的那些想法而言，是正确答案的可能性要大得多[1]。
- 尽量避免过分执着于一种假设，仅仅因为那个假设是你提出来的。那只是我们在寻求真知的路程中的一站。问问你自己，你为什么喜欢那个想法，公正客观地将之与其他的可能性进行一下比较，看看你是否能找到理由来批驳它。你不这么做，别人也会这么做的。
- 定量。如果你要解释的东西，不管它是什么，只要含有某些量度，一些数字量，都会非常有利于将你的假说与其他与之竞争的假说区别开来。模糊的、定性的东西往往招致多种解释。当然，我们不得不面对的许多定性的观点中可以寻找到一些真理。然而找到它们是一种更具有挑战性的工作。
- 如果推理是一环套一环的，那么其中的每一环都必须是正确的（包括前提），不能仅仅是大部分正确。
- 奥卡姆的剃刀[2]。这个方便的经验法则告诫我们，当我们面对两个可以将资料解释得同样好的假说时，选择简单的那一个。
- 不断地问这个假说是否能够——至少是在理论上——被证伪。不可检验、不可证伪的命题是没有多大价值的。想一想那个宏大的构想，即我们的宇宙以及其中的一切，都不过是一个更大的宇宙中的一个基本粒子——比如说，一个电子。但是，假如我们永远不可能从我们的宇宙之

[1] 这是影响陪审团判决的一个问题。对既往案例的回顾研究表明，有一些陪审团成员很早——可能是在公开辩论期间就已经拿定了主意，然后，他们就会接受那些与他们的最初印象相符的证据，而排斥相对立的证据。他们的头脑中没有选择合理的假说这样的概念。

[2] 奥卡姆的剃刀（Occam’s Razor）：如无必要，勿增实体。一种科学哲学原则，认为在没有必要时不要增加实体的数目，即在竞争的理论中应取最简单的而放弃更复杂的，或应优先考虑用已知的东西解释未知的现象。——译注

外获取信息的话，那么这个想法难道不是不能被证伪的吗：你必须能够核实这些论断。你必须给予根深蒂固的怀疑主义者一个弄清楚你的推理过程，重复你的实验并看看他们是否有能得到同样结果的机会。

要信赖经过认真设计和控制的实验，这是关键，正如我在前面试图强调的那样。仅仅通过冥想，我们是学不到太多的东西的。我们总是倾向于接纳我们能想到的第一个候选的解释。有一个比没有要好得多。但是如果我们能想出不止一个解释，又会怎么样呢？我们将如何取舍？我们不做决定。我们让实验来做。弗朗西斯·培根给出了经典的理由：

辩论不能满足新发现的需要，因为大自然的精妙比辩论所需要的精妙高明许多倍。

对比实验是必要的。举一个例子来说，假如有人声称一种新药对某种疾病的有效率为 20%，那么我们必须确信，有一组对照实验人群，吃下了被告知是新药的糖片后，没有同时出现 20% 的患者症状减轻的现象。

各影响变量必须是可以分离的。假设你晕船了，同时给你一个针压手镯和 50 毫克的麦可立嗪。你发现不适感消失了。是什么在起作用——手镯还是药片？只有当你在下一次再晕船时，只采用其中的一种治疗方法，你才能弄明白。现在，假设你并不想为了献身科学而去体验晕船的滋味，那么你就不可能分开上述变量。你将再次同时采用两种治疗手段，因为你达到了你所期望的实际目的；至于更进一步的知识，你会说，不值得为了去获得它而自找苦吃。

通常，实验必须在“双盲”条件下进行，这样，那些期望着某种发现的人，就不会处于一种可能对结果的评价构成潜在危害的状态中。例如在试验一种新药的时候，你可能希望那些判断哪个患者的症状减轻了的医生，不知道哪些患者采用了新药。因为对这些信息的了解，会影响他们的判断，虽然或许只是无意识的。相反，症状减轻者的名单与那些使用新药的人的名单应是相近的，而且两组名单必须是独立地确定的，然后，你才能判断存在什么样的相关性。又如当警察处理一批嫌疑犯或是进行相片识别时，负责的官员不应知道谁是犯罪嫌疑人，以免有意或无意地对证人产生影响。

除了教会评价我们提出的要求该如何做之外，任何好的谎言鉴别工具箱还应当教我们不要去做什么。它帮助我们识别最常见的和危险的、逻辑上和修辞上的谬误。在宗教和政治领域中，可以找到许多很好的例子，因为它们的实践者们总是被迫去评判两个相反的命题。这些谬误包括：

- adhominem——“针对人”的拉丁语，指攻击人而不是观点。（例如牧师史密斯博士是一个有名的圣经原教旨主义者，因此，他对进化论的反对是不值一提的。）
- 权威的论点。（例如理查德·尼克松总统应当连任，因为他有一个终止东南亚战争的秘密计划——但是因为那是机密，所以选民们无法去评估它的价值；这种论调等于是说，应当信任他，因为他是总统——而这最终被证明是一个错误。）
- 因果倒置推理。（例如上帝一定是在对人们施以惩罚和奖赏，因为假如没有这一切，社会将会毫无法纪，充满危险——甚至可能无法治理[1]。或是：一个引起公众关注的谋杀案的被告一定会被发现是有罪的，否则的话，就会鼓励其他的男人去谋杀他们的妻子。）
- 求助于无知——声称没有被证明是错误的东西必定是正确的。反之亦然。（例如因为没有强有力的证据可以证明UFO没有来访问过地球，所以UFO是存在的——因而宇宙中的另一个地方存在着智慧生物。或是：宇宙中可能存在着70种文明的世界，然而我们并不知道其中有哪一个世界具有比地球人类更高的道德水平，因此我们仍然是宇宙

[1] 一个由罗马历史学家波里比阿提出的更具有讽刺意味的阐述是：因为芸芸众生总是反复无常，满怀无法无天的种种欲望和感情，而且莽莽撞撞不顾后果，所以为了让他们规规矩矩，就必须使他们满怀畏惧。因而，古人们在这一点上做得相当好，他们发明了上帝，还建立起了有关死后惩罚的信仰。

的中心。）这种概念不清的浮躁思想可以用一句话来驳斥它：缺乏证据并不是不存在证据。

- 特别辩护经常用来挽救那些在修辞上陷入很大困难的观点。（例如一位仁慈的上帝，怎么可能仅仅因为一个女人违背了他的戒律而引诱一个男人吃了一个苹果就用让未来一代又一代的人们陷入痛苦的煎熬的方法来惩罚他们？特别辩护：你根本不理解有关自由意志的精妙教义。在同一个人身上，怎么会同时存在着圣父、圣子和圣灵？特别辩护：你不懂上帝三位一体的神圣秘密。上帝怎么能容忍犹太教、基督教和伊斯兰教的追随者们——他们被命令以各自的方式遵循有关仁慈与同情的神圣的道德准则——在如此漫长的时间内犯下如此多的野蛮的罪行？特别辩护：你还是不了解自由意志。不管怎么样，上帝的行为都是神秘而不可知的。）
- 回避问题，或是想当然地回答问题。（例如我们必须设立死刑来抑制暴力犯罪。但是，当死刑设立之后，暴力犯罪率是否真的有所下降呢？昨天股市下跌，是因为一次技术性的调整和投资者取走红利——然而是否有独立的证据可以证明"调整"和利润提取所起的作用呢？从这种一厢情愿的解释中，我们能学到什么有用的东西吗？）
- 观察的选择性，也称作列举有利的条件，或是如哲学家弗朗西斯·培根所形容的，记住成功，忘掉失误[1]。（例如一个州会大肆吹嘘出了多

---

[1] 我喜欢的一个例子是一个故事，讲的是意大利物理学家恩里科·费米在第二次世界大战中期，刚刚到达美国，参加曼哈顿核武器计划，他被带到美国的海军将军们面前：

某某是一位伟大的将军，有人向他介绍说。

伟大将军的定义是什么？费米以其独特的方式问道。

我想是指一位接连不断赢得许多次战役的胜利的将军。

多少次？

经过几次讨价还价，他们将之定为五次。

多大比例的美国将军是伟大的？

经过更多次讨价还价，他们将之定在一个很小的百分数。

但是想一想，费米又说道，根本没有伟大的将军这么回事。所有的部队都是公平较量的，取得胜利纯粹是一种偶然。因而赢得一场战斗的概率是二分之一，两场是四分之一，三场是八分之一，四场是十六分之一，而连续赢得五场战役胜利的概率是三十二分之一——约为百分之三。你可以期望有百分之几的美国将军连续取得五场战斗的胜利——纯粹通过概率进行计算。那么，他们中有哪个人可能连续打十场胜仗吗？……

少总统，却闭口不提成群的杀人犯。）

- 对很少的数目进行统计——同观察的选择性非常类似。（例如“他们说五个人里有一个是中国人。这怎么可能？我认识成百上千的人，可其中没有一个是中国人。你的真诚的……”或是：“我连续掷了三个七。今晚我不可能输了。”）
- 对统计特性的误解。（例如德怀特·艾森豪威尔总统对发现整整有半数的美国人的智力低于平均水平表示震惊和忧虑。）
- 自相矛盾。〔例如，谨慎周密地对一个可能存在的军事对手制订出计划，以应付可能出现的最坏的局面，而对有关环境危机的科学项目却置若罔闻，因为这些危机还没有被“证实”。把苏联人口平均寿命的下降归因为多年之前的社会主义的失败，却从未将美国的高婴儿死亡率（现在是主要工业国家中最高的）归因为资本主义的失败。觉得宇宙将会在未来永远继续存在下去是理所当然的，但却认为宇宙可能拥有无限的过去是荒谬的。〕
- non sequitur——拉丁语：“不是必然推论”。（例如我们的民族必将强盛，因为上帝是伟大的。然而几乎所有的民族都自命不凡地把这当作真理。德国人的说法是“上帝与我们同在”。）通常，那些陷入非必然性推论的谬论，都不过是没有认识到会存在多种可能性。
- post hoc，ergo propter hoc——拉丁语：“它发生在后，故而它是由前者引起的。”〔例如马尼拉大主教斋米·卡迪诺·辛说：“我认识一个26岁的妇女，她因为服用（避孕）药物而显得像60岁一样老。”在妇女获得选举权之前，世界上本没有核武器。〕
- 无意义的问题。（例如当一个无法抗拒的力作用于一个无法移动的物体时，会出现什么结果？但是，假如存在不可抗拒的力这种东西的话，就不可能有无法移动的物体。反之亦然。）
- 排除中间状态，或是采用错误的二分法——在存在有许多中间可能性的连续统一体中，只考虑两个极端。（例如“当然，听他的；我丈夫是完美无瑕的；我总是错的”。或是：“你不是热爱你的国家，就是仇恨它。”或是：“如果你不是在解决问题，那么你就是在捣乱。”）

- 将短期和长期对立——排除中间状态的一个子集，但因为它如此重要，所以我将之单独提出来，以引起特别的注意。（例如我们无法制订为营养不良的儿童提供食品和对学龄前儿童进行教育的计划。我们迫切面临的是对付发生在街道上的犯罪。在我们面临着如此巨大的预算赤字的时候，为什么要去探索宇宙或是探究基础科学问题？）
- 连续递推？——与排除中间态有关。（例如如果我们允许在怀孕的头几周内堕胎，那么，我们就不可能禁止杀死一个发育完全的婴儿。或是相反：如果政府甚至对九个月的胎儿也不许堕胎的话，那么它马上就会告诉我们，对我们刚怀上的胎儿该怎么办了。）
- 混淆相关性和因果性。（例如一个调查显示，大学毕业生中的同性恋比受教育程度相对较低的人中的同性恋要多，因此，教育使人们变成同性恋者。或是：安第斯山区的地震发生在天王星经过其近地点的时候，因此——不顾对于更近、质量更大的木星缺少这种相关性——后者是前者的起因[1]。）
- 树靶子——丑化一个观点，使之易受攻击。（例如科学家们猜测所有有生命的东西只不过是碰巧跑到了一起，这种说法有意地对达尔文主义的主要观点——自然界是通过用进废退[2]的方式而进化的——视而不见。或者——这也是一个短期 / 长期问题上的谬误——环境学家们对蜗牛、鹅和花枭比对人要关心得多。）
- 隐瞒证据，或是蓄意欺骗的半真半假的陈述。（例如一个准确得不可

[1] 观看暴力电视节目的儿童长大后有更强的暴力倾向。但是，是电视引起暴力吗？还是有暴力行为的儿童偏爱观看暴力节目？二者都像是事实。电视暴力的商业性辩护人申辩说，任何人都能分辨电视与现实。但是，周六上午的儿童节目中，现在平均每小时有 25 个暴力动作。至少，这使孩子们对侵害行为和随心所欲的残忍行径麻木不仁。而且，如果易受影响的成年人会在他们的脑子里形成错误的记忆，那么，当我们让我们的孩子们在初等学校毕业之前暴露在数十万次暴力镜头之下时，我们将在他们的头脑中留下些什么呢？

[2] 此说有误，达尔文的主要观点是生存竞争、自然选择，而不是用进废退。——编注

思议的、被广泛引用的有关里根总统遇刺的“预言”在电视里播出；但是——一个重要的细节——这是在事件发生之前还是在事件发生之后拍摄下来的？这些政府的弊病必须通过革命来根除，即使是要做一个煎蛋卷，你也得打碎几个鸡蛋。是的，但这是否会变成一场比在前一制度统治下还要死多得多的人的革命呢？其他革命给我们提供了什么样的教训？是不是所有反对暴政的革命都是人民所期望的和从人民利益出发的呢？）

- 模棱两可的话。（例如美国宪法规定的权力分离制度，明确规定了美国在没有国会声明的前提下是不能介入一场战争的。另一方面，总统被赋予了外交控制权和发动战争的权力。而这是可以使他们自己得以连任的一个强有力的潜在手段。因此，任何一个政党的总统都可能会策划发动一场战争。他们挥着旗子，把战争叫作——“政治行为”“武装进入”“保护性反应打击”“维持和平”“保护美国利益”，以及各种各样的行动，如“正义行动”。有关战争的种种委婉的说法，是为了政治的目的而对语言进行再创造的一大类型。塔列朗[1]说：“政治家们的一门重要的艺术，就是为种种行为和制度寻找新的名字，它们的老名字已被公众所深恶痛绝。”）

对于这些逻辑上和修辞上的谬误的了解，使我们的工具箱更加完善。同所有的工具一样，这个鉴别谎言的工具箱也会被误用，被用在其适用范围之外，甚至会取代思考而成了一种死教条。但如果能够明智地应用，它会使这个世界的面貌焕然一新——不仅仅是用于在我们向别人提出自己的论点之前检验一下它们。

美国烟草工业每年盈利 500 亿美元左右。在吸烟与癌症之间存在着统计

[1] 夏尔·莫里斯·德·塔列朗（Charles Maurice de Talleyrand，1754—1838）：1775 年成为牧师，但因在法国大革命时期推行宗教改革而被教皇赶出教门，他始而支持法国大革命。革命失败后，先后逃往英国和美国。先在督政府，后在拿破仑手下担任外交部部长。拿破仑垮台后，又协助盟国恢复波旁王朝，并代表法国出席维也纳会议，后任法国驻英国大使。——译注

相关性，烟草业承认这一点。但他们说，这不是一种因果关系。他们暗示，这里有一个逻辑上的谬误。这可能意味着什么？或许那些有遗传性患癌倾向的人也有遗传性的嗜好麻醉品的倾向——所以癌症和吸烟之间可能会有相关性，但癌症却不是由吸烟引起的。这类牵强附会的关系可能会被不断地发明出来，这正是科学家强调对照实验的原因之一。

假如你在许多老鼠的背上涂上烟焦油，同时观察许多几乎完全一样但却没有被涂上焦油的老鼠的健康状况。如果前者患了癌症而后者没有，你就可以确信这种相关性是有因果联系的。抽烟时将烟吸入，患癌症的概率上升；不吸入，则患癌率保持在背景水平。对于肺气肿、支气管炎和心血管病来说也是如此。

当第一个研究工作在 1953 年首次被发表在科学文献中，显示将香烟产生的烟中的物质涂在啮齿动物背上会引发恶性肿瘤时，六大主要烟草公司的反应，是发动一场公关运动，指责这项由斯隆·凯特林基金会资助的研究工作。这很类似于杜邦公司在 1947 年当第一个揭示他们的氟利昂产品破坏具有保护作用的臭氧层的工作发表时受到的同样的责备。还有很多其他例子。

你可能会想，在谴责他们所不欢迎的研究工作之前，几大主要公司应当动用了他们巨大的人力、财力资源，检验了他们计划制造的产品的安全性。但是，如果他们忽视了一些东西，如果独立工作的科学家发现了可能存在的危害，那些公司为什么要不满？难道他们宁愿害死别人也不愿损失他们的利润？如果在一个非确定性的世界中，必须犯一个错误的话，难道不该倾向于保护消费者和公众吗？附带的，这些例子对于我们这个自由企业体系控制自己的能力说明了什么呢？难道这些多少有些政府强制性色彩的事例，不是在为公众的利益着想吗？

布朗和威廉姆逊烟草公司 1971 年的一份内部报告将“批驳成百万人头脑中认为吸烟会引起肺癌和其他疾病的错误信念”列为一个总体目标；该报告称：“这种信念是建立在盲目狂热的假设、荒谬的谣言、毫无根据的声明以及哗众取宠的机会主义者们的毫无科学性的陈述和猜测之上的。”他们抱怨针对香烟的令人难以置信的、史无前例的、恶毒的攻击，构成了自由办企业历史中针对产品进行的最为严重的诽谤和造谣中伤；这种罪行，诽谤牵涉到了如此巨大的范围，以至人们不禁要问，这样的诽谤运动怎么会得到容忍；宪法怎么能忍受如此的藐视和违法行为。

这种煽动性的言论，只不过是比烟草业没完没了地为鼓动公众消费而喋喋不休的那些话显得稍微激动一点而已。

有许多香烟上标有低“焦油”的广告（每支香烟少于等于 10 毫克）。为什么这是一个优点？因为正是在焦油中浓缩着多环芳烃和一些别的难以治疗的致癌物质。这种低焦油含量的广告，不正是烟草公司对香烟确实会致癌的一种心照不宣的默认吗？

增进健康国际是一个营利性的组织，多年来总共从烟草业接受了数百万美元的资助。它开展有关间接吸烟的研究，为烟草公司做证。在 1994 年，这个组织的三名技术人员抱怨，其上级主管伪造有关空气中可吸入的香烟颗粒物的数据。每一次，那些编造的或“修正”的数据都使烟草燃烧产生的烟看起来比技术人员的测定所显示的结果要安全得多。合作研究部门或是外部研究承包者可曾发现过一种产物比烟草公司所公开声明的更加危险吗？如果有，他们还能保住自己的饭碗吗？

人们会对烟草产生依赖作用。用许多标准来衡量，它比海洛因和可卡因的成瘾性还要大。正如 1940 年的一则广告所说的，人们情愿“走一英里只为一包骆驼牌香烟”，这不是没有原因的。因吸烟而死亡的人数比整个“二战”中死去的人数还要多。根据世界卫生组织的报告，世界上每年因吸烟而死亡的人数为 300 万。到 2020 年，将上升为每年死亡 1000 万人——部分原因是对发展中国家的青年妇女发起了铺天盖地的广告攻势，将吸烟描绘成一种进步与时尚。烟草业之所以能够成功地为这种成瘾性毒品制造出一种品位，其部分原因是鉴别谎言的技术、怀疑的思维方式和科学的方法还远未得到普及。轻信是可以杀人的。

chapter thirteen / 第十三章

对现实的迷狂

一个船主想让他的一艘移民船再次出海赚钱，可他清楚他的船已经太旧了，而且一开始制造得就不够好。这艘船去过许多地方，经历过各种天气，经常需要修理。别人对他说这船可能不能再出海了。这个怀疑一直缠绕着他并使他总是快乐不起来。他觉得应该彻底把这艘船修理装备一下，尽管这会花费很多钱。在出航之前他成功地摆脱了忧虑的阴影，他安慰自己它已经历了那么多的航行和风暴都安然无恙，怀疑它不能从这次航行中安全归来简直是浪费光阴。他相信上天的安排，而上天似乎总在保佑那些为寻求更美好生活而被迫离开故土的人。他在头脑中去除了对船舶修理者和保险人诚实性的怀疑。他获得了那些人真诚的令人舒心的保证：船已完全修好并可以出航了！于是，他以轻松的心情看着船离港远去了，并怀着一颗仁慈的心希望那些背井离乡的人能够在他们的新家取得成功。不幸的是，他的船在途中沉没了，那些希望化为泡影，虽然他得到了保险赔偿金。

我们该如何评论这个人呢？毫无疑问，对那些死去的人他是有罪的。尽管他真诚地相信自己的船是安全可靠的，但这种真诚丝毫帮不了他，因为他的信心不是建立在诚实耐心的调查之中的，而是在把疑问强行压下去之后产生的……

——威廉·K.克利富特《信任伦理观》(1874)

科学的边缘——有时作为导致科学发现的预见性思想的延续——潜伏着一系列诱人的或至少是有些令人震惊的想法，但是这些思想还没有被专门给新思想挑毛病的检验者进行过有意识的检验，至少这种检验应该由思想的提出者来完成：一种观念认为地球的表面应是在一个球体的内表面而不是外表面；或宣称你可以通过冥想飘在空中；芭蕾舞演员与篮球运动员可以跳那么高就是由于这种飘浮；或说我有一种称为灵魂的东西，既不是物质也不是能量，而是一种没有任何实体痕迹的东西，当我死后却可以存在并能使一头牛或一只虫子复活。

典型的伪科学和迷信包括——这只是一些代表，而不是综合的罗列——占星术；百慕大三角；“大脚”野人和尼斯湖怪；鬼魂；“邪恶之眼”；据说每个人头上环绕着的多彩光晕（且颜色因人而异）；超感知觉，如心灵感应、先知、远距离传输和远距离“遥视”；相信数字“13”代表不幸（因为美国许多旅馆和严肃的办公楼的层数直接从 12 跳到 14——为什么要冒背运的风险呢？）；流血的雕像；相信兔子的断腿会带来好运；魔杖探矿；水妖；自闭症的“无障碍通信”；相信把刮胡子刀片放在纸板做的金字塔中可以使其更锋利，以及其他“金字塔学”的信条；死人打来的电话（从未付过账）；诺查丹玛斯的预言；所谓发现未训练过的扁体动物可以通过吃磨成粉末的同类的尸体而学到知识；当月圆时犯罪率上升的观点；手相术；命理学；测谎器；靠彗星、茶叶、怪胎预言未来的事件（加上古时流行的占卜，通过看动物内脏、火焰的形状、烟、影子、残渣等进行占卜预言，听肚子咕咕的叫声，甚至在一个时期是靠查对数表）；过去事件的“照片”，如耶稣在十字架上被钉死的图像；一头俄国象可以流利地讲话；那些可以被胡乱地蒙住眼睛用手指读书的“超感知者”；爱德加·卡斯（他预言20世纪60年代早已“消失的”大西洲古陆将“浮现”出来）和其他的预言家们，包括“睡着的”和“醒着的”；减肥的骗术；把灵魂出壳（濒死）的经历当作外部世界真实的事件；信仰疗法的骗局；占卜板；天竺葵富有感情的活动被因大胆地使用“测谎器”而发现；记得什么分子溶解于其中的水；从面部特征和头盖骨上的隆起判断人的性格特点；“第100个猴子”的迷惑；声称我们中的一小部分人不论想使什么变成真的就会是真的；人类自发燃烧直至烧焦；三环生命周期；承诺可以无限提供能量的永动机（但出于这个或那个原因，它们统统被怀疑论者的仔细检查所阻止而不能永动）；让·迪克森系统的荒谬的预言（他“预言”1953年苏联将入侵伊朗，1965年苏联将击败美国，第一个把人送上月球）和其他一些专业的“巫师”；耶和华的目击者预言世界末日在1917年到来，以及许多类似的预示；智力学[1]和信仰疗法；卡洛斯·卡斯塔耐达和“巫术”；宣称发现“挪亚方舟”的遗迹；“阿米迪维尔的恐怖”和其他鬼怪缠身之类的事情；在我们这个时代的刚果雨林中雷龙现身的传说。〔类似说法的深入讨论可以在《超自然百科全书》（*Encyclopedia of the Paranormal*）中找到，高顿·斯戴恩编辑，Buffalo：Prometheus Books，1996〕

原教旨主义者和犹太教徒拒绝接受上面的许多说法，因为《圣经》禁止他们这样做。《旧约》（18：10，11）上说（国王詹姆斯译本）：

> 在你们中间不应有这样的人存在：能使他的儿子或女儿通过火海的人、占卜未来者、时代观察者、施魔法者、女巫、魔术师等类似的精神

[1] 一种将头脑比作计算机，并认为由精神病引起的兴奋症可通过心理疗法来根除的超科学体系。——译注

解释者、巫师及通灵者。

占星术、通灵术、巫应盘、对未来的预言和其他类似的东西是被禁止的。《旧约》的作者并没有用证据证明实际上那些人许诺的话不能实现，但是他们确实是令人痛恨的——也许对别的民族适合，可不适合于上帝的追随者们。即便是对很多事情都轻信的使徒保罗，也忠告我们要去"证实所有的事情"。

12 世纪犹太哲学家迈蒙尼德比《旧约》走得更远，他明确指出伪科学起不到任何作用：

> 禁止从事占星术、用魔法、施咒语……所有这些不外乎就是那些曾被古代异教徒用来愚弄群众并把他们引入歧途的谎言和欺骗……聪明和明智的人知道得很清楚。(《迷途指津》第 11 章)

有一些观点很难检验——例如一次寻找鬼怪或者雷龙的探险失败了，但这并不能说明它们就不存在。缺乏证据不能证明它不存在。有一些证据的获取是较为容易的——例如扁虫通过吃同类而获取知识，或是宣称本来臣服于抗生素的细菌通过祈祷可以在琼脂培养基中大量繁殖（相对地也可以通过祈祷来控制细菌）；少量的——如永动机——可以用基础物理学排除其可能性。除它们之外，有一些在我们掌握确定其错误的证据之前还不能做判断；奇怪的事情经常是与科学相联系的。

经常出现的问题是，证据的可靠性到了什么程度？证明的重任当然是落在那些提出主张的人的肩头。具有启示性的是，一些支持者坚持认为怀疑主义也具有倾向性，真正的科学是一种没有怀疑主义倾向的探究。他们也许说对了一半，但一半是没有多大用处的。

超心理学家苏珊·布莱克莫尔描写了向对"通灵"现象持更怀疑态度转变的一个阶段：

来自苏格兰的一位母亲和她的女儿宣称她们能够提取对方思想中的图像。她们选择打扑克牌做测试，因为她们在家就用它试验过。我让她们选择测试的房间，并确定她们之间不能通过任何正常方法使接收者看到扑克牌。结果她们失败了，她们不能比碰运气更准确地预测牌，她们感到很失望。可是她们还坚持相信自己能做到，我开始感到人是多么容易被自己的愿望所欺骗。

我还曾经测试过一些靠意念移动物体的人的功能。几个孩子宣称他们能靠意念力移动物体，还有几个说他们有心灵感应能力。但他们都失败了。甚至现在我在家中厨房里放有一个写着五位数的纸片、一张留言条和一件小物品，一个青年人决定存放的位置和物品并试图用离开他身体的灵魂去看它们，尽管它们在那儿已经三年了（虽然内容经常变化），但他还是没有成功。

“心灵感应”从字面上理解的意思是远处的感知——就像“电话”可以从远处听到声音、“电视”可以从远处看到图像一样。这个词意味着是交流感觉、情绪，而不是思想。大约四分之一的美国人相信他们经历过类似心灵感应的事情。两个互相了解，住在一起，互相熟悉对方的感觉、交往和思维方法的人经常可以预先知道同伴要说什么。这仅仅通过人的五个感官和心意相通、敏感及理解力就可完成。也许感觉起来像超感知，但这些根本不是“心灵感应”这个词所定义的。如果像这样的事情最终被确定无疑地证明存在，那么，我想它还是有可以辨别出的物理原因——也许是脑电流。伪科学，无论是正确的还是错误的称呼，都绝不是指超自然的东西，超自然的定义是自然之外的东西。

也许这些超感知主张中的一小部分有一天会被确凿的科学数据所证实是有那么很小一点可能性的，但没有充分的证据就接受它们中任何一个说法都将是愚蠢的。对于那些还没有被证伪或充分解释的主张，我们最好还是以对待车库中的龙的态度，保持耐心，培养对模糊性的宽容，去等待——最好是寻找——支持或否定的证据。

在远离陆地的南海中，据说出现了一位智者、医疗师、肉体化的灵魂，他能够超越时间讲话，他是已经升天的大师。他来了，他们说，他来了……

1988年，澳大利亚的报纸、杂志和电视台通过分发的广告资料和录像带开始收到这样一条消息。一个广泛流传的资料这样写道：

卡洛斯在澳大利亚出现

那些见到它的人永远不会忘记。正在和他们谈话的非凡的年轻艺术家突然摇晃颤抖起来，他的脉搏变得极其危险地缓慢，最终停止在死亡点上。时刻监视病情的医务人员已经准备按响警报。

但随着心脏示波器显示屏上平平的波线猛然跳起，脉搏又恢复了——比原来还快还有力。生命力显然又回到了躯体——但这个躯体内已不再是年仅19岁的、其陶器装饰了美国一些最富有的家庭的艺术家乔斯·路易斯·阿尔瓦雷斯，取而代之的是卡洛斯，一个上古的灵魂。伴随着震撼和启示，他的教义来到了人间。一个实体通过死亡的形式为另一个让路：这就是使卡洛斯，以乔斯·路易斯·阿尔瓦雷斯作为“通道”，成为在新时代的意识中居于主导地位的新形体的奇迹。一个持怀疑态度的纽约批评家评论道：“这是通道论者第一次也是唯一一次提供了有形的、客观的关于人类生理上产生神秘变化的证明。”

现在，经过短暂的死亡和转换跨越了170多年的乔斯，按卡洛斯所给予的指示参观了澳大利亚——按照这位大师的话讲，“古老的新大陆”将是一个特殊启示的源泉。卡洛斯已经预言到1988年大灾难将横扫地球，两个重要的世界领导人将死亡，随后，澳大利亚人将首先看到一个巨大星体的升起，它会给地球上的生命带来深远的影响。

周日21日，15点，悉尼歌剧院

文章解释道，在1986年的摩托车事故后，乔斯·阿尔瓦雷斯——那时才17岁——得了中度脑震荡。当他恢复后，认识他的人都说他变了。有时一个非常奇怪的声音从他喉咙中发出。于是困惑的阿尔瓦雷斯向一个多重性格紊乱方面的心理学专家求助。心理医生“发现乔斯是一个被称作卡洛斯的遥远的实体所控制的通道。当阿尔瓦雷斯的生命力放松至一特定水平时，这个遥远的实体就会控制他的身体”。卡洛斯被证明是一个2000岁的未转世的灵魂，一个没有身体的鬼。上一次侵入人体是在1900年委内瑞拉的首都加拉加斯。不幸的是，那个身体在12岁时从马上掉下来摔死了。这个治疗家解释说，这就是为什么卡洛斯要在阿尔瓦雷斯发生车祸时进入他的体内的原因。当昏迷时，卡洛斯的灵魂通过一个大的稀有的水晶球聚焦而进入他的身体并展示了长时间积累的智慧。

文中还列出了他们在美国出现的主要城市的名单，一盘阿尔瓦雷斯/卡洛斯在百老汇剧院受到人们狂热欢迎的录像带，以及在纽约广播电台WOOP中接受采访的实况，还有其他一些显示这已成为美国新时代奇迹的东西。有两个小的证实细节：一个是来自南佛罗里达报纸的文章——“剧院公告：根据人们对他再次出场的要求，通灵者卡洛斯三天逗留已延长，活动将到战争纪念堂举行……”；另一个是从电视节目指南中的摘录——“卡洛斯实体：深入的研究揭示了在当今最流行的和最有争议的人格背后的事实。”

阿尔瓦雷斯和他的经纪人坐头等舱到达悉尼，他们乘一辆巨大的超长轿车去每个地方，他们住在这个城市中一个最高级旅馆的总统套房里，阿尔瓦雷斯穿着镶有金花边的精制的长袍。在首次记者招待会上，卡洛斯出现了，他显得很有力，知识渊博，十分威严。澳大利亚电视台立即播出了阿尔瓦雷斯、他的经纪人和他的护士（检查他的脉搏以确定卡洛斯的存在）的录像。

在澳大利亚的《今日奇观》节目中，主持人乔治·尼格斯采访了他们。当尼格斯提出几个合乎情理的怀疑性的问题时，这个新时代的智者显得脸皮很薄。卡洛斯对主持人施以诅咒，他的经纪人把一杯水倒在了尼格斯的身上，然后傲然阔步地走出摄影棚。这在小报上立即成为轰动性的新闻。它在澳大利亚电视台播出时其重要的内容被进行了编辑。“电视上的大发作：水泼向尼格斯”成为1988年2月16日的《每日镜报》的头版头条。电话不断地打入电视台。

一位悉尼市民建议认真对待施给尼格斯的咒语，他还说，撒旦的军队控制了美国，下一个也许就是澳大利亚。

卡洛斯的名字再次出现是在澳大利亚版的《当前事件》中。一个怀疑者出现了，他揭露了魔术师的骗局，他指出有一种方法可以很容易地使你的一只手的脉搏停止跳动：把一个橡胶球放在腋窝里并用力挤压。当卡洛斯的真实性受到怀疑时，阿尔瓦雷斯显得异常气愤，他甚至咆哮道："停止采访！"

21日约定的时间里，悉尼歌剧院里挤满了人。兴奋的人群，老的少的，在走廊里转来转去地期待着。入场是免费的——这使那些模模糊糊觉得这有可能是个骗局的人更加确信。阿尔瓦雷斯舒服地坐在一张低矮的长沙发椅上，他的脉搏一直在被监测着。突然，脉搏停止了，他好像要死了，低低的奇怪的喉音从他身体深处传出来。观众们都惊讶和敬畏得屏住了呼吸。突然阿尔瓦雷斯的身体又充满了力量，他的姿态显示出一种强大的自信力，一个深沉而宽宏的、仁慈而神圣的声音从阿尔瓦雷斯的唇中飘出，这是卡洛斯！在节目结束后的采访中，观众里很多人都在描述他们是如何感动和兴奋。

在第二个周日，澳大利亚最受欢迎的电视节目——有一个效仿美国同样内容的节目的名字《60分钟》——揭露了卡洛斯事件是个彻头彻尾的骗局，制片人认为这是个教训，它揭示了制造一个信仰医疗师或宗教领袖去欺骗公众和媒体是多么容易。因此，他们很自然地与一位世界最著名的欺骗观众的专家（至少还不是那些政府官员和政府宣传部门的人员）——魔术师詹姆斯·兰迪取得了联系。

"存在着如此之多的从事自我治疗的癫狂人物，在人类中竟然有这种欺骗自己和他人的天性。"——本杰明·富兰克林在1784年写道：

> ……我活了这么久，这使我常常有机会看到一些宣称可以医治任何疾病的疗法，但不久就因毫无用处通通被抛到一边了。我不能不担忧在治疗疾病的新方法方面取得巨大进步的期望将被证明是一种妄想。然而这种妄想只要存在，在某些情况下就会起作用。

在此他所谈的是催眠术，但是“每个时代都有其特别的愚行”。

与富兰克林不同，大多数科学家觉得揭穿伪科学的欺诈——更不用说热情地坚持自我欺骗了——不是他们的工作。他们并不试图在这方面做更多的工作。科学家们习惯于与自然做斗争，而自然不情愿交出它的秘密，但它的反击是公正的。他们经常对那些“超自然”的肆无忌惮的实践者毫无准备，因为他们按不同的规则竞争。一方面，魔术师是一个欺骗人的行业，他们不过是在实践许多职业中的一种——如演员、广告人、宗教信徒和政治家等——在那里，一个天真的观察者可能误认为谎言的东西是社会可以原谅的，只要是为了一个更高的利益服务。另一方面，许多魔术师假装他们不搞欺骗，但会暗示说他们能从某些神秘的源泉中获取能量，最近则说是从外星人的礼品中获得能量。有些还用他们的经验揭露他们圈内或圈外的骗子，这有点像贼喊捉贼。

很少有人像“令人惊讶的”詹姆斯·兰迪一样精力旺盛地发动这种挑战。准确地说，他把自己描述成一个愤怒的人。让兰迪气恼的不是远古的神秘主义和迷信在我们这个社会的复苏，而是人们那么轻易地就接受神秘主义和迷信并由此而导致欺诈、凌辱，乃至谋杀行为。像我们所有人一样，他也不是十全十美的：有时兰迪不容异己，蔑视他人，并缺少对导致人们轻信的弱点的同情心。他通常的演讲和表演是收费的，但如果他宣称他表演的技巧是来源于心灵的、神授的或是地球外的力量，那么他的收入就会高得不能与现在相提并论（世界范围内大多数专业的魔术师好像都相信心灵现象的真实性——根据对他们观点的调查可以看出）。作为一个魔术师，他揭露过很多的遥视者、“心灵感应”，以及蒙骗群众的信仰医疗师。他证明了那些通过意念弄弯匙子，曾经欺骗过杰出的理论物理学家使他们企图推演出新的物理现象的通灵者所采用的不过是简单的骗术和误导。他得到了科学家们的赏识，并曾被授予一项麦克·阿瑟基金奖（所谓的“天才”奖）。但一个批评家曾严厉批评他“过分着迷于现实”，我希望这句话同样可以用来评价我们的国家和民族。

兰迪近期比任何人都要多地揭露了有利可图的信仰医疗师行业中的伪装和欺诈。他对各种说法进行鉴别和筛选。他收听那些巡回医疗师（不是来自上帝的精神启示力量，而是靠他妻子在后台发射的39.17MHz的无线电波）收到的所谓“超自然”的信息流。他发现那些接受信仰医疗后当场从轮椅上站起来的，声称自己被治愈的人实际上不是必须坐轮椅的人，他们是被邀请来的，而且是由引领员带到轮椅上坐下的。他向信仰医疗师提出挑战，要求提供严肃的医学证据来证实他们治疗的有效性。他请当地和联邦政府有关部门加强治理欺骗和医疗业中不法行为的法律规定。他严厉抨击力图使这些提案无效的新闻媒介。他揭露出那些信仰医疗师对他们的病人和教区民众的极度轻蔑。许多人是神志清醒的骗子——用基督福音或新时代的语言和符号猎取人们的弱点。可能有些人的动机并不是为了钱而搞欺骗。

或许我太苛刻了？偶然地搞信仰医疗的欺骗者与科学上偶然出现的骗子有何区别呢？因为几个坏苹果而怀疑整个行业，这公平吗？对我而言至少存在着两个不同：第一，没人怀疑科学的实际作用，尽管不时有错误或欺骗性的结论产生。但是否有某些来自信仰疗法的神奇的痊愈——除了身体自身的能力治愈自己以外——却很值得怀疑。第二，对科学中欺骗和错误的揭露几乎是科学界自己完成的。这个纪律约束着科学界本身——这意味着科学家们意识到发生欺骗和错误行为的潜在可能。但在信仰医疗师领域中的欺骗和错误的揭露几乎没有是由别的医疗师们做出的。实际上，基督教廷和犹太教廷谴责他们之中的可证实的欺骗时的勉强态度令人吃惊。

当传统的医学无能为力时，当我们必须面对痛苦和死亡时，我们当然会接受来自其他方面的希望。毕竟，有些病是心理原因产生的。许多病至少能通过积极的想法得以减轻。安慰剂是一种假的药品，通常是糖丸。制药公司要例行比较他们的药物与安慰剂所产生的效果，他们把安慰剂给予生同样疾病的病人，而病人是无法区分真的药物和安慰剂的。安慰剂可能令人惊讶地有效，特别是对于感冒、焦虑、绝望、痛苦以及其他显然是由精神产生的症状。可以想象，分泌于脑中的一种肽——小的具有吗啡效果的脑蛋白——可以通过相信药物的作用而分泌出来。一种安慰剂只有在病人相信它是一种有效的药品时才有作用。在严格限制的范围内，希望似乎可以转化为生物化学物质。

作为一个典型的例子，我们可以考察一下对癌症或艾滋病患者进行化疗时伴随的恶心、呕吐现象。恶心、呕吐也同样能由心理因素——如恐惧——引起。盐酸可以明显地减轻这些症状的发生；但它真是一种药还是仅能产生解除痛苦的希望？在双盲实验中病人吃这种药后有96%的人认为药品有效；而吃外表一样的安慰剂的病人只有10%的人有同样的看法。

在观察选择谬误中，没有得到回应的祈祷者可能容易被忘记或忽略。尽管有时会真的出现一些特别情况：一些患者未能通过信仰疗法被治愈，于是他们责备自己——也许是他们自己的错误，也许他们的信仰不够坚定。正如他们被告知的，怀疑主义是信仰疗法和安慰剂治疗的障碍。

差不多一半的美国人相信通灵或灵魂的疗法。在人类的历史上，超自然治疗曾被各式各样的真实的或假想的治疗专家所广泛地运用。淋巴结核，一种结核病，曾在英国被叫作“国王的魔鬼”，并传说只有被国王触摸一下才可治愈，染上该病的人于是就耐心地排着长队等候国王的触摸。君主只好暂时地遵从于一个身居高位者的沉重的义务——尽管好像没有一个人真的被治愈——而这种情况竟持续了几个世纪。

17世纪有一个著名的爱尔兰信仰治疗师，叫作瓦伦丁·格雷特拉克。他有点惊讶地发现他有种力量可以治疗疾病，包括感冒、溃疡、“疼痛”和癫痫。请他治病的人如此之多，以至他忙得不可开交。他抱怨说他是被迫成为一个治疗师的。他的方法是把导致疾病的魔鬼驱走，他说所有疾病都是由魔鬼造成的——其中许多他能够辨认出并能叫出名字。麦基引用一位当代编年史作者的话写道：

> 他夸口说他对魔鬼诡计的了解比对人类事物更清楚……由于对他具有如此之强的信心，失明的人幻想可以看到光亮；聋子想象能听到声音；拐子能直身走路；患麻痹症的人可以重新恢复知觉并使用他们的肢体。健康的信念可以使病人忘记他们的疾病；仅仅是受好奇心驱使而来的人的想象力并不比病人差多少，正是由于想象力，使好奇者由于渴望

看到效果而产生了错误的看法，其作用是使病人由于强烈的被治愈的信念而轻信了虚假的治疗。

世界文献中记载有数不清的有关研究和人类学的报告，其内容不仅有被治疗师的信仰治愈的病例，而且还有受巫师诅咒而逐渐死亡的案例。爱尔华·那兹·卡贝扎谈到一个在某种程度上具有典型性的例子。他和几个同伴在穷困潦倒的情况下，从1528年到1536年近九年的时间里，在陆地上和海上到处流浪，从佛罗里达、得克萨斯到墨西哥。他遇到了许多不同的土著美国人团体，他们渴望相信一些浅皮肤、黑胡子、奇怪的外国人以及黑皮肤的来自摩洛哥、伊斯坦布尔的人的超自然治疗力量。在一个村子里，所有的人都出来迎接他们，并把所有财产都放在这些西班牙人的脚下，谦恭地恳求治疗他们的疾病。治疗的过程以端庄正式的形式开始：

他们试图使我们成为医生，也不检查或向我们要执照，因为他们治疗疾病仅靠向患者吹气……他们命令我们做同样的事并认为会产生一些效果……方法就是让我们在患者面前画十字、向他们吹气并嘴中念着帕特·诺斯特和艾威·马利亚……当我们刚一开始画十字，所有受治疗的患者便告诉别人他们觉得好了、健康恢复了……

很快他们又治愈了瘸子。卡贝扎·德维卡说他曾使一个人起死回生。随后——

我们被跟着的大群的人围住了，走不出去……他们争着出来触摸我们的热情极其高涨，请求非常急切，这样过了足有三小时，我们还是不能劝说他们离开我们。

当一个部落恳求这些西班牙人不要离开他们时，卡贝扎·德维卡和他的同伴生气了。然后——

> 一件奇怪的事情发生了……他们中许多的人都病倒了，第二天就有八个人死亡。在这块土地上的所有人都知道了，他们非常害怕我们，好像一见到我们就会死于恐惧。
>
> 他们恳求我们不要生气，他们不希望他们中再有人死亡；他们全都确信我们可以通过意念使人死掉。

1858年据报道圣母马利亚的幻象在法国的露德出现。这位上帝的母亲证实了四年前刚刚由罗马教皇庇护六世宣布的圣洁受孕的教义理论。自从这件事发生后，几百万人怀着被治愈的希望来到露德，其中许多人得的病是当时的医术所不能治好的。罗马天主教廷拒绝承认大量的据称是超自然力量治愈的事例的真实性，在近一个半世纪里仅承认了65个病例（肿瘤、结核、脓疱病、支气管炎、麻痹和其他一些疾病，但不包括肢体或切断的脊髓的再生）。这65个病例中，女子和男子的比例是10 ∶ 1。在露德出现的神奇的超自然治愈现象仅仅有百万分之一的可能；你的病因为去了露德而痊愈的可能性，与你中彩票或死于一架正常航线上的飞机失事——包括你去露德坐的那架——一样小。

癌症的自愈率归总在一起估计大约在千分之一到十万分之一之间。如果去露德的人中有不到5%的患者是去治疗癌症，那么，仅仅是癌症患者就应有50到500人被“超自然”治愈。既然已证实65个病例中只有3个是癌症，在露德的治愈率看来要比那些患者仅仅是待在家中的治愈率还低。当然，如果你属于那65个病例之一，让你相信露德之行不是疾病痊愈的原因是很难的……对于每个信仰治疗师来说，不会有什么不同之处。

当一个叫威廉·诺伦的明尼苏达医生听到他的很多病人提及据说是信仰医疗的事情，他决心用一年半的时间对当时的最惊人的病例追查到底。在“治愈”前能否有确切的医学证据证明疾病是确实存在的？如果有，那么，这个病症在治疗后实际上真的消失了，还是仅仅听医疗师或病人的个人意见？他揭露了很多骗局，其中包括在美国第一次对“通灵外科”的揭发。他发现没有一例治愈的疾病是严重的器官性（非心理上的）疾病。没有一例胆结石或风湿性关节炎是被治愈的，就更不用说癌症或心血管病了。诺伦说，当一个小孩的脾破裂了，只要一个小的外科手术即可使孩子很快康复如初。但当把这个孩子送到一个信仰医疗师处，不出一天就会死亡。诺伦博士的结论是：

> 当（信仰）医疗师处理严重的器官性病症时，他们应对无尽的极度痛苦和不幸负责……他们成了杀人犯。

即使是最近一本宣扬在治疗疾病时祈祷有效的书（拉里·多斯，《可治愈的与语言》），也被这样的事实所困扰：一些疾病要比其他疾病容易治愈或减轻。如果祈祷有用，那为什么上帝治不好癌症或是使被切掉的四肢再生？为什么世间有那么多上帝可以轻易阻止、可以避免的痛苦呢？为什么人们必须向上帝祈祷才行？难道他不是已经知道应该进行什么样的治疗吗？多斯同样引用斯坦雷·克里普纳医学博士（被称为世界上对非正统治疗方法最有权威的调查者之一）的话作为开始：

> 那些对不明显的、依靠祈祷的疗法的研究资料是能够说明一些问题的，但数据太少而难于做出确切的结论。

这是在过去几千年中无数祈祷者所信仰的疗法。

卡贝扎·德维卡的经历暗示我们，精神能导致某些疾病，甚至致命的疾病。当欺骗蒙着眼的病人并使他们确信自己碰到了有毒的常春藤或橡树叶子后，他们会得上一种难看的红色的接触性的皮炎。从本质上说，信仰治疗能提供帮助的是精神调节或安慰性的疾病：一些背部膝部疼痛、头疼、口吃、溃疡、紧张、花粉症、哮喘、臆想性麻痹和失明、假孕（伴随着经期停止和腹胀）。这些就是所有精神起重要作用的疾病。中世纪晚期由圣母马利亚幻象出现所治愈的疾病绝大部分是突发性的、短期的、全身或局部的麻痹，而这多是心理障碍造成的。进一步说，信仰治疗师们普遍坚持，只有真正虔诚的信徒才能被治愈。求助于精神上称为信仰的一种状态能够减轻，至少是部分减轻由另一种精神状态——也许两种状态差异并不大——引起的疾病，就没有什么可惊奇的。

但还有另外一些事情：在美国传统的中国人社区，中秋节是一个重要的节日。在节日来临的前一周，调查发现社区死亡率下降了 35%，而接下来的一周里，死亡率一下又上升了 35%。作为对照组的非中国人社区就没有这种现象。你也许认为自杀是个原因，但这里的数据仅计算了自然死亡。你也许会认为是紧张或过度饮食造成的，但是这很难解释在中秋之前死亡率的下降现象。最大的影响是对有心血管疾病的人，心血管疾病如我们所知容易受心理紧张的影响，癌症受到的影响较小。进一步的细致研究发现，死亡率的波动全部出现在 75 岁或更大的妇女身上。中秋节都是由家中最年老的妇女主持，她们能够将死亡延缓一到两周以便完成节日中的责任。在犹太人的逾越节——一种由男性长者主持的节日——的前后几周内，类似的情况也存在。而世界范围的生日庆祝、毕业典礼等仪式或节日中，这类事也不断发生。

在一个更有争议的研究中，斯坦福大学的精神病专家把 86 个患有转移性乳腺癌的妇女分为两组——一组不断地激励她们检查自己对死亡的恐惧，对自己的生命负责，而另一组则不进行任何心理上的特殊支持。让研究人员吃惊的是，前一组患者不仅经历的痛苦要少，而且她们能活得更长一些——生命平均延长了 18 个月。

斯坦福研究组的领导人戴维·斯皮格推测可的松和其他的“压力激素”能够损害人体自我保护的免疫系统。严重抑郁的人，如考试期间的学生和丧失亲人者白细胞数量会减少。好的情绪也许不能对晚期的癌细胞产生较大的作用，但能够帮助已经被疾病和治疗折磨得很虚弱的患者减少二次感染的机会。

在一本几乎被遗忘的书《基督教科学》（1903）中，马克·吐温写道：

人的想象力量是一种可以治疗自己，同时也可以伤害自己的与生俱来的力量。第一个人具有，最后一个人也将同样具有。

偶尔有些更严重的疾病带来的痛苦和焦虑或其他的症状能够通过信仰治疗师减轻——然而，并不能抑制疾病的发展进程。但这就已经不是小的效果了。信仰和祈祷能够减轻疾病及其治疗带来的某些症状，减轻痛苦的折磨，甚至可以稍稍地延长一些生命。在评价被称为基督教科学的宗教信仰时，甚至马克·吐温——那个时代最严厉的批评家——也承认由于祈祷暗示的作用而使身体康复的人要多于由于坚持祈祷而耽误治疗以致伤亡的人。

在约翰·肯尼迪死后，各式各样的美国人宣称与他的鬼魂接触过。在他的照片被摆在许多人家里的神龛以前，超自然的治愈事件就已经开始报道了。“他为了他的人民献出了自己的生命”，一个相信灵魂不死的宗教信徒曾解释道。按照《美国宗教大百科全书》上说：“对于那些信徒来说，肯尼迪是他们的上帝。”类似的情形在猫王（艾尔维斯·普莱斯里）现象和其信徒由衷地呐喊“猫王还活着”中也能发现。如果这样的狂热信仰运动都能够自发地产生，那么很难想象那些有组织的，尤其是那些肆无忌惮的宗教运动会做些什么。

为了回答他们的疑问，兰迪对澳大利亚电视台的《60分钟》节目组说，他们要的只不过是一个无名小卒的把戏——利用的是一个没有经过魔术训练或公众演讲，并且干脆没上过宗教讲坛的人。当他仔细考虑这一骗局时，他的目光落在阿尔瓦雷斯身上，这个年轻的雕塑家，他是兰迪的房客。阿尔瓦雷斯回答道，为什么不干呢？当我遇见他时，就发现他似乎是一个聪明、有幽默感、有思想的人。他经过强化训练，包括模仿在电视上露面和参加记者招待会。然而他没有必要思考答案，因为耳朵里有一个几乎看不见的无线电接收机，兰迪通过它对阿尔瓦雷斯进行提示。《60分钟》节目组派人悄悄检查了阿尔瓦雷斯的表演，证明卡洛斯这个角色是阿尔瓦雷斯编造的。

当阿尔瓦雷斯和他的经纪人——同样是被招来从事这一工作，而且毫无经验——抵达悉尼时，懒散的毫不引人注意的詹姆斯·兰迪在活动的周围用他的对讲机发出指令。证明文件都是伪造的。诅咒、泼水以及所有的情节都被认真排练以吸引媒体的注意，他们做到了。由于引起了电视和出版界的注意，于是许多的群众出现在歌剧厅里。一家澳大利亚报纸连锁店甚至全文印刷了“卡洛斯基金会”的传单。

当《60分钟》节目播出后，其他的澳大利亚媒体都被极大地激怒了。他们抱怨说他们被利用了，别人向他们说了谎。并说这“就像法律中对警察使用眼线有所规定一样”，彼得·罗宾逊在《澳大利亚金融观察报》上大发脾气：

> 对传播媒体一定要有一个限制以保证它们不会在设计一个误导性的场面时走得太远……就我个人而言，只是不能接受这一点，即以撒谎的方法来报道事实是一个可以接受的手段……每次公众的问卷调查显示普通公众中存在一种怀疑，认为媒体的报道不会讲出全部真相，对于事实他们或是扭曲，或是夸大，或是抱有偏见。

罗宾逊先生是害怕卡洛斯也许已经给广泛流传的错误提供了一点佐证。报上的标题从《卡洛斯如何愚弄了他们所有人》到《愚蠢的骗局》，未曾大肆宣扬卡洛斯的报纸开始对自己当时的克制感到宽慰。尼格斯对《60分钟》说“即使正直诚实的人也会犯错误”，否认自己被欺骗。他说，任何称自己为精通通灵术的人，都是确定无疑的骗子。

《60分钟》和兰迪都强调澳大利亚新闻媒体对确认“卡洛斯”的真实性未做任何严肃的证实。实际上，“卡洛斯”在那些列出名单的城市中从未出现过。他在纽约剧院舞台上出现的录像带要感谢魔术师培恩和泰勒的帮助，是他们在那儿请求观众给予一阵阵热烈的喝彩；穿着金饰边长袍的阿尔瓦雷斯走上去，观众们按计划鼓掌欢呼，于是兰迪得到了录像带，阿尔瓦雷斯挥手说再见，节目继续进行。另外，在纽约从来没有过那么一家叫作WOOP的广播电台。

怀疑的其他理由很容易在卡洛斯写的文章中找出来。但因为理智的价值是如此跌落，因为轻信的弱点——无论是新时代还是旧时代——如此泛滥，因为怀疑的意识如此淡薄，以致没有什么拙劣的模仿是完全不可信的。“卡洛斯基金会”提供的拍卖品（实际上他们极其小心地不卖出任何实质性的东西）是一个“大西洲水晶球”：

> 迄今世间仅有的五个水晶球是升天的神在途中发现的。科学上还没有办法解释每个水晶球所利用的几乎纯粹的能量……具有强大的治疗力量。它实际上是灵魂力量的化石和给予地球对新时代的来临做准备的厚礼……五个大西洲水晶球中有一个是升天的主时刻随身携带的，作为自我保护和增长灵魂力量之用。其中有两个被美国虔诚的服从者获得，作为他们服从升天的主的要求所做出的重大贡献的回报。

另外，在以《卡洛斯的水》为标题的文章中有如下描述：

> 升天的主偶然发现了如此纯净的水，以至他开始对大量的水施以能量以使其他人受益，这是个必须精心的过程。为了制出数量总是极少的神水，升天的主净化自己和许多制成烧瓶形状的纯石英晶体；然后使他自己和水晶球放入一个抛光的、能时刻保持温暖的大铜碗中；经过24小时后，主管者把能量注入水的灵魂储藏在库中……这样，水的灵魂在用时无须从瓶子中取出，而只要握紧瓶子并集中注意于伤口或疾病即可进行治疗，最后产生惊人的效果。无论怎么严重的不幸降临到你或你的亲人头上时，涂极少这种能量之水立即会帮助你复原。

而在《卡洛斯的眼泪》一文中又有这样一段话：

> 那个升天的主所设计的细颈瓶子呈现出红色，因为眼泪充分证明了它们强大的力量，但它们在冥想中的影响力（原文如此）被那些体验过的人描述成“光荣的唯一”。

还有一本小册子，名为《卡洛斯的训导》，它是这样开头的：

> 我是卡洛斯，
> 我从过去无数的化身走向你，
> 我有一段伟大的教义要告诉你，
> 仔细听，
> 认真读，
> 审慎思考，
> 真理就在这儿。

书中第一课问道：

“我们为什么来到这里？……”回答是：“谁能做出唯一的答案？对任何问题都有许多的答案，并且所有答案都是正确的。就是这样，你明白了吗？”

这本书告诫我们在读懂本页之前不要翻到下一页。这是使我们很难读完它的几个因素之一。

对于怀疑者，它在后面启示道：“我只能这样说：让他们按他们所希望的去做吧，他们最终将什么都得不到——也许是两手空空。但信徒们有什么呢？什么都有！既然所有的和任何的回答都正确，那所有问题自然就都得到了解答。你的回答是对的！反驳他们吧，怀疑者。”

还有：“不要对任何事情都要求解释。尤其是西方人，总是对为什么这样或为什么那样要求做冗长的解释。许多问题是显而易见的，为何非要深入探讨这些问题呢？……简洁地说，所有事情都会变成真的。”

这本书的最后一页只印有一个大写的词：告诫我们，去“思考！”

《卡洛斯的训导》一书的整个内容都是由兰迪写的。是兰迪和阿尔瓦雷斯花了几小时用笔记本电脑匆忙写成的。

澳大利亚新闻媒体感觉被他们中的一员出卖了。这个国家中起领导作用的电视节目背离了原来的常规，去揭露那些致力于新闻和公共事务的机构中核对事实时的低标准和大范围轻易上当受骗的现象。一些媒体分析家辩解道，这显然不重要，如果重要的话，他们早就把它检查出来了。很少有人承认“是我的过失”。但当第二个周日的《60 分钟》对“卡洛斯事件”进行回顾时，所有上当者却没有一个愿意出现在节目中。

当然，这样的事不独澳大利亚能够发生。阿尔瓦雷斯、兰迪和他们的共谋者们如果选择地球上任何一个国家，都会产生类似的效果。即使那些向卡洛斯提供全国的电视观众的人也清楚地知道应该问一些怀疑性的问题——但他们无法拒绝第一个邀请他露面的诱惑。当卡洛斯离去后，媒体之间的内讧占据了报纸头条新闻。对于这次揭露骗局写出了大量的令人迷惑的文章。什么是问题的关键？这件事情证明了些什么？

阿尔瓦雷斯和兰迪证明了我们的信仰是多么容易被左右，我们是多么容易被诱导，当人们感到孤单和信仰饥渴时又是多么容易被愚弄。如果卡洛斯在澳大利亚停留的时间再长一些，更多地集中于信仰治疗活动——通过祈祷、对他的信仰、对装在瓶子中的眼泪寄予希望、抚摩他的水晶球——毫无疑问会产生许多关于疾病如何被治愈的报道，尤其是那些心理病例。甚至不需要更具欺骗性的东西，仅仅通过他的出现、讲话和其他辅助物，也会有部分人会因为卡洛斯的存在而感到身体精神都好多了。

这里我们再次看到了伴随几乎每个信仰治疗师的安慰剂的作用。当我们相信我们已服用了一种很有效的药品后，痛苦消失了——至少是在一段时间内；同样，当我们相信我们得到了有效的精神疗法后，疾病有时会悄悄溜走——至少是在一段时间内。有些人自发地宣称他的病好了，而实际并没有好。在诺伦和兰迪以及其他人对那些被告知已被治愈，而且自己承认——例如美国信仰医疗师的电视转播治疗服务——被治愈的人的详细追踪研究中发现，甚至找不到一个有严重器质性疾病的病人实际上是被治愈的。即使他们的病情有了令人惊异的好转也是可疑的。就如露德事件告诉我们的，在你发现一例令人吃惊的康复之前，你可能必须调查 1 万到 100 万个病例。

一个信仰治疗师也许想，也许不想通过精神欺骗来开始工作。但令他吃惊的是，他的病人看起来好转了。由于他们的感情是真诚的，感激是由衷的，所以当医疗师受到了批评，他的病人会站出来维护他。几个年老的参加过悉尼歌剧院表演的人被《60分钟》的对骗局的揭露激怒了，他们对阿尔瓦雷斯说：“不要管他们怎么说，我们相信你。”

这些成功足以使许多骗子确信——不管他们开始是多么玩世不恭——他们真的拥有神秘的力量。也许他们不能每次都成功。他们安慰自己说，这种力量时有时无。他们必须把不成功的例子掩藏起来。如果他们必须间或搞些欺骗，他们总会告诉自己，这是为更高尚的目标服务，他们的饶舌经过了检验，它有效。

这些人中的大多数只是想赚你的钱，这是个好消息。但令我担心的是卡洛斯再出现时将会带来更大的诱惑——一个有吸引力的、有权威的、爱国的和具有领导魅力的人。我们都渴望有一个具有竞争力的、正直的、具有超凡魅力的领袖，如果有这样的机会我们将立即行动起来，去支持他、信任他，我们自己也会感觉好一些。大多数记者、编辑和出版商——连同我们中的其他人——将会对真正怀疑性的调查感到羞愧。他不想再给你兜售祈祷、水晶球或是眼泪。也许他会向你兜售战争、替罪羊或是比卡洛斯更加无所不包的一大捆信仰。无论它是什么，它都将伴随着对怀疑主义危险的警告。

在著名的电影《绿野仙踪》中，多萝茜、稻草人、廷·乌兹曼和胆小的狮子受到的威胁来自——真正可怕的——巨大的代神发布神谕的“伟大的奥茨”。但多萝茜的小狗陶陶向一个用来隐蔽的帘子猛咬，从而揭露出伟大的奥茨实际上是一台机器，而操纵者是一个被吓坏的矮胖男子，他也是被流放到这个偏远而陌生的地方来的。

我想我们是幸运的，因为詹姆斯·兰迪正在努力地拉开帘子，但光靠他一人去揭露世界上所有的庸医、骗子就如同相信那些江湖骗子一样危险。如果我们不想再上当受骗，我们需要自己来做这件事。

最惨痛的历史教训之一就是：如果我们已被欺骗了足够长的时间，我们就会倾向于拒绝任何证明我们受骗的证据，我们对发现真实情况不再感兴趣。

欺骗控制了我们。即使是让我们自己承认被欺骗的事实，也是很痛苦的事情。一旦你给予了骗子控制你的力量，就几乎不可能再摆脱了。所以当新的欺骗产生时，过去的欺骗依旧顽强地存在。

降神会只有在黑暗的屋子里举行，最好的情况也只能朦胧地看见幽灵的影子。如果我们把灯光开大一点，我们就有机会看看正在发生什么，幽灵就会瞬间消失。我们被告知他们是很害羞的，我们中的一些人就相信了。在 20 世纪的灵学实验室里，有一个“观察者效应”：那些被描述为天才的通灵者发现只要怀疑者一来，他们的力量就显著减弱，而一旦有像詹姆斯 · 兰迪那样精通魔术的人出现则力量就会完全消失。由此可见，他们所需要的只是黑暗和轻信。

一个小女孩曾是一起 19 世纪著名的诈骗案——与灵魂交谈（幽灵用震耳欲聋的声音回答问题）——的同谋。她长大以后承认那是个骗局；她使大脚趾的关节噼啪作响，她演示了这是如何做到的。但她的公开道歉在很大程度上被忽略了，而且在众人得知真相后，她遭到谴责。灵魂交谈已如此被人确信，仅仅是一个认罪的交谈者信口说的话是无法使人否认它的，尽管最早是她开始整个欺骗活动的。一个故事开始流传，说她的认罪是在狂热的理性主义者强迫下做出的。

像我前面提到的，英国的一些骗子承认他们制造了“麦田圆圈”——在田地里的几何图形。那并非什么外星艺术家用小麦做的艺术品，而只不过是两个家伙用木板、绳子和一点古怪的想法做成的。甚至当他们演示是怎么做的时候，信仰者还是不为所动。他们争辩道，也许有些麦田圆圈是骗人的，但圆圈太多了，其中有些图形太复杂了，只有来自地球之外的力量才能制作出来。英国其他的骗子也承认了。但有人反驳说，麦田圆圈在英国之外的地方也存在，比如匈牙利，这又做何解释呢？不久匈牙利一群盲目效仿的青少年也承认了。但是，还有……

为了检验一个精神病医生对外星人劫持的轻信程度，让一个妇女假装说受到了劫持，治疗师对于她编造的幻想很感兴趣。但当她宣布这是个骗局时，治疗师的反应如何？重新检查他的会谈记录或自己对这样的病例意味着什么的理解吗？不。在另一天里他说：（1）即使她没有意识到，但她已经被劫持了；（2）她有些疯狂——毕竟她去看了精神病医生，不是吗？（3）他从一开始就知道是个骗局，只不过是为了让她自作自受。

有时我们更容易抛弃有力的证据而拒绝承认我们已犯的错误，这是值得我们了解的关于我们自身的信息。

一个科学家在巴黎的报纸上登了条广告说，他可以提供一张免费的占星天宫图。他收到了159份的回应，每一个都按要求详细地写了地址和出生时间。每个回应者都收到了同样的一份天宫图，并附有一张询问天宫图准确度如何的问卷。94%的人（和90%的他们的家人和朋友）回答说在天宫图里至少辨认出了自己。然而，这张天宫图是给一个法国杀人犯绘制的。如果占星家不用看到对象就可轻松地做到这些，可以想象那些能够极其灵敏地感觉到他人的细微变化而没有过分顾虑的家伙能够做得多么好。

为什么我们如此容易就被预言家、心灵感应者、看手相者和茶叶、芋头、欧蓍草的判读者或类似的人所欺骗？当然，他们注意到了我们的姿势、面部表情、衣饰和关于一些无关痛痒问题的回答。他们中有些人对此非常擅长，在这些方面许多科学家几乎从未意识到。有一个计算机网络，"职业"通灵学家向它提供自己顾客的生活细节，使他的同事马上就能得到这些情况。一个关键的工具就是所谓的"不偏不倚的描述"，一种将对立的偏好非常巧妙地平衡起来的陈述，以至于任何人都会意识到其中有一点说对了。这里有个例子：

> 有时你是一个性格外向的、和蔼可亲的、好交际的人，但有时却内向、谨慎、沉默寡言。你发现把自己过于坦白地暴露给别人不是明智的。你情愿有较多的改变余地，而不愿受到约束和限制的包围。外表是有节制的和守戒律的，但内心却是焦虑和不安的。当你有些个人的弱点时，你总是对它们进行补偿。你有很多没有用过的能力，你从未把它们转化为你的优点。你有一种总对自己不满的倾向。你有一种强烈的愿望想让别人喜欢你、崇拜你。

几乎每个人都能意识到这些性格的存在，许多人感觉它们精确地描述了自己。这不足为奇：我们都属于人类。

一些治疗专家认为，可以证明存在受抑制的童年性虐待记忆（例如《治疗的勇气》，艾伦·芭丝和劳拉·戴维）的“证据”清单很长而且很单调：包括睡眠紊乱、嗜食、厌食和易饿、性机能失调、无故的急躁，以及不能记起儿时受到的性虐待。另一本由社会工作者苏·布鲁姆写的书中，列举了其他泄露已被忘记的乱伦的症状：头痛、猜疑或缺乏怀疑，过度的性欲或缺少性欲和热爱父母。查尔斯·怀特菲尔德博士列出了检查“机能失调”家庭的诊断清单：“疼痛”，在危急时刻感到“特别有活力”，渴望“权力地位”，尝试过接受心理咨询或“心理治疗”，然而仍感到“有些不对头或若有所失”。像“不偏不倚的描述”一样。但如果这个清单太长或涉及过广，则我们每个人都或多或少有些“症状”。

怀疑性的调查不仅仅是根除施加在那些最不能保护自己和最需要我们同情的人身上的骗局和虐待的有力工具（而人们几乎没有提供其他的希望），它也是一种及时的提醒物：群众集会、广播、电视、印刷媒介、电子推销和邮购允许了其他类型的流言进入社会，在一个被政治上的弊病——试图解决这些弊病的措施毫无成效——困扰的社会中占那些烦恼、轻信、无助的人的便宜。

那些伪装成事实的胡说八道、骗局、不着边际的胡思乱想、欺诈和个人的愿望不仅限于对我们心中所想象的事物所进行的神秘的和模棱两可的诱导，不幸的是，它们已渗透到每个国家的政治、社会、宗教、经济主流之中。（1656年托马斯·阿迪在《预言家和巫师》一书中抨击了这些人：“对于疑惑的事情，他们给出令人疑惑的回答……可能性越确定，他们给的回答也越确定。”）

chapter fourteen / 第十四章

反科学

世上不存在什么客观真理，所谓真理是我们自己创造出来的。世上也没有什么客观现实，所谓客观现实也是我们自己创造出来的。在我们通常获取知识的方式之外，还存在其他精神的、神秘的、内在的、更高级的认识事物的方式。如果某种体验你觉得是真实的，那么它就是真实的。如果一种思想你认为是正确的，那么它就是正确的。我们无法获得任何关于世界真实本质的认识。科学本身是非理性的和神秘的，它只不过是另一种信仰或信念的体系，或者是一种神话，没有更多的可证实性。事实上，信仰是真是假并不重要，只要这些信仰对你有意义。

——小西奥多·希克、刘易斯·沃恩，新时代的信仰的总结，选自《如何思考奇异事物：对新时代的批判思考》（加利福尼亚，1995）

如果有理由认为已建立的科学框架是错误的（或者是过于武断的、互不相关的、非爱国主义的、亵渎神圣的或主要是为当权者的利益服务的），那么，也许我们就省去了去理解那些很多人认为非常复杂难懂、高度数字化的、非直觉性的知识体系所遇到的麻烦。这样一来，科学家们或许就将面临他们应得的报应。同时，对科学的嫉妒将被超越。那些一直在探索其他获取知识途径的人，那些私下里怀着被科学嗤之以鼻的信仰的人将重新抬起头来，将在阳光下占有一席之地。

正是科学自身的善变导致了人们对它的不信任与攻击。当我们刚刚有些明白了那些被科学家们热烈讨论的东西的时候，他们却告诉我们那些东西已不再正确。即使它们仍然正确，科学家又开始讨论许多闻所未闻、难以相信、带给人不安的暗示的所谓"新发现"了。因此，科学家可以被视为是在愚弄我们，被认为想推翻一切，被看作社会危险分子。

著名物理学家爱德华·尤·康顿是量子力学的先驱，曾参加过"二战"期间的雷达和核武器研制。他曾担任康宁玻璃公司的研究主任、美国国家标准局局长、美国物理学会会长（此外，在晚年任科罗拉多大学物理学教授期间，他曾领导了一个由美国空军资助的颇具争议性的 UFO 的研究项目）。康顿是被一些国会议员视为"对美国的忠诚值得怀疑"的物理学家之一。在 20 世纪 40

年代末至 50 年代初，国会议员理查德·M. 尼克松曾主张吊销康顿的安全许可证。此外，美国国会非美人员活动委员会主席、狂热的爱国主义者吕普·J. 帕勒·托马斯也称物理学家“康顿博士”是美国国家安全的最薄弱环节，甚至，在某一方面，是“缺失的一环”。他对宪法权利保障自有他的一套看法，这从他对证人律师的回答中就可看出：“你们所具有的权利是我们这个委员会赋予的。在我们委员会里，我们将能够确定你已经拥有了什么样的权利以及你尚未拥有的权利。”

阿尔伯特·爱因斯坦曾公开号召那些被国会非美人员活动委员会召见的人拒绝合作。1948 年，哈里·杜鲁门总统在一次美国科促会的年会上与康顿坐在一起。会上，他指责了吕普·J. 帕勒·托马斯及国会非美人员活动委员会的行径。他认为“在一种无根据的流言诽谤横行、人人自危的社会大环境下，科学研究将受到严重抑制，而最终导致不能产生重大的科学发现”。他称国会非美人员活动委员会的行为是“目前最需要杜绝的，是最不具有美国精神的行为。这是一个极权国家所做的事情”。[1]

在此期间，剧作家亚瑟·米勒以塞勒姆女巫案审判为题材创作了《严酷考验》一剧。当这部作品在欧洲首演时，美国外交部拒绝为米勒签发护照，理由是他的出国之行将对美国利益有不利影响。在布鲁塞尔举行的开幕式上，他的剧作得到了观众暴风雨般掌声的欢迎。美国大使当场起立并鞠躬致谢。在国会非美人员活动委员会，米勒由于在作品中影射国会调查与女巫案有共同之处而受到了严厉谴责。在那里，他回答：“先生，这种比较是无法回避的。”不久之后，托马斯即以欺诈罪被投入监狱。

在我还是研究生的时候，我曾做了康顿一个夏天的学生。我至今仍能清晰地忆起他讲述的被带到忠诚调查委员会接受检查的经历：

---

[1] 但是，杜鲁门也应对 20 世纪 40 年代末至 50 年代初的搜查迫害之风负有很大责任。在他 1947 年颁布的总统法令 9835 号中曾授权对所有联邦职员的思想观念和社会关系进行调查。被调查者无权对此进行拒绝和反对，在大多数情况下被调查者甚至不知道指控他们的罪名是什么。凡是对此有异议或反抗意向的人都被解雇了。杜鲁门的司法部长汤姆·克拉克曾经列出了所谓“有颠覆国家嫌疑”的组织机构的清单。这个清单的涵盖范围是如此之广，以至一度将美国消费者协会也包含在内。

> 康顿博士，据说你曾处于被称作——说到这儿，审讯者停了一下，缓慢而仔细地读了一下这几个字——“量子力学”的物理学革命的前沿，这很令听证会注意，既然你能站在这一场革命运动的前沿，为什么你就不可能站在另一场革命的前沿呢？

康顿很机敏地回答说对他的指控是不正确的。他举起右手说他并非物理学的革命者：“我信奉早在公元前 3 世纪就已经创立的阿基米德定律，也相信 17 世纪发现的开普勒行星运动定律。同时我还笃信牛顿定律……”他接着又列举了一系列如伯努利、傅立叶、安培、波尔兹曼和麦克斯韦等显赫的人名。但是，他的这种物理学家式的回答方式并没有使他的处境有多大改善。因为，在诸如对国家是否忠诚这样的严肃问题上，法庭是不会欣赏任何幽默的言辞和举动的。不过，在我的印象中，他们对康顿最有力的指控是说他在上高中时曾经骑着自行车挨家挨户递送社会主义者们办的报纸。

试想一下你非常认真地想理解量子力学是什么，首先，你必须打下坚实的数学基础。只有当你掌握了数学各个分支的知识后，你才能迈过通往很高层次的知识的门槛。你必须依次学习算术、欧几里得几何学、高中代数、微积分学、常微分方程和偏微分方程、矢量微分、数学物理方法中某些特殊函数、矩阵代数和群论。对于大多数学习物理的学生而言，这一过程大概要占去从小学三年级到研究生低年级之间 15 年的时间。这些课程的学习实际上并不涉及任何量子力学知识，恰恰相反，所有这些努力只不过是为深入了解量子力学建立的数学知识框架而已。

就试图令没有经过这一过程的普通听众理解量子力学来看，科学普及者的工作是徒劳的。事实上，在我看来至今仍没有谁能成功地普及量子力学，这种情况很大程度上是由上述原因造成的。量子力学的数学复杂性和量子理论的绝对的非直觉性结合起来，使得一般的常识在理解这些问题上显得束手无策。理查德·费曼曾说：“没有谁知道为什么要用这种方法。它就是用这种方法解决问题。”

假设现在我们以怀疑的态度去研究一些难解的宗教、新时代教义或萨满教[1]的信仰体系。假定我们都是思想开放的人，而且我们确信在这些宗教或信仰里面存在一些有趣的事情。在我们向这些宗教的信徒简单地自我介绍之后，就请求他们对他们的宗教或信仰做个可以理解的概括。无一例外的是，在我们提出请求之后，他们总是告诉我们说这是个非常复杂、充满着神秘意味的问题，不是三言两语就能说得清楚的。不过，如果我们愿意花上15年左右的时间去实践一下虔诚的僧侣生活的话，那么，届时我们就会比较严肃地思考这个问题了。我想我们中的大多数人都会说我们根本就没有时间这么做。很多人还会怀疑所谓15年只能初窥门径恰好证明这整件事是个骗局：如果一件事难到让人无法理解，那不也就意味着我们无法有理有据地对它进行评判了吗？这样一来不就使得欺骗行为更加肆无忌惮了吗？

那么，萨满教、神学、新时代教义与量子力学之间又有什么区别呢？回答似乎是显然的：即使我们无法理解量子力学，但我们能够证明它的科学性和合理性。例如我们可以比较量子力学理论的定量预测结果与实测到的特定化学元素的光谱线波长、半导体与液态氦的行为特征、微处理器，以及原子组成什么样的分子形态、白矮星及特性、微波发射器与激光发生器的机制、不同物质对磁场的不同响应等。我们不理解量子力学的理论并不妨碍我们去看其预测的结果，而且，并不是只有物理学家才能明白这些实验结果揭示了什么问题。在每一次这样的实验中，与其他例子一样，量子力学的预测结果以惊人的高精度为实验数据所证实。

但问题是，萨满教徒同样会说他们的教义是合理的，因为它同样是有效的。尽管他们的教义不能解决诸如数学物理学这一类神秘的问题，但却可以解决另外一些问题。例如他们有一套医治病人的特殊方法。那么，好吧，让我们来对萨满教徒的治病案例进行统计分析，看看他们较之于通常的安慰疗法有什

[1] 萨满教（Shamanism）：一种原始宗教。流行于亚洲和欧洲北部等一些部落中间，如西伯利亚的萨莫耶特人、北美的印第安人和因纽特人等。相信天堂和地狱说。萨满巫师据说能够沟通人与鬼神，为人驱邪治病，预测未来。——译注

么优越性。如果萨满教徒的治疗方法确实比普通安慰疗法更有效的话，那么，就让我们乐意地认为他们的方法的确有其特殊的效力，而毋庸考虑他们所治疗的疾病多数是些源于心理的疾病，即使没有进行治疗，只要病人能够获得一种比较好的心态的话，这些病是完全可能不治而愈或得到减轻的。同时，我们还可以比较不同的萨满教派别的治疗效率的差异。

至于萨满教徒知不知道他们的治疗方法产生效果的机制，这就是另外一回事了。量子力学中，我们提出的对自然的理解是有根据的。这种理解建立在对一些前人没有做过的实验结果的渐进的、定量的预测基础上。当实验结果证实了理论预测，特别是如果二者在数量上精确吻合时，我们就会认为自己掌握了自然规律。但是，在萨满教徒、牧师和新时代宗师中却很少有这样的例子。

1931 年，著名的科学哲学家莫里斯·科恩在他的著作《理性与自然》中还讨论了另外一种重要的差异：

> 可以肯定，绝大多数没有接受过良好教育的人之所以会接受科学完全是因为权威的影响。但是，尽管如此，我们仍旧能够明显地察觉到两种体制之间的差别。前者（即科学）是一种开放的体系，它欢迎每一个人的参与、研究并对之做出改进；而后者（宗教）则认为对它的教义的怀疑根源于内心的邪恶，像红衣主教纽曼指责那些怀疑《圣经》的绝对正确性的人那样。理性的科学之可信的观点在必要时是可以改进的，而非理性的权威主义则视要求修改他们的教义为缺乏忠诚的表现。

作为前现代文化组成部分的神话与民间故事具有一定的解释或至少是帮助回忆历史的价值。因为在那些妇孺皆知、雅俗共赏的故事中常常嵌入了特定的环境条件与历史事件。例如当我们记住了鹊桥相会的优美传说，也就记住了在一年中的某一天哪个星座正在升起或知道了银河系的方位。由于识别天象对于农作物的播种和收割以及跟踪猎物都是至关重要的，因此这样的神话传说就具有重要的实际意义。同时，这样的神话还可以帮助进行心理学映射测试，或确认人类在宇宙中的位置。不过，这并不意味着银河就真的是条河，当然，也不存在真正的独木舟在我们的眼前，使我们横渡银河。

热水浸泡亚马孙雨林中的一种树皮可以提取出奎宁。但是，令人难解的是古代人们是怎样从成千上万种植物中发现由这种植物制取的茶叶可以缓解疟疾的症状的？他们一定曾对各种各样植物的根、茎、叶和树皮进行了如咀嚼、捣碎或浸泡等各种尝试，这样一代一代地继续着大规模的科学实验（今天由于医学伦理的原因已经不可能重复这些实验了）。想想吧，曾有多少其他树皮的浸泡物被发现无效，或引起人的呕吐反应甚至致人死命啊。在这些情形下，原始医生们从可能有药用价值的植物名单上把它们划去，然后又进行对其他未知性质的植物的实验。这种民族药理学的资料积累过程是零碎、非系统的，甚至是无意中获得的。然而通过反复的实验和失败，仔细记下哪些药物有效，他们终于达到了目的——从植物王国中很丰富的分子中积累了一部有效的药典。因此，从民间医药学中汲取有关挽救生命的知识绝对是至关重要的。我们应该更进一步地在世界范围内从这些民间知识里挖掘宝藏。

同样地，在预测奥里诺科河附近的峡谷天气方面，也存在类似情况。完全可能，工业文明前的居民们已经注意到了在特定地理区域内近千年的规律性，各种前兆及种种现象间的因果关系，而这些是那些远处的大学里的气象学或气候学教授一无所知的。不过，这并不等于说这些地方的萨满教僧侣就有能力预测遥远的巴黎或东京的天气，更毋庸说是全球的气候了。

一些特定的民间知识是非常有效和珍贵的，其他一些则至多是一些隐语或典籍。显然，民族药理学属于前者，而天体物理学则属于后者。虽然所有的信仰和神话都值得我们充满景仰地聆听，但是这并不意味着所有这些信仰和神话都是同等有用的。尤其当我们的注意力集中在如何了解外部客观世界，而不是内在的思想形式时。

近几个世纪以来，科学经历了一系列的攻击。这些攻击与其说是伪科学，毋宁说是反科学。目前，对科学，或者更广义地被称为学术的最主要的批评是针对它的过分强烈的主观性。一些学科，例如历史学，甚至被宣称为彻头彻尾的主观主义。历史的撰写者全都是那些历代的胜利者，他们编纂历史书的目的无非是要为他们的各种行为辩护，或者是要唤起爱国热情并压制被征服者的合法权利。当两方面都未能取得压倒性的胜利时，对真正发生的历史，他们将各自写下自我吹嘘的记载。例如英国的历史书对法国进行了大肆谴责，反之亦然。直至近年，美国历史书还忽略了早期对美洲土著居民实施的实际上是类似于纳粹“生存空间”理论和种族灭绝政策的事实；而日本的历史书对于导致二次大战的事件的描述淡化了他们的穷凶极恶，而认为他们的动机显然是试图将亚洲从欧洲和美国的殖民主义统治下解放出来；1939 年，纳粹军队攻占波兰，但纳粹的历史学家却公然宣称波兰无缘无故对德国进行了无情的攻击；苏联分别在 1956 年和 1968 年对匈牙利和捷克的革命进行了镇压，但苏联的历史学家却借口说苏联军队并不曾入侵这些国家，是应他们正常的声明，而不是俄国人的傀儡的邀请而去的；比利时的历史书则拼命地粉饰对曾是其藩地的刚果的残暴统治；在那些保留着奴隶制的基督教社会中，讲道坛和学校常常会对上帝对奴隶制的宽容甚至提倡进行热烈的争论，而与此同时，那些废除了奴隶制的国家却对此缄默不语。即使是像爱德华 · 吉本这样一位才华横溢、学识渊博而又沉着冷静的历史学家有时也不免感情用事。由于关于美国革命的观点不同，他和本杰明 · 富兰克林之间曾经闹得很不愉快，甚至同在一间英国乡村酒吧中相遇时也形同陌路。（后来，如富兰克林确信的那样，当吉本的研究从罗马帝国的衰落转向不列颠帝国的衰落时，他主动向吉本提供了大量的素材。关于不列颠帝国的衰落，富兰克林的观点是正确的，只不过他的时间表比实际的历史进程提早了大约 200 年。）

以上所援引的历史历来都是由那些受人尊敬的专业历史学家撰写的。常常，这些历史学家都是现存体制的重要支持者。因而，在他们撰写的历史书中，那些代表个别地方或民众的反对意见就常常被一笔带过。为了达到“更重要”的目的，客观性被牺牲掉了。正是由于存在这种可悲的现象，有人进一步推断说，根本就没有什么“历史学”可言，重构实际发生的事件是不可能的，那么，人们所做的最多也只不过是些带有偏见的自圆其说；这种关于历史学的推断往往被推广到所有知识领域，自然也包括科学。

即使我们完全重构历史的能力极其有限，即使那些有助于重构历史的有用信息往往与其他自我吹嘘的喧嚣声混为一体，谁又能否认那些由偶然因果链所决定的历史进程的客观实在性呢？历史学从一开始主观和偏见的危险就很明显。修昔底德[1]曾经对这种情况提出过警告。西塞罗[2]曾写道：

> 历史学第一定律是历史学家不能记下虚构的历史；第二定律是历史学家不能隐瞒真相；第三定律是历史学家的工作不能带有任何偏见或喜好的嫌疑。

萨马沙塔的卢奇安[3]在公元170年发表的《如何撰写历史》中指出："历史学家必须是正直无畏的；他们热爱坦率和真理，而不依附于任何势力。"

试图真实地重现历史事件是那些真诚的历史学家的责任，尽管，这一责任可能是令人失望和担忧的。历史学家必须学会压制由于其国家受到冒犯而引起的愤慨，承认的确本国的领袖可能犯下了残暴的罪行。因此，这些历史学家就会面临这样一种职业危险，那就是受到愤怒的爱国者的攻击。历史学家应当认识到对历史事件的记载已经过了有偏见的人的过滤。认识到历史学家自身也是带有偏见的，那些想知道历史上到底发生了什么的历史学家，必须去熟悉那些其他的，一度是敌对的国家的同行的观点。我们所能期望的是，不断地接近真实，循序渐进地提高自己的知识水平，使得我们对历史事件的理解更正确。

类似地，科学中也存在主观和偏见。我们无一例外地怀有偏见，我们同别的人一样生存于偏见盛行的环境当中。科学家们无法脱俗，他们偶然也会为

---

[1] 修昔底德（Thucydides，？前460—？前400）：古希腊历史学家。——译注

[2] 西塞罗（Marcus Tulius Cidero，前106—前43）：古罗马演说家、修辞学家、政治活动家。公元前70年任市政官、大法官。公元前63年当选为执政官。因为镇压卡提利纳暴乱，公元前58年被对立派控告，流放18个月，内战期间支持庞培反对恺撒。著作有《反腓力辞》等。——译注

[3] 卢奇安（Lucian，？120—？180）：希腊作家、修辞学家。主要著作有《神的对话》与《冥间的对话》等。——译注

那些臭名昭著的理论提供帮助和方便（例如他们通过测量脑容量的大小或脑颅骨的凸起或智商的高低来论证所谓的种族优越性或性别优势等）。通常科学家们不愿意冒犯金钱和权势，他们中的少数人甚至进行欺骗和剽窃。不少科学家曾经毫无愧疚地为纳粹工作，并且，科学家们也常常表露出与人类沙文主义或智力局限相连的偏见。正如前面所讨论的，科学家对那些致命的技术负有不可推卸的责任。在一些情况下，他们是因为没有对这些技术的始料未及的副作用给以足够的警惕而研制它们的。而在另一些情况下，他们是故意发明这些技术用于生命的摧残和毁灭。不过，不可否认的是，在大多数情况下，率先对这些危险的技术发出警报的也是科学家。

科学家与普通人一样也不能避免犯错误。如前所言，科学家的职责是识别人类的弱点、调查各种各样的观点和主张并进行无情的自我批判。科学是一项集体性的事业，在大多数情况下，一切纠错功能都在顺利地起作用。科学相对于历史学有着巨大的优势，即可以借助科学实验进行研究。对历史学而言，如果你对导致1814—1815年的《巴黎条约》的那些谈判过程不清楚，重演这些历史事件是一个不可行的选择，并且，你也不可能向参加者提出问题，他们早已不在人世了。因此，你唯一能做的就是在各种历史记录中挖掘证据。

而对于自然科学而言，为了获得或验证某些科学知识，你可以无数次地重复你所希望了解的过程，或者应用各种新方法对原来研究过的问题进行研究，检验各种各样的可能假说。当新的设备被制造出来以后，你还可以用这些设备重新做以前做过的实验，看一下灵敏度的提高带来了什么新的结果。对那些以历史为对象的科学问题，即使我们不能进行相应的重复性实验，但是通过分析各种相关的情况可以寻到其间的关联和共性。尽管我们不能随心所欲地让恒星爆炸，也不能通过实验重复哺乳动物的进化历程，但是我们仍能够在实验室中模拟超新星爆发的一些物理学现象，或者极其详尽地比较哺乳动物和爬行动物的基因组成。

尽管如此，许多人仍然声称自然科学并不比其他任何类型的知识更富于民主和理性，甚至有人认为推理本身也只不过是一种错觉而已。美国革命者、在泰孔德罗加堡[1]被俘的绿色山地童子军领袖埃特安·爱伦曾对此做过如下评述：

> 那些断言推理无效的人必须认真地思考这样一个问题，即他们在驳斥推理的过程中是否应用了推理的手段。如果他们用了推理方法，那么，他们无疑是在支持他们竭力攻击的原则。反过来，如果他们没有使用推理（为了不自相矛盾他们必须如此），那么他们就不可能得到理性的断言或进行理性的辩论。

对此读者可以自行评判这一观点的深度。

凡是亲自经历过科学进步的人都可以观察到这一过程中所存在的相当个人化的奋斗。总有那么一些人，他们或是出于简单的好奇和极大的真诚，或是出于对现存知识体系不完整的失望，甚至仅仅是被想象出来的自己与别人相比在理解问题方面的无能所困扰，于是，他们提出了一个又一个意味着巨变的关键问题。少数品格高尚的人超然于嫉妒、野心、背后诽谤、压制异己与可笑的自负组成的汹涌波涛之外进行着这样的工作。在一些领域，特别是成果卓著的领域，这样的行为几乎成了规范。

我觉得似乎是社会的混乱和人类的缺陷帮助了科学事业的存在与发展。对科学而言，存在一种已经建立的框架，使得任何科学家都能够证明别人是错误的，而且能确保所有人都能够知道这一点。即使有时候我们的动机是卑下的，我们仍然不由自主地在摸索一些新的事物。

诺贝尔化学奖得主、美国化学家哈罗德·C. 尤利在他 70 多岁时向我透露说，在过去的很多年中，随着时间的流逝，越来越多的人都在向着一个目标努力，那就是要证明他是错的。他把这种情况称为"西部最快枪手"并发症：年

[1] 泰孔德罗加堡（Fort Ticonderoga）：位于美国纽约东北部。曾是法国印第安战争和美国独立战争的战场。——译注

轻的快枪手在战胜了著名的上一辈的快枪手之后，将继承上一辈快枪手的荣誉并赢得人们的尊敬。他埋怨说这是一种恼人的状况。不过，也正是这种情况的存在引导了那些年轻而狂傲的家伙涉足那些他们本不会涉足的重要领域。

作为一个人，科学家有时也会犯选择性观察的错误，例如他们总是倾向于记住那些他们成功的经历而遗忘那些犯错误的经历。但是，在很多情况下，错误却往往蕴含着正确的部分，或是能够激励其他人去发现真正正确的东西。弗雷德·霍伊尔[1]是当代最杰出的天文物理学家之一，他对于我们理解恒星演化、化学元素合成、宇宙学及其他许多问题做出了不可磨灭的贡献。有时，在任何人都没有想到存在需要解释的问题的时候，他已经获得了关于这类问题的正确答案，而在另外一些时候，他却提出或这或那的错误的、恼人的、不能让人容忍的古怪观点，以致观察人员与实验人员觉得必须去进行验证。不过，尽管那些冲动的、集中的试图证明弗雷德错了的努力胜败交错，但不可否认的是，在几乎每个问题上这些人的努力将相应领域的研究向前大大地推进了。即使是弗雷德的最不能让人容忍的观点，例如弗雷德曾提出流感病毒和艾滋病病毒来源于彗星，并认为星际灰尘颗粒是些细菌，在论证或反驳他的观点的过程中，获得了极其丰富和有意义的新知识，尽管最终也没有找到任何证据证明这些特别的见解。

也许列出一些科学家犯错误的例子对科学家们不无益处，也许揭去科学神秘的面纱将有助于启迪年轻的科学家。在历史上，即使是像约翰尼斯·开普勒、艾萨克·牛顿、查尔斯·达尔文、格雷格·孟德尔和阿尔伯特·爱因斯坦这样伟大的科学家也曾犯过严重的错误。幸运的是，科学事业是一种集体的事业，任何个人的影响都不能超过集体的作用。因此，即使那些最有才华的科学家犯了错误，这些错误也能被其他远不如他们的科学家发现并弥补。

就我个人而言，我曾在过去的书中记述那些我被证明是正确的一些例子，

---

[1] 弗雷德·霍伊尔（Fred Hoyle，1915—2001）：英国天文学家。与 H. 邦迪和 T. 戈尔德一起提出宇宙稳衡理论。认为宇宙在不断膨胀中始终保持同一密度的稳衡状态。作品有《宇宙的本质》《天文学的前沿》《星系、核和类星体》《宇宙的十个方面》等。——译注

现在再来看一看我所曾犯过的错误。在宇宙飞船能够探测金星以前，我曾认为那里的大气压只是地球大气压的几倍，但实际上，探测结果表明是几十倍；我曾认为金星上的云层主要由水组成，而探测结果却表明金星云层中的水分含量仅为25%；我曾认为火星存在板块构造，但宇宙飞船的近距离观察的结果表明在火星上几乎不存在板块构造的迹象；我曾认为土卫六上偏高的红外温度是由那里强烈的温室效应引起的，而实际上却是由大气同温层的逆温效应引起的；在1991年1月伊拉克燃烧科威特的油井之前，我曾警告说油井燃烧所产生的烟气将会上升到很高的高度，从而会对大部分南亚地区的农业产生不良影响，但是，事实表明，除了使波斯湾的中午变得昏暗并使气温下降4℃～6℃之外，这些烟气很少能上升到同温层，因此不可能对南亚产生什么影响。在进行这些计算的时候，我显然没能对计算过程的不确定性予以充分的考虑。

不同的科学家有着不同的思考习惯，有一些可能更谨慎一些。如果科学家们不是彻头彻尾的教条主义者，而且各种新思想又都能够得到检验的话，那么，是不大可能对社会产生什么危害的。事实上，在这种提出思想和检验思想的过程中，科学将会发生显著的进步。在上面我被证明是错误的那五个例子的头一个中，在没有翔实的宇宙探测数据的条件下，我试图从一点点线索出发去了解遥远的世界，因而犯下了错误。实际上，当我们获得了越来越多行星的探测数据的时候，我们就会发现许多原来认为是正确的观点被新的事实推翻。

后现代主义者批评开普勒的天文学根源于他的中世纪的、一神论的宗教观，而达尔文的生物进化论是被一种使他所属于的特权社会阶层永存的愿望所驱使，或是出于证实他所提出的无神论的动机。如此种种，有些批评是正确的，而有些则显然是失之偏颇。

但是，如果科学家们确实是审慎诚实的，而且其他具有不同观念和倾向的人又能够检验他们的工作，那么，他们在进行研究工作时带点个人的偏见和感情偏好又有什么关系呢？可以肯定，没有人会争论说从保守的角度计算14与27的和不同于从自由的角度得到的结果，或者，一个函数的导数是它本身，这样的函数在北半球是指数函数，而在南半球却是另一个函数。同样，任何周期函数都可以在任意指定的精度下用傅立叶级数表示，而无论是印度的数学中还是在伊斯兰国家的数学中。非交换性代数（即 A 乘 B 不等于 B 乘 A）对于印欧语系的人与芬兰乌戈尔语系的人来说都是内在一致和有意义的。数学也许会受到毁誉参半的评价，但不可否认它对于任何种族、文化、语言、宗教和意识形态都是同样正确的。

与此相反，尚有其他许多处于另一极端的问题。例如抽象表现主义究竟是伟大的艺术形式，还是对伟大音乐艺术的亵渎？抑制通货膨胀与降低失业率究竟何者更重要？法国文化是否比德国文化更优越？是否可能在全国范围内推行抑制谋杀的法令或措施？所有这些问题都是过分简化了的，有些问题难置可否，无法用对或错简单地衡量，也有一些的答案基于一些难以言说的假定条件。对于这些问题，各种局部性的偏见将很可能决定对问题的回答。

在这样一种主观的连续体中，科学既有可能完全不考虑文化规范，也有可能完全依赖于文化规范，这样，科学是不是在说谎？尽管各种各样的偏见和文化沙文主义层出不穷，而且不断地改头换面，但是，科学仍然是接近于数学而远离时尚的。因此，那些认为科学发现总体上是主观偏见的观点本身不仅仅是一种偏颇之见，它也是貌似真理的谎言。

历史学家乔伊斯·阿普尔比、里恩·亨特和玛格利特·雅格布在 1994 年出版的《说说真实的历史》一书中对艾萨克·牛顿进行了批评，说他因为害怕威胁到传统的宗教并导致社会混乱和无神论而拒绝接受笛卡儿的哲学观点。这些批评无非证明了科学家也是凡人这一点。当然，牛顿是怎样被他同时代的知识界攻击的的确能引起研究思想的历史学家的兴趣。不过，这对于了解他的主张的正确性并无什么实质性的意义。事实上，这些主张要得到广泛的接受，它们就必须能够同时说服有神论者和无神论者。这正是历史上所发生的。

阿普尔比和她的同事们声称“达尔文在构造他的进化论时还是一个无神论和唯物主义者”，并且指出进化是无神论者有意而为的产物。进化论中铺天盖地的是些无可救药的混乱的因果关系。在达尔文得到乘“贝格尔号”去环球航行的机会时，他即将成为英格兰教堂的主教。那时，正如他自己所说，他的观念还非常传统，甚至认为每一条英国国教教义都是完全可信的。此后，随着与自然的交融以及科学的熏陶，一线曙光逐渐照亮了他的灵智。他发现，至少有一部分他原来笃信的宗教是错误的。这就是他的宗教观发生转变的原因。

阿普尔比和她的同事们对达尔文描述的“那些野蛮人道德水平低下，并且缺乏足够的推理能力和自我控制能力”感到恐怖。他们说“至今，很多人还对达尔文的种族主义倾向深感震惊”。但我要说的是，在达尔文的论述中并没有什么种族主义的倾向。事实上，在此他所指的是那些生活在极其贫瘠的阿根廷靠南极的火地岛的居民，他们遭受着物质条件匮乏的煎熬。当他在描述一位非洲裔的南美妇女宁死而不屈于奴隶制时，他指出正是由于社会歧视使得人们对她的英雄的反抗行为视若无睹，而如果同样的行为发生在一个出身于罗马贵族家庭的女子身上，那么，她的反抗无疑会被视为最具有英雄意味的行为。由于激进地反对船长的种族主义思想，他几乎被船长腓兹罗伊扔下“贝格尔号”。在反对种族主义这点上，达尔文无疑高出同辈许多。

但是，即使他不是如此，这对自然选择的对错有什么影响呢？托马斯·杰斐逊和乔治·华盛顿都拥有奴隶；阿尔伯特·爱因斯坦和圣雄甘地都是不称职的丈夫和父亲，这个名单可以无限地列下去。我们任何人都是一定时代的产物，都是有缺陷的。用将来的、我们迄今未知的标准去衡量我们现在的行为是公平的吗？也许对我们的下一代而言，我们现在的一些习惯行为无疑会被认为是野蛮行为，例如现在我们都坚持小孩甚至婴儿应该单独睡而不是跟父母睡，还有，通过激起国家主义的热情来获得大众支持，从而取得更高的政治地位的方式。此外，诸如承认贿赂和腐败是一种生活方式、饲养宠物、吃动物、笼养黑猩猩、宣布成年人使用欣快剂为非法、允许我们的孩子成长为文盲等。

回顾历史，偶尔也有少数不同寻常的人卓然脱俗。在我的书中就提到一个这样的人，他就是出生于英国的美国革命者托马斯·潘恩。对于他所处的时代而言，他堪称是遥遥领先。在君主制、贵族制、种族主义、奴隶制、迷信和性别歧视这一切构成了传统智慧的时候，他就已勇敢地向它们进行了斗争。他一直不屈不挠地批判传统宗教。在《理性的时代》中，他写道：“当我们阅读《圣经》的时候，我们会发现整部书的一大半都充斥着淫秽故事、色情的堕落、野蛮残酷的刑罚以及毫不留情的复仇。因此，这部经书与其说是上帝之言毋宁说是魔鬼之语。它……将使得人类变得更加堕落和野蛮。”同时，他在书中表达了对造物主的深深崇敬。潘恩认为仅仅在对自然界的一瞥之间就能够找到造物主存在的明显证据。在他的同辈人看来，一个人似乎绝对不可能在大肆贬斥《圣经》的同时又狂热地崇敬上帝。基督教神学家得出的结论是潘恩是个喝醉酒的、腐化堕落的疯子。犹太学者大卫·列维则禁止与他信奉相同宗教的人触摸，更不用说阅读潘恩的书。潘恩为他的观点付出了惨痛的代价。法国大革命之后，由于他过于一贯地反对独裁而被投入了监狱，他由此成了一位悲惨的老人[1]。

不错，进化论者的观点可能被彻底推翻，或者被极其古怪地误用：贪婪的强盗式资本家头目可以求助于社会达尔文主义来解释他们残酷的行为；纳粹和其他种族主义者可能会以“适者生存”为他们的种族灭绝政策辩护。但是，达尔文并不曾制造约翰·D. 洛克菲勒或阿道夫·希特勒。实际上，贪婪、工业革命、自由企业体制、政府在金钱面前的腐败就足以解释 19 世纪的资本主义。而种族中心主义、对外族人的仇视、社会等级、德国长期以来的反犹太主义、《凡尔赛和约》、德国的加速生育子女以应付战争的需求的实践、通货膨胀和萧条等则足以解释希特勒的崛起。有没有达尔文，所有这些情况都很可能出现。现代进化论者清楚地指出其他一些不是那么冷酷的特质，其中一些为强盗式资本家和“元首”所蔑视，例如利他主义、普通的智力和同情心等也许才是生存的关键。

如果我们能够审查达尔文，我们还能审查其他的什么知识呢？谁有能力做这些审查工作呢？我们中又有谁能够聪明到知道哪些知识和洞察可以很安全

---

[1] 潘恩是一本革命性的小册子《常识》的作者。《常识》出版于 1776 年 1 月，在接下来的几个月中售出了 50 万册以上，促使许多美国人投身独立事业。他是 18 世纪三本最畅销的书的作者。后代的人们因为他的社会和宗教观点对他大肆辱骂。西奥多·罗斯福称他是个龌龊的小无神论者，全不管他对上帝的深刻信仰。他可能是未被华盛顿特区的一座纪念碑所纪念的最著名的美国革命者。

地省略，哪些知识只有到成百上千年之后才是必要的呢？的确，我们能够在一定程度上对科学技术进行选择，确定发展哪些机器和产品是安全的。由于我们不可能有足够的资源去尝试所有的技术，因此在任何情况下我们都需要进行这样的决策。但是审查知识、告诉人们必须想些什么、哪些想法是不允许的以及不应该寻求哪些证据等，才是思想管制、愚蠢和无能的决策以及长期衰退的突破口。

狂热的理论家和独裁政权很自然而且很容易地将自己的观点强加于人，他们绝不允许不同意见的存在。一些纳粹科学家，例如诺贝尔物理学奖获得者约翰内斯·斯塔克[1]在官方的支持下将科学强行地划分为所谓稀奇古怪的、纯属想象的“犹太科学”（包括相对论和量子力学），以及现实可行的“雅利安科学”。这种划分并没有什么实在的根据，而纯粹是出于意识形态。另外一个有教育意义的例子是苏联的遗传学的发展历史。

大约在 30 年后，美国遗传学家赫尔曼·J. 穆勒向我描述了他在 1922 年，为了亲自看一看新成立的苏维埃国家，乘一架轻型飞机从柏林飞往莫斯科的经历。那时，他已经发现了强辐射能够引起突变的现象，这一发现最终为他赢得了诺贝尔奖的奖金。也许在苏联的见闻令他流连忘返，于是他迁往莫斯科并帮助苏联开创现代遗传学这一新领域。但是，到了 20 世纪 30 年代中期，一个名叫特罗菲姆·李森科的江湖骗子得到了斯大林的注意和热情支持。李森科把遗传学称为“孟德尔–魏斯曼–摩尔根学说”（以这一领域的奠基者命名），并说这种遗传学是建立在一种不可接受的哲学基础之上的。而真正从哲学意义上正确的遗传学，应该遵从共产主义者的辩证唯物主义，这种遗传学将产生非常不同的结果。尤其值得一提的是，按照李森科的遗传学，将可能培育出一种新的冬小麦品种，显然，这对斯大林的强制性集体化农业导致的苏联经济倒退是个好消息。

---

[1] 约翰内斯·斯塔克（Johannes Stark，1874 ~ 1957）：德国物理学家。1913 年发现电场能使原子发射的谱线分裂（斯塔克效应），获 1919 年诺贝尔物理学奖。——译注

李森科的那些带有倾向性的证据是可疑的，他的大量的结论都是建立在自相矛盾的数据基础上的，同时，他也没有进行什么严格的对照实验。然而，尽管李森科权势日隆，穆勒激烈地争辩说经典的孟德尔遗传学完全符合辩证唯物主义，但李森科崇信获得性遗传，而否认遗传的物质基础才是属于“唯心主义”的。穆勒得到了苏联农业科学研究院前任院长 N. I. 瓦维罗夫的强烈支持。

在 1936 年，李森科已是苏联农业科学研究院的院长，穆勒在一次研究院的会议上做了振奋人心的发言，他说道：

> 如果杰出的专业人员都要去支持那些即使粗通遗传学的人都会明白是非常愚蠢的观点和理论，（就像李森科院长和像他一样想的人最近所提出的那些观点和理论）那么，我们面临的选择就很类似于在巫术与医学、星象学与天文学或炼金术与化学之间做选择。

在一个充满任意逮捕和警察恐怖的国家，说出这番话显示了他值得仿效的正直和勇气，也有人认为这是鲁莽的行为。在《瓦维罗夫事件》（1984）中，苏维埃流亡历史学家马克・巴普斯基描述了这些发言“得到了整个大厅雷鸣般的掌声”，而且“被当时所有的列席者深深地铭记在心”。

三个月后，一位对一封广为流传的签有穆勒名字的信表示震惊的西方遗传学家访问了穆勒。那封信抨击了西方遗传学界盛行的“孟德尔－魏斯曼－摩尔根学说”，并呼吁抵制即将召开的国际遗传学会议。实际上，穆勒根本没有看过这封信的内容，更不用说在上面签过名了。对此，他非常愤怒，并肯定是李森科捣的鬼。穆勒马上向《真理报》写了一篇斥责李森科的文章，并把副本寄给了斯大林。

第二天，瓦维罗夫有些紧张地来见穆勒，并通知他，穆勒已经自愿为西班牙内战服务。穆勒写给《真理报》的那封信已使他处于非常危险的境地。他于次日离开了莫斯科，后来被告知，他刚好逃脱了秘密警察。但瓦维罗夫就没有这么幸运了，1943 年，他死于西伯利亚。

在斯大林及其后的赫鲁晓夫一如既往的支持下，李森科冷酷地压制着经典遗传学的发展。在20世纪60年代早期，苏联的学校使用的生物学教材里几乎不讲授关于染色体和经典遗传学的内容，这和现在的美国教材里几乎不讲进化论很类似。但是，苏联并没有培育出新的冬小麦品种，“辩证唯物主义”的咒语似乎并没有被农作物的DNA听到；苏联的农业仍旧处于极端的困境之中。也许，正是由于这个原因，尽管今天苏联在许多科学领域中都处于世界前沿，但是，他们在分子生物学和遗传工程方面却是不可救药地落后，他们失去了整整两代现代生物学家。直到1964年，在苏维埃科学院（那时少数几个相对独立于党和国家领导的机构之一）的一系列争论和投票表决之后，李森科的学说才被推翻。在这场否定李森科的运动中，核物理学家安德雷·萨哈洛夫起了极其重要的作用。

美国人对苏联的这种经历总是惊讶得连连摇头。对美国人而言，一些政府支持的意识形态或公众偏见竟然制约了科学发展是不可思议的。200年来，美国人一直自诩为务实的、实用主义的、非意识形态化的民族。但是具有讽刺意味的是，美国同时又是一个人类学和心理学方面伪科学竞相盛行的国度。在宇宙创造说的幌子下，不少人不断地努力阻止在学校讲授进化理论，而实际上，进化理论却是一种非常有力的整合式的生物学理论，对于其他学科，从天文学到人类学，都是不可或缺的。

科学与其他人类事业的差异并不在于科学的从事者们会受到所处文化环境的影响，也不在于科学的时对时错（这是所有人类行为的共性），而是在于科学构造各种可检验的假说、探索各种验证或推翻理论的确定性实验的热情，在于科学进行实质性辩论的活力，在于科学乐于抛弃那些被发现有缺陷的思想。然而，如果我们不能清楚地意识到人类自身的局限，如果我们不进一步寻求更多的数据，如果我们不愿进行对照实验，如果我们不尊重客观证据，那么，我们在寻求真理方面就会非常软弱无力。机会主义和怯懦的结果只能是使我们被每一种意识形态的微风所击倒，而不能坚持任何具有恒久价值的东西。

chapter fifteen / 第十五章

牛顿之眠

上帝使我们远离褊狭和“牛顿之眠”。

——威廉·布莱克[1]

选自给托马斯·巴兹信中的诗句（1802 年）

无知比博学经常更带给人自信：那些肯定地断言这个或那个问题永远不可能被科学解决的人，恰恰是那些所知甚少的人，而不是学识渊博的人。

——查尔斯·达尔文《人的进化》导言（1871 年）

[1] 威廉·布莱克（William Blake，1757—1827）：英国诗人、画家、版画家。对英国画坛的浪漫主义派产生过重要的影响。其著作有《天真之歌》和《经验之歌》等。——译注

诗人、画家、革命者威廉·布莱克用“牛顿之眠”来比喻牛顿物理学观察事物角度犹如井底之蛙，以及牛顿自己从神秘主义的（不彻底）脱离。布莱克认为原子和光粒子的想法是可笑的，牛顿对人类的影响就像“魔鬼”一般。对科学更一般性的批评是科学太狭隘了。由于我们被充分证明的易谬性，在严肃的论述之外，科学拒绝考虑法庭、不同程度令人振奋的想象、游戏式的概念、真诚的神秘主义和使人目瞪口呆的奇迹。没有客观证据，科学不承认精神、灵魂、天使、魔鬼、释迦牟尼的法体，以及天外来客。

美国心理学家查尔斯·塔特认为超感觉存在的证据是令人信服的，他写道：

> 导致目前流行的“新时代”思想的重要因素之一，是反对科学主义非人性化、非精神化的影响，即我们除了是物质实体外什么都不是的哲学信念（他们打着客观科学的旗号，顽固坚持再生的基督教原教旨主义）。不假思索地支持打着“精神”“心灵”或“新时代”旗号的任何事物当然是极其愚蠢的，因为这些思想中的大多数，不论多么崇高或鼓舞人心，事实上都是错误的。另一方面，“新时代”思想的益处在于对人类本性的某些现实合理的认知：人类已经，而且会继续体验那些看似“精神”或“心灵”的东西。

为什么“心灵”体验总是向我们的物质观念挑战，而与其他观念没有冲突呢？毋庸置疑，物质（和能量）存在于日常世界中，这样的证据比比皆是。相反，正如我前面所提到的，非物质的“精神”或“灵魂”存在的证据却非常值得怀疑。当然，我们每一个人都有丰富的内心世界。但是，考虑到物质世界是惊人的复杂，我们如何能证明我们的内心生活不全部来自物质世界？不错，关于人类意识的许多问题，我们并没有充分理解，也不能用神经生理学来解释。人类的能力有限，科学家比其他人更清楚地懂得这一点。但是，几代人之前，自然界许多被认为是神秘莫测的现象，都已经通过物理学和化学的手段被彻底理解了。至少今天的一些神秘现象也会被我们的后代彻底揭示。比如说，我们现在还不能通过大脑化学来给出意识状态的变化的详细解释，这并不意味着“精神世界”的存在是非物质的奇迹。正如我们懂得趋光性和植物激素以前，将向日葵总是朝着太阳当作是确确实实的奇迹存在的证据一样。

如果这个世界并不完全和我们的意愿一致，这是科学之错吗？还是那些将自己意愿强加于此世界的人的过错？所有的哺乳动物，以及许多其他动物，体验着情感：如恐惧、欲望、希望、痛苦、爱、憎恶，以及被引导的需要。人类可能对未来思考得更多些，但并没有什么感情是人类所独有的。另一方面，没有其他物种像人类一样探求科学，如何能说科学“使人失掉人性”呢？

这个世界看似如此不公平：有些人尚未出襁褓就饱受饥饿而夭折；而另一些人仅是由于出身的原因，过着富足华丽的生活。一个人可能生在被凌辱的家庭或被咒骂的种族，或天生有某种残疾，一辈子在命运的作弄中生活，直至死亡。这就是生命的结局吗？仅仅是一场无梦、永无尽头的睡眠吗？公正何在？这是惨淡、残酷而无情的。难道我们不应该在公平的竞技场上有第二次机会吗？如果不管前生命运如何与我们作对，我们来生的出身取决于我们前生努力的程度，那该多好哇。或者，如果我们死后存在一次审判：——只要我们扮演好这一生所注定的角色，为人谦卑、诚实，等等——作为奖赏，我们将在摆脱了这个世界的痛苦和动乱的永久避难所中愉快地生活，直到时间的尽头。如果这个世界是经过考虑、事先设计好的，而且是公平的，它就会是这个样子。

如果承受痛苦和磨难的人将得到他们应得的安慰，它就会是这个样子。

所以，那些引导人们满足于现在的生活状况，期望死后有所回报的社会，倾向于灌输给人们安于现状、反对变革的思想。更有甚者，对死亡的恐惧，在某种程度上本来是生存斗争和进化中的一种适应，在战争中反而变得不适应。那些宣扬英雄（或者甚至是那些仅仅是按照权威的吩咐行事的人）来生会得到极大幸福的文化，可能会赢得一些竞争性的优势。

因此，死后精神永存的思想和关于来生的概念，宗教和国家兜售起它们来，应该是不费吹灰之力的。在这个问题上，我们不能期望存在广泛的怀疑主义。尽管几乎毫无证据，人们仍然愿意去相信它们。不错，大脑损伤会使我们丧失大部分记忆，可以将我们由癫狂变得平静，或由平静变成癫狂；大脑化学的改变会使我们相信有一个针对我们的大规模的阴谋，或者使我们认为听到了上帝的福音。但是，尽管这提供了像我们的个性、特征、记忆（如果你愿意，可以将灵魂包括在内）根源于大脑的物质之中一样强有力的证据，但如果不重视这一证据，回避这一证据的可信度是很容易的。

如果由一个强劲有力的社会制度坚持来生的存在，那么持异议者人数很少并且保持沉默、遭到憎恶是不足为奇的。一些东正教、基督教、新时代教派和柏拉图主义者，坚持说世界是非现实的，苦难、死亡和物质本身都是幻觉，除了“思想”之外，没有什么东西真的存在。与此相反，盛行的科学观点认为思想是我们感知大脑活动的方式，即思想是大脑中无数个神经联结的一种性质。

从 20 世纪 60 年代起，兴起了一种奇怪的学术观点，认为所有的观点与幻觉一样具有同样的武断性、正确性和谬误性。科学家们长期以来一直说文学批评、宗教、美学和哲学、伦理学都只是主观的看法，因为它们不能像欧几里得几何学的定理那样被证明，也不能用实验来验证，所以，这种新观点也许是想扭转科学家在论战中的优势。

对那些期望每件事都成为可能的人来说，他们的现实是不受限制的。他们感觉，人们想象和欲望的要求要多于科学教给人们所能理性地确信的相对少的东西。许多“新时代”的宗师（女演员雪莉·麦克雷恩就是其一）走得如此之远，以至于信奉唯我论，断言唯一的实在是他们自己的思想。实际上，他们常这么说，“我即上帝”。“我真的认为我们在创造现实的一切”，一次，麦克雷恩告诉一个怀疑论者，“我认为我正在创造面前的你”。

如果我梦到与死去的父母或子女相会，谁能告诉我它并没“真正”发生？如果我感觉我自己飘浮在太空，俯瞰地球，也许这也是真的。不能分享这些体验的科学家们，谁又能告诉我这些都只是在我的头脑中发生的？如果我的宗教告诉我，宇宙年龄只有几千年是上帝的不可更改、正确无误的断言，那么当时的科学家宣称宇宙有几十亿年历史时他们就是错误的、冒犯神灵的、不虔诚的。

令人恼火的是，科学断言为我们能做什么，甚至根据什么原理来做，划定了界限。谁说我们不能超越光速？他们以前也说过无法超越声速，不是吗？如果我们真的拥有了强有力的仪器，谁能阻止我们同时测定电子的位置和动量？如果我们非常聪明，我们为什么不能制造出“第一类”永动机呢？（即能量不必守恒，输出的能量比供给的能量更多。）或者制造出“第二类”永动机呢？谁胆敢对人类的发明天才划定界限？

事实上，自然界制定了界限。在这样一些无法实现的行为中，蕴藏着关于宇宙如何运转的相当完备而又非常简单的自然规律。显然，伪科学和迷信企图说明自然界不存在限制。他们扬言，“一切事物都是可能的”，他们承诺了一个无限的产出，但他们的支持者只会感到失望和被愚弄。

另外一个对科学相关的指责是科学太简单化，太“还原主义”；科学天真地以为宇宙最终的解释只是几个自然规律（也许是非常简单的几个），它们就能解释任何东西。整个世界的精细微妙之处，雪的晶体，蛛网的格子构架，旋涡星系，人类洞察力的火花，最终都能还原为这些规律。还原主义似乎对斑驳复杂的宇宙不够尊重，它显得就像一个傲慢与懒惰的奇怪的产物。

对艾萨克·牛顿（他在科学批评者眼中，正是还原主义的化身）而言，宇宙就像钟表一样。行星围绕太阳，月球围绕地球按照其规则的、可预测的轨道运动，和我们司空见惯的钟摆摆动和弹簧振荡的运动一样，都可以从本质上用完全相同的微分方程精确地描述出来。现在有一种倾向，认为我们处于高贵的优越的地位，而怜悯可怜的牛顿学派只能看到那么狭窄的范围。但在某些合理的约束下，描述钟表工作的简谐方程，确实描述了整个宇宙中天体的运动。这是一个深刻的而非肤浅的对应。

当然，太阳系中并不存在齿轮，万有引力的“钟表”各部分的部件互不冲突。一般而言，行星的运动比钟摆和弹簧复杂得多。钟表模型在某些环境中不再成立：经过一个漫长的时期后，来自遥远天体的引力（对少数轨道的影响可能看起来微乎其微）逐渐形成，一些小天体可能出乎意料地偏离了原来的轨道。但是，摆钟也存在一些类似于混沌运动的现象，如果我们将摆球过度偏离垂直位置，随之而来的将是紊乱怪异的运动。太阳系比任何机械钟都能更好地保持时间，而设置时间的思想，恰恰就来自观察到的太阳和恒星的运动。

令人惊讶的是，无论对钟表还是行星，相似的数学原理都能完美地应用。其实大可不必惊讶，我们又没有把它强加给宇宙。这不过是宇宙运行的方式。如果这被称为“还原主义”的话，那就算是吧。

直至20世纪中期，在神学家、哲学家和许多生物学家中间，流行这样一个强烈的信仰——生命无法“还原”为物理和化学定律，而是存在一种“生命力”、一个“生命原理”、一种“道”、一种使生物能生存的“玛那”[1]。它“激活”了生命。不可能想象仅靠原子或分子，就能解释活生生的生命所具有的复杂和精美，以及形式与功能的和谐。因而，宗教应运而生了：上帝或众神使无生命的东西具有生息和灵魂。18世纪化学家约瑟夫·普里斯特烈试图找到“生命力”，他称量了一只耗子活着和死去时的质量。毫无疑问，两次称量的结果完全相同。所有这类尝试都以失败而告终。如果确有灵魂物质存在，显然它没有质量，——也就是说，它并不是由物质组成的。

然而，即使是生物唯物主义者也对此持有保留意见；也许，就算植物、动物、真菌和微生物是没有灵魂的，理解生命仍需要尚未发现的科学原理。例如

[1] 玛那（Mana）：可以集中在物体或人体上，可以传授、获得或授予超自然的力量。——译注

英国生理学家 J. S. 哈丁（J. B. S. Hardin 之父）在 1932 年提出这样的疑问：

> 关于生命如何从疾病和损伤中得以恢复，生命的机械论能给出什么合理的解释吗？一点儿也没有，就像与此紧密相关的繁殖现象一样，这些现象太复杂、太奇怪，我们还不能了解它们，不论我们如何发挥想象力，我们都无法想象一个精致复杂的机制，能够像一个有机体那样，不断地、无限地繁衍自身。

但仅仅几十年后，人类获得了关于免疫学和分子生物学的知识，彻底揭开了这些曾被认为是无法理解的奥秘。

我清楚地记得，20 世纪 50 年代和 60 年代，当 DNA 分子结构和遗传密码的性质首次被详细阐述时，研究宏观有机体的生物学家是如何谴责那些分子生物学的倡导者是“还原主义”的（“用 DNA，他们连一条蠕虫都根本弄不明白”）。当然，将一切事物都归结为“生命力”比“还原主义”好不了多少。但现在我们已经知道得很清楚，地球上的所有生物，每一个有生命的东西，核酸中都携带密码形式的遗传信息，基本上都采用相同的一套密码来执行遗传指令。我们已经了解了如何解开这些密码。生物不断重复利用着相同的几十个有机分子，执行着各种功能。科学家已经确认出胆囊纤维化和乳腺癌的致病基因。组成流行性出血热细菌的 1743 个基因的 1800 万个 DNA 碱基对，已经被排列出来。大多数基因的特定功能，都被详细地了解：从制造和折叠上百个复杂分子、防热、抵抗病原体、提高变异率，到严格的自我复制。其他许多有机体（包括蛔虫）的大部分整组遗传基因图谱也被绘制出来。现在，分子生物学家正忙于将决定人类特征的 30 亿个核苷酸序列记录下来。再过一二十年，他们就可以完成这项工作。从此项成就中，人类获得的利益是否会大于风险，似乎目前还无法确定。

原子物理学、分子化学与最神圣的繁殖和遗传本质之间的密切联系，现在已经被科学家建立起来了，并不需要引入新的科学原理。看起来好像只需要几个简单的事实就足以理解生命体的极端的复杂性和多样性。分子基因学同时也告诉我们，每个有机体都有其特殊性质。

还原主义更好地应用于物理学和化学。稍后，我将描述一个意想不到的一致性，我们对电、磁、光和相对论的理解可以归为一个单一框架。几百年来，我们已经知道了少数几个相对简单的规律，不仅可以解释，而且可以定量地准确预测多得令人吃惊的各种现象。这些现象不但发生在地球上，还可以发生在整个宇宙中。

从神学家伦敦・吉凯所著的《自然、现实和神灵》(*Natural*, *Reality and the Sacred*）一书中，我们看到这样的观点：所谓四海皆同的自然规律，仅仅是一帮容易犯错误的科学家和他们的社会环境所强加给宇宙的先入之见。他渴望其他类型的"知识"在其领域中能和科学在科学领域中一样真实有效。然而，宇宙的秩序并非假设，而是观察到的事实。我们能探测到来自遥远类星体的光只是因为电磁学定律在100亿光年之外和在地球上一样有效。我们能够辨认出它们的光谱只是因为类星体和地球存在相同的元素，因为二者都遵从同样的量子力学定律。星系间相互围绕的运动遵循我们熟知的牛顿万有引力定律。万有引力透镜和脉冲双星的螺旋形下降揭示了宇宙深处的广义相对论。我们也许可以生活在一个每个区域都有不同规律的宇宙中，但事实上并非如此，这一点不能不令人惊叹和敬畏。

我们或许生活在仅通过几个简单规律无法理解的宇宙中，自然界复杂得超过了人类的理解能力，地球上的定律不适用于火星或遥远的类星体。但是，我们所得到的证据（注意，不是先入之见，而是证据）证明情况恰恰相反。我们是如此幸运，生活在许多事物可以"还原"为几个相对简单的自然规律的宇宙中。否则，我们的智力可能不足以理解整个世界。

当然，我们在把还原主义的方法应用于科学时可能会犯错误。正如我们所知道的，也许许多事物不能还原为几个相对简单的规律。然而，根据最近几百年的发现，抱怨还原主义似乎是愚蠢之举。它不是一个缺陷，而是科学主要的成功之一。对我而言，它的发现与许多宗教是完美地吻合的，尽管它不能证明宗教的真实性。为什么几个简单的自然规律能够解释那么多的东西，而且适用于整个广袤的宇宙呢？这不正是人们对宇宙的创造者的期望吗？为什么宗教神秘主义者反对科学上的还原主义方法，而不去反对他们错置了的对神秘主义的爱恋呢？

几个世纪以来，宗教的议程上，一直试图调和它与科学的分歧。至少那些不愿在文字上刻板地坚持《圣经》或《古兰经》而不给寓言和比喻任何空间的人是如此。罗马天主教神学的最高成就是圣托马斯·阿奎那所著的《神学大全》和《反异端概要》。除了12、13世纪复杂的伊斯兰教哲学涌入基督教世界的旋涡之外，古希腊的书籍，特别是亚里士多德的著作（即使随意翻检一下也会发现其伟大的成就）也随之而来。这些古代学识与上帝圣言是和谐的吗？[1]在《神学大全》中，阿奎那企图协调基督教与古代经典之间的631个问题。但是，在有明显分歧的情况下如何做到这一点呢？没有一些附加的组织原则，一些了解世界的更好的途径，是无法完成此项任务的。通常，阿奎那求助于常识和自然世界——即科学，正是用它们作为纠正错误的手段。通过在一定程度上扭曲自然和常识，他设法去解决所有的631个问题。（当“推”变成了“猛挤”，想要的答案可以被简单地臆想出来。此时，理性总是让位给对宗教的忠诚。）犹太法典和后犹太法典及中世纪伊斯兰哲学中，也充斥着类似的尝试。

但宗教的核心教义，却能科学地验证。这导致了一些宗教人士和信教者谨慎地对待科学。圣餐，如教会宣传的那样，不只是一个引人联想的比喻，而在事实上，的确是耶稣基督的血肉吗？还是不论从化学的、微观的或其他什么方式看，仅是牧师递给你的一小块未经发酵的圆面包片（所谓“圣饼”）呢？[2]如果不用人向神灵献祭，在金星52年的循环周期结束时，世界就会毁

[1] 对许多人来说，并不存在困境。11世纪的圣安瑟伦说：“我相信，所以我理解。”

[2] 有一段时间对这一问题的回答事关生死，迈尔斯·菲利浦斯，一个英国水手，搁浅于西班牙属墨西哥，他和他的同伴在1574年被带到宗教法庭。他们回忆道：“我们是否相信教士举在他头顶的主的面包和圣餐杯中的红葡萄酒是真实的、毋庸置疑的救世主耶稣基督的肉体和鲜血，是还是否？”“对这个问题，”菲利浦斯补充道，“如果我们的回答不是‘是’，那么我们就死路一条了。”

因为这一中美洲的仪式已有500年没有真正举行过了，我们可以从这个角度反思那些成千上万献给阿兹特克和玛雅神祇的自愿和不自愿的牺牲者，他们通过宁静的信仰和确信他们的死亡是为了拯救宇宙而使自己甘心于这一命运。

灭吗？一个偶然未受割礼的犹太男子，会比他遵循与上帝的古老契约（上帝要求割下每个男性崇拜者的一小块包皮作为祭品）的笃信宗教的同伴生活得较为糟糕吗？如摩门教徒所宣扬的，在其他无数行星上也有人类生存吗？如伊斯兰民族断言，白种人是一个疯子科学家用黑种人制造出来的吗？[1] 如果印度教徒不举行牺牲仪式，太阳果然就不再升起了吗（在 *The Satapatha Brahmana* 中断言确实会如此）？

通过研究那些不熟悉的宗教和文化，我们可以对祈祷者的人性根源有所洞悉。例如在公元前 2000 年的巴比伦圆柱形印章上，铭刻有这样一段楔形文字：

> 哦，宁利尔，土地女神，在你的婚床上，在你的喜悦中，请替我向恩利尔求情。热爱你的
>
> （签名）宁麻的米利・史帕克－萨达姆

宁麻的萨达姆在很久以前就存在了。尽管宁利尔和恩利尔是主神——整个西方文明世界向他们祈祷了 2000 多年——可怜的米利・史帕克实际上只是对一个幻想、一个能为社会宽恕的想象的产物在做祈祷吗？如果他是这样的话，那我们又如何呢？这是一个被禁止的，亵渎神圣的问题吗？对恩利尔的崇拜者而言，无疑是这样的。

祈祷真的会发挥作用吗？它们发挥什么作用呢？

有一类祈祷乞求上帝干涉人类历史，或者只是解除某些真实或虚幻的不公正或自然灾难。例如美国西部的主教乞求上帝援手，终止一场毁灭性的干旱。为什么需要祈祷呢？上帝不知道这场旱灾吗？他没有意识到旱灾威胁到主教的教民吗？一个被认为是无所不能、无所不知的神的局限意味着什么呢？主教也要求他的追随者一起祈祷。当更多的人而不是仅仅少数人祈求怜悯和公正

[1] 伊斯兰民族原文为 nation of islam，是美国的一个宗教组织，与真正的伊斯兰国家无关。——译注

时，上帝更可能进行干预吗？我们一起来看看下面这则请求（出版于 1994 年“祈祷者及行动周刊：艾奥瓦基督教每周信息”）：

> 你愿意和我一起祈祷吗？愿上帝以一种无人会误认为是人类之火的方式烧毁得梅因的生育研究机构，使公正的调查者不得不把它归于奇迹般（不可解释）的原因，而基督徒不得不把它归于上帝之手。

我们讨论过信仰疗法。祈祷会使人长寿吗？维多利亚时代的统计学家弗朗西斯·高尔顿认为，英国君王应该非常长寿，因为全世界每天都有数百万的人在虔诚地吟诵，“上帝保佑女王（或国王）”。然而，君主们并不比富有而养尊处优的贵族阶层的其他成员活得更长。中国自古以来都称皇帝“万岁”。古埃及几乎每个人都祈求众神让法老“长生不死”。这些共同的祈祷都失败了，他们的失败成为历史的见证。

通过宣称宗教是可以验证的（哪怕是在理论上），宗教，尽管不情愿，进入了科学的竞技场中。只要宗教不抓紧世俗的权力，如果它们无法强迫信仰，就不再能够不受挑战地对现实做出断言。这当然激怒了某些宗教的追随者，他们有时会用能想到的最可怕的惩罚来威吓怀疑者。看一下威廉·布莱克在他无意中取名为《无辜者的征兆》的书中描述的信教与否的截然不同的结果吧：

> 教导孩童怀疑神的人，
> 永远无法从腐烂的坟墓中脱身，
> 不干扰未成年者信仰的人，
> 将会战胜死亡和地狱。

当然，许多宗教由于热衷于尊敬、敬畏、伦理、礼仪、团体、家庭、慈善和政治经济的公平等方面，不但没有受到科学的挑战，反而被科学发现所支持。所以说，科学和宗教之间的冲突，并不是必然存在的。在某一层次上，它们共同扮演着相似而和谐的角色，彼此互相需要。公开的激烈的辩论，甚至对神圣的怀疑，可以追溯到约翰·密尔顿的《论出版自由》（1644）的基督教传统。一些主流的基督教和犹太教派含有甚至期望至少是一定程度的谦逊、自我批评和理性讨论，甚至对科学所提供的已被接受的最好的知识的质疑。但另一些教派（有时被称为保守派或原教旨主义派，现在看起来似乎处于上升状态，而主流教派几乎是既听不到也看不见了）仍站在易被证伪的事物的立场上，因而对科学感到恐惧。

宗教传统通常是如此丰富多彩、多种多样，因而给更新和修改提供了众多的机会，尤其是当圣典能够被比喻式或寓言式地解释的时候。所以，存在着一个承认过去错误的缓冲地带。正如1972年罗马天主教会承认伽利略终究是正确的，地球确实是围绕太阳运动。尽管这一承认发生在300年之后，但仍然是需要勇气的，并受到了人们的极大欢迎。现代的罗马天主教不再就大爆炸、宇宙有无150亿年历史、最初的生命起源于无机分子、人类由类似猩猩的祖先演化而来等问题与科学家争论不休，尽管它坚持“上帝使人具有灵魂”的观点。大多数主流清教派和犹太教派坚持同样顽固的立场。

在与宗教领导人讨论神学时，我常问的一个问题是，如果他们信仰中的一个中心教义被科学否决，他们会做出什么样的反应。个别教派的宗教领袖回答说，如果那样，宗教就不得不发生变化。

进一步，我又问，如果确实是一个中心教义呢？

他回答道，那也一样。

但是，他又补充道，想否证中心教义往往是极其困难的。

坦白地说，他是正确的。隔绝于证伪的宗教教义几乎没有理由惧怕科学的进步。像在许多宗教信仰中都存在的，造物主创造宇宙这样一个伟大思想，就是这样的教义，证明或证伪同样困难。

穆斯·迈蒙尼德在《迷途指津》中指出，只有自由和公开地同时研究神学和物理学，才能真正了解上帝。如果科学证明宇宙的年龄无限古老，将会发生什么呢？显然神学不得不做一番重大修正。事实上，这是一个可想象到的能证明创世主不存在的科学发现。因为无限古老的宇宙从未被创造过，它一直存在着。

其他一些教义、兴趣和关注同样在担心科学将会发现什么。他们建议，也许不知道这些发现更好一些。如果证明了男人和女人具有不同的遗传特性，难道这不会成为前者压迫后者的借口吗？如果存在暴力倾向的基因，这会不会成为一个种族压迫另一个种族（甚至是计划好的血腥屠杀）的合理理由呢？如果精神病源于大脑化学，难道这不会使我们放弃试图把握现实并对自己行为负责的努力吗？如果我们不是创世主的手笔，如果我们基本的道德准则只是容易犯错误的立法者的发明，这不会削弱我们为维持一个井然有序的社会所进行的斗争吗？

在上面这些不是宗教或世俗的例子里，如果我们知道了最有效地逼近真理的方法，并且对过去得到承认的利益集团和宗教体系所犯的错误开明一些，那么我们现在会好过得多。在每个事例里，人们一般认为的真理对宗教所造成的损害被夸大了。再者，我们的智慧还不能充分地了解究竟什么可以服务于更高的社会目的，特别是从长远考虑更没有把握，无论在谎言面前，还是在纷杂的事实面前都是一样。

chapter sixteen / **第十六章**

当科学家认识到罪恶

人类的心灵——还能前进多远?
在哪里它的胆大妄为会达到极限?
如果人类的邪恶与人类的生命
以一定的比例增长,
如果子孙总是在邪恶方面
超过他们的父辈,
那么
众神只有再增加一个世界
才能容纳所有的罪人。

——欧里庇得斯[1]

《希波里特斯》(公元前428年)

[1] 欧里庇得斯(Euripides, ? 前480—前406):希腊三大悲剧作家之一。写有近90个剧本。现尚存有19个。——译注

在战后杜鲁门总统的一次会议上，J. 罗伯特・奥本海默[1]——曼哈顿核武器计划的科学总监——悲哀地评论说，科学家们的手上沾满了鲜血，他们已经认识到了罪恶。之后，杜鲁门指示他的助手说，他再也不想见到奥本海默了。有时，科学家们由于做了坏事受到严厉批评，有时则是因为对科学可能被用于罪恶目的而受到警告。

更普遍的情况是，科学受到责备是因为科学和科学的产品被认为在道德上是中立的，在伦理上是模棱两可的，既可以用来做好事也可以用来做坏事。这是一个古老的指控。它也许可以追溯到制作薄片状的石制工具和火的使用的年代。由于人类的第一个成员诞生之前，技术就与我们的祖先一直相伴，我们是一个技术型的物种，因此，这个问题与其说是一个关于科学的问题，不如说是人类本性的问题。我这样说并不意味着科学对其成果的误用可以不负责任。恰恰相反，科学负有重大的责任，它的产品威力越大，它的责任越大。

就像攻击性武器和其市场派生物，对那些可以改变我们赖以生存的全球环境的技术的使用应该慎之又慎。是的，迄今为止，我们的前辈已经做到了这

[1] J. 罗伯特・奥本海默（J. Robert Oppenheimer，1904—1967）：美国物理学家。1943 年被任命担任制造第一批原子弹的“曼哈顿计划”的负责人。在他召集的科学家们的努力下，1945 年制造出第一批原子弹。——译注

一点。而且，像我们一直在做的一样，我们在开发新的技术。但是，当我们一直具有的缺点与其破坏能力相结合的时候，我们就必须对自己提出更高的要求——在空前的整个星球范围内建立一种新的道德观。

有时，科学家们试图通过两方面来达到这一点：一方面称赞那些丰富了我们生活的科学应用；另一方面，有意无意地远离那些同样源于科学研究的死亡工具。澳大利亚哲学家约翰·帕斯莫尔在他的《科学及其批判》一书中写道：

> 西班牙的宗教法庭试图逃避烧死异端的直接责任，于是将他们交给了世俗政权。如果亲自烧死他们，它虔诚地解释说，将完全违背它的基督教教义。我们中很少有人会允许宗教法庭如此容易地洗掉手上的血迹，它很清楚会发生什么。同样，科学发现的技术应用如果显而易见——比如一个科学家从事神经毒气研究——他就不能宣称这样一种应用“与他无关”，其根据仅仅是军方而不是科学家使用这种气体去伤人或杀人。当科学家为了获得研究资金而主动向政府提供帮助的时候，这种责任就更为明显。如果一位科学家或哲学家接受来自海军研究部这样的部门的经费，那么，如果他知道他的研究对他们没用，那么他就是在欺骗；如果他知道其研究有用，他就应该对其负责。只要与他的工作的发明相关，他就会受到，而且应当受到赞扬或责难。

历史上的一个重要的例子是于匈牙利出生的物理学家爱德华·泰勒的生平。泰勒年轻时，匈牙利贝拉·库恩领导的共产主义革命给他心里留下了伤痕，像他家一样的中产阶级家庭的财产在革命中被没收了，一次有轨电车事故又使他失去了一条腿的一部分，这次事故给他留下了永远的痛苦。他早先的研究涉及量子力学选择定律、凝聚态物理和宇宙论。1939 年正是他开车将物理学家列奥·西拉德送到长岛与在那里休假的爱因斯坦会面——这次会面导致了一封历史性信件的产生，爱因斯坦在致富兰克林·罗斯福总统的信中呼吁，考虑到纳粹德国的政治和科学动向，美国应该发展核裂变炸弹，即原子弹。泰勒被招募参加曼哈顿计划的研究工作，他一到洛斯阿拉莫斯就拒绝合作——并非因为他对原子弹可能带来的后果感到忧虑，而是恰恰相反：因为他想研制更具破坏力的武器，核聚变或热核炸弹，即氢弹。（原子弹产生的破坏性能量实际上存在上限，而氢弹没有，但是氢弹需要一枚原子弹作为引发装置。）

在原子弹发明、德国和日本投降以及战争结束之后，泰勒仍固执地鼓吹所谓的“超级武器”，主要是要威胁苏联。对斯大林领导下正在重建的、强硬的和军事化的苏联的关注和美国国内的狂热的麦卡锡主义从客观上帮助了泰勒。然而，奥本海默构成了一个相当大的障碍，他是战后原子能委员会总咨询委员会的主席。在质询奥本海默对美国是否忠诚的政府听证会上，泰勒提供了关键的证词。泰勒的参与被普遍认为是导致以下不幸后果的主要原因——尽管奥本海默的忠诚没有受到检查委员会的责难，然而他的安全许可证被吊销，他从原子能委员会（AEC）退休了，而泰勒通向超级武器的道路畅通无阻了。

制造热核武器的技术主要归功于泰勒和数学家斯坦尼斯拉斯·乌尔姆。诺贝尔奖物理学家、领导着曼哈顿计划理论分部并在原子弹和氢弹的研制中扮演了主要角色的汉斯·贝斯证实，泰勒原先的建议是有缺陷的，将热核武器变为现实需要许多人的工作。由于青年物理学家理查德·盖文的重要技术贡献，美国第一个热核“装置”于1952年引爆——这个装置太笨拙，不能装在导弹或轰炸机上，只能把它放在那儿，装配起来再引爆。第一颗真正的氢弹是苏联发明的，并于一年后引爆。人们争论，如果美国没有发展热核武器，苏联是否还会去制造这种武器。而且是否需要用美国的热核武器来阻止苏联使用氢弹——因为那时美国拥有大量的裂变武器。现在有证据可以充分表明苏联在它爆炸第一颗原子弹之前就有了切实可行的热核武器设计方案。氢弹是“合乎逻辑的下一个步骤”。但苏联人寻求拥有聚变武器主要是因为他们通过间谍得知美国正在进行这项工作。

以我的观点看来，全球核战争的后果由于氢弹的发明变得更加危险，因为在空中爆炸的热核武器更能使城市燃烧，产生大量的烟雾，使大地阴冷黑暗，导致全球范围的核冬天。这也许是我卷入最有争议的一次科学辩论（约

1983—1990）的原因。大多数辩论是由政治驱使的。核冬天的战略意义在于，它使那些坚持大规模核报复以阻止核袭击的政策，以及那些希望保留首先进行大规模核打击选择的人感到不安。不论在哪一种情况下，其环境后果都将使任何发射了大量热核武器的国家走向自我毁灭，即使其没有遭到对手的核报复。数十年来，这一战略政策的主要组成部分，作为积累数以万计核武器的根据，突然变得不怎么可靠了。

最初的关于核冬天的科学论文（1983）预言全球气温会下降15℃~20℃，现在的估计是10℃~15℃。考虑到计算中无法降低的不确定性，这两个值是相当一致的。而且这两个温度下降都远大于当今全球气温与上次冰河时期的差异。一个由200名科学家组成的国际工作组估计了全球热核战争的长期后果，他们认为在核冬天中，地球上的文明和大多数的人——包括那些远离北半球中纬度靶区的地方——将会处于险境，主要是受到饥饿威胁。如果大规模核战争爆发，城市将成为攻击目标。美国的爱德华·泰勒及其同事的工作（在苏联有一个由安德烈·萨哈罗夫领导的相应的小组）也许应该为人类末日的来临负责。氢弹是迄今所发明的最可怕的武器。

当核冬天理论于1983年被人们首次发表时，泰勒马上争辩道：（1）物理过程搞错了；（2）在他的指导下这一发现早就在劳伦斯·利佛莫尔国家实验室完成了。实际上，并无证据表明他的发现在前，而且相当多的证据表明每个国家负责向领导人提交关于核武器效果的报告的人都忽略了核冬天。但是，如果泰勒所说属实，那么他没有向受影响的各方——他的国家的公民和领导人以及全世界——揭示这一发现是极不合理的。像斯坦利·库布里克的电影《怪癖博士》中一样，对终极武器予以保密——因而无人知晓它的存在或它能做什么——是极为荒谬的。

在我看来，任何正常人在协助进行这一发明的时候，即使不考虑核冬天，他们也都不可能保持平静。那些赞成这项发明的人受到的压力——不管他们是否意识到了——一定相当大。无论泰勒的实际贡献有多大，在当时他被人们普遍地称作“氢弹之父”。《生活》杂志1954年的一篇赞扬文章中，说他“近乎狂热地决定”制造氢弹。我觉得，他一生的后半部分可以理解为是在企图为他引来的东西辩护。泰勒主张，氢弹维护了和平，或至少防止了热核战争，因为核大国之间的战争后果实在是太危险了。这并非全无道理。我们还没有爆发过一次核战争，不是吗？但是所有这些争论都是建立在这样一种假设的基础之上，即拥有核武器的国家都能够，而且将来也一贯能够，毫无例外地理智行事。相互的愤怒、报复和疯狂不会降临到他们领导人（或掌管核武器的军队和秘密警察官员）的头上。在希特勒和斯大林时代，这种想法看起来是太单纯了。

泰勒已经成了阻碍签订一项禁止核武器试验的综合性条约的主要力量。他使得 1963 年《禁止地上核试验条约》的签署更加困难重重。他争辩说，地上核试验对于保持和改进核武库是极为重要的，签署这项条约将“放弃我们国家未来的安全”。他的观点现在已被证明是似是而非的。他还是核电站安全性与投资有效性的积极的鼓吹者。他自称是 1979 年宾夕法尼亚三哩岛核事故的唯一的伤员。因为在辩论这一问题的时候，他的心脏病发作了。

泰勒主张从阿拉斯加到南非爆炸核武器以挖掘港口和运河，清除讨厌的山脉，完成繁重的运土工作。当他向希腊女王弗蕾德妮卡提出这样一个方案的时候，据说女王是这样回答的：“谢谢，泰勒博士，但是希腊已经有足够多奇妙的遗址了。”泰勒建议，想证明爱因斯坦的广义相对论吗？那么在太阳背面爆炸一枚核武器吧。想弄清月球的化学成分吗？那么将一枚氢弹发射到月球上，引爆它，然后分析闪光和火球的光谱。

在 20 世纪 80 年代，泰勒向罗纳德·里根总统兜售星球大战的想法——他们称为“战略防御计划”（SDI）。里根看上去已经相信了泰勒那极富想象力的故事：可以制造在轨道上运行的，桌子大小的，由氢弹驱动的 X 射线激光器，用以摧毁 1 万枚飞行之中的苏联弹头，在全球热核战争爆发的时候真正起到保护美国公民的作用。

里根政府的辩护者称，尽管“战略防御计划”在某些方面的作用被夸大了，有些是故意夸大的，但是苏联的崩溃应该归功于它。但是，没有任何确实的证据能够支持这一论点。安德烈·萨哈罗夫、叶夫盖尼·瓦列可夫、罗尔德·萨格代夫和其他科学家曾向戈尔巴乔夫总统建议澄清这样的事实，即如果美国真的通过星球大战计划走在了前面，苏联最安全和最便宜的反应仅仅是扩充现有的核武库和发射系统。这样，星球大战计划是增加了，而不是减少了热核战争的危险。苏联用在对付美国核导弹的防御方面的花费，用任何标准来衡量都是微不足道的——远未达到引发苏联经济崩溃的程度。苏联的崩溃主要是因为指令性经济的失败，对西方生活标准的逐步了解，对于共产主义意识形态的普遍不满，以及戈尔巴乔夫——尽管这不是他想得到的结果——对“透明度”和公开性的提倡。

1 万名美国科学家和工程师公开发誓他们不会为星球大战计划工作或接受“战略防御计划”组织所提供的资金。这件事树立了一个科学家们（可以想象以牺牲个人利益为代价）对一个至少是暂时迷失方向的民主政府开展广泛的和勇敢的不合作的榜样。

泰勒还主张发展钻地式核弹头——这样敌对国家的地下指挥中心和深埋于地下的供领导层（及其家属）使用的掩蔽所就会遭到攻击并被消灭；而且对于一个敌对国家来说，只需 100 吨核弹头就足够了，清除地下建筑“不会产生一个伤员”：平民将事先得到警报。核战争将是人道的。

正如我曾经写过的，爱德华·泰勒——在他快 90 岁时依然精力充沛、头脑清醒——与苏联核武器研制小组一起发起了一场运动，企图开发和爆炸新一代高效的空间热核武器，以摧毁可能撞击地球的小行星或使之偏离轨道。我担心在附近的小行星轨道过早进行试验可能给我们的物种带来极大的危险。

泰勒博士和我私下见过面。我们在科学会议、国内媒体和国会的秘密会议上辩论过。我们之间有极大的分歧，特别是对于星球大战、核冬天和小行星防御。也许所有这一切使我对他的看法不可救药地带上了主观色彩。尽管他是一个激烈的反共产主义者和技术热衷者，但回顾他的一生，我从他不顾一切地为氢弹辩护中看到了更多的东西：氢弹的作用并非如你想象的那么坏；它可以用来保护世界免受其他氢弹的袭击，在科学和土木工程方面发挥作用，保护美国人免遭敌人热核武器的攻击，使战争符合人道，使我们的星球免于来自宇宙的随时可能发生的危险。他企图相信，将来人类将把他和热核武器看作是救星而不是毁灭者。

当科学研究向易犯错误的国家和政治领导人提供了巨大的，其实是可怕的力量的时候，许多危险便出现了：其中之一是某些卷入其中的科学家除了貌似客观之外别无所有。权力导致腐败，始终如此。在这种环境下，秘密的机构是尤其有害的，于是民主监督与平衡就显得特别珍贵（在秘密环境中飞黄腾达的泰勒曾不止一次地攻击这一点）。中央情报局的总检察长在 1995 年评论说“绝对的秘密导致绝对的腐败”。最公开和活跃的辩论常常是避免最危险的技术误用的唯一保障。辩论的关键一点也许很明显——许多科学家，甚至外行可以实话实说而不会有什么负担。另一点可能更微妙，一个住在远离华盛顿特区某地的无名研究生也许会注意到什么——而如果争论是秘密举行的，他将没有任何机会发表看法。

在哪一个领域内，人类的努力在道德上不是模棱两可的？甚至就是对我们的行为与伦理有启迪作用的民俗也有自相矛盾之处。想一想格言吧：匆忙造成浪费。是的，但是，及时行动，可以免于问题成堆也正确。安全第一，但是不入虎穴，焉得虎子。有烟必有火，但是你不能仅凭封面评价一本书。省一文等于赚一文，但是你却不能拿走那赚到手的一文。当断不断，必受其患，但是智者不敢踏脚的地方，蠢人却蜂拥而至。三个臭皮匠顶个诸葛亮，三个和尚没水吃。曾几何时，人们就是依据这些自相矛盾的陈词滥调计划自己的行动，或为自己的行为辩护的。格言家又该承担什么样的道德责任呢？占星术士、占卜术士和小报预言家呢？

或者考虑一下主流的宗教。在《弥迦书》中，我们被告诫要做事公正和仁慈地爱；在《出埃及记》中，我们被禁止谋杀；在《利未记》中我们被命令要像爱自己一样爱我们的邻居；在《福音书》中我们被鼓励去爱我们的敌人。但是想一想吧，在这些本意良好的劝诫深入人心的地方，这些书的狂热追随者曾血流成河。

《约书亚记》以及《民数记》的后半部分赞美了在整个迦南地区一个接一个城市发生的对男人、女人、儿童直到家畜的集体屠杀，耶利哥古城在一场

“圣战”中被抹掉。这些大屠杀的唯一的理由就是谋杀者所称的，作为对他们的儿子施行环切术和采纳一套特殊仪式的交换条件；他们的祖先早就得到保证：这块土地将属于他们。对于这些灭绝运动，从神圣的文稿中找不到丝毫自责的迹象，找不到一丁点的族长或神的不安。反而是，约书亚“毁灭所有会呼吸的生命，像以色列上帝命令的那样”（《约书亚记》10：40）。而且这些事件不是偶然的，而是作为主要叙述的中心内容贯穿《旧约全书》的。关于集体屠杀的相似的故事（对于亚玛力人来说则是种族灭绝）还可以在《撒母耳记》《以斯帖记》以及《圣经》中的其他地方找到，而且几乎没有一点道德上的疑问。所有这一切，当然使得以后年代的那些自由的神学家感到苦恼。

据说魔鬼能够“引用《圣经》中的文句为其目的辩护”。《圣经》中充满了如此之多的道德标准彼此矛盾的故事，以至于每一代人都可以从《圣经》中找到词句为他们所想采取的任何行动辩护——从乱伦、奴隶制、集体屠杀到最高尚的爱、勇敢和自我牺牲。而且这种道德上多重性格的混乱绝不仅限于犹太教和基督教。你发现它们深植于伊斯兰教、印度教甚至几乎世界上所有宗教的传统中。既然是这样，道德上模棱两可的科学家也许不像一般人那么多。

我相信，科学家负有特殊的责任去警告公众可能存在的危险，特别是发源于科学或通过科学的应用得以预见的危险。你可以说，这种任务是预言式的。很清楚，警告应该是审慎的，相对于危险不能做过多的夸大；但是如果我们无法避免错误，考虑利害关系，他们就应站在安全一边。

在卡拉哈里沙漠的坤桑采集狩猎者中，当两个男人，也许是睾丸激素的刺激，发生了争执，女人就会拿走他们的毒箭，使这些武器不会用来互相伤害。今天，我们的毒箭能够破坏全球的文明也可以灭绝整个人类。现在道德上的模糊不清所造成的代价太高了。因为这一点——而不是因为获取知识——科学家们必须承担高度的伦理责任，非同一般的、前所未有的伦理责任。我希望培养研究生的科学计划能够清楚地、系统地向尚缺乏经验的科学家和工程师们提出这些问题。而且，有时我在想，在我们的社会中，是否妇女——和儿童——最终也将把我们的毒箭置于安全之处呢？

chapter seventeen / **第十七章**

怀疑主义与好奇心的联姻

没有什么事物会因为太完美而失去真实。

——来自迈克尔·法拉第的评论（1791—1867）

洞见，未经检验和证实，就不能保证其充分的真实性。

——伯特兰·罗素《神秘主义与逻辑》（1929）

当我们被要求在美国法庭上起誓我们将讲“真话，完整的真话，而且只讲真话”时，我们其实是在被要求做不可能的事情。显然誓言完全超出了我们的能力。我们的记忆难免有错误，甚至科学真理也仅仅是一种近似。而且我们几乎对整个宇宙都是无知的。然而，也许一个人的生命就依赖于我们的证词。起誓在我们的能力范围之内讲真话，完整的真话，而且只讲真话就是一个合理的要求了。如果没有这一限制性的词句，那么，这一要求就是绝对无法满足的。但是这样一个限制，尽管与人类的实际情况一致，却不能被任何法律系统所接受。如果每个人仅仅是根据个人的判断讲真话，那么，应受指控或令人尴尬的事实就会被隐瞒，事件被遮掩，罪行被隐藏，责任被逃避，正义被否认。所以，法律所努力追求的是一个不可能达到的精确的标准，我们只能尽力而为。

在挑选陪审团成员的过程中，法庭需要确保判决以事实为依据。这就需要付出极大的努力以消除偏见。法庭认识到了人类的缺陷。候选的陪审员是否与地方检察官、原告或辩护律师有私交？法官和其他陪审员又是什么情况？陪审员形成的意见是来自法庭上摆出的事实还是审判前的宣传？与来自被告方证人的证据相比，陪审员是更重视还是更轻视来自警方的证据？他对被告方的伦理倾向有偏见吗？陪审员是否住在犯罪现场的附近，因而使他的判断受影响呢？对于专家证人将要证明的情况，他具有相应的科学背景知识吗？（这常被认为是对他不利的。）他有亲戚或关系密切的家庭成员从事执法或刑法方面的工作吗？他自己是否曾与警方发生过口角，从而影响他在审判中的判断呢？他是否有好朋友或亲属由于相似的指控而被捕？

美国的司法体系认识到了很多可能妨碍我们判断或影响我们的客观性的因素，例如倾向、偏见和经验。有时甚至连我们自己都没有意识到。在刑事审判中，该体系在保证审判程序不受那些将决定被告有罪或无罪的人的人性弱点的影响方面，甚至到了过分的程度。即使这样，审判程序在保证公正方面仍时有失败。

当我们对自然界提问，或者当我们试图对政治、经济、宗教和伦理的关键问题做出决定的时候，我们为什么轻易满足呢？

如果始终如一地加以应用，科学会为人们带来许许多多的礼物。作为交换，科学也会强加给人们某种繁重的负担：我们被告诫，不论感到多么不自在，我们都应该科学地看待我们自己和我们的文化传统，不要不加批判地接受我们听到的事情。尽可能地克服我们一厢情愿、自负的想法，抛弃未经检验的信仰，实事求是地审视自己。我们能够诚心诚意地、勇敢地进行天体运动或细菌基因学研究而不论其研究将把我们引向何处，但又宣称对物质及人类行为本源的研究“禁止入内”吗？因为科学推理的解释力量是如此强大，一旦你掌握了它的技巧就会渴望到处应用它。但是，在我们深刻审视自己的过程中，我们也许对那些在面对这个充满恐怖的世界时给人以安慰的观念提出挑战。我意识到前面章节中的某些讨论就具有这样的特点。

当人类学家调查构成人类大家庭的成千上万个迥然不同的文化和种族的时候，他们惊奇地发现不论其社会多么异乎寻常总是被认为理所当然共有的特点是如此稀少。例如在某些文化中——乌干达的伊克族[1]就是其中之一——十诫看上去是被有组织、有系统地抹杀了。有的社会抛弃老人和新生儿，有的吃掉他们的敌人，有的将海贝或猪或年轻的女人作为货币。但是他们都严格地禁

[1] 伊克族（Ik）：乌干达北部一部落。是旧石器时代古东非狩猎者残存的一支，其语言自成体系。——译注

止乱伦，都使用技术，并且几乎都信仰神和精灵的超凡世界——神和精灵的形象都与他们居住的自然环境和他们所吃的植物、动物的形态相联系。（那些相信天上住着至高无上的神的部族显得最为凶恶——比如折磨他们的敌人。但是，这仅仅是一个统计结果，尚未发现其内在的必然联系，尽管一些猜测是自然而然地出现的。）

在每个这样的社会中，都珍藏着一个与平凡的世界共存的神话和隐喻的世界。人们试图使两个世界相统一，在两个世界连接处的粗糙的边界被禁止涉及和忽略掉。我们隔开了这两个世界。一些科学家也在做同样的事情，不费力地穿行于充满怀疑的科学的世界和充满轻信的宗教信仰的世界而不忽略一丝一毫。当然，这两个世界之间的差别越大，人们未被打扰的良知就越感到不安。

人的一生是短暂而变幻莫测的，当科学不能解除人们极大的痛苦的时候，剥夺他们通过信仰获得的安慰就显得有些残忍。那些经不起科学重负的人可以不受约束地忽略科学的箴言。但是我们不能零零碎碎地拥有科学，在觉得安全的地方就应用它，觉得受到威胁就忽略它，而且，我们还没有明智到能够这样做的地步。除非将大脑封进相互隔开的密封舱里，否则人怎么可能在坐飞机、听广播或注射抗生素的同时又认为地球只有 1 万年历史或所有属人马座的人都喜欢社交和待人友善呢？

我曾经听说过一个怀疑论者会变得傲慢、蔑视别人。想起来使我沮丧的是，我甚至常常在自己的话里听见那让人不快的腔调。在这个问题的两方面都存在人性的缺陷。甚至当科学的怀疑主义被小心翼翼地应用的时候，也会出现傲慢、教条、残忍和不考虑他人的感受和深深持有的信仰的情况。应该说，某些科学家和热情的怀疑论者直言不讳地使用他们的工具而不讲一点技巧。有时似乎是怀疑的结论先出现，在证据被验证之前，而不是之后，争论就被排除了。我们都珍视自己的信仰。在某种程度上，它们决定了我们是什么样的人。当某个人以基础不牢为由挑战我们的信仰体系，或者，像苏格拉底一样，只是提出我们未考虑过的让人难堪的问题，或论证我们已经抛弃了的潜在的关键假设，这就不再是对知识的探索，而像是对个人攻击了。

那些首先提出将怀疑神化为探求知识的头脑应具有的第一美德的科学家清楚地阐明，怀疑只是工具而不是目的。勒内·笛卡儿写道：

> 我不去模仿那些总是装作不能确定，为怀疑而怀疑的怀疑论者；相反，我的全部目的在于确定性，将漂流物和沙子挖走直到到达下面的岩石或黏土层。

在怀疑主义有时用于公众关心的问题的方式上，人们倾向于轻视、贬低或忽视这样一个事实，即不论是否带有欺骗性，迷信和伪科学的支持者像怀疑论者一样怀着真实的情感，试图发现世界是如何运转的以及我们在其中所可能扮演的角色。在很多情况下他们的动机和科学是一致的，如果他们的文化没有赋予他们从事伟大探索所需要的所有工具的话，让我们善意地缓和对他们的批评，毕竟，没有一个人是生来就全副武装的。

显然怀疑主义的应用是有限度的。使用某种成本效益分析是必要的，如果神秘主义和迷信给人带来舒适、安慰和希望，而这种信仰带来的危险相应就会低，那么我们为什么不可以原谅自己呢？但是问题是复杂的。假定你搭乘一辆大城市的出租车，而且你刚坐下，司机就开始高谈阔论传说的另一种族群体的邪恶和低劣等，明知“沉默表示赞成”，你的最佳反应应该是保持沉默吗？还是在道义责任的驱使下与他争论，表达你的愤怒，甚至离车而去——因为你知道每一次沉默的赞成将会鼓励他下次继续这样做，而强烈的异议会促使他下次三思而后行？同样，如果我们对神秘主义和迷信给予太多的沉默的支持——甚至当这看来有点益处的时候——我们就是支持这样一种风气：怀疑主义被认为是无礼，科学令人讨厌，严谨的思考被看作是乏味和不合时宜的。达到一种审慎的平衡是需要智慧的。

超自然现象科学研究委员会是一个由科学家、大学教师、魔术师与其他投身于怀疑和调查正在出现或已经盛行的伪科学的人组成的组织。它是由布法罗大学哲学家鲍尔·克茨于 1976 年建立的，从一开始我就被其接纳为会员。它的名称的缩写 CSICOP 的发音是“sci-cop”（科学警察）——好像是一个履行警察职能的科学家的组织。那些被 CSICOP 调查所揭露的人有时这么抱怨道：委员会对每一个新想法都抱有敌意，它那膝跳反射式的揭露行动将会达到荒谬的程度，它是一个治安维持会式的组织、一个新的宗教法庭，诸如此类。

CSICOP 并不完美。在某些情况下，这样的批评是有一些道理的。但是以我的观点看，CSICOP 发挥了重要的社会功能——作为一个著名的组织。当社会媒体希望听到传说的另一面的时候可以求助于它，特别是当某一伪科学的惊人宣称被认为具有新闻价值的时候。通常（包括全球大多数新闻媒体）每一个会飘浮的宗师、访问外星人的人、能够沟通阴阳的人和信仰治疗者一旦成为媒体的焦点，将会被不加证实和不加批判地对待。在此之前，在电视演播室或报纸杂志上也许出现过被证明是丑闻和欺骗的相似的宣称，然而人们似乎对此记忆不佳。对伪科学的轻信似乎是大多数媒体的第二天性，CSICOP 代表一支与其相抗衡的力量，尽管它的声音还不够响亮。

在我最喜欢的一部卡通片中，一个算命先生端详掌纹然后严肃地下结论说：“你很容易上当。”CSICOP 出版了一份双月刊叫作《怀疑的探究者》。在收到这本刊物的那一天，我把它从办公室带回家细看，想知道有什么新的误解将被揭露。上面总会有我从未想到过的骗局。麦田里的圆圈！外星人已经来过，并画了完美的圆圈，在小麦地里留下了数学信息！……谁会想到有这种事发生？如此不可能出现的精妙艺术形式！或者他们已经来了并取出了奶牛的内脏——大规模地、系统地。农民们很恼火。开始，我对这些故事的创造性印象很深。但是之后，通过更理智的反思，我只是觉得这些报道是多么单调和司空见惯。这是一个多么缺乏想象力的作品：陈旧的想法、沙文主义、将希望和恐惧装扮成事实。从这种观点来看，这种说法在表面上就令人怀疑。他们唯一能想到的就是外星人干的……在小麦地里画圈？这种想象真是败笔！在每一期中，伪科学的其他方面都被揭露和批判。

然而，在我看来，怀疑主义运动的主要不足在于它的两极分化：我们对抗他们——感觉像是我们垄断了真理；其他那些相信所有这些愚蠢的教条的人是低能儿；如果你是明智的，就该听我们的；否则，你就是不可救药。这是非建设性的，它并没有使信息广泛传播，它注定使怀疑论者永远处于少数派地位；有鉴于此，从同情人类生来具有的伪科学和迷信的弱点出发反而可能被更多的人接受。

如果我们明白这一点，那么自然我们就会体会到那些被劫持者、那些不问占卜师就不敢离开家的人，或那些把他们的希望寄托在来自大西洲水晶球上的人的迷茫和痛苦。而且在共同的追求中，这种对相同心情的同情也使科学和科学方法可以较少使人困窘，特别是对青年人。

许多伪科学和新时代信仰体系的出现是源于对传统价值观和前途的不满——因此，他们自身也是一种怀疑主义。（大多数宗教的起源也与此相同。）戴维·海斯（在《科学和新时代》中）认为：

> 超自然的信仰和实践者不应被简单地视为狂热者、怪人和骗子。大量真诚的人在探索解决关于个人的意义、灵魂、治疗和超自然体验等问题的替代方法。对怀疑论者而言，他们的探索主要基于幻想，但对于理性主义者的目标——使人们认识到哪些东西在怀疑论者看来是错误的或不可思议的——揭露不大可能是有说服效果的工具。
>
> ……怀疑论者可以从文化人类学寻找线索，通过从坚持另一信仰的人们的角度来理解其他的信仰体系，通过将这些信仰在历史、社会和文化的背景上定位，来发展更为成熟的怀疑主义。这样，超自然世界或许就不会仅仅被看作是通向非理性主义的愚蠢的转折点，而更像是社会的一部分人赖以表达他们面临的矛盾、困境和个性的方言。
>
> 当怀疑论者对新时代信仰有了一套心理学或社会学理论的时候，事情就非常简单了：超自然信仰对于那些无法把握无神论宇宙这一现实的人来说是一种“安慰”，或者说，他们的信仰是那些不鼓励公众批判性思维的不负责任的媒体的产物……

但是海斯公正的评论立即退化为抱怨："怀疑论的同事破坏了"心灵学家的"职业"。怀疑论者表现出"一种宗教式的热情来保卫唯物主义的和无神论的世界观，有一种所谓的'科学的原教旨主义'或'非理性的理性主义'"的味道。

这是一个普通的，但对我来说是非常不可思议的——确实是，不可理解的——抱怨。对于物质的存在和性质我们知道得很多。如果某一特定现象从物质和能量的角度理解已经是合理的，我们为什么还要假定其他的——尚没有好的证据证明的——可能呢？然而这一抱怨坚持：怀疑论者不会接受我的车库里有一条看不见的喷火的龙，因为他们是相信无神论的唯物主义者。

在《科学与新时代》中，怀疑主义被讨论，却没有被理解，当然更没有被实践。各种超自然主义的宣称被引述，怀疑论者被"摧毁"了，但是你永远不可能通过读这本书知道如何判断新时代和心灵学对知识的宣称是有前途的还是谬误的。像许多后现代主义者的文章一样，它不过表明了人们的感觉是多么强烈，他们的偏见达到了什么程度。

罗伯特·安东·威尔逊（在《新的宗教法庭：非理性的理性主义和科学的堡垒》，凤凰城：法尔肯出版社，1986 年版）将怀疑论者描述为"新的宗教法庭"。但是就我所知，怀疑论者并不强迫信仰。实际上，在大多数电视纪录片和谈话节目中，怀疑论者受到了漠不关心的对待而且几乎没有广播时间。像《怀疑的探究者》这样发行几万份的期刊所做的一切不过是批评了某些教条和方法——充其量也不过是对其嘲笑了一番。新时代宗教的信仰者不会像以前那样，被传唤到刑事法庭，也不会因为有想象力而遭到鞭打，而且肯定不会被烧死在火刑柱上。为什么要害怕一点点的批评？难道他们没有兴趣看到自己的信仰在怀疑论者所能收集的反驳下岿然不动吗？

也许有百分之一的可能，人的嗅觉、触觉和视觉都不可能感受到通常的伪科学的事物，这种想法或许将会被证明是正确的。也许某些未被发现的白垩纪遗留下来的爬行动物将来确实会在尼斯湖或刚果共和国被找到；或者我们将发现来自太阳系别的什么地方的先进的、非人类制造的器具。在这本书的写作期间，在超感官知觉领域有三个命题，以我之见，值得认真研究：（1）通过独自思考，人（勉强）可以影响计算机的随机数产生器；（2）人在适度的感觉丧失的情况下可以接收到“投射”向他们的想法或图像；（3）小孩子有时会讲出前世的细节，并被证明是准确的，除再生之外别无其他途径可以知道。我提出这些命题不是因为它们可能是合理的（实际上我不赞同这些命题），而是因为它们可以作为可能是正确的论点的例子。后三个命题至少有一些，尽管仍是可疑的实验支持。当然，也许我错了。

在20世纪70年代中期一位我所崇拜的天文学家起草了一份庄重的声明，叫作《反对占星术》，并让我在上面签名。我对他的措辞有不同看法并最终发现自己不能签字——不是因为我认为占星术有任何合理性，而是我当时觉得（现在依然觉得）这一声明的语调是独裁主义的。它批评占星术的起源被迷信所包围。但是宗教、化学、医学和天文学的起源也同样是与迷信交织在一起的，这里仅仅提到了四个。问题不在于占星术来自什么玄乎和不完全的知识，关键是它现在的合理性。于是就有了对那些信仰占星术的人的心理学动机的推测。这些动机——例如在一个纷繁复杂、不可预测的世界中所感到的无能为力——也许可以解释为什么占星术尚未受到它应得的怀疑论者的全面调查，而只是对其有效性草率处之。

该声明强调，我们找不到任何可能使占星术有效的机理，这当然是一个切题的论点，但它本身就是无法证明的。在20世纪第一个25年，当阿尔弗雷德·魏格纳提出大陆漂移说（现在被归入板块构造论）以解释地理学和古生物学的大量令人疑惑的资料的时候，（岩石的矿脉和化石似乎是连续地从东南美延伸到西非；这两个大陆曾经是连接在一起的，而大西洋对我们的星球来说是新生的吗？）对该学说的机理同样一无所知。这一见解被所有著名的地理学家激烈地排斥，他们确信大陆是固定的，而非浮在任何东西上面，因此不可能“漂移”。然而，20世纪地球物理学的关键概念恰恰被证明是板块构造论。我们现在知道大陆板块确实是在漂浮和“漂移”（更确切地说，是由地球内部的巨大热机所驱动的一种传送带所运载着）。而所有这些伟大的地理学家都的确错了。以找不到运行机理为由驳斥伪科学是会犯错误的——尽管如果其论点违背了已经建立起来的物理学定律，这种驳斥就会很有分量。

许多对于占星术的有力批评可以表述为以下几点：它在预示“宝瓶座时代”时采用了昼夜平分点岁差，而在用占星图算命时却拒绝昼夜平分点岁差；它忽略了大气折射；它所认为有意义的天体仅限于肉眼能看到的目标（公元2世纪托勒密就知道了这些天体），而忽略了从那以后人们发现的大量新天体（利用近地小行星的占星术又在哪里）。需要出生时间的详细信息而不看重出生时的经纬度，这显然是不一致的。占星术在同卵孪生子测试中失败了；不同的占星术士从同样的出生信息进行算命结果却有很大不同；无法解释占星用的天宫图和明尼苏达多元个性评价这样的心理学测试的相关性。

我所希望签字的声明应该描述和驳斥占星术信仰的基本原则。这样一个声明应该比实际散发和出版的那一份有更强的说服力。但是已伴随了我们4000年或更长时间的占星术今天似乎比以往更为流行。根据民意测验，至少1/4的美国人“相信”占星术；1/3的人认为太阳征兆占星术是“科学的”；学校儿童相信占星术的比例从1978年的40%增加到1984年的59%。在美国，占星术士的人数也许是天文学家的10倍；在法国，占星术士比罗马天主教教士还多。一群科学家自以为是地不屑一顾并不能满足社会的需要，占星术能做到的——不管它是多么无效——科学却不能。

如同我试图强调的，科学的核心是平衡两种看起来互相矛盾的态度——对新想法的开放，不管它是多么古怪，多么与直觉相反；以及对所有想法，新的或旧的，进行最无情的怀疑性的调查。这是从极端的谬误中分离出深刻真理的方法。创造性的思考和怀疑性的思考组合起来协同作用，使研究领域处于正轨，尽管这两种看似矛盾的态度处于某种紧张状态。

考虑一下以下这些命题：当我一直向前走的时候，时间——以我的手表或我的老化过程来衡量——减慢了；而且，在运动的方向上我缩小了；而且，我变得更重了。谁见过这种情况？你很容易立刻对其不屑一顾。另一个命题：在整个宇宙，所有时间内，物质和反物质产生于无。第三个命题：在一个极为特殊的时刻，你的车会自动穿过你车库的砖墙，第二天早上你会发现它在大街上。它们都是荒谬的！但是第一条是狭义相对论的命题，另外两条则是量子力学的推论（它们叫作真空脉动和势垒隧道效应[1]）。不论你是否喜欢，这就是世界的本来面目。如果你坚持它是荒谬的，你将永远被关闭于某些对于主宰宇宙的规律的重大发现之外。

如果你只是怀疑，那么任何新的想法都无法使你接受，你将永远什么也学不到。你会变成一个古怪的厌世者，认为荒唐统治着世界。（当然，会有很多资料支持你的看法。）因为在科学边缘的重要发现非常少，经验倾向于证实你的牢骚。但是不时会有新想法被证明是切中要害的、有效的和精彩的。如果你过于坚定，不妥协地怀疑，你就会错过（或不满）正在转变中的科学发现，两种情况下你都在阻碍理解和进步。仅仅有怀疑主义是不够的。

同时，科学要求最强有力和最不妥协的怀疑主义，因为大多数的想法完全是错的，唯一把麦子从谷壳中筛出来的方法是批判性的实验和分析。如果你头脑开放到了盲信的程度而没有一点怀疑的想法，那么你就不能区分有前途的想法和毫无价值的想法。不加批判地接受别人提出的每一个概念、想法和假设就等于是一无所知。许多想法是彼此冲突的；只有通过怀疑性的调查才能辨别，某些想法确实好于别的想法。

这两种思维方式的明智混合是科学成功的关键。好的科学家两种思维方式都具备。在独处中，在自言自语中，他们产生了许多新想法并系统地加以批判。其中大多数想法永远不会向外面的世界公布。只有那些通过了严格的自我过滤的想法才被公开出来接受科学界其他人士的评判。

由于将这种固执的批评和自我批评，以及适当地依靠实验，作为各种假设之间争论的仲裁人，许多科学家在大胆的设想即将来临时仍然缺乏自信，不愿讲述对奇迹的亲身感受。这很遗憾，因为恰恰是这个少有的狂喜时刻使得科学工作揭开了神秘的面纱而显得更人性化。

---

[1] 随机隧穿的平均等待时间比从大爆炸算起的宇宙历史长得多。但是，尽管不可能，在理论上这也许会在明天发生。

没有人可以完全头脑开放或怀疑一切，我们都必须在某处确立一条界线[1]。一条中国古代谚语建议，“宁可信其有，不可信其无”，但是这来自一个极度保守的社会，在那里稳定比自由更受重视，而且统治者拥有巨大的既得利益不想受到挑战。我相信，大多数科学家会说，“宁可信其无，不可信其有”。但是做到哪一点都不容易。负责的、全面的、严格的怀疑主义要求一种须通过实践和训练才能掌握的坚固的思维习惯。轻信——我想这里一个更好的词是“开放”或好奇——同样不容易做到。如果我们真的对物理学的、社会的或任何别的什么组织的反直觉的想法开放我们的头脑，我们就必须领会那些想法。接受我们不理解的主张毫无意义。

怀疑主义和好奇都需要磨炼和实践的技巧。在学生们的头脑中使它们和谐联姻应该作为公共教育的基本目标。我将很乐意在媒体，特别是在电视上看到这样一种家庭式的幸福：人们真的在创造融合——充满好奇，宽容地对待每一个见解，除非有好的理由，否则不拒绝任何想法。而同时，作为第二个特性，要求证据符合严格的标准——而且这些标准在应用于他们珍视的观点时的严格程度至少应与评判他们企图不受惩罚地拒绝观点时的程度相当。

[1] 在某些情况下，怀疑主义全然是愚蠢的，例如在学习拼写时。

chapter eighteen / **第十八章**

风扬起尘土

风扬起尘土是因为风想吹拂大地，带走我们的足迹。

——《澳洲丛林民间传说》

收藏家 W. H. I. 布里克和

编辑 L. C. 劳埃德（1911）

当一个原始人追踪他的猎物，
每时每刻他都在使用细致的观察，
准确的归纳和演绎推理，如果
将这些应用于其他事物，
将使他获得
懂科学的人的声望……
一个“好的猎手或战士”的脑力劳动
大大超过了
一个普通的英国人。

——托马斯·H. 赫胥黎

《散文精选，第二卷，达尔文：散文》

（伦敦：麦克米兰，1907）

选自《达尔文先生的评论》第 175—176 页（1871）

为什么这么多的人发现科学既难学又难教？我尝试提出几个原因——它的精确，它的非直观和令人不安的外表，它的被误用的前景，它的独立于权威的特性，诸如此类。但是，是否还有更深刻的原因呢？阿兰·克鲁默是一位波士顿东北大学的物理学教授。在课堂上，他惊讶地发现如此之多的学生不能掌握最基本的概念。在《不平常的观念：科学的异端性》（1993）中，克鲁默提出科学之所以难是因为它不断推陈出新。他写道：我们，一个具有几十万年历史的物种，仅仅在几百年前才发现了科学方法。例如书写，只有几千年的历史，而我们至今还没有掌握它的诀窍——或至少是因为没有进行非常严肃和积极的研究而未能做到。

他认为，如果排除历史事件的巧合，我们可能永远不会发现科学：

> 面对科学的诸多显而易见的成就和益处，我们仍然敌视它……仅此即可证明它是处于人类发展的主流之外的一个事物，也许只是一个意外和侥幸。

中华文明发明了活字印刷、火药、火箭、指南针、地动仪，还系统地对太空进行观测并将其载入史册。印度数学家发明了零，使算术得以顺利发展因而推动了关于量的科学的进步。阿兹特克文明建立了比欧洲文明还要先进的历法，他们能更为准确地长期预测星球的位置，而他们自身却被欧洲文明淹没和毁灭了。但是这些文明中没有一个，克鲁默说，建立了怀疑的、提问式的和采用实验方法的科学。所有这些全都来自古希腊：

> 希腊人客观性思考的发展需要一些特定的文化因素：第一是议会制，在那里，人首先学会通过理性的辩论来说服别人；第二是一种海洋经济，防止了孤立和狭隘主义；第三是周围一个广大的希腊语世界的存在，旅行者和学者可以周游四方；第四是独立的商人阶层的存在，他们可以雇用自己的教师；第五是《伊利亚特》和《奥德赛》，文学杰作本身就是自由的理性思维的缩影；第六是宗教文学并未控制在教士手中；第七是将这些因素坚持了 1000 年。
>
> 所有这些因素合在一起构成一个伟大的文明是非常幸运的；它没有发生第二次。

我赞成其中的部分论点。古代爱奥尼亚人，就我们所知，最早系统阐述了是自然律和自然力，而不是神，决定了世界的秩序甚至世界的存在。就像卢克莱修所总结的："自然生而自由，摆脱了她高傲的主人，可以认为，所有的事情都是自发产生的，没有神的干预。"然而除了在第一周的哲学引论课之外，早期爱奥尼亚人的名字和观点几乎永远不会在我们的社会中被提到。那些不相信神的人似乎易于被人们遗忘。我们并不渴望保留对这些怀疑论者的记忆，更不要说他们的想法。试图以物质和能量的方法解释世界的英雄们在许多文化中出现许多次，只是被教士和垄断传统智慧的哲学家从历史中抹掉了——在柏拉图和亚里士多德时期之后爱奥尼亚人的观点几乎完全失传了。许多种文化，经历了许多次这样的尝试，但只有在很少的机会下这种思想能生根发芽。

仅仅在 1 万或 1.2 万年之前，植物和动物被种植、驯化，文明才开始。爱奥尼亚人的尝试距今有 2500 年了，而它几乎完全被抹去了。我们可以看到古代中国、印度和别的地方通向科学的足迹，尽管是蹒跚的、不完全的和少有成果的。但是，假设爱奥尼亚人从未存在过，希腊科学和数学从未兴盛过，是否可能科学便再也不会在人类历史中产生？或者，考虑到许多文化和许多其他的历史进程，在某个地方，或早或晚——比方在印度尼西亚的岛屿，或在未被征服者干扰的中美洲文明边沿的加勒比，或在黑海岸边的挪威殖民地——难道不会出现各种因素恰好汇集使科学登上舞台的情况吗？

我认为，科学思考的主要障碍不在于问题本身的困难，即使是受压抑的文化也要依赖复杂的智力成果。萨满教巫师、术士和神学家在他们复杂而神秘的技艺中也有高超的技巧。不，阻碍来自政治或僧侣的统治。在那些缺乏新的挑战——不管外部还是内部——的文化中，也就不需要根本的变化，因而不需要鼓励新颖的想法。实际上，在这种情况下，异端可以被宣布是危险的；思想可以变得僵化；对不允许有的想法的制裁可以强化——都不会有太大损害。但是，在各种各样不断变化的环境、生态或政治条件下，只是照搬老一套再也起不了什么作用。那么，那些不盲目遵循传统，也不试图把自己的好恶强加给自然的或社会中的一切，而是乐于接受宇宙教给人们的东西的人将得到奖赏。每个社会必须决定，在开放和僵化的连续统一体之间，安全点存在于何处。

希腊数学向前迈出了光辉的一步，而另一方面，希腊科学——它最初的发展是很幼稚的并且通常对实验蒙昧无知——充满了错误。他们相信视觉依赖于像雷达一样从我们眼里发出的一种波，在我们看到的物体上反射回眼中，却无视我们在夜里看不见东西这一事实。（然而他们在光学方面有了重要的进步。）不考虑孩子和母亲明显的相像，他们相信遗传特征只由精子携带，女性只是被动的贮藏所。他们相信一块水平抛出的石块会得到某种浮力，因而比同时同高度垂直下落的石块在空中停留时间长。对于简单几何图形的迷恋使他们认为圆是“完美的”；不考虑“月中人”（月亮中的暗影）和太阳黑子（偶尔在太阳落山的时候可以用肉眼看到），他们坚持天空也是“完美的”；所以，行星轨道一定是圆的。

仅仅是脱离迷信还不足以使科学成长。人们还必须想到向自然提问，并通过实验验证。这方面有一些出色的例子——如厄拉多塞[1]对地球直径的测量，或恩培多克勒[2]阐释空气物质性的漏壶实验。但是在一个手工劳动被认为是低下的，是只适合奴隶干的社会中，比如传统的希腊－罗马世界，实验方法是不会兴盛起来的。科学要求我们既摆脱严重的迷信又摆脱严重的偏见，教会和世俗政权强加的迷信和偏见常常是狼狈为奸。毫不奇怪，政治革命，对宗教的怀疑主义和科学的兴起会同时发生。从迷信中获得自由是科学的必要而非充分的条件。

同时，不可否认，从中世纪的迷信转变到现代科学的过程中，像受到了一种最重要观念的深刻影响，那就是，一个创造了宇宙的至高无上的上帝不只创建了人们赖以过活的戒律还建立了自然本身必须遵循的法则。17 世纪德国天文学家约翰尼斯·开普勒——没有他牛顿物理学也许就不会产生——描述他对科学的追求就是希望了解上帝的想法。在我们的时代，顶尖科学家，包括阿尔伯特·爱因斯坦和斯蒂芬·霍金，也用相似的语言描述了他们的追求。哲学家阿尔弗雷德·诺斯·怀特海和中国技术史专家李约瑟也提出非西方文化中科学发展所欠缺的是一神论。

然而，我想，在这 1000 年中对这一论点的有力反证正在向我们呼喊。

狩猎小组跟踪蹄印和其他踪迹。他们在一片树林旁暂停了一会儿。他们蹲下来仔细地检查踪迹。他们一直追寻的踪迹被另一条穿过了。很快，他们统一了意见，确定了是哪一种动物，有多少，岁数和性别，有没有受伤的，跑得多快，跑过去多长时间了，有没有别的猎人也在追踪，小组能不能追上猎物，如果能追上要花多少时间。决定做出后，他们轻拂他们将追寻的踪迹，牙齿间发出像风一样轻微的声响，然后大步慢跑。

[1] 厄拉多塞（Eratosthenes，？前 276—？前 194）：希腊天文学家、数学家和科学作家，阿基米德的亲密朋友。——译注

[2] 恩培多克勒（Empedocles，？前 490—？前 430）：古希腊哲学家。修正了毕达哥拉斯的理论，认为万物皆由土、水、火、气四种元素组成，并用“合”“分”这对相互作用的力来解释万物运动和变化的规律。——译注

尽管背着弓和毒箭，他们继续已经开始了几小时的马拉松锦标赛。他们几乎总是在地上准确地读出信息。野牛或羚羊或獾伽狓（像长颈鹿的动物）就在他们想到的地方，数量和情况正像他们所估计的一样。狩猎很成功。猎物被带回了临时的营地。每个人饱餐了一顿。

这段多少有些典型的关于狩猎的短文是对坤桑人的描述，他们居住在博茨瓦纳和纳米比亚共和国的卡拉哈里沙漠。不幸的是，他们正处于灭绝的边缘。但是数十年来，人类学家对他们和他们的生活方式进行了研究。坤桑人过着一种典型的采猎生活，我们人类也许就是在这种方式下度过了大部分的时间——直到 1 万年前，植物和动物被种植驯化，人类的状况发生了改变，也许是永远的改变。由于坤桑人具有这种传奇式的本领，在南非与“前线国家”的战争中，他们被实行种族隔离的南非军队招募来搜寻人。与南非白人军队的各种不同方式的接触加速了坤桑人生活方式的毁灭——实际上，这种生活方式随着几个世纪以来与欧洲文明的每一次接触而一点一点地消亡。

他们是怎么做的？他们如何能够仅凭一瞥就说出这么多东西？仅仅说他们观察仔细是不够的。他们实际上做了些什么？按照人类学家理查德·李的说法：

他们仔细检查凹坑的形状。一只快速移动的动物留下的足迹显示出一种拉长的对称性；一只微跛的动物由于照顾疼痛的腿就会让它少承担些身体的重量，留下浅些的印记；一只较重的动物留下更大更深的空穴。相关公式就在猎手的脑子里。

在一天中，足印会被侵蚀掉一点。其凹坑的四壁会逐渐崩塌。风吹起的沙子会积累在空穴的里面。也许一点叶片、细枝或草叶会被吹进去。时间越长，侵蚀越大。

行星天文学家在分析陨石撞击产生的陨石坑的过程中采用了几乎同样的方法：陨石坑越浅，年代就越久远。陨石坑如果边缘已破败，深度与直径的比率较小，内部积累了细沙子则说明更为古老——因为必须有足够长的时间，侵蚀过程才会达到这种效果。

不同的区域、不同的沙漠，或不同的年代，侵蚀的来源都不相同。但是如果你知道它们是什么，你就能够通过陨石坑的新鲜或模糊程度断定很多东西。如果昆虫或别的动物的踪迹叠加在蹄迹上面，这将表明这个脚印不会很新。表面下的土壤湿度和在其因被踩过而暴露之后的干燥速度决定了坑四壁的瓦解程度。所有这些因素都被坤桑人仔细地研究过了。

飞奔的兽群不喜欢炎热的太阳。动物会利用它们能找到的任何能遮阳的东西，它们会改变路线以利用一片树林的阴凉。但是树荫的位置是由一天中的时间决定的，因为太阳在天空移动。早晨，太阳从东方升起，影子就在树林的西边。下午，当太阳西移，影子就投向了东边。通过踪迹转弯方向的改变，就可能说出动物是多长时间以前经过的。在一年中的不同季节，这种计算是不同的。所以猎手脑子里必须装有一部天文历法以预测太阳的运动。

对我来说，所有这些令人生畏的法医式的寻踪技巧就是正在发挥作用的科学。

采猎者不仅在研究其他动物的踪迹方面是专家，对人的踪迹也很擅长。在一个小组中每个人都可以通过他的足迹被辨认出来；彼此之间就像对他们的面孔一样熟悉。劳伦斯·冯·帕斯特这样描述：

> 离家数英里并与其他人分开，恩格索和我，在一只受伤的雄鹿的踪迹上，忽然发现另一组印记和我们的交会到一起。他满意地咕哝了一声并说这是几分钟前鲍克斯豪的足印。他断定鲍克斯豪跑得很快，而且我们很快就会看到他和那只动物。我们爬上前面的沙丘，鲍克斯豪就在那里，正在给动物剥皮。

理查德·李也叙述了一个坤桑人的故事，猎人在简单地检查了一些踪迹之后说：“哦，看，图努和他的小舅子在这儿。可是他的儿子哪儿去了？”

这真是科学吗？在训练课上，每一个追踪者都在地上蹲几小时，观察羚羊蹄印的缓慢侵蚀吗？人类学家提出这个问题，答案是猎人们一直使用这样的方法：他们在学徒时期观察他们的父亲和有经验的猎手，他们通过模仿学会。普遍的原则代代相传。局部的变化因素——风速、土壤湿度——每代人，一天一天，一季一季按照需要加以更新。

而现代科学家恰恰在做同样的事情。每次我们试图通过侵蚀程度判断月球、水星、海王星的卫星上陨石坑的年龄，我们并不是从零开始计算。我们掸掉某篇科学论文上的灰尘，读上面也许是一代人以前就确定下来的试过且真实的数值。物理学家并不从零开始推导麦克斯韦方程或量子力学，他们理解它的数学和原理，观察它的效用。他们注意自然是如何遵循这些法则的，他们将这些科学成果记在心里，使它们成为自己的东西。

然而必须有人首次确定寻踪原则，也许是旧石器时代的某个天才，或更可能是在彼此广泛分离的时间和地点的一代代的许多天才。在坤桑的寻踪原则中没有巫术的痕迹——事先检查夜晚的星星或动物的内脏，掷骰子或解梦，或念咒召鬼，或别的什么人类偶尔使用过的似是而非的知识，而只有具体的可明确界定的问题：猎物向哪个方向跑了，它有什么特征？你需要一个单凭巫术和占卜不能给出的——或至少是不能经常给出的足以使人免除饥饿的——精确答案。相反，采猎者——除了围着火堆跳阴魂附身的舞蹈或受柔和的欣快剂的影响，日常生活中他们并不十分迷信——很实际，他们努力工作、目的明确，过群居的生活，并常常是快乐的。他们使用的技巧来源于对过去成功和失败的去伪存真。

科学的思考几乎从一开始就与我们相随。你甚至可以从正在领地边界上巡逻或正在准备芦秆用来插入白蚁窝以获取少量但必需的蛋白质来源的大猩猩身上看到这一点。寻踪技巧的发展带来了强大的进化选择优势，那些不能想到这一点的群体只能得到较少的蛋白质并留下较少的后代。那些具有科学倾向的、那些能够细致观察的、那些爱好解决问题的生物，会获得更多的食物，特别是较多的蛋白质，并生活在更为多种多样的栖息地中；它们和它们的遗传特性将繁荣昌盛。对人来说也是一样，比如波利尼西亚人的航海技巧。这种科学倾向带来了实质性的回报。

在农耕时代之前的另一种获得食物的主要方法是采集。要采集食物，你必须了解许多植物的性质，而且你必须能明确地把一种植物和另一种区分开来。植物学家和人类学家常常发现全世界的以采猎为生的种族辨别各种植物物种可以达到西方分类学家的准确程度。他们以地图绘制员的技巧在心中绘制他们领地的地图。这一切都是生存的前提。

有人认为，就像儿童尚未成熟到接受某种数学和逻辑的概念一样，原始人在智力上也不可能掌握科学和技术。这种观点是极为荒谬的。那些居无定所、身无分文的残存的采猎者——他们是我们遥远过去的活标本——的日常活动证明殖民主义和种族主义的残余观念是错误的。

根据克鲁默的“客观思考”的标准，我们肯定可以从采猎者那里找到积极而充分的论据，直接参与式的民主，大范围的旅行，没有僧侣，并且将这些因素坚持了不是 1000 年而是 30 万年或更长时间。以克鲁默的标准来看，采猎者应该是有了科学。我认为他们确实如此，或曾经如此。

爱奥尼亚和古希腊提供的不是许多的发明、技术或工程，而是系统调查的方法和一种观念，即是自然的法则而不是变幻莫测的神统治着世界。水、空气、土和火被轮流作为对这个世界的本质和起源的候选“解释”。每一个这样的解释——由苏格拉底之前的不同哲学家所认定——在细节上有很大的缺陷。但是这种解释的方式，作为神的干预的替代物，是富有成果的、新颖的。同样，在古希腊的历史中，我们可以看到，几乎所有由反复无常的神促成的重大事件都记载于《荷马史诗》中，只有几件事记载于希罗多德的著作中，而在修昔底德的史书中则完全没有。在几百年中，历史从由神推动转移到由人推动。

一些相似的自然法则也曾在坚定的多神论社会中出现，在这种社会中某些学者热衷于无神论的观点。约开始于公元前 4 世纪的、苏格拉底的这些研究，被柏拉图、亚里士多德，然后是基督教神学家扑灭了。如果历史的偶然性有所不同——如果原子论者对物质本质和世界多元化、对时间和空间的广袤性的伟大猜想能够被珍视并作为科学发展的基础，如果阿基米德的技术革新被传授和仿效，如果那种认为人类必须探求、理解自然的不变法则的观点被广泛地宣传——我想今天的世界会是另一种样子。

我不认为科学难于讲授的原因是人们对接受科学没有准备，或是由于科学仅仅产生于侥幸，或总的来说，我们的脑力还不足以掌握它。相反，我所看到的一年级学生对科学的巨大热情以及来自残存的采猎部落的证据都雄辩地证明：科学倾向深深地埋藏在我们之中，不论是在任何时间、任何地点，还是任何文化中。它已经成为我们生存的手段。它是我们与生俱来的权利。当我们由于漠不关心、漫不经心、无能为力或对怀疑主义的恐惧而使孩子们对科学失去信心，我们就是剥夺了他们的权利，拿走了他们用以管理未来的工具。

chapter nineteen / 第十九章

世上没有傻问题

所以我们不停地提问，一次又一次，
直到一捧土
堵住了我们的嘴——
难道这就是答案吗？
——海因里希·海涅[1]《拉撒路》(1854)

[1] 海因里希·海涅(Heinrich Heine，1797—1856)：德国诗人、作家、犹太人。1827年第一部诗集《歌集》问世，此后作品不断发表，有《旅行记》《法兰西现状》《论德国宗教和哲学史》《德国，一个冬天里的童话》《一个仲夏夜之梦》《罗曼采罗》等。——译注

在东非200万年前的岩石记录中，你能发现我们祖先所设计和使用过的一系列劳动工具。他们的生活依赖制造和使用这些工具，当然这是石器时代早期的技术。曾几何时，专门制作的石头被用来戳刺、切削、剥离、切割、雕刻。尽管制造石制工具有很多种方法，但值得一提的是，在一个特定的地点，在漫长的时期内，工具都是以同样的方法制造的——这意味着数十万年前一定存在教育体制，即使主要是学徒制度。尽管相似性容易被夸大，但很容易设想有相应的围着缠腰布的教授和学生、实验课程、测验、不及格、毕业典礼和研究生教育。

如果在很长的历史时期内，这种培训没有发生改变，传统就被完整地传递给下一代。但是如果需要学习的东西变化得很快，特别是在一代人的时间内发生，这就很难搞清楚教什么和怎样教。于是，学生就会抱怨内容不恰当；对年长者的尊敬就会减少。教师们对教育标准的降低，学生们变得无精打采感到绝望。在一个处于转变中的世界，学生和教师都需要教给自己一门重要的技巧——学会如何学习。

除了儿童之外（他们还不懂得是不是该问一些重要的问题），我们没有谁会花费很多时间去想：为什么自然是这个样子？宇宙是怎么来的，或它是否一直那样存在？如果时间某一天会倒流，结果将会出现在原因之前吗？是否存在人们认识的极限。甚至有些儿童，我遇到了那么几个，想知道黑洞是什么样子？物质的最小部分是什么？为什么我们记得过去而不是将来？为什么有宇宙？

不时地，我会非常幸运地给幼儿园或一年级的班级讲课。其中很多孩子是天生的科学家——尽管好奇的倾向多一点，怀疑主义的倾向少一点。他们很好奇，爱动脑筋，引起思考的、有洞察力的问题滔滔不绝。他们显示出极大的积极性。我被问一些连续的问题。他们从没听说过什么叫“傻瓜式的问题”。

但是当我和高中高年级的学生交谈时，我发现情况不同了。他们记住了“事实”，但总的来说，发现的喜悦，事实背后的灵魂，已经离开了他们。他们失去了大部分好奇心，仅获得了很少一点怀疑主义。他们担心提出“傻瓜”问题；他们愿意接受不充分的答案；他们不提连续的问题；在教室里他们不时斜着眼瞥一下，判断他们的同学是否赞同；他们上课时把带来的问题写在一张纸上，他们偷偷地检查，等待着轮到他们，却疏忽了这时他的同学们正在集中讨论什么问题。

从一年级到十二年级一定是发生了什么，它不仅是青春期的问题。我猜测它部分是因为来自同学的不许杰出的压力（除了在体育运动中）；部分是因为社会教给人们的短期满足；部分是由于一种印象，即科学和数学不会使你能买一辆跑车；部分是因为对学生的期望太低；部分是因为理智地讨论科学和技术——甚至学习本身——很少有回报或榜样。那些少数仍然保持兴趣的孩子被贬低为“傻子”“小丑”或“书呆子”。

但是还有些别的原因：我发现许多成年人讨厌孩子提出科学问题。为什么月亮是圆的？孩子也许会问。为什么草是绿的？梦是什么？你能挖多深的洞？世界的生日是哪一天？为什么我们有脚指头？大多数老师和家长以生气或嘲弄的态度对待这些问题，或者迅速地转到别的东西上面：“你希望月亮什么样，方的？”孩子们不久便认识到这种问题惹恼了大人。再有几次像这样的经历，就又有一个孩子离开了科学。为什么成年人在不到六岁的孩子面前要装作无所不知，我感到实在难以理解。承认我们不知道某些东西又怎么了？我们的自尊心竟如此脆弱吗？

而且，这当中有许多是科学领域中的深奥问题，有几个尚未得到完全解决。月亮是圆的与重力是一种将物体拉向任何天体的中心的向心力及岩石的强度有关。草是绿的因为它含有叶绿素，当然——我们都在高中的时候被灌输过这个答案——但是为什么植物含有叶绿素？这看起来很愚蠢，因为太阳输出的峰值能量是在光谱的黄色和绿色部分。为什么全世界的植物要抵制能量最丰富波长部分的阳光呢？也许是由于地球古代生物史上的意外冰冻。但是我们对于草为什么是绿的仍有某些东西不清楚。

有许多更好的回应可以不使孩子觉得他们问深奥的问题是一个大错误。如果我们对答案有想法，我们可以试着解释。即使是一次不完全的尝试也会起到消除疑虑和鼓励的作用。如果我们不知道答案，我们可以查百科全书。如果我们没有百科全书，我们可以带着孩子去图书馆。或者我们可以说："我不知道答案，也许没有人知道答案。也许等你长大的时候，你会成为第一个发现答案的人。"有天真的问题、乏味的问题、表述不当的问题，以及在不恰当的自我批判之后提出来的问题。但是每个问题都表明他渴望理解这个世界。这绝不是傻瓜式的问题[1]。聪明的、好奇的孩子是国家和世界的财富。他们需要得到照顾、呵护和鼓励。但是仅仅鼓励是不够的，我们必须给他们关键的进行思考的工具。

"官方消息，"一份报纸的头条写道，"我们在科学方面的名声坏透了。"在对世界许多地区 17 岁孩子的代数测验中，美国排名倒数第一。在同样的测试中，美国孩子平均正确率是 43%，而日本相应的成绩是 78%。在我的成绩单上，78%非常好——大致相当于 C+，或甚至 B–；43%是 F。在化学测验中，13 个国家和地区中只有两个比美国差。英国、新加坡和中国香港地区的成绩高得几乎超出了标准；加拿大的 18 岁学生有 25%与美国高中高年级学生选出的 1%的人知道的化学知识一样多。（他们在上第二门化学课，并且大多数人是在"高级"班）。美国明尼阿波利斯 20 个最好的五年级班被日本仙台的 20

[1] 我所说的不包括两岁儿童向他们的父母提出的连珠炮式的为什么，也许他们不过是想努力控制大人的行为。

个班级全部超过，被中国台湾台北的20个班级中的19个超过。韩国的学生在数学和科学的各方面远远超过了美国学生，在排行榜上加拿大不列颠哥伦比亚省（加拿大西部）的13岁学生（在某些方面他们比韩国人还要好）超过了美国学生。在美国的孩子中，有22%的人说他们不喜欢学校，在韩国只有8%。然而，2/3的美国人说他们“擅长数学”，但只有1/4的韩国人这么说。

这种美国普通学生的低迷的倾向偶尔被杰出学生的表现所抵消。1994年，在中国香港举行的国际数学奥林匹克竞赛上，美国学生取得了史无前例的好成绩——在代数、几何和数论方面击败了来自68个国家的360名学生。他们之一，17岁的杰瑞米·本评论说：“数学问题是逻辑填字游戏。没有什么规律——完全是创造性的和艺术性的。”但是这里我所关心的不是产生新一代的一流科学家和数学家，而是公众的科学文化水平。

美国63%的成年人不知道最后一只恐龙在第一个人产生之前就死去了；75%的人不知道抗生素杀死的是细菌而不是病毒；57%的人不知道“电子比原子小”。民意测验显示大约一半美国人不知道地球围绕太阳转而且转一圈要一年。我能在康奈尔大学我的本科生班里找到一些聪明的学生，他们却不知道星星在夜晚升起和落下，甚至不知道太阳也是一颗星星。

由于有了科幻小说、教育体系、美国航空航天局，以及科学在社会中扮演的角色，美国人应该比普通人更了解哥白尼学说。中国科学与技术协会1993年的一次民意测验显示，像美国一样，中国有不超过一半的人知道地球绕太阳一年转一圈。这显然意味着，在哥白尼学说产生了四个半世纪之后，地球上的大多数人仍然在内心深处认为：我们的星球固定不动地处于宇宙的中心，因而可以骄傲地认为我们很“特别”。

这些是关于“科学素养”的典型问题，结果是令人震惊的。但是它们衡量的是什么？对权威见解的记忆。他们应该被问的是我们怎么知道——抗生素可以区别微生物，电子比原子“小”，太阳是地球围绕着一年转一圈的星星。这样的问题更能真实地衡量公众对科学的理解，测试的结果无疑会更令人沮丧。

如果你将《圣经》中的每一个字都当作真理，那么地球一定是平的。对

《古兰经》来说也是如此。宣称地球是圆的意味着你是一个无神论者。1993 年，沙特阿拉伯最高宗教机构，舍克·阿卜杜尔–阿齐兹·依恩·巴兹，发布了一项法令或文告，宣布：地球是平的，任何人认为地球是圆的就是不信仰真主并将受到惩罚。在许多嘲弄之中，由公元 2 世纪埃及天文学家克劳蒂斯·托勒密搜集的，证明地球是球形的清楚的证据通过阿拉伯和穆斯林的天文学家传播到西方。到了 9 世纪，他们把托勒密的阐述地球是球形的书叫作阿尔玛格斯特——“最伟大的”。

我碰到过许多被进化论所触怒的人，他们宁愿认为自己是上帝的手工艺品而不愿相信自己是通过物理和化学作用经过漫长的历史时期从软泥中产生的。他们不愿意费力去了解进化论的证据：这些证据与此无关，他们希望什么是真的，就相信什么是真的。只有 9% 的美国人接受现代生物学的核心发现，即人类（和所有其他物种）是从更为古老的物种经过自然的演替过程缓慢地进化而来的，在这个过程中不需要上帝的干预。（当仅仅被问到他们是否接受进化论时，45% 的美国人说是的。在中国相应的数字是 70%。）当电影《侏罗纪公园》在以色列上映的时候，遭到了一些犹太教教士的谴责，因为它接受了进化论并宣扬恐龙生活在 1 亿年前——而在每一个犹太新年和犹太人婚礼上都会宣称，宇宙只有不到 6000 年历史。进化论最清楚的证据可以在我们的基因中发现。但是具有讽刺意味的是，进化论仍被某些人所攻击，尽管他们自己的 DNA 恰恰证实了进化论——在学校、在法庭、在教科书出版社中，以及在我们可以给别的动物施加多大痛苦而不跨过伦理的界限这个问题上。

在大萧条时期，教师们享有稳定的工作、不错的工资待遇并受人尊敬。教书是一个令人羡慕的职业，部分是由于人们普遍认为学习是摆脱贫困的出路。今天情况大不相同了。从事科学（和其他学科）教学的人常常不胜任工作并缺乏创造性，而且令人吃惊的是，他们在自己的科目中仅受过一点或没有受过训练，对讲授科学方法缺乏耐心而急于传授科学发现——而且有时他们自己也不能区分科学和伪科学。那些受过训练的人常常是在别的地方找到了工资更高的工作。

孩子需要亲身体验实验方法而不只是读读书本。我们可以被告知蜡烛燃烧可以用蜡的氧化来解释，但是如果我们看到把一个钟形的广口瓶罩在蜡烛火焰上，直到燃烧产生的二氧化碳包围了烛芯挡住了氧气，烛焰开始闪烁然后熄灭，我们就会得到一个更为鲜明的印象。老师可以教给我们细胞中的线粒体是如何像火焰燃烧蜡一样氧化食物，而如果我们在显微镜下观察这一过程就会得到完全不同的感觉。我们可以被告知某些生物体的生命活动需要氧气而另一些则不需要，但是只有当我们用一个除去氧气的钟形广口瓶来检验这个说法，我们才会真正开始理解它。氧气对我们有什么用处？为什么没有氧气人就会死？空气中的氧气是怎么来的？这种供应的可靠性怎么样？

实验和科学方法可以通过很多途径教给学生，而不只是在科学课上。丹尼尔·卡尼茨是我大学时的一个朋友。他是一个富于创新精神的初中和高中社会科学课教师。想让学生们理解美国宪法吗？你可以让他们一章一章地读，然后在课堂上讨论——但是，很不幸，这会使他们大多数人睡着的。或者你愿意试试卡尼茨的方法：你禁止学生读宪法。然而，你安排学生两人一组代表一个州，参加制宪会议。你事先向这 13 个小组就他们所代表的州或地区的特殊利益做简要的指点。比如南卡罗来纳的代表将被告知棉花的重要性，奴隶贸易的必要性和合理性，工业化的北方所造成的威胁，诸如此类。13 个代表团聚集在一起，教员给予些许指点，但主要是依靠他们自己，经过几个星期写下了一部宪法。然后他们读真正的宪法。学生们把发动战争的权力留给了总统。1787 年的代表们将这项权力交给了国会。为什么？学生们使奴隶获得了自由。原先的制宪会议却没有。为什么？这样做需要教师做更多的准备，学生做更多的工作，但这次经历是令人难以忘怀的。如果每个公民都有一次类似的经历，很难不认为地球上的国家将会具有更好的政治形态。

为了改善教师的培训、工资和实验室，我们需要更多的钱。但是在整个美国，学校公债的发行通常被否决。没有人建议将财产税用于军事预算，或农业补贴，或清理有毒废弃物。为什么偏偏是教育？为什么不支持教育从地方和州级别的一般税收中获得资金？向那些工人特别需要经过技术培训的企业征收特别教育税怎么样？

美国学校儿童做的作业并不够。美国的标准学年有180天，与此相比，韩国是220天，德国是230天，日本是243天。在这些国家当中有几个国家的学生星期六也上学。美国的高中学生每周平均花费3.5小时做作业。花在学习上的时间，课内和课外的，大约是每周20小时。日本五年级学生平均是33小时。日本，只有美国一半的人口，却每年培养相当于美国两倍的高学历的科学家和工程师。

在高中的四年中，美国学生在数学、科学和历史等科目上用去的时间不到1500小时。日本、法国、德国学生则花了两倍的时间。美国教育部1994年的一份报告指出：

> 传统的教学日必须符合所谓的“学校新任务”的一整套需要——对个人安全、消费者的事务、艾滋病、生态保护与能源、家庭生活和司机培训的教育。

这样，由于社会教育的缺乏和家庭教育的不当，高中学生每天只有三小时用于核心的学术科目。

人们普遍抱有这样一个观念，即科学对普通人来说“太难了”。这一点我们可以通过统计资料看出来。只有大约10%的美国高中学生曾经选修物理课。什么使科学突然间变得“太难了”？为什么对于那些比美国做得好的国家的公民来说，科学就不是太难？美国人在科学、技术革新和努力工作方面的天赋消失了吗？美国人曾经为他们的发明家感到极大的骄傲，他们首创了电报、电话、电灯、唱机、汽车和飞机。今天除了计算机，所有的一切都成了明日黄花。所有那些“美国佬的独创性”哪儿去了？

大多数美国儿童并不笨。他们学习不刻苦的部分原因是他们很少能通过努力学习得到实际的利益。现在对普通年轻人来说，词汇技巧、数学、科学和历史方面的能力（实际上是了解基本的知识）并不能使他们在高中毕业后的最初八年中增加收入——他们中的许多人从事服务业而不是在工业企业工作。

在经济中的生产性部门，情况则不同了。比如家具厂面临破产危险——不是因为没有顾客，而是因为没有几个初级工人懂简单的算术。一家主要的电子公司报告说该公司80%的工作申请者不能通过五年级的数学考试。美国每年已经损失了大约400亿美元（主要是在生产能力的损失和补习教育的花费方面），因为工人们在很大程度上不能读、写、计数和思考。

美国国家科学委员会对美国139家高技术公司的调查表明，造成研究和开发衰退的主要国家政策有：（1）缺乏处理问题的长期战略；（2）对未来科学家和工程师的培养重视太少；（3）在“防务”方面投资太多，而在民用研究和开发方面则投资不足；（4）对大学之前的教育重视不够。无知养育无知。对科学的恐惧会传染的。

在美国，最喜爱科学的人是年轻、富有、受过大学教育的白人男子。但是在下一个十年美国四分之三的新工人将是妇女、非白人和移民。如果不能唤起他们对科学的积极性——我无意歧视他们——那将不仅是不公正，而且是自毁长城的愚蠢行为。这将使经济发展得不到急需的熟练工人。

非裔美国人和拉美学生与20世纪60年代相比在标准化的科学考试中有了很大的进步，但进步仅限于他们。美国高中毕业生中白人和黑人在数学上的差距仍然很大——两到三个等级；但美国高中白人毕业生和其他国家如日本、加拿大、英国或芬兰的学生之间的差距则是上述差距的两倍（美国学生落后）。如果你没有什么动机，而且只受到很少的教育，你就不会懂得很多——这一点儿也不奇怪。父母受过大学教育的城市郊区非裔美国人和父母受过大学教育的城市郊区白人在大学中的成绩一样好。据某些统计资料，一个穷孩子如果报名参加头脑启蒙计划，将来他找到工作的机会将增大一倍；如果完成了飞跃计划，那么他上大学的可能性就增加了四倍。如果我们是严肃的，我们就会知道该做什么。

学院和大学又怎样呢？明显应该采取的步骤是：依靠教学成功来提高声望；根据学生在标准化、双盲测试中的表现决定教师的提升；教师的工资应该接近他们在企业工作的工资；更多的奖学金、助学金和实验室设备；富于想象力和启发性的课程和教材，其中优秀的教员应发挥主要作用；实验课程是每个人毕业所必修的；对传统的偏离科学的倾向予以高度重视。我们还应该鼓励学术上最好的科学家将更多的时间用于公共教育——教材、讲座、报纸和杂志文章、电视节目，在大学一、二年级中开设怀疑式思维和科学方法的必修课也许值得尝试。

神秘主义者威廉·布莱克盯着太阳说他看到了天使，而其他人，更世俗一些，“只看见一个颜色大小像金畿尼的物体”。布莱克真的在太阳中看到了天使，还是某种知觉和认识错误？我知道没有照片显示太阳上有这种东西。布莱克看到了照相机和望远镜看不见的东西吗？还是这种解释更多地存在于布莱克的头脑之内而不是之外？现代科学对太阳本质的解释难道不是更奇妙吗：太阳里没有天使或金币，它是一个巨大的球体足以容纳 100 万个地球，在它的核心，看不见的原子核挤在一起，氢变成氦，氢中潜藏了数十亿年的能量释放出来，地球和其他行星被它温暖和照亮，同样的过程在银河系其他地方重复了 4000 亿次。

从头开始构造一个人所需的蓝图、详细的阐述和工作指令如果用英语写下来可以装满 1000 卷百科全书。而你的每一个细胞都有一套这样的百科全书。类星体是如此遥远，以至我们所看到的它发出的光在地球诞生之前就踏上了星系际的旅程。地球上的每个人都是数百万年前的同样的东非猿人祖先的后裔，这使我们都成为表亲。

无论何时我想到这些发现，都会有一种激动的感觉。我的心跳加快，难以抑制。科学是一种惊讶和欣喜。每一次宇宙飞船从一个新世界旁边飞过，我都会感到惊奇。行星科学家们自问：“哦，是这样？我们怎么没有想到？”但是，自然总是比我们所能想象的更为微妙，更为错综复杂，更为精致。考虑到我们人类明显的缺陷，令人惊讶的是我们竟在探索自然秘密的道路上走了这么远。

在获得发现或顿悟的时刻，几乎每个科学家都体验过一种肃然起敬的惊讶。科学——纯粹的科学，不是为了任何应用而是为了其本身的科学——对于那些实践它的人以及时不时地来瞧一瞧有什么最新发现的人来说，具有深刻的情感内容。

像侦探故事一样，构建关键问题，辨别可能的解释，甚至取得科学发现的进程是一种快乐。从下面这些例子中随机地多少挑几个想一想，有的很简单，有的远非如此：

- 在6和7之间会不会有未被发现的整数？
- 在原子序数6（碳）和原子序数7（氮）之间会不会有未被发现的新化学元素？
- 新的防腐剂会在老鼠身上引发癌症。但是如果你给一个体重远大于老鼠的人每天一磅这种药品，情况会怎么样？在这种情况下，也许新的防腐剂没有那么危险。也许将食物长期保存所带来的好处要大于其诱发癌症的风险？谁来决定？他们需要什么样的资料才能做出慎重的决定呢？
- 在一块有38亿年历史的岩石中，你发现碳同位素的比率和今天的生物体一样，而和无机的沉积物不同。你就此推断38亿年前地球上有生命吗？或者较现代的某种生物体的化学残留已经渗入了岩石中？或者是否有方法使岩石中的同位素与生物过程分离呢？
- 对人类大脑电流敏感性的测量显示当某种记忆或精神活动发生，大脑的特定区域开始工作。我们的思维、记忆和情感都是大脑神经元的特殊回路产生的吗？是否可能在机器人身上模拟这种回路？在大脑中插入新的或改变旧的回路以改变意见、记忆、情感、逻辑推理，这可行吗？这样的填塞物是不是太危险了？
- 你的太阳系起源理论预言会有许多气体和尘埃聚集成圆盘状遍布于银河系中，你透过望远镜看到了许多圆盘，你高兴地断定你的理论被证实了。但是实际上你看到的圆盘是比银河系远得多的旋涡状星系，而且太大以至不大可能是新生的太阳系。你会放弃你的理论吗？或者你会寻找另一种圆盘？或者这只是你不愿放弃一种可疑的假设的表达方式？

- 一个正在发展的癌肿瘤向血管附近的细胞发布了一份全境通报：“我们需要血液。”于是，内皮细胞被迫建立血管桥向癌细胞供血。这是如何发生的？可以将这信息截取或取消吗？
- 你将紫色、蓝色、绿色、黄色、橘黄色和红色颜料混合在一起得到黑褐色。而你将同样颜色的光混在一起却得到白色。这是怎么回事？
- 在人类和许多其他动物的基因中有长而重复的遗传信息序列（被称为“废物”），某些序列引起遗传疾病。这部分 DNA 会是恶劣的核酸片段（自我复制，自行其是，不考虑它们所寄生的有机体的正常状态）吗？
- 许多动物的行为在地震之前非常奇怪，它们知道什么地震学家不知道的事情吗？
- 古代阿兹特克人和古希腊人的“上帝”一词几乎是相同的。这是否表明这两种文化之间存在某种联系或共性呢，或者我们应该认为这两种不相关的语言出现这种巧合仅仅是偶然？或者像柏拉图在《创世记》中所想的，某些词语是我们与生俱来的？
- 热力学第二定律表明将宇宙看作一个整体，无序随着时间增长。（当然，通过宇宙其他地方的有序的减少，局部的世界、生命和智慧可以产生。）但是如果我们生活在一个宇宙大爆炸扩张即将减缓、停滞，继而收缩的宇宙中，第二定律会逆转吗？结果会在原因之前发生吗？
- 人的胃使用浓盐酸溶解食物并帮助消化。为什么盐酸不溶解胃本身？
- 在我写本文的时候，人们发现最古老的星星似乎比宇宙还老。就像声称朋友有个孩子比朋友还大一样，你不必知道很多就能意识到一定有人犯了个错误。那么是谁？
- 现在的技术已经可以移动单个的原子，这样冗长而复杂的信息可以用超微观的尺度写下来。还可以制造分子大小的机器，这些“纳米技术”的最基础的例子现在已被成功地展示。在今后的几十年里它将把我们引向何方?

- 在几个不同的实验室中，科学家们发现在合适的条件下，某些复杂的分子可以在试管中自我复制。其中一些分子，像DNA和RNA，由核苷酸组成；另一些则不是。有些使用酶加速化学反应的速率；另一些则不是。有时在复制中会发生错误；于是错误在后代分子中被不断地复制。这样它们就会成为稍有不同的自我复制的分子，其中一些比其他的复制得更快、更有效率，于是最先繁盛。随着时间推移，试管中的分子变得越来越高效。我们开始目睹分子的进化，这会对生命的起源提供多少认识呢?
- 为什么普通的冰是白色的而纯净的冰是蓝色的?
- 已经在地球几英里深的地下发现了生命。生命的存在区域到底能达到多深?
- 据一个法国人类学家讲，马里共和国的多贡人有一个传说：天狼星有一颗极为致密的伴星。实际上天狼星确实有这样一颗伴星，尽管只有相当精密的天文学技术才能探测到它。那么，(1) 多贡人是源于一个曾拥有巨大的望远镜和理论天体物理学的被遗忘的文明吗? 或者，(2) 他们曾经得到外星人的指点? 或者，(3) 多贡人是从来访的欧洲人那里听说天狼星的白矮星伴星的? 或者，(4) 法国人类学家搞错了而多贡人从来没有类似的传说?

为什么对科学家来说推广科学是困难的? 一些科学家——包括一些非常优秀的科学家——告诉我他们喜欢普及科学，只是觉得自己在这个领域缺乏天赋。知道和解释，他们说，不是同一回事。秘密在哪儿?

我想，只有一个：不能像对你的科学家同事那样对普通大众说话。有些用于传达你的想法的术语可以瞬间被专家所准确地理解；你也许在每天的专业工作中都要用各种方法说到这些词语，但是它们对于那些非专家的听众来说无异于谜语；使用尽可能简单的语言；最重要的是，不论你试图解释什么，想一想在你自己领会之前你的理解是什么样子；回忆一下你几乎陷入的误解，清楚地提醒别人；牢记你也曾经一无所知；概要重述你从无知到有知的最初的步骤；永远不要忘记天生的智慧是普遍存在于我们人类之中的。确实，这就是我们成功的秘密。

付出的努力是微小的，而带来的益处是巨大的。潜在的陷阱包括过分简化，在质量（和数量）上省略的需求，给有关科学家不适当的荣誉，不能充分辨别有用的类推和现实的差别。无疑，妥协是需要的。

你做介绍的次数越多，就越清楚哪种方法有效，哪种不行。可以自然地选择隐喻、比喻、类比、逸事等手段。不久你就会发现，踩着听众检验过的踏脚石，你几乎想去哪儿就可以去哪儿。你能够根据听众的需要调整你的介绍。

像许多编辑和电视制作人一样，有些科学家相信公众太无知或太愚蠢以至不可能理解科学，认为科普工作是根本没有希望的事业，甚至相当于与敌人称兄道弟，如果不是彻底同流合污的话。在构成这种判断的诸多批评之中——伴随着令人难以忍受的傲慢和对许多极为成功的科普事例的忽视——隐含的是过分的自信，而对于有关的科学家来说则是自毁长城。

政府对科学大规模支持的历史并不长，只能追溯到第二次世界大战——尽管有钱有势的人对少数科学家的赞助早已有之。随着冷战的结束，曾为各种基础研究提供支持的国家防务这张王牌已不会再打了。部分由于这个原因，大多数科学家，我认为，支持进行科学普及工作。（因为几乎所有对科学的资助都来自公众的财产，如果科学家反对进行足够的科普工作那无异于古怪的自杀式的调情。）得到公众的理解和赏识的东西，都容易得到公众的支持。我的意思不是说为杂志，如《科学美国人》写文章，供科学爱好者和其他领域的科学家阅读，也不仅仅是给本科生开一门介绍性的课程。我所说的是在报纸、杂志、广播和电视上，在对普通大众的讲座中，在小学、初中、高中的课本中努力与人们交流科学的本质和方法。

当然在普及工作中需要做出判断。重要的是既不要神秘化也不要以恩人自居。为了提高公众的兴趣，科学家们偶尔会走得太远——比如得出无法证实的宗教结论。天文学家乔治·斯穆特将他对来自宇宙大爆炸的不规则电磁辐射的发现描述为“面对面地看见了上帝”。诺贝尔物理学奖获得者里昂·莱德曼将希格斯玻色子（一种假设的构成物质的单元）称为“上帝的粒子”，并以此作为一本书的书名。（在我看来，他们都是上帝的“粒子”。）如果希格斯玻色子不存在，那么上帝存在的假设也被证明不成立吗？物理学家弗兰克·梯普勒提出，在遥远的将来计算机将证明上帝的存在并使我们的肉体复活。

期刊和电视给科学一点关注就能撞击出思想火花，这很重要。但是——除了初学者或组织良好的班级和研究班——普及科学的最好方式是通过课本、通俗书籍、CD-ROM 和激光视盘。你可以仔细考虑，快慢自如，复习困难的部分，比较上下文，深入挖掘。这必须以正确的方法去做，而在学校中通常不是这样。如同哲学家约翰·帕斯莫尔所说的，科学常常是作为：

> 学习的一些方法并按常规步骤去应用的一种东西。它是从课本中学来的，而不是通过阅读伟大科学家的著作或科学文献的日常阅读……早期的科学家不像早期的人文学家那样与天才有直接的联系。实际上……学校的课程吸引了错误的一类人来从事科学工作——喜欢常规而缺乏想象力的男孩和女孩。

我坚持认为，如果科普能点燃人们的好奇心，那么它就是成功的。要做到这一点，对科学发现做惊鸿一瞥式的回顾就已足够，而不需要对如何取得这些发现做出全面的解释。描述目的比描述旅程要容易。但是，在可能的时候，推广者应该试着记录科学发现过程中所经历的某些失误、错误的开端和失败的结果及明显绝望时的困惑。至少有的时候，我们应该提供证据让读者得出他自己的结论。这将把对新知识的被动吸收转变为个人的发现。当你自己做出发现——即使你是地球上最后一个看见光明的人——你也会永生难忘。

在我年轻的时候，我被许多通俗的科学书籍和文章所启发，作者包括乔治·伽莫夫、詹姆斯·金斯、亚瑟·爱丁顿、J. B. S. 豪登、朱里安·赫胥黎、蕾切尔·卡逊和亚瑟·C. 克拉克——他们所有人都受过科学的训练，其中大多数人是顶尖的科学实践者。在过去的 20 年中，文字优美、解释清楚、富于想象力的通俗科学书籍打动了我们的心灵和思维，而且似乎比以往任何时候都更流行，撰写这些书籍的科学家的数量和专业的多样性也是前所未有的。当代最优秀的科学普及者中，在生物学方面有斯蒂芬·詹·格尔德、E. O. 威尔逊、路易斯·托马斯和理查德·道金斯；在物理学方面有斯蒂芬·温伯格、阿兰·莱特曼和奇普·索恩；化学方面有洛得·霍夫曼；以及天文学方面弗雷德·豪勒的早期作品。伊萨克·阿西莫夫的写作涉及各方面。（尽管需要微积分，但在我看来过去几十年中最令人激动、引人入胜、鼓舞人心的科普作品是理查德·费曼的《物理学讲座》第一卷。）然而，当前的工作与公众兴趣的需要相比是远远不够的。当然，如果我们不识字，我们就不能从这些作品中受益，不论它们是多么鼓舞人心。

我希望我们能挽救“巴克利”先生和上百万像他那样的人，我还希望我们能停止产生沉闷的、无好奇心、无辨别力、缺乏想象力的高中生。我们人类需要，也应当得到，完全清醒的、基本了解世界是如何运作的公民。

科学，我坚持认为，对于任何一个希望生存到下个世纪并保留其基本的价值观的社会来说，都是绝对重要的工具——我所说的科学，不仅是科学的实践者所从事的，而且是应被整个人类社会所理解和接受的科学。如果科学家们不能实现这一目标，谁能？

chapter twenty / 第二十章

火中的房子[1]

[1] 与安·德鲁彦合著。

世尊（如来佛）回答舍利弗尊者说：

在某个村庄、城市、集镇、地区、省、王国或首都住着一位房主。他年纪很大，衰老，体弱多病，但是很有钱，富裕而阔绰。他的房子很大，既宽敞又高大，而且房子很古老，是很久之前盖的。房子里面住着很多生灵，两个、三个、四个，或五百个。房子只有一个门。它的屋顶是用稻草盖的，它的阳台已经塌了，它的房基也腐烂了，它的四壁，蒲草的隔墙和灰泥已经破败不堪。突然火光冲天，房子的各处开始燃烧。房主有许多年轻的儿子，五个，或十个，或二十个，而只有他自己跑出了房子。

当房主看到自己的房子被大火所包围，他害怕得发抖，心里非常焦虑不安，他想："我真的还有力气从门里跑出来，迅速而安全地逃离我那烧着的房子，而没有被大火燎着或烧焦。但是我的小男孩们，我的年幼的儿子们，他们怎么样了？那儿，在那燃烧的房子里，他们玩耍、运动、做各种游戏以自娱。他们不知道他们的屋子烧着了，他们不了解，没有察觉，没有注意，因而没有感到不安。尽管受到大火的威胁，尽管这么大的灾祸近在咫尺，但他们对危险毫不在意，没有做逃出来的任何努力。"

——摘自《佛经》中的《妙法莲华经》

爱德华・孔茨编（哈蒙兹沃斯，米道赛克斯，

英格兰：企鹅图书，1959）

（附鸠摩罗什译《妙法莲华经》部分：舍利弗，若国邑聚落，有大长者，其年衰迈，财富无量，多有田宅，及诸童仆。其家广大，唯有一门，多诸人众，一百、二百乃至五百人，止住其中。堂阁朽故，墙壁隤落，柱根腐败，梁栋倾危，周匝俱时，欻然火起，焚烧舍宅。长者诸子，若十、二十或至三十，在此宅中。长者见是大火从四面起，即大惊怖，而作是念，我虽能于此所烧之门，安隐得出，而诸子等，于火宅内，乐著嬉戏，不觉不知，不惊不怖，火来逼身，苦痛切己，心不厌患，无求出意。）

向《展示》杂志投稿之所以有趣的原因之一是可以得到反馈。由于该杂志拥有 8000 万读者，你真的可以得到美国公民的代表性意见。你会明白人们是怎么想的，他们期待和希望什么，甚至可能是我们在哪儿迷失了方向。

《展示》上发表了前一章的缩写，重点是关于学生和教师的行为的。我于是收到潮水一样的来信。一些人否认存在问题，另一些说美国人正在失去智力和技能优势；一些人认为有简单的解决办法，另一些认为问题实在是太根深蒂固而难以解决。许多意见令我感到惊讶。

明尼苏达一位十年级的教师散发了文章的复印件并让他的学生告诉我他们的想法。以下是美国一些高中学生写的（拼写、语法和标点与信件原文相同）：

- 美国人并不笨，我们只是在学校的考试成绩低一些而已。
- 也许我们不如别的国家的人聪明是件好事。这样我们就可以进口我们所有的产品，那么我们就不必花掉我们所有的钱来买零件。
- 如果别的国家做得更好，那有什么关系，反正他们很可能都要来美国。
- 我们的社会在取得发现方面做得恰到好处。尽管进展很慢，但治愈癌症的一天正在到来。
- 美国有自己的学习体系。它也许不如其他国家的先进，但它跟其他国家的一样好。除此之外我觉得你的文章是很有教益的。

- 学校里没有一个孩子喜欢科学。我确实不理解文章中的观点。我认为它很烦人。我不想去理它。
- 我学习是为了成为一位律师。坦率地说，我同意我父母所说的我对科学的态度有问题。
- 确实有些美国孩子不用功，但是如果我们想用功的话，我们将比任何国家的孩子都聪明。
- 孩子们会把做作业的时间用来看电视。我必须承认我就是这样。我已经把看电视的时间从每天四小时减下来了。
- 我不相信这是学校制度的过错，我认为整个国家都是在没有对学校给予足够重视的条件下成长起来的。我知道我妈妈宁愿看我打篮球或踢足球，也不愿意帮助我做作业。我所认识的大多数孩子并不在意他们的作业做得对不对。
- 我认为美国孩子并不笨。只是因为他们大多数打工，学习不够努力……很多人说亚洲人比美国人聪明而且他们擅长任何事情，但是，这不是真的。他们不擅长体育运动。他们没有时间参加体育运动。
- 我参加体育活动，而且我发现队里别的孩子使你在运动而不是学习方面更出色。
- 如果我们想得第一，我们可以整天去学校而不参加任何社会生活。
- 我能明白为什么许多科学教师会因为他们的工作受到侮辱而在你面前大发脾气。
- 也许如果教师能令人更加兴奋，孩子们就会更愿意学习……如果能把科学变得很有趣，孩子们就会愿意学。要做到这一点，需要早点开始，不要只是教事实和数字。
- 我真的发现很难相信美国在科学方面的一些事实。如果我们落后了很多，为什么迈克尔……
- 戈尔巴乔夫来明尼苏达和蒙大拿到数据控制中心来看我们是怎么使用

计算机和别的东西的。

- 五年级学生要每周学 33 小时！在我看来时间太长了，几乎与全日制工作相当。这样我们大可以不做作业而去赚钱。
- 当你说我们在科学和数学方面是多么落后的时候，你为什么不能态度好一点？……对你的国家和它的能力感到点骄傲呢？
- 我想你的事实不足以做出判断而且证据是不足信的。

总之，这些学生认为问题并不大；如果确实有问题的话，我们也没有太好的办法。许多学生同时抱怨讲课、课堂讨论、作业令人讨厌。特别是对所谓的看 MTV 长大的一代，他们在不同程度上为注意力不集中所困扰。但是花三到四年不断地练习加减乘除将使任何人感到厌烦——悲剧在于，这些学生本来可以学会基础概率论。同样，讲述了各种动植物却未涉及进化论，历史被分解为战争、日期、国王而没有提到对权威的服从、贪婪、无能和无知。所教的英语没有新词的引进和老词的消亡，化学不讲元素从何而来。唤起这些孩子求知欲的办法触手可及却被忽视。因为学校里的大多数孩子仅在他们的长期记忆中刻下被教的很少一点内容，难道用一些被证明是不讨厌的题目来感染他们，激起他们学习的热情不是很重要的吗？

大多数写信来的成人认为存在重大的问题。我收到家长的信件谈及有好奇心的孩子愿意努力学习，也对科学充满热情，但是学校和社区缺乏条件来满足他们的兴趣。另一些来信说对科学一无所知的家长牺牲他们自己的舒适为他们的孩子提供科学书籍、显微镜、望远镜、计算机和化学装置；家长教育他们的孩子说，努力学习将使他们摆脱贫困；祖母为深夜还在做作业的学生送去一杯茶；同学间的压力使得在学校里不要表现太好因为“这使其他孩子显得很糟”。

下面是一些例子——不是民意测验，而是一些有代表性的评论——来自其他家长的反馈：

- 家长们是否明白如果你无知你就不会成为一个完整的人？家里有书

吗？有放大镜吗？百科全书呢？他们鼓励孩子学习吗？

- 家长们应该教给孩子耐心和坚韧不拔。他们能够给孩子的最重要的礼物就是努力工作的精神气质，但是他们不能只是说说而已。努力学习的孩子大多是看到他们的家长努力工作和锲而不舍。
- 我的孩子被科学迷住了，但是她从学校和电视中学不到任何东西。
- 我的孩子被认为是具有天赋的，但是学校没有丰富学生科学知识的计划。辅导员让我把她送到私立学校去，但是我们付不起私立学校的学费。
- 同学间的压力很大；害羞的孩子不愿因为在科学方面做得好而显得“突出”。当我的女儿长到13或14岁的时候，她对科学与生俱来的兴趣消失了。

家长们对于教师还有许多话要说，而一些教师的评论也提到了家长。例如人们抱怨教师被训练为只知道如何教却不知道教什么；大量的物理和化学教师没有获得物理或化学学位因而在教科学课时感到“不舒服和不能胜任”；教师自己对科学和数学有太多的迷惑；他们拒绝学生问问题，或者回答说“都在书上，去查书吧”。一些人抱怨说生物教师是“创造论者”；另一些人抱怨说他们不是。下面是另一些由教师提出或关于教师的评论：

- 我们在培养一群笨蛋。
- 记忆要比思考容易。必须教会孩子们思考。
- 教师和课程已经降到了最低标准。
- 为什么让篮球教练教化学？
- 教师们花费太多太多的时间维持纪律和讲授“社会课程”。没有人鼓励我们自己做决定。“大人物”总是在监视我们。
- 抛弃学校和大学的终身职位制。去掉那些没用的人。把雇用和解雇的权力留给校长、教务长和学监。
- 我的教学的快乐不断地被军国主义式的校长所阻挠。

- 教师应该根据工作表现付给报酬——特别是学生在标准化的全国测试中的表现，以及学生在逐年的这些测试中的进步。
- 教师告诉孩子们，说他们不够“聪明”，不能以物理学为职业，从而窒息了我们孩子的头脑。为什么不给孩子一个上课的机会。
- 虽然我儿子的阅读能力比同班同学低两级，但他还是升到了下一个年级。让他升级是从社会的角度出发而不是从教育的角度。但是除非让他留级，否则他永远跟不上进度。
- 所有的学校（特别是高中）都应该开设科学课。它应与学生们同时学习的数学课紧密联系。
- 大多数的家庭作业是“为避免学生空闲而布置的作业”，而不是让你思考。
- 我想丹尼·拉维奇（《新共和国》，1989年6月6日）切中要害：“纽约市亨特高中的一名女学生最近解释说，‘我连续得到A，但我从不去谈它……考砸了会显得潇洒。如果你对学校感兴趣并表现出来，你就是个书呆子’……通俗文化——通过电视、电影、杂志和录像——不断向年轻的女士传出这种信息：最好是讨人喜欢、性感和潇洒，而不是勤奋、成功和坦率……1986年，研究者发现在华盛顿特区的高中生中存在相似的反学习思潮。他们注意到有才能的学生由于同学间的压力而不愿在学校里表现出色。如果他们在学习中成绩优秀，就会被指责为‘跟白人似的’。”[1]
- 对科学和数学方面突出的学生给予更多的承认和奖励对学校来说是很容易的事情。他们为什么不这样做？为什么不发一些带有学校名称的特殊上衣？为什么不在集会、校报和当地报纸上通报表扬？由当地企业和社会组织给予特别的奖励？这将花费甚少而又能克服同学间反对

[1] 华盛顿特区黑人居民非常多，而近年来黑人之中流行着一种风气，认为那些追求学业、事业成功的黑人是想忘本，想变得和白人一样。——译注

冒尖的压力。

- 头脑启蒙是改进孩子们对科学和其他事物的理解的唯一最有效的……计划。

也有人提出了激烈的、引起争议的意见，从中至少可以看出人们对这个问题体会的深刻程度。这是其中一少部分：

- 所有聪明的学生都在寻求迅速赚大钱的方法，所以他们成了律师而不是科学家。
- 我不想让你改进教育。那样的话就没人来开出租车了。
- 科学教育的问题在于上帝没有得到充分尊重。
- 原教旨主义教导人们科学是“人本主义”的并应受到怀疑，这就是没有人理解科学的原因。宗教害怕科学头脑中怀疑式的思考，学生们在进入大学以前就早早地被“洗脑”不要接受科学的思维方法。
- 科学使自己受到怀疑。它为政客服务，它制造武器，它对大麻的“毒害作用”说谎，它忽视了落叶剂（agent orange）[1]的危险性，等等。
- 公立学校不起作用。关闭它们。让我们只有私立学校。
- 纵容溺爱的倡导者、模糊的思维和社会主义的蔓延毁坏了我们曾经伟大的教育制度。
- 学校方面有足够的钱。问题在于管理学校的白人男子，通常是教练，不会（我的意思是从来没有）聘用知识分子……他们更关心橄榄球队而不是课程，他们只聘用平庸的、有沙文主义思想的、爱上帝的机械一样的人来教书。这种压制、惩罚和忽视逻辑思维的学校能培养什么样的学生？
- 将学校从美国民权联合会、国家教育委员会和其他导致学校纪律败坏

[1] 美军在越南战争期间使用的一种化学武器，对植物和人体都有剧毒。——译注

和竞争力下降的机构的束缚下解放出来。

- 我恐怕你还不了解你所居住的国家。人们难以置信地无知和胆小，他们不能容忍听到任何（新的）想法……你没发现吗？制度之所以存在是因为有这样一大群无知的、敬畏上帝的人。原因是许多（受过教育的）人正在失业。
- 我有时会被要求向国会的职员解释技术问题。相信我，科学教育中存在问题。

没有单一的方法可以解决科学，或数学、历史、英语、地理和其他我们社会所大量需要的技能方面的无知的问题。责任应由各方面承担——家长、选民、地方学校董事会、媒体、教师、政府官员、联邦、州和地方政府，当然，再加上学生自己。各年级的教师都抱怨说问题出在低年级身上。而一年级的教师有充分的理由对教那些因为营养不良、家里没有书籍和使人无暇思考的暴力文化而在学习方面产生障碍的孩子感到绝望。

根据我自己的经历我很清楚，如果父母有一点知识而又能把它传给下一代，孩子将获得多大的益处。一代人在教育、交流技能和学习热情方面即使只有很小的改进也会使下一代人产生很大的进步。每当我听到人们抱怨学校和大学“标准”下降或学士学位不如昔日货真价实的时候，我就想起这一点。

多萝茜·里奇，来自纽约容克斯的一位乐于革新的教师，相信比特定学术科目重要得多的是对一些关键技能的磨炼，如“自信、坚韧不拔、爱心、团队精神、常识和解决问题的能力”。我想还应该加上怀疑式的思维和好奇心。

同时，具有特殊才能和技能的孩子应得到培养和鼓励。他们是国家的财富。培养这些“天才”的富于挑战性的计划有时被人称作是“精英主义”。为什么学校橄榄球、棒球和篮球代表队的队员的集中训练和校际比赛不被认为是“精英主义”？毕竟，只有最具天赋的运动员才能参加。这里存在一种自相矛盾的双重标准在起作用，全国范围都是如此。

科学和其他科目的公众教育问题是如此严重以致人们很容易感到绝望并

断言无法解决。然而在大城市和小镇仍有一些默默无闻的机构使我们有理由抱有希望。仍有一些地方，在那里思想撞击出火花，唤醒沉睡的好奇心，使我们中的科学家感到兴奋。

- 在你面前的巨大陨铁如同瑞士奶酪一般布满了孔穴。你小心翼翼地伸手去触摸它。它光滑而冰凉。你想到这是来自另一个世界的碎片。它是怎么到地球来的？在太空中发生了什么使它如此残破？……
- 展览中展示了一张18世纪的伦敦地图，上面显示了恐怖的霍乱流行的情况。一所房子里的人从邻居那里传染了疾病。沿着传染的方向往回找，你会发现它是从哪儿开始的。就像一次侦探一样。当你找到传染源的时候，你发现那是一个敞开的下水道。你会明白现代化的城市的卫生条件是一个事关生死的问题。你想起世界上那些没有卫生设施的城市、乡镇和村庄。你开始思考也许有一种简单、便宜的方法可以解决……
- 你正在爬过一条长长的，极为黑暗的隧道。里面有突然的转弯、下坡和上坡。你穿过一片由羽毛样的东西、水珠状的东西和大的硬而圆的东西组成的森林。你像盲人一样猜测那可能是什么东西。你想起我们对触觉的依赖是多么少。在黑暗与宁静中，你与你的思维在一起。这种体验确实是令人兴奋……
- 你仔细观察一个细致的仿制品，它可能是一队僧侣正在攀登苏美尔人的大古庙塔，或是古埃及国王山谷中的装饰华丽的陵墓，或是古罗马的楼宇，或是美国小镇世纪转折时期的完整街道。你想到所有这些文明与你所处的是如此不同，如果你生在它们之中，你会很自然地理解它们，你会觉得我们的社会——如果有人告诉过你——实在是不可思议。
- 你挤了一下滴瓶，一滴池塘中的水落在显微镜的载玻片上。你看着投射的影像。这滴水中充满了生命——奇怪的生物在游动、爬行、翻滚，极富戏剧性地追逐和逃避，胜利与悲剧。这是一个远比任何科幻小说更迷人的生物世界……

- 坐在剧院里，你发现你自己在一个 11 岁男孩的脑子里。你通过他的眼睛向外看。你遇到他典型的日常危机：恃强凌弱的学生，专制的大人，对女孩的懵懂迷恋。你听到了他头脑中的声音，你看到了他对社会环境的神经和内分泌反应，你开始想知道你的内心世界是怎样的……
- 按照简单的提示，你键入命令。如果我们继续燃烧煤炭、石油和天然气并使大气中的二氧化碳成倍增加，地球会变成什么样子的？它会有多热？极地的冰会融化多少？海平面会升高多少？为什么我们要把这么多的二氧化碳排放到空气中去？如果我们把五倍于现在的二氧化碳排放到空气中去会怎样？而且，人们是如何知道未来的气候会是什么样子的？它使你思考……

在我小时候，我被带到纽约市美国自然历史博物馆。我在样片前流连忘返——样片生动地表现了全世界的动物和它们的栖息地。在昏暗的南极冰面上的企鹅；在明亮的非洲草原上的獾㹢狓（类似长颈鹿）；浓荫下林间空地上的大猩猩一家，雄性正在敲打胸膛；一头美洲灰熊用它的后腿站着，10 到 12 英尺高，眼睛直直地盯着我。这些是被“神灯里的妖怪”捕获的三维静止画面。灰熊刚移动过吗？大猩猩眨眼睛吗？当我站在那里目瞪口呆时，妖怪会回来解除咒语让这些美丽的动物继续它们的生活吗？

孩子有一种不可抑制的冲动去触摸东西。在那些日子里，在博物馆中最常听到的词就是“不要动手”。几十年前，在科学或自然历史博物馆中几乎没有什么是可以用手碰的，即使是你本可以捡起一只螃蟹仔细观察的模拟潮汐池也是如此。我所知道的可以靠得最近的交互式展品是黑登天文馆的天平，每颗行星有一台。在地球上你的体重是 18 千克，假想你住在木星上，你就会重 45 千克。但不幸的是，在月球上你就仅重 3 千克；似乎你都不可能待在月球表面上。

今天，孩子们被鼓励去触摸，去拨弄，在计算机上探索由问题和答案构成的带有分权的可能性之树，或者制造出有趣的噪声，看看声波是什么样子。即使孩子从展览中没有学到所有的东西，或者甚至没有学到关键内容，他们通常仍会吸收一些有价值的东西。你到那些博物馆去就会被孩子们的情绪所感染。他们睁大了眼睛，满脸的惊讶，从一个展台跑到另一个展台，充满了发现的喜悦。博物馆极受欢迎。去那里的人和去看职业棒球、篮球和橄榄球的人加起来一样多。

这些展览不能代替学校或家庭中的教育，但是它们是启发性的、令人兴奋的。一座好的科学博物馆激励孩子去读一本书，去学一门课，或是再回到博物馆致力于一个发现——而且，最重要的是，学会科学思考的方法。

现代科学博物馆的另一个特征是上映球幕或环幕电影。某些情况下，银幕有十层楼高并环绕在你的周围。史密森国家航空航天博物馆是世界上最受欢迎的博物馆，在它的朗利剧院首映过最好的影片。《飞翔》即使在看了五六遍之后仍使我哽咽。我看到许多派别的宗教领袖在看了《蓝色的星球》之后转而支持保护地球的环境。

不是每个展览或科学博物馆都是值得模仿的榜样。有几个是商业性的，企业提供资金以促销它们自己的产品——某种汽车的发动机是如何好或一种化石燃料是如何比另一种“清洁”。太多的博物馆自称为科学展览，实际上却是有关技术和医药的。太多的生物学展览仍然不敢提到现代生物学的关键：进化论。生物“发展”或“出现”，但从来不进化。在深层化石中没有人类记录的事实被轻描淡写了。展览中没有任何关于黑猩猩或大猩猩与人类在解剖学和 DNA 相似性方面的介绍。没有展示空间和其他世界中的复杂有机分子，也没有实验展示在已知的其他世界大气和所推定的地球早期大气中的生命形成所需的原料。一个明显的例外：史密森学会自然历史博物馆曾经有一次令人难忘的对进化论的展示。它是这样开始的：在一个有敞开的谷物箱和其他食物的现代厨房里有两只蟑螂。过了几个星期，这里便挤满了蟑螂，成群的蟑螂到处都是，于是开始了对已经有限的食物的竞争，一个比其竞争对手具有稍微强一点适应力的蟑螂所具有的长期遗传优势变得非常明显。然而，仍有太多的天文馆热衷于展示星座而不愿介绍人类到其他世界旅行，描述星系、恒星和行星的进化；它们总是有一台昆虫状的幻灯机，剥夺了天空的真实情况。

也许最盛大的展览人们是看不到的，它无处容身：乔治·阿沃德是美国顶尖的建筑模型制作者，特别擅长做摩天大楼模型。他也是一个勤奋的天文学学者。他曾经制作了一个壮观的宇宙模型。从地球上的一幅单调的场景开始，按照设计者查里斯和雷·埃密斯提出的计划，以十倍的比例不断放大，向我们展示了整个的地球、太阳系、银河系和宇宙。每一个天体都做得非常细致。置身其中你会忘掉自己。它是我所知的向孩子解释宇宙的规模和性质的最好的工具。伊萨克·阿西莫夫将其描述为："我所看到的或所能想到的关于宇宙的最具想象力的艺术品。我可以在其中徜徉数小时，每转一圈都会看到以前没有发现的东西。"全国都应该有它的复制品——为了激发想象力，为了启发灵感，为了教学。但是，阿沃德先生不能把他的展品交给国内任何一家主要的科学博物馆。因为没有一个博物馆愿意为其提供所需的场地。在我写本书的时候，它仍孤独凄凉地被放在仓库的箱子里。

当康奈尔大学和依萨卡学院开学的时候，我住的小镇——纽约的依萨卡的人口成倍地增加到 5 万人。那里有各种各样的种族，周围被农田环绕，像许多东北部地区一样，曾作为 19 世纪制造业基地的依萨卡，正经受着衰退的痛苦。我的女儿所在的比佛利·J. 马丁小学的半数学生生活在贫困线以下。两名义务科学教师，德比·列文和伊尔玛·列文尼，担心最多的就是这些孩子。如果对于某些孩子——比如说，康奈尔大学教授的孩子们——来说，天空都不是他们的发展界限，而其他孩子却没条件接触到科学教育带来的解放人心灵的力量，那就太不正常了。从 20 世纪 60 年代开始，他们定期到学校去，推着便携式的图书馆手推车，上面装满了家用化学品和其他有关的东西，为的是传播科学的魅力。他们梦想建立一个孩子们可以去亲身体验科学的地方。

1983 年，列文和列文尼在当地报纸上登了一条小广告，邀请社区成员讨论个想法。有 50 人到场，从中产生了科学中心第一届董事会。一年之内他们在一座未租出的办公楼一楼弄到了展览场地。当房主找到了付钱的承租人之后，蝌蚪和石蕊试纸被装箱运到了一幢空的沿街大楼内。

随后他们又搬到另一处地方，直到一个叫鲍伯·莱泽斯的依萨卡人，一位以设计新颖的社区运动场闻名世界的建筑师，制定并捐赠了永久性科学中心的建设方案。当地公司的赠款足以从市里买下一块被遗弃的土地，随后雇用了康奈尔的土木工程师查里斯·特劳特曼担任经理。他和莱泽斯去亚特兰大参加了家园建设者全国委员会的年会。特劳特曼叙述了他们是如何介绍“一个社区渴望为他们孩子的教育承担责任，并弄到了许多捐赠的关键物品如窗户、吊灯和木料”的。

在他们开始建设之前，几座旧的泵房必须被拆掉。康奈尔大学生联谊会的成员承担了这个任务。戴着安全帽，挥动大锤，他们愉快地完成了工作。“这种事情，”他们说，“如果我们在别的地方干通常会惹来麻烦。”在两天内他们运走了 200 吨碎砖烂瓦。

随后的景象完全是美国式的。许多人的担心消失了。按照拓荒者建谷仓的传统，社区成员——瓦匠、医生、木匠、大学教授、管子工、农夫——都卷起袖子来修建科学中心。

“连续不断的一周七天的日程表被保持下来，”特劳特曼说，“这样每个人都可以在任何时间来帮忙。每个人都被分配一份工作。有经验的志愿者建楼梯，铺地毯和瓷砖，整理窗户。其他人涂油漆，钉钉子和运送物资。”镇上大约有 2200 人贡献了 4 万小时。大约 10％的建筑工作是由犯了轻罪的犯人完成的；他们宁愿做点什么也不愿意闲坐在监狱里。10 个月之后，依萨卡有了世界上唯一的一座社区兴建的科学博物馆。

在 75 个展品中既强调科学过程又强调科学原理的交互式展品有：魔术照相机；一台参观者可以通过彩色显示器观看并可以将任何物体放大 40 倍拍摄下来的显微镜；世界上唯一与基于卫星的国家闪电监测网连接的公共接点；一个 6 英尺 ×8 英尺的，大得人可以走进去的照相机；一个由本地页岩构成的化石坑，在那里参观者可以寻找 380 万年前的化石并保留他们发现的东西；一条叫作“斑点”的 8 英尺长的大蟒；以及令人眼花缭乱的其他实验、计算机和活动。

仍可以在那里找到列文和列文尼，他们是专职的志愿者，义务向市民和未来的科学家传授知识。德威特·华莱士——读者文摘基金支持和扩展了他们的梦想，使通常会被剥夺天赋的学习科学权利的孩子有机会学到知识。通过该基金的全国青春朝气计划，依萨卡的孩子得到了集中的指导以发展他们的科学知识、解决矛盾和就业的能力。

列文和列文尼认为科学应该属于每个人。他们的社区同意这一点并承诺实现这一梦想。在科学中心建成的第一年，共有来自 60 个国家 50 个州的 5.5 万人参观。对于一个小镇来说这很不错。它使你想知道，如果我们为了我们孩子的更美好的未来共同努力，我们还能做点别的什么。

chapter twenty-one / 第二十一章

自由之路[1]

我们不必相信许多人所说：唯有自由人才应得到教育。

我们更应相信哲学家所言：唯有受过教育的人才是自由的。

——《论文》爱比克泰德[2]

（罗马哲学家和前奴隶）

[1] 与安·德鲁彦合著。

[2] 爱比克泰德（Epictetus，60—110）：斯多亚学派哲学家。——译注

弗雷德里克·贝利是一个奴隶。19 世纪 20 年代当他在马里兰还是个孩子的时候，他就没有享受到父亲和母亲的照料。（“这是很普遍的事情，”他以后写道，“孩子们在未满 12 个月之前就和他们的母亲分离了……”）他正是那些不计其数的奴隶孩子中的一员。对于他们来说，未来理想生活的前景几乎是零。

在贝利成长历程中所经历和体验过的一些事情给他留下了永恒的印记。他说：“我常常在黎明时分被我的一个姑姑撕心裂肺的尖叫声所惊醒，她过去常常被绑在一根地板的托梁上，鞭子打在她赤裸的背上直到她几乎被鲜血覆盖……从日出到日落。他（奴隶主）总是在奴隶们中间不停地恶咒、痛骂、鞭打、砍杀……似乎展示他的凶残与暴戾能使他获得无穷的乐趣。”

无论是在种植园还是在教堂讲坛，无论是在法庭还是议会大厅，奴隶们被不停地灌输着一种观点，那就是，他们生来就低贱、他们遭受苦难是上帝的旨意。《圣经》中的许多章节都确认了宽容的奴隶制。尽管奴隶制有其可怕的本质，甚至奴隶制度的执行者也肯定注意到了这种可怕的本质，但是，这种“特殊制度”却以其自有的方式依然得以维持。

最能揭露奴隶制度本质的一个规则是：奴隶们总是被迫保持文盲状态。在奴隶制时期的南部，教奴隶读书的白人将受到严厉的惩罚。为“使奴隶变得令人满意”，贝利后来写道：“使他们变成没有思想的人是必要的。将他们的道德和精神变成一片空白也是必要的，并且尽最大可能彻底消除他们理性思维的能力。”这就是为什么奴隶主一定要防止奴隶们听、看和思考的原因。这就是为什么说在非正义的社会里，读书和批判性的思考是危险的，甚至会导致这个社会的崩溃。

现在来看看弗雷德里克·贝利在1828年时的情景。那时他是一个十岁的非裔美国儿童，身为奴隶，他没有任何合法的权利，自从他被人从母亲的怀抱中夺走后，长时间自己生存。他像小牛犊或小马驹一样从破烂的贫民窟的家中被卖到一个陌生城市巴尔的摩一个他并不认识的人家，从此开始了他永无止境的苦难生活。

贝利被安排为休·奥尔特上校和其妻索菲娅干活，他奔波于农场和城镇之间，不仅要干农活还要干家务活。在这个新环境中，他每天都能接触到信件、书和一些能够读书的人。他发现了他称之为读书的“秘密”：在那些书页上的字母和读书人的嘴唇运动之间存在某种联系，那些黑字的笔画和发出的声音似乎是一种一一对应的关系。于是，他在别人无法察觉的情况下，偷偷地学习小汤姆·奥尔特的《韦伯斯特拼写书》。他记住了字母表上的字母，并尝试着体会它们发音所代表的意义。最后，他请求索菲娅·奥尔特教他学习。索菲娅被这个孩子的智力与勤奋精神所打动，或许她并不知道这样做会有什么禁忌，于是她答应了教他学习。

就在弗雷德里克开始拼写三四个字母的单词时，奥尔特上校发现了这件事，狂怒之下，他命令索菲娅停止这种教育。当着弗雷德里克的面他解释道：“黑人除了孝忠主人做他所吩咐的事情以外应该一无所知。学习会使世界上最好的黑人变坏。现在，如果你教这个黑鬼读书，那就不能再让他留下来，学习对于黑鬼来说是永远都不该做的事。”奥尔特就是这样严厉地责备索菲娅，好像弗雷德里克根本不在场或者是根木头。

但是，奥尔特向贝利揭示了一个大秘密：“我现在明白了……什么是白人奴役黑人的权力。从那一刻起，我明白了什么是从奴隶通往自由的道路。”

索菲娅变得沉默寡言并受到威胁，弗雷德里克再也得不到她的帮助，只得另外寻找读书的方法，包括请教放学走在大街上的白人学生。然后，他将学会的东西教给他的黑奴伙伴们，他说："他们的头脑如此饥渴……他们的精神被禁锢在黑暗之中。我教他们，因为这是我精神上的快乐。"

读书获得的知识在贝利的逃亡中起到了重要作用，他逃到了新英格兰，在这个国家奴隶制度是非法的，黑人是自由的。他改名为弗雷德里克·道格拉斯（这是沃尔特·斯科特的《湖畔夫人》中一个人物的名字），以逃避对逃亡奴隶的悬赏追捕。后来他成为美国历史上一名杰出的演说家、作家和政治领袖。在他整个一生中，他认为受教育是奔向自由的出路。

在人类生存于地球上的百分之九十九的时间内，没有人能够读书写字。那时没有伟大的发明。除了第一手经验以外，我们所知道的几乎所有的事情都是通过口头语言流传下来的，就像孩子们玩的游戏"打电话"。经过几十代和数百代的流传，信息逐渐偏离了原意和丢失了。

书改变了这一切。价格低廉的书籍使我们有能力购买，使我们能够准确地了解过去，汲取我们人类的智慧，了解其他人的，而不仅仅是那些统治者的观点；与最好的老师们一起深刻地思考人类历经辛苦从自然中得出的深刻思想。深刻思考我们全球的和整个人类历史中所得出的伟大思想。书籍能够让那些早已长眠于地下的先人在我们的头脑中与我们谈话。无论我们身处何处，书可以伴随我们。当我们理解速度很慢时，书会耐心地等待我们。书可以让我们随心所欲地反复阅读那些难懂的部分，从不批评我们的疏忽。书是我们理解世界并参与民主社会的钥匙。

用某些标准衡量，非裔美国人自从解放[1]以来在接受文化教育方面获得了重大发展。1860 年，估计仅有 5％的非裔美国人能够读书写字。1890 年，据美国统计，有 39％的非裔美国人识字。1969 年这个数字已经达到 96％。从 1940 年到 1992 年间，完成高中学业的非裔美国人的比例从 7％上升到 82％。当然还需要考察教育的质量和文化水准的测试方法。考察标准应该根据每个种

[1] 奴隶解放以 1863 年 1 月 1 日美国总统林肯发布的解放南方诸州奴隶法令为标志。——译注

族群体的不同情况设定。

美国教育部的一项全国调查结果显示，整个国家有4000万成年人仅具读书写字的文化水平。其他调查结果更糟。年轻人的文化水平近十年来惊人地下降，仅有3%到4%的人在五级阅读水平测试中得到最高分（而这组每个人都上过大学）。大多数人不知道自己的阅读能力很差。阅读能力最高的人中只有4%的人生活贫困，而阅读能力最低的人中却有43%的人生活贫困。当然导致它们阅读水平低下不是仅有一种因素，但总的来说，读书量与收入是成正比的，这些阅读水平最低的人平均年收入为1.2万美元，而阅读水平最高的，平均年收入达3.4万美元。如果说阅读水平不一定是获得好收入的必备条件的话，但也似乎是很需要的。如果你是文盲或几乎不通文字，你就有更大的可能进监狱。（在评析这些事实时，我们必须注意不要从相关因素中不恰当地推理出起因。）

另外，没有文化的生活和更为穷困的人也不懂得投票机构对他们本人和他们的孩子们可能会有帮助作用，令人惊讶的是相当大的一部分人根本没有参与选举。这种状况从根本上损害了民主制度。

既然身为奴隶的弗雷德里克·道格拉斯能够自学成才、成就伟业，为什么在我们这个更为进步的时代的人却没有阅读能力？当然，事情并非那么简单，部分原因是我们中像弗雷德里克·道格拉斯那样聪颖和具有那样大的勇气的人几乎不再有，但是也还有一些其他重要的原因：

> 如果你出身于书香门第，家里有很多书可供阅读，而你的父母、兄弟姐妹、叔叔、婶婶及表兄弟都以读书为乐，那么你自然也要学会读书。如果你身边没有人以读书为乐，那你怎么会认为在读书上花费功夫是值得的呢？如果你能得到的教育质量不高，如果老师只让你死记硬背，而不教给你思维的方法，如果你刚开始读书就接触到几乎像天书一样的东西，那么，学会阅读就成了难以攀登的荆棘小路。

你必须使知识内在化，这样它们才能成为你自己的东西。你要记住几十个大小写字母、标志和标点符号，你还要逐个记住数以千计的固定拼写。要牢记许多硬性规定的绝不能违反的语法规则。如果你在开始学习之前就有了这样的想法，即家庭不给你提供基本支持，会对你大发怒火、对你的要求不予理睬、让你做其他的事情，你时时会感到处于危险之中，并具有自我仇恨的心理，你可能就会得出这样的结论，读书太费劲，不值得如此劳心费神。如果有人不断地给你传递这样的信息：你太笨，不适合读书（或具有相当于功能障碍的疾病，对读书过于冷漠），如果你的身边没有人对你这样的看法提出相反的意见，你就很可能会接受这种有害的建议。但总是有像弗雷德里克·贝利一样的孩子能够战胜困难，而很多人却做不到。

除此之外，还有另外一个特别的潜在的方法，如果你很穷，你可能会在读书，甚至思维方式上，都遭受到另一种打击。安·德鲁彦和我都出生于饱受贫困折磨的家庭。但是我们的父母亲都是热爱读书的人。我们的一个祖母学会读书是因为她的父亲，一个以种地为生的农民，曾经给过一位流动老师一袋洋葱当学费。在以后的长达一个世纪的岁月里她都一直坚持读书。我们的父母在纽约公立学校时接受了这个学校灌输给他们的个人卫生学和病菌理论。他们学会了美国农业部推荐的儿童营养配方，仿佛这些配方是从西奈山上流传下来的一样。政府发行的儿童健康的官方书籍由于反复地翻阅，书页散落，他们就将书页黏合到一起。书的四边也都卷曲，主要的建议也都被画线加注。在每一次家人遇到治疗问题的时候，他们都会去查阅这本书。曾经有一段时间，我的父母戒了烟，这是他们在大萧条时期所能享受的为数不多的快乐之一。这样他们的孩子就能得到维生素和矿物质的补充。安和我十分幸运。

最近研究表明，很多食物不足的孩子理解和学习能力也会减弱（“认知损害”）。孩子们并非要到濒临饥饿时才会发生这种损害。即使是在美国的穷人中最常见的一种情况，即营养不良也会导致这种情况发生。如果母亲没有足够的食物，在婴儿出生之前，在幼儿时期和童年时期也会发生这种情况。当食物缺乏的时候，人的身体就要决定如何将有限的食物输送到身体最需要的地方去。生存第一，生长第二。在这种营养配比中，人体不得不将学习放在最后考虑。

身体在想，愚蠢地活着总比聪明地死去要强一些。

与大多数健康的孩子对学习具有强烈的热情和兴趣不同，营养不良的孩子总是表现得厌倦、反感或者冷淡。更严重的营养不良将导致初生儿体重不足，最糟糕的形式表现为大脑变小。而且，即使看似健康的孩子也可能因缺铁而导致集中注意力的能力直接下降。缺铁症可能对美国四分之一的低收入家庭儿童造成了伤害。它损害了儿童的注意力和记忆力，其后果对其进入成人期以后也会造成直接的影响。

现在人们认识到，一度被认为是程度比较轻的营养不良，其实很可能是与终生的认知缺陷有联系的。即使是在较短时期内营养不良的孩子都会造成学习能力的下降。每个星期有数以百万计的美国儿童在忍饥挨饿。铅中毒，这种旧城区的常见病也会导致严重的学习能力缺乏。用许多种标准来衡量，从 20 世纪 80 年代初期以来，贫穷范围在美国逐步扩展。大约有 1/4 的美国儿童目前生活在贫困之中，这是工业化国家中最高的儿童贫困率。根据另一项调查，仅仅是在 1980 年到 1985 年间，死于无法防治的疾病、营养不良和其他可怕的贫穷所造成的后果的美国婴儿和儿童，比死于越南战争中美国人的总数还要多。

联邦或州级机构普遍建立了解决营养不良问题的计划。妇女、婴儿和儿童特别补充食物计划、学校早餐和午餐计划、夏季食物供应计划，所有这些努力尽管还不能满足所有需要食物的人的要求，但确实起了作用。如此富裕的一个国家应该完全有能力为其儿童提供充足的食物。

有些营养不良所导致的有害影响是可以消除的，比如铁补充疗法可以消除缺铁贫血症的后果，但并非所有的损害都可以挽救。阅读困难，即各种有损读书能力的不协调症状，可能使我们 15% 甚至更多的人受到影响，无论你是穷人还是富人，同样都有可能受到影响。造成这种影响的原因（生理上的、心理上的或环境上的）通常无法确定。但是现在已有很多方法可以帮助那些有读书缺陷的人学习读书了。

应该说任何人只要接受教育都可能学会读书。但是，在美国的很多学校里，读书教育方法就像是在向学生教授一种无人知晓的文明时代中枯燥而又难以接受的象形文字。在很多教室里甚至找不到一本书。可悲的是，成年人对学习文化的需求远远超出供给。类似“从头开始”的高质量的早期教育计划在对孩子们进行的预备教育方面是极为成功的。但是这一计划只能顾及 1/4 到 1/3 合格的学龄前儿童，其中很多措施皆因资金问题而在实施过程中受到影响。在我写本书的时候，该计划和我上面提到的营养计划遭到新组建的国会的攻击。

“从头开始”计划在 1994 年出版的理查德·J. 赫恩斯坦和查尔斯·墨雷写的《钟形曲线》一书中遭到批判。罗切斯特大学的杰拉尔德·科尔斯将书中的观点简述如下：

> 首先，为贫穷儿童设立了一个资金不充分的计划，然后否认他们在面临巨大困难下所取得的任何成功，最后得出结论：因为这些儿童智力低下，所以，计划必须取消。

这本出人意料地在大众传播中获得了广泛关注的书认为，在黑人和白人之间存在着难以化解的遗传差异，这个差异在智商测试中相差 10 到 15 分。心理学家莱昂·J. 卡明在一篇评论中指出：“作者在区分相互联系和因果关系之间的差别时屡屡出错。”这是在我们所考察出的胡言乱语中的谬误之一。

位于肯塔基州路易斯维尔市的国家家庭文教中心已经实施了一系列针对低收入家庭和对这些家庭的孩子和父母们实施阅读教育的计划。这些计划是以这样的方式进行的：三到四岁的孩子与一位家长、祖父母或监护人一起每周三天去学校学习。上午成年人学习基本的文化技能，孩子在预科班学习。然后家长和孩子共进午餐，在下午的其余时间里，他们“学习如何共同学习”。

对三个州的 14 项此类计划的追踪研究表明：（1）虽然所有的孩子作为学前儿童都面临着学习失败的风险和挑战，但是仅有 10%的人被他们目前的小学老师评定为是有这种危险的。（2）90%以上的孩子被他们目前的小学老师认为经过鼓励是可以继续学习的。（3）没有一个孩子在小学教育阶段是必须留级的。

父母亲的进步同样显著。当问到有关人员家庭文教计划的结果是否改变了他们的生活时，我们得到这样几种具有代表性的回答：这种学习增强了他们的自信心（几乎每个参加学习的人都有这种感受）和自我控制力，通过了高等学校同等水平的考试、进了大学、找到了新工作以及与孩子们大大地改善了关系。孩子们的收获是：对父母更关心、更具有求知欲，在某些情况下我们第一次得到这样的回答：对未来充满信心。类似的计划也可以在高年级中实行，传授数学、科学及其他更多的知识。

暴君和独裁者总是认为文化、学习、书籍和报纸都具有潜在的危险。这些东西会把独立意识，甚至是反抗思想装到他们的统治对象的头脑中。弗吉尼亚殖民地的英国皇家总督在1671年写道：

> 感谢上帝这儿没有自由的学校也没有印刷制品。我希望在以后100年的时间内也不要出现这些东西。因为学习就会给这个世界带来不服从、异端邪说和各种宗派，而印刷品则会将它们带向公众并对最好的政府也要加以诽谤。感谢上帝使我们免受这两种东西给我们带来的麻烦。

但是美国的新殖民主义者们理解自由会产生于何处，并尽量避免它们的出现。

在早些年代，美国曾被吹嘘为世界上文化程度最高（也许是最高）的国家（当然，当时奴隶和妇女不计算在内）。早在1635年，在马萨诸塞已有了一些公立学校。1647年，所有的城镇的义务教育普及程度已达50%以上的“家庭”。在其后的一个半世纪中，教育民主制度已遍及全国。世界各国的政治理论家到美国来亲眼看到这一国家奇迹：大量的普通从业人员都能读书写字。美国对教育的投入推动了发明创造，开创了具有活力的民主进程，并产生了推动国民经济持续发展的动力。

今天，美国在文化普及程度方面已不在世界上占领先地位。很多人被评定为不具有阅读能力，他们不理解非常简单的文字材料，比如大大低于六年级教科书水平的书籍、使用说明书、公共汽车时间表、抵押协议或者选举计划。今天六年级的教科书已达不到几十年前的教育标准，而工作岗位对职工文化的要求却比以往任何时候都要高。

贫穷、无知、失望和缺乏自尊等诸多因素混合在一起，形成了一种永恒的失败机器。它碾碎了一代又一代人的梦想。我们承受着这台机器运转所须偿付的代价。文化水平的低下是这台机器的主要组成部分。

即使我们可以铁石心肠地面对受害者所遭受的屈辱与苦难，然而，文化水平低下所付出的代价对其他每一个人来说也是惨重的：医疗费用和住房的费用、犯罪和监狱的费用、特殊教育上的费用、生产力丧失所造成的花费，以及那些具有潜在的聪明才智的头脑为解决这些困扰我们的难题所需要的费用。

弗雷德里克·道格拉斯指出：文化是从奴隶制度通向自由的必由之路。世上有各种各样的奴隶制度和自由，但是读书永远是寻求自由的道路。

逃亡之后的弗雷德里克·道格拉斯[1]

在他将近 20 岁的时候，他逃向自由之路。他与新婚妻子安娜·缪莉在新贝德福德定居，开始过上了普通工人的生活。四年之后他应邀去参加一次会议。在那时的北方，想听到著名的演讲家——也就是白人演讲家——发表抗议奴隶制度的演讲是不太容易的。但是，即使是那些奴隶制度的反对者也有很多人认为奴隶本身是有点低人一等的。1841 年 8 月 16 日晚上，小小的楠塔基特岛上，大多数曼彻斯特反奴隶制学会的成员虔诚地聆听着一些新思想的传播：

[1] 弗雷德里克·道格拉斯（Frederic Douglass，1817—1895）：美国废奴主义者、社会改革家，黑奴出身。——译注

一个根据自身的苦难经历所发出的反对奴隶制度的声音。

他出色的举止和社交风度粉碎了当时流行的非裔美国人“天生卑怯”的偏见。在所有的评论中他对于奴隶制度的罪恶的雄辩分析被誉为美国演讲史上最辉煌的篇章之一。当时主张废除黑奴制度的领袖威廉·路易德·加雷逊就坐在前排。当道格拉斯演讲完毕，加雷逊站起身来，转向为道格拉斯的演讲所倾倒的听众，用高昂的声音发问道：“我们刚才听到的演讲是谁做出的？一个东西、一件财物，还是一个人？”

“一个人，一个人！”听众异口同声地呼应着。

“这样的一个人在信奉基督的国度难道还要作为奴隶吗？”加雷逊大声呼喊着。

“不！不！”听众们再次高呼。

加雷逊又一次提高音调：“这样的人物难道还要从古老的曼彻斯特的自由土地上被送回受奴役的境地吗？”

现在，听众们已激昂地站立起来，大声答道：“不！不！不！”

他的确没有再回到奴隶制度之下。此后他当过作家、编辑、杂志出版商，在美国和国外进行演讲，并且成为第一个在美国政府获得高级顾问职位的非裔美国人。他在以后的日子里，一直在为人权而奋斗。内战期间，他担任林肯总统的顾问。道格拉斯还成功地倡导将以前的奴隶武装起来为北方而战，组织了为被处死的非裔美国战俘进行的对联邦战俘的复仇行动，并主张将解放奴隶作为战争的一个主要目标。

他的很多观点十分严厉，而且没有任何矫揉造作，这为他赢得了很多高层次的朋友：

> 我毫不迟疑地宣称：南方的宗教不过是对其残酷罪行的一种遮掩，是对其极端可怕的残暴行为的一种辩护；是一种将其最可憎的欺骗行为加以神圣化的工具，一个黑暗的庇护所，使得奴隶主最阴暗、最肮脏、最卑鄙、最可恶的行径都能在此找到最强有力的保障。如果我将再次被

> 置于奴隶制度的枷锁之下，我将把被奴役和做一个宗教教主的奴隶当成是降临到我头上的最大的两个灾难……我……憎恨这个国家的腐败、奴役、虐待妇女、掠抢婴儿和偏执伪善的基督教。

与那个时代及以后一些受宗教鼓舞的种族主义者的言行相比，道格拉斯的说法似乎并没有夸大其词。黑奴时代，他们常说“奴隶制是上帝安排的”。作为那些令人生厌的内战之后的例子之一，查尔斯·卡罗尔在《黑人即野兽》一书中教导他虔诚的读者“《圣经》和《圣约翰启示录》以及常理都告诉人们：黑人不是人”。更近一段时间以来，一些种族主义者仍然反对 DNA 中物质所明白无误地证明的，即所有种族不仅都是人，而且几乎是没有任何区别的人。他们视《圣经》为“不可攻克的堡垒”，反对进行证据考证。

然而，在此值得一提的是，废奴制中的许多思想正是出自基督教中，特别是北方的教友派教徒和其他团体。传统的南方黑人基督教团体在 20 世纪 60 年代富有历史意义的美国民权斗争中发挥了重要作用。其中很多领导人，如最负盛名的小马丁·路德·金就曾在那些教会中被立为神父。

道格拉斯对白人团体说了如下的话：

> 奴隶制度成为你们进步的羁绊，它是人类发展的敌人，是教育的死对头；它滋生傲慢、培养惰性、助长恶习、掩盖罪行，是使其得以生存的地球的祸源；而你们还死死地抓住它不放，仿佛它是你们所有希望的最后依靠。

1843 年，在马铃薯饥荒发生之前不久的一次在爱尔兰的巡回演讲中，他被那里可怕的贫穷深深震撼。他写信给加雷逊说：“我在这儿所见到的许多事情使我回想起自己从前的境遇，我承认，我感到羞愧，因为我只反对了美国的奴隶制度，但我现在知道了人类进步是全球性的事业。”他直言不讳地反对消灭土著人的政策。在 1848 年的塞尼卡秋季会议上，当伊丽莎白·凯迪·斯坦婷[1]号召大家为争取妇女选举权而努力时，他是所有人种组织中表示大力支持的唯一的男性。

1895年2月20日夜里，在黑奴解放30多年之后，在一次与苏姗·B.安东尼共同参加的妇女权利集会中，他倒下了，从此长眠不醒。

[1] 几年以后，她在一本《圣经》中用这样的话表达了对道格拉斯的怀念："就我所知，还没有任何一本书像《圣经》这样充分教导人们，妇女是顺从的工具，是堕落的一群。"

chapter twenty-two / 第二十二章

概率与运气

我们也知道真理通常是很残酷的，然而，我们却不知道幻觉是否更能令人身心宽慰。

——亨利·庞加莱[1]（1854—1912）

[1] 朱尔斯·亨利·庞加莱（Jules Henri Poincaré，1854—1912）：法国数学家、物理学家、天文学家和作家。自守函数创始人。杰出的贡献是关于三体问题的“天体力学的新方法”；环绕问题以及轨道稳定性和天体形状的研究；首创微分方程的定性理论和组合拓扑学。著作有《天体力学的新方法》《科学与假说》《科学的价值》和《科学和方法》等。——译注

如果我能把收视率最高的商业和大众电视节目制作中较好的模式简单地概括为一句话，那么这句话就是：金钱第一。我说这样的话希望没有人会认为我过于愤世嫉俗。在黄金时间段内，单是收视率的差别在广告上就相差几百万美元。特别是自 20 世纪 80 年代早期以来，电视几乎完全受利润驱使。在新闻联播和特别新闻节目的缩减，以及电视网为推托联邦通信委员会提高儿童节目水平的命令而找出的可悲借口中，你都可以看到这一点。由此我们可以看出这一趋势。（比如在一个卡通系列片中教育的典范作用得到重要的体现，这个系列片用系统的手法错误地表现了我们更新世时期[1]的祖先的技能和生活方式，将恐龙描绘成宠物。）在我撰写本书的时候，美国的大众电视正处于失去政府支持的真正的危险之中。商业节目内容也正处于险峻的、长期下滑的过程中。

在这种情势下，要求电视播放更多真正的科学节目似乎是天真而希望渺茫的事情。但是电视网的拥有者和节目制作人却拥有为数众多的小观众，人们在为他们的未来而忧心忡忡。电视台必须意识到他们对这个国家的未来肩负着某些责任。有证据表明，科学节目可以获得成功，人们渴望更多的科学节目。

[1] 更新世时期（Pleistocence epoch）：处于上新世与全新世之间，为第四世纪开端的地质时期。始于 180 万年前，止于 1 万年前。也被称为大冰期。——译注

我仍然希望，终究有一天在世界各大电视网中，我们能看到大量制作精良、引人入胜的真正的科技节目。

棒球和足球有其阿兹特克[1]原型，橄榄球实质上是狩猎的一种稍加改变的再创造的运动形式。在我们尚未进化成人类之前，我们就已开始玩这种游戏了。长曲棍球是古代土著美洲人进行的一种运动，曲棍球是从这种游戏演变而成的。但是篮球却是一种新运动。远在人类开始篮球运动之前，人类已经在制作电影了。

起初，他们没有想到要在桃形的篮子下面挖一个洞，这样就不用再爬一段楼梯去拿回球了。但是从那以后的一段时间里，这种运动就有所发展变化了。这种发展过程主要是在非裔美国运动员的手中完成的。篮球最终发展成为最完美的形式，它是才智、精确、勇气、胆量、预见性、技巧、团体合作、优美与文雅的一种最佳组合的运动形式。

五英尺三英寸高的马格西・博格组织了一帮巨人。迈克尔・乔丹在自由投掷线之外从外围冲进场内；拉里・伯德准确而出其不意地带球闪过对手；卡内姆・阿卜杜・贾巴尔投出一个又高又飘的远投。篮球完全不像足球那种身体接触性很强的运动，它是一种技巧的较量。这是一种全场人盯人的运动，两队攻防转换迅速、接运球、在空中截球、将不知从何处高高飘飞过来的球从空中塞进篮筐，这一切构成了智慧和健美的结合，是头脑和身体的和谐与统一。难怪这项运动令人如痴如醉。

自从 NBA 比赛成为电视中的重要节目，我就觉得可以利用它来传授科学和数学。要欣赏一个平均为 0.926 的自由投篮，你就必须知道将分数转化为十进制的问题。定点投篮是牛顿第一运动定律的应用。篮球中的每一投都反映出球在一条抛物线上的运动，这条曲线是由同一个物理学上的引力作用决定的，这种作用定义了一个弹道导弹的飞行线，或者地球围绕太阳转的轨道，或者一艘宇宙飞船在遥远的世界的某一点相会合时的运动曲线。在运动员大灌篮时身体

[1] 阿兹特克人（Aztecs）：拉丁美洲印第安人的一支。——译注

的质量重心的变化与围绕地球中心做轨道旋转的飞船运行的变化几乎是一样的。

为了将球投入篮筐中，你必须以十分准确的速度起跳，百分之一的错误和引力作用都会使你坐失良机。想获三分球的投手，无论他们自己知道与否，都要对气体形成的阻力进行矫正。落地篮球在连续弹跳中每一次都更接近地面，这是因为热力学第二定律的作用。达瑞尔·道金斯或夏奎尔·奥尼尔击碎篮板也是传授科学的很好的机会，这是冲击波的传导所造成的结果。摩擦篮板而使篮球不断旋转是因为斜角所产生的动力仍然在起作用。在篮筐上的“圆柱体”范围内触球属于犯规动作。但是，我们现在讨论的一个重要数学思想是：通过移动 n–1 维的物体产生 n 维的物体。

在教室里、在报纸上、在电视中，我们为何不利用体育运动来传授科学呢？

在我年少的时候，父亲总是带一张当天的报纸回家，然后兴致勃勃地研究（经常兴致勃勃地）报上的棒球得分。在我看来，那些东西不过是些干巴巴不明其意的缩写（W、SS、K、W-L、AB、RBI），但它们似乎能与父亲交流。各处报纸都印着这些东西，我猜想它们对我来说也许并不太难。于是，我也被棒球得分统计迷住了。（我知道这些数据有助于我学习小数。但是，每当棒球赛季开始时，我一听到有人说“击出一个一千”，我还是感到有点惶恐和疑惑。但是“1000”不等于“1.000”，幸运的球手击一球为 1。）

我们还可以看看报纸上的金融专版。在这些报道中，是否有一些介绍性的材料？解释注脚和缩略语的意思？几乎没有。能否看懂全看你自己的本事了。看看那些浩如烟海的统计数字！难道还会有人愿意读这些东西吗？不是他们的阅读能力不够，而是报纸内容不能引起他们的兴趣。我们为什么不能在数学、科学和技术报道中做同样的改进呢？

在所有运动中运动员似乎都是在非常顺手的状态下才会有出色的表现。在篮球运动中，这被称作神投手。这时你很少出错。我记得在一场加时赛中，通常并不擅长远距离投球的迈克尔·乔丹从场上各个角度毫不费力地连续投中许多三分球，他自己也惊讶地耸了耸肩。相反，当你还没有进入热身状态时，成绩就很不理想。当运动员进入最佳状态时，他似乎被注入了一种神奇的力量。当他没有进入状态的时候，他似乎被一种不祥之兆或咒语所控制。当然，这是一种魔力的说法，不是科学角度的思考。

好运气不是经常遇到的，即使是在并非特定的事情中也是不会经常出现的。运气会造成一些令人疑惑的事情。如果我将一个硬币连续用手抛 10 次，硬币正反面出现的顺序是：正正正反正反正正正正。10 次中有 8 次正面，其中连续出现 4 个正面！难道我对硬币施加了某种心灵控制吗？我的大脑是否正处于热身状态？似乎其中有一种不可能改变的规律性。

但是后来我想到，当我连续得到硬币的正面之前和之后，如果我继续抛这枚硬币，在一个排列更长而且稍微令人感到有些乏味的顺序中隐含了这样一种规律：正正反正反反正正正反正反正正正正反正反反正反正反反。如果允许我只注重某些结果，而不管其他结果，那么我总是能够"证实"我的运气中有意外情况。这是谎言探测装置所探测出的一个错误结论，运气仅仅是你最喜欢的状态而已。我们仅记住了自己过五关斩六将，却忘记了走麦城。如果你远投命中率为 50%，你又不能靠意志控制力来提高命中率，那么，你在篮球场上的投中率与我掷硬币所获正反的比例是一样的。我获得硬币正面的比例如果是 8/10，那么你的投中率也是 8/10。篮球告诉了我们一些概率和统计的知识，以及严谨的思维方法。

我的同事，康奈尔大学的心理学教授汤姆·吉罗维奇做的一个研究表明，我们对篮球比赛中运气的理解是错误的。吉罗维奇研究 NBA 球员是否按球迷们想象的那样是由于运气好而得分较多。不管队员刚刚投中了一个、两个或三个球，他投中下一个球的可能性是不变的。这一点无论是对名气大的球员还是名气不太大的球员，无论远投还是在无人盯守的情况下的投篮都是同样的（当然，得分率会由于对方对本队"神投手"的加强防守而有所下降）。在棒球运动中也有这种既相关但又不同的神话，某人击中球的次数低于平均比例说明他"应该"马上要击中一次了。这种说法与下面这种说法没有什么差别，即掷硬币连续得到正面，下次得到反面的概率将大于 50%。即使好运能够成串出现，超出统计学的预测，这种现象也是很少见的。

但是，不管怎么样，这样的回答并不能令人满意。它使人感到这似乎并不是真实的情况。如果你去问问队员、教练或者球迷们，他们会说，我们希望能找出其中隐含的意义，即使是在随机的数字中也希望能够有些结果。我们是迷恋数字含义的一族。当著名教练里德·奥尔巴哈听说吉罗维奇正在进行的研究时，他的反应是："这家伙是谁？他做这样的研究，我不能袖手旁观。"你可以准确地知道他对这事是如何看的。如果篮球赛中的好运出现的次数不比掷硬币时正面或反面出现的频率更高，那就没什么神奇之处。这是否意味着运动员只是仅由偶然性法则所操纵的活动木偶呢？当然不是。他们的平均投中率确实是他们个人技巧的真实反映，这只是与最佳状态出现的频率和持续的时间长短有关。

当然，如果认为是神灵使某些队员具有最佳状态，而冷落了那些状态欠佳的队员，那可就太有趣了。这意味着什么呢？一点儿故弄玄虚有什么坏处吗？这当然涉及烦琐的统计分析，但对篮球和其他运动无害。但是，作为一种习惯性的思维方式，它将使我们在其他一些我们所喜爱的比赛中陷入困境。

那位疯狂的科学家在影片《盖里甘的岛》中，边调试一个能够控制别人的思想按照他的罪恶的目的行事的电动装置，边嬉笑着说："科学家，是的！疯子，不是的！"

"很抱歉，纳德尼克博士！地球上的人不愿意被压缩成3英寸高，虽然这样可以节省很多空间和能量……"在星期六上午儿童电视节目中，卡通片中的超级英雄正在向一位正宗的科学家耐心地解释这种伦理上的困境。

从我所看到的电视节目中，我觉得人们很容易得出这样的判断（以及从有些我没有看见过的节目，如《疯狂科学家的城市俱乐部》等中得出似乎正确的推断），许多所谓"科学家"都不过是一群道德败坏的家伙，他们的行为受到一种权力欲望的驱使，或者对他人的感情麻木不仁。这样的信息传授给儿童观众无异于告诉他们：科学是危险的，科学家比妖怪更可怕，他们是一群疯子。

由此推断，科学的应用也可能是很危险的，我一直在强调，几乎人类历史上每一次重大的科技进步——远至石器工具的发明和火的使用——都具有伦理上的两重意义。这些进步可能被无知或邪恶的人用于危险的目的，也可能被有智慧的人和善良的人用于为人类谋利益。但是在提供给孩子们的那些节目中似乎只反映了这种两面性中的一方面。

在所有这些节目中科学的乐趣何在？发现宇宙是如何形成的给他们带来了愉悦吗？了解了一件深奥的事情使你体验到了乐趣吗？当你了解了科学技术给人类的幸福做出了特别的贡献，或者医学和农业技术拯救或创造出了数以十亿计的生命，你会有何种感受？（尽管，平心而论，我应该提到盖里甘岛上的那位教授时常利用其科学知识为流浪汉解决一些实际问题。）

我们生活在一个复杂的时代，在这个时代中，我们面对着许多问题，无论这些问题是如何产生的，都需要对科学技术具有深刻理解才能找到解决的办法。现代社会迫切需要找到能够解决这些问题的最聪明的头脑。我认为，靠给孩子们看这种星期六早晨电视节目或者其他美国录像片是不可能鼓励许多有才华的年轻人走上科学或工程技术道路的。

多年以来，大量的、容易使人轻信的、使人丧失批判能力的电视系列片和“特别节目”——如特异功能、心灵感应、百慕大三角区、UFO、古代宇航员、大脚兽，等等——层出不穷。具有固定风格的电视系列片《我们在探索》一开始就宣称绝不对各种观点做任何评价。在这个节目中，你可以看到对奇迹的急切表达的愿望，尽管它们根本就经受不起即使是最基本的科学怀疑精神的检验。不管什么人，只要面对摄像机，随便说些什么都是对的。在这些节目中，任何可能的解释都需要有充足的证据来证实的思想从未表露过。《视点与不解之谜》的情况也是同样，正如片名所示，平淡无奇的谜底不受欢迎，数不清的离奇结果被炒来炒去。

《我们在探索》频繁地采用本质上有趣的主题，系统地歪曲证据。如果现在有一个平淡无奇的科学解释，还有一个特别非同一般的超自然的或从特异功能角度所做出的解释，你就知道他们要炒作哪一个。我们可以信手拈来一例：有一个作者在其书中说，比冥王星更远的地方有一颗很重要的行星。他的证据来自古代苏美尔时代流传下来的一个圆柱形印章，这方印章篆刻于望远镜发明之前。他说，他的观点逐渐被专业天文学家们所接受。在他的书中，只字未提天文学家在研究海王星、冥王星的移动规律以及宇宙飞船在更远的距离进行的四次探险，试图发现他所说的那颗行星的过程中所遭受的失败。

电视节目中的画面也没有经过鉴定和甄别。幕外解说员在讲解恐龙，我们看到的却是一头毛茸茸的猛犸象；解说员在讲解气垫船，屏幕上显示的却是一架正在起飞的直升机；我们听到的是湖泊和洪水泛滥的声音，看到的却是大山。他们认为这些都无关紧要。视觉效果与事实无关，就像解说与事实无关一样。

有一个系列片叫作《X档案》。这个片子口口声声说欢迎对超自然现象从怀疑角度进行审查，但是，事实上却编造了外星人绑架、特异功能和政府在掩盖所有公民感兴趣的事实的阴谋等故事。几乎没有一个超自然的解释是揭露骗人的把戏、心理错乱或对自然世界的误解的。更接近现实和更符合大众利益的系列片应该是在片中对超自然的说法进行系统的剖析，每一个事件都应该用人人都能够听得懂的语言进行解释。在揭露出误解和哄骗是如何产生于貌似真实的超自然现象时，将会产生戏剧性的紧张效果。也许某个调查人员总是会感到失望，希望下一次出现一个能够经受怀疑者详细审查的真正的超自然事件。

在电视科幻片中还有一些明显的缺陷。比如《星际迷航》，尽管这个片子很吸引人，其画面展示了动人的国际和星际大战的宏伟场面，却在许多地方缺乏最基本的科学事实根据。斯波克先生是人类与一种在火神星上独立进化的生命形式的杂交生物，一般来讲，这种杂交成功的可能性不会比人与洋蓟之间杂交更大。但是，这种思想却在大众文化中开创了外星人与人类杂交的先例，这种思想后来变成了外星人绑架传说中的重要内容。随后在各种“星际旅行”的电视系列片和电影中出现大量的外星人种也是必然的。我们耗费了大量的时间看的只是那些矮小的人类变种。这种现象是受经济利益驱使而形成的。这种影片的拍摄费用仅仅是一个演员的工资和一个乳胶面具的成本，但却完全背离了进化过程的随机的本质。如果真有外星人，我想它们中的大多数看上去比克林贡人和罗姆兰人更不像人类（而且技术水平差距甚大）。《星际迷航》一直没有认真地看待进化论问题。

在很多电视节目和电影中，甚至是很肤浅的科学内容（对情节并不重要的漫不经心的台词与科学基本无关）也是有很大缺陷的。制作组仅需花很少的钱就可以雇一个研究生读一下脚本草稿，检查一下其科学内容的准确程度。但是，就我所知，他们几乎从来没有这样做过。这使在其他很多方面堪称楷模的电影《星球大战》出现把“秒差距”说成是速度单位而不是距离单位这种简单而愚蠢的笑话。如果在这方面稍加留意，他们甚至还能够改进情节。当然，他们也可能通过电影向广大观众传授一点科学知识。

电视给轻信者提供了大量的伪科学。电视节目中有许多内容涉及医药和技术，但却难以找到科学的内容。特别是在大型商业电视网中，在那些经理的眼中，科学节目就意味着收视率降低，利润减少。除了钱任何东西都不重要。在电视雇员中也有拥有“科学记者”头衔的人，偶尔也听说有一部新闻影片是专门讲科学的。但我们从这些影片中几乎从来没有看到科学，而只是医学和技术。我怀疑在所有的电视网中是否有主要工作就是阅读每周的《自然》或《科学》的雇员，看看是否有具有新闻价值的科学发现。当每年秋季宣布诺贝尔科学奖的时候就是“播送”科学超级新闻的时候，这是向公众解释授奖意义的机会。但是，我们听到的几乎总是这样的话：“……希望有一天人类能够战胜癌症。今天在贝尔格莱德……”

在广播节目或电视脱口秀节目中，在那些无聊的星期日早间节目中，中年白人围坐在一起彼此附和，这当中到底有多少科学内容呢？你最后一次听到美国总统发表对科学的明智的评论是什么时候？为什么在全美国所有的电视剧中都没有一个讲述献身于探索宇宙运行规律的英雄？当一桩轰动的谋杀审判案使得人人都在随意地谈论 DNA 测试的时候，电视台是否在黄金时间特别节目中专门报道过核酸和遗传问题？我甚至记不得是否在电视上看过有关电视工作原理的准确而细致的描述。

迄今为止，能够引起人们科学兴趣的最有效手段就是电视了。但是这个具有巨大影响力的媒体在传播科学给人们带来愉悦和教给人们科学方法方面却几乎没有做什么工作，然而“疯狂的科学家”这架机器却在呼呼地喘息着继续向前开着。

在美国20世纪90年代初的一次民意调查中，2/3的成年人对“信息高速公路”一无所知；42%的人不知道日本位于何处；38%的人没听说过“大屠杀”一词。但是听说过门内德斯、博比特以及O. J. 辛普森谋杀案的比例却高达90%以上；99%的人听说过歌星迈克尔·杰克逊对一男孩进行性骚扰的事情。美国可能是全世界娱乐最多的国家，但是它却为此付出了沉重的代价。

在加拿大和美国同时进行的调查表明，电视观众希望能看到更多的科学节目。在北美的公共广播系统中有一个叫作《新星》的很好的科学系列节目。有时候在“发现”或“学习”频道，或者加拿大广播公司的广播节目中也有很好的节目。比尔·奈在公众广播服务中心开办的《科学小子》节目发展迅速，其特点是节目引人入胜，涵盖了科学的很多领域，有时甚至还对发明的过程进行讲解。但是，大型电视网的节目编排无论在广度还是在深度上都没有反映出公众对科学的兴趣，更别提反映出公众对科学的理解能够给社会带来什么好处了。

我们怎样让更多的科学知识上电视呢？以下是一些可行的办法：

- 在新闻和评论节目中定期播出科学奇观和科学方法，在发明的过程中展示人类真正的激动人心的成果。
- 拍摄一个“揭示秘密”的系列片，告诉观众人类长期以来重大的思考和困惑不解的问题是如何从理性的角度得到解决的，其中包括法医学和流行病学中长期没有解决的案例。
- 警钟再次响起：拍摄一个系列片，在这部片子中，我们将再现媒介和公众对政府联合编造的谎言完全信以为真的过程。前两集可以是“东京湾事件”[1]以及在1945年以来不加怀疑和未受保护的美国普通公众和军队人员对“国防”的各项要求的详细看法。

---

[1] 东京湾事件（Gulf of Tonkin）：即北部湾，位于南中国海的海湾，介于中国、越南北部之间。1964年，美国指控北越的鱼雷袭击了东京湾内的两艘美国驱逐舰，并在这个借口下，美军进一步卷入越南战争。——译注

- 拍摄每集有独立内容的系列片，表现著名科学家、国家领导人和宗教人士所犯的重大错误和对某些重大事情的误解。
- 对那些有害的伪科学和让观众参与的“试试看”（用意念扭弯勺子、意念感应、预测未来、特异功能治病、不用眼睛的阅读以及用什么功能按动观众家中的电视按钮）节目进行及时曝光。告诉观众他们是如何骗人的：尝试着自己做一做便可知道。
- 采用比较先进的电脑绘画设备，事先准备好科学可视资料，以便在各种新闻节目中穿插使用。
- 制作成本不需要很高的热点问题的讨论，这种现场拍摄的节目每集一小时。制片人要做出计算机绘画的预算，争论的评判人要对持不同意见的双方制定严格的提供论据的标准，讨论的范围应该十分广泛。讨论的话题可以包括已经得到科学证实的地球的形成过程等问题。也可以包括没有得出确切结果的有争议的问题，比如人死后其精神是否还存在的问题、堕胎问题、动物权利问题、遗传工程问题和本书中所提到的可能存在的伪科学问题。

公众掌握更多的科学知识已成为国家越来越紧迫的需求。单靠电视不可能为公众提供他们所需要的所有的科学知识。但是，如果我们希望公众理解科学在短期内见效，电视应该是我们的起点。

chapter twenty-three / **第二十三章**

麦克斯韦和“科学呆子”

我们应该为满足人们对知识的好奇心而进行投资。

——罗纳德·里根 1980 年竞选演说

没有任何事情比提高公众的科学和文化水平更值得我们去给予支持。在每一个国家，知识都是公众获得幸福的最坚实的基础。

——乔治·华盛顿 1790 年 1 月 8 日国会致辞

思维模式化种类繁多。种族群体思维模式化，各个国家的国民和宗教的思维模式化，性别和对男女优先权的认识模式化，对在一年中各个出生时间的看法模式化（太阳星座占星术），对职业看法模式化。对这些模式化的最宽容的解释将其归咎于一种思维惰性：不是根据人的优点或缺点对人进行评价，而是将注意力集中于人的零星信息，然后将这些零星信息归入以前建立的数量本来就不多的认识框架中。

这样做省去了思考的麻烦，但却因为在许多问题上的深刻偏见而付出代价。思维懒惰也使人不与大多数人进行接触，思维模式与人的思维多样性格格不入。即便在许多情况下模式化的思维方式有效，但肯定在很多个别情况下是要失败的。人的思维类型呈钟形曲线。平均值上显示的是每种不同特性的人，而极特殊的少数人分布在曲线的两个极端。

有些模式化的形成是没有控制各种变量，忘记了其他可能起作用的因素所造成的结果。例如，模式化的思维方式通常认为，在科学领域内几乎没有女性。很多男科学家对此态度十分明确：这种情况证明女性缺乏从事科学工作的能力。从气质上讲，科学不适合她们，对她们来说科学太难了，科学要求具有一种女性所不具有的才智，她们太容易感情用事而难以探求客观事物。你能想象得出有什么伟大的女理论物理学家吗？诸如此类。但从那以后，这种错误认识不攻自破。今天的女性已在大多数科学领域占据了一席之地。在我所从事的天文和行星研究领域，女性近来异军突起，做出了一次又一次的发现，为天文学吹来了一股急切需要的清新空气。

在 20 世纪五六十年代以及更早一些时候，所有的著名男科学家都那么权威性地宣称女性在智力上有缺欠，他们遗漏了什么信息呢？坦率地讲，是社会使妇女们不能进入科学领域，然后指责她们不能从事科学。他们混淆了原因和结果：

> 你想成为天文学家吗？小姐？对不起。
>
> 为什么你不能呢？因为你不合适。
>
> 我们怎么知道你不合适？因为从来没有女人成为天文学家。

如此直截了当，这些话听起来实在荒谬。偏见的计谋真是狡诈。受鄙视的群体被站不住脚的证据拒之门外，有时候他们的这种自信和蔑视使得我们中的一些人，包括一些受害者本人都未能分辨出这些自编自演的骗人把戏。

对怀疑论者召开的会议做一个简单的观察，随便瞥一眼“超常现象科学研究委员会”成员的名单，你就会发现男性所占据的巨大优势。其他人宣称在妇女中有比男人多得多的人数相信占星术（在大多数“女人”的杂志中有用占星术算命的内容，而在“男人”的杂志中却基本没有）、水晶球算命、超感知觉，等等。一些评论人员认为，男人特别具有怀疑精神。男人富有进取精神、竞争意识、勇于面对任何事情，而且思维严谨。他们说，女人很容易接受各种观点、看法容易取得一致、对于挑战常规知识缺乏兴趣。但是从我的经验来看，女科学家和她们的男性对手们一样具有敏锐的怀疑精神。这正是科学家素质的组成部分。这种对女性的批评如果确实存在的话，那么，它也是以一种司空见惯的拙劣的掩盖方式告诉世界：如果你不激励女人了解什么是怀疑精神，不教给她们怀疑论的基本观点和思维方法，那么，毫无疑问，女人是不可能具备怀疑精神的。打开大门让她们进来，她们也会和其他人一样具备怀疑精神。

对职业形成模式化认识的各种职业中包括科学。科学家都是木讷的“书呆子”，社会交往笨拙，钻研晦涩难懂的问题，这些问题正常人不会有任何感兴趣之处（即使他们愿意花费所需要的时间），理智健全的人也不会去做这样的工作。你也可能对科学家们说：“过正常的生活吧！”

我曾经要求一位我认识了 11 年的专家对“科学呆子”的当代特点进行一个详细的描述。我要强调的是，她仅仅是对她自己的感受进行叙述，她没有必要赞同传统的偏见。

> “呆子”们把皮带系在紧靠胸廓的下边。他们的短袖衫上佩戴的防护罩中插满令人敬畏的五颜六色的钢笔和铅笔。能编程的计算器装在一个特制皮套中。他们都戴着厚厚的眼镜，折断了的鼻梁架用邦迪胶带粘着。他们缺乏社会交往的基本技能，对这种技能的缺乏他们毫不在意、漠不关心。他们笑时，会发出一种哼鼻声。他们彼此用一种晦涩难懂的语言交谈。他们会抓住机会在除了体育课以外的所有课堂上赢得更多的赞扬。他们对普通人不屑一顾，普通人也嘲笑他们。许多“科学呆子”都叫类似诺曼的名字（诺曼征服[1]就是一群高束皮带、穿着保护罩、拿着计算器、戴着破眼镜的“呆子”入侵英格兰）。男“呆子”多于女“呆子”，但是两者都不少。“呆子”们从不约会。如果你是一个“呆子”，你就不会太潇洒，反之亦然。

这当然是一种模式化的认识。也有许多科学家穿着典雅，举止风度也相当潇洒，很多人都渴望和他们约会，他们也不会怀揣计算器去参加社交活动。如果你邀请他们去你家做客，你不会想到他们是科学家。

但是有的科学家或多或少的确符合这种模式。他们在社交方面相当笨拙。与掘土机驾驶员、时装设计师或者高速公路巡逻警察相比，科学家中的“呆

[1] 诺曼征服（Norman Conquest）：1066 年法国诺曼底公爵威廉对英国的军事征服。——译注

子”比例会更高些。可能科学家比起酒吧男招待、外科医生或快餐厨师来更木讷。为什么会这样呢？也许在与他人交往中没有天赋的人就到那些无须与人打交道的事业，特别是数学和物理学中去寻求自己的天地；也许对艰深难题的刻苦研究需要太多的时间和精力，使得他们难有闲暇去学习社会处世方面的知识。或许两方面原因兼而有之。

与人们心目中近乎疯癫的科学家形象一样，对“呆子”科学家的模式化认识在我们这个社会也十分普遍。对科学家“书呆子”似的举止开一些善意的玩笑有什么不妥之处吗？不论什么原因，如果人们不喜欢心目中的“书呆子”科学家，那么，他们就不会更好地支持科学事业。为什么要资助怪人们去进行那些愚蠢而又令人费解的研究计划呢？我们所能够给予的答案是，科学之所以得到支持是因为科学为整个社会各阶层的人带来了特别的利益。这点，在本书的前面部分我已经谈到。因此，那些认为“呆子”有些令人讨厌的人，同时却又渴求科学成果。他们处于矛盾之中。一个吸引人的解决办法就是直接指导科学家的行为，不要只给他们钱，让他们用钱做一些稀奇古怪的事情，应该告诉他们我们需要的东西，如进行这个发明或进行那方面的研究。钱不要仅用来满足“呆子”们的好奇心，还要用来造福社会。这道理似乎很简单。

我们遇到的麻烦是你不可能安排某人从事一项特定的发明，即使花费多少并没有人反对，你也很难保证能够获得发明结果。没有对知识的整体了解，在你的头脑中就无法形成发明的思想。科学史告诉我们，一个人通常很难在某一个确定的方向中按社会的总体需要进行发明和创造。发明的想法可能会出自那些穷乡僻壤中孤寂的年轻人的无聊遐想。它们甚至被其他科学家忽略或轻视，有时直到新一代的科学家成长起来，才发现这些新思想。激励大量的现实中的发明而抹杀了出于好奇心的研究经常得到适得其反的效果。

假设：在上帝的恩赐之下，你成为大不列颠及北爱尔兰联合王国的维多利亚女王，也是在英帝国最为兴盛辉煌的年代中信仰的捍卫者。你的管辖领地延伸到这个星球的每一个角落。世界版图上到处可见英国的红舰队。你掌管着世界一流的技术力量。蒸汽机是在大不列颠得以完善的，这主要归功于苏格兰的工程师们，是他们在火车和蒸汽船方面所发挥的技术专长使英帝国紧密地连接为一体。

假如1860年你有一个富有远见的想法，你的这个大胆的想法被儒勒·凡尔纳的出版商所驳回。你想有一种机器能传达你的声音，能将描绘帝国的辉煌图景传输到这个帝国的每个家庭。另外，声音和图像不是从管道或电线中传输出来的，而是以某种方式通过空气传播，这样，在工作中和在某一场地的人们就能马上收到旨在确保忠诚和职业道德的鼓舞性的致辞。福音也通过同样的方式传送到所有人的耳朵中。其他社会所需要的电器设备也可毫不费力地得到。

这样，在首相的支持之下，你召集内阁、帝国司令部的全体参谋和帝国最杰出的科学家和工程师。你将拨款100万英镑并告诉他们，在1860年这是一笔大钱，如果他们需要更多的钱，尽管向你伸手，你并不在乎他们怎样做。啊，是的，这个工程叫作威斯敏斯特计划。

通过这样大的投入可能会出现一些有用的发明——“派生物”。它们总是当你在技术上投入了大量资金的时候才会出现。但是威斯敏斯特计划几乎功亏一篑，为什么？因为基础性的科学工作还没有做。1860年电报已经存在了。但是，你可以想象在每个家庭安装电报设备需要花费多大的财力，只有用电报设备的人才能用莫尔斯电码嘀嘀嗒嗒地传递信息。但这并不是女王所要求的。她头脑中想的是收音机和电视机，但是这些东西还远不可能出现。

在现实世界中，发明收音机和电视机所需要的物理学来自一个没有人能预想到的方向。

詹姆斯·克拉克·麦克斯韦于1831年出生于苏格兰的爱丁堡。两岁的时候，他发现能用一个镀锡铁皮将太阳光反照到家具上并使太阳光在墙壁上跳舞。当他的爸爸妈妈走过来时，他大声叫道：“快看太阳，我用铁皮抓住了它！”在童年时代，他深深地迷上了臭虫、蛹、石头、鲜花、镜片和机器。他的姑姑简后来回忆说：“回答不出那么小的孩子提出的那么多问题真是有些让人下不来台。”

他上学时很自然地被大家称作“小傻瓜”——英国英语中的“daft”（傻瓜。——译注）一词是用来形容头脑有些呆痴的人。他是个十分英俊的小伙子，但他总是穿着随便，要舒适而不求样式。他的言谈举止中所带的苏格兰式的褊狭守旧也是他遭到讥笑的一个原因。特别是当他进入大学以后，就更经常地受到讥笑。此外，他还有一些与众不同的兴趣。

麦克斯韦就是一个“呆子”。

他与老师的关系比与同学的关系要好些。那时，他写过这样一首略带伤感的两行诗：

> 岁月流逝，期盼的日子飞速而过。
> 遭鞭挞的男孩将被指控犯罪。

很多年过去了，在他 1872 年接受剑桥大学实验物理学教授一职的就任演说上，他还提到了这种“呆子”的模式：

> 就在不久以前，那些献身于几何学的人，或者从事具有持续应用价值科学研究的人，还被看成是不愿进行社会交往的人，他们被看成是必定会放弃人类利益的人。他们沉湎于来自生命世界的抽象之中，他们的所作所为沉没于对他们具有巨大吸引力的并给他们带来快乐的事情和肩负的责任之中。

我怀疑“不久以前”是指麦克斯韦回忆他年轻时经历的说法，他接着说道：

> 现在，从事科学的人已经不再被人们用敬畏的或怀疑的眼光看待。他们可能被看成已经与这个时代的物质精神达到某种和谐统一，他们形成了知识分子中超前的激进一派。

我们生活的时代已经不再是对科学技术的益处持无拘无束的乐观态度的时代了。我们感觉到人们对科学的期望值在下降。今天的情况更像麦克斯韦所记得的他儿时的情况。

他对天文学和物理学做出了巨大的贡献。他的贡献从令人信服地说明了土星环由微小粒子组成、固体的弹性特性，到现在所说的气体和统计力学中的分子运动论的基本原理。是他第一个显示了无数的微小分子各自处于永不停息的运动之中，不断地相互碰撞，并有弹性地弹跳，并非混乱无序，而是遵循着精确的统计定律。这种气体的特性是可预知和了解的（说明气体中分子运动速度的钟形曲线现在被称作麦克斯韦－玻耳兹曼分布率）。他提出了一种假想的物体，现在这种物体被称作“麦克斯韦妖”（Maxwell’s demon），这个精灵的运动产生了一个难题留待现代信息理论和量子力学去解决。

光的性质自古以来就是个难解之谜。它是一种粒子还是一种波，对这个问题长期存在着尖锐的争论。普遍的各种定义形成了一种定式：“光就是将黑暗照亮的东西。”麦克斯韦最伟大的贡献在于他确立了经典的电磁理论，电与磁的结合产生光。现在人们普遍承认的电磁波谱——各种电磁波按照波长或频率的顺序所组成的排列，其波段包括 γ 射线到 X 射线、紫外线、可见光、红外线以及无线电波，这一切都归功于麦克斯韦。有了他的发明，我们才会有收音机、电视和雷达。

但是麦克斯韦所追求的并不是这些。他感兴趣的是电与磁之间相互转化的问题。我很想描述一下麦克斯韦所做的研究，但是他的历史成就是建立在高深的数学理论基础上的。在这么短短的几页内，我充其量只能给你们介绍一些皮毛。如果你不能完全理解我所说的东西，敬请原谅。如果我们不使用一点数学，我们就无法体味麦克斯韦所做的一切。

“催眠术”的发明人麦斯迈认为他发现了一种磁流。“几乎与电流一样”，这种磁流可渗透到所有的物体之中。就这点来说，他的观点是错误的。我们现在知道其实并不存在什么特殊的磁流，所有的磁性——包括存在于条形磁铁或马蹄形磁铁中的磁性——都产生于运动中的电。丹麦物理学家汉斯·奥斯特曾做过一个小小的实验，电流通过线圈时引起了附近小磁针偏转、摇摆，而线圈和磁针实际上并没有连接。伟大的英国物理学家迈克尔·法拉第又做了一个曾获得高度评价的实验：经过切割磁力线的运动导致附近的电线产生了电流。变化的电流似乎可以产生磁而变化的磁似乎又可以产生电，这就是所谓的“电磁感应”。听起来似乎同魔术一样深不可测。

法拉第指出磁体有一种看不见的力的“场”延伸到附近空间，离磁体越近这种场越强，离得越远，则越弱。你在一张纸上放一些小铁屑，然后在底下挥动一块磁铁，就会发现磁场的存在。同样，在干燥的天气梳理头发通常也会产生一种电场，这种电场在无法看到的状态下从你的头发中产生出来，它甚至能使小纸屑自己移动。

我们现在已经知道，电线中的电是因为一种叫作电子的亚微观带电粒子随着对电场的反应发生移动而产生的。电线是由铜一类的材料制成，因为铜含有大量的不受原子束缚、可以移动的自由电子。然而，大多数物质与铜不同，比如木头，它们不是良导体，它们被称为绝缘体或“电介质”。在这些物质中，只有相对极少数的电子可以在外界电场或磁场的作用下自由移动，不足以产生电流。当然，电子也会发生一些移动或“移位”，电场越强，这种移位也越频繁。

麦克斯韦设计了一种方法记载那个时代他对电和磁的认识，这种方法精确地总结了电线、电流、磁性的实验结果。最后得出了关于电和磁的行为的四个麦克斯韦方程式：

$$\nabla \cdot E = \rho / \varepsilon_0$$

$$\nabla \cdot B = 0$$

$$\nabla \times E = -\dot{B}$$

$$\nabla \times B = \mu_0 j + \mu_0 \varepsilon_0 \dot{E}$$

真正地理解这些方程式需要到大学学习几年物理学。这些方程式是运用了数学的一个分支——矢量积分的方法而写出来的。用大写形式写的量是既有大小又有方向的量——矢量。一小时 60 英里不是一个矢量，但一小时 60 英里在 1 号高速公路上向正北方就是一个矢量。E 和 B 分别代表电场和磁场。倒三角▽被称作“纳布拉”（因为它与古代中东的叫作纳布拉的竖琴很相似），它表示电场或磁场在三维空间的变化。纳布拉后面的“点乘”和“叉乘”表示两种不同的空间变化。

$\dot{E}$ 和 $\dot{B}$ 代表电场和磁场的时间变化率。j 代表电流。小写的希腊字母 ρ 表示电荷体密度，ε_0（念作“艾普西隆零”）和 μ_0（念作“谬零”）不是变量，而是在其中测得的 E 和 B 的物质特性量。真空中的 ε_0 和 μ_0 是自然界的两个常量。

考虑到有多种不同的量被聚合到这些方程式中，其简单明了令人吃惊。表达这些意思本来需要几页纸才行，但实际上并非如此。

麦克斯韦方程组中的第一个方程式阐明了电场随距离的变化与电荷（如电子）密度的关系。距离越远电场越弱，但是电荷密度越大（也就是说在给定空间内电子数越多），电场就越强。

第二个方程式告诉我们磁理论中没有类似的观点，因为麦斯迈所称的磁“量”（或称磁“单极子”）是不存在的：将一块磁铁锯成两半你也不可能得到一个孤立的“南”极和一个孤立的“北”极，每一块磁铁都有自己的“南”极和“北”极。

第三个方程式告诉我们变化的磁场如何产生电场。

第四个方程式所描述的正好相反，即变化的电场（或者说电流）如何产生磁场。

这四个方程式是几代人的实验结晶，这些实验主要是由法国和英国的科学家完成的。我这里只是粗略地、定性地描述一下，但方程式本身是精确地和定量地描述的。

麦克斯韦接着又问了自己一个奇怪的问题：这些方程在没有介质的空间中、在真空中、在一个没有电荷也没有电流的地方是什么样的形式呢？我们很可能认为在真空中没有电场也没有磁场。然而，麦克斯韦认为真空中的电磁行为所具有的方程组形式应该是：

$$\nabla \cdot E=0$$

$$\nabla \cdot B=0$$

$$\nabla \times E=-\dot{B}$$

$$\nabla \times B=\mu_0 \varepsilon_0 \dot{E}$$

他将 ρ 设为零，表明没有电荷，他将 j 也设为零，表明没有电流。但是他没有去掉第四个方程式中的最后一项 $\mu_0 \varepsilon_0 \dot{E}$，它表示绝缘体中微弱的位移电流。

为什么没有去掉呢？从方程组中你可以看出，麦克斯韦的直觉保持了电场和磁场之间的对称性。他认为：即使是在真空状态下，在完全没有电的情况下，变化的磁场亦能够产生出电场，反过来也是如此。方程组代表着自然的属性，而麦克斯韦相信，自然是美丽而精致的。（用更技术些的语言表述，另外还有一个在真空中保留的位移电流，这里就略而不谈了。）这种部分地取决于"呆子"科学家的感觉而做出的判断，除了其他少数专业科学家外，几乎无人知晓，但它对我们文明所做的贡献比十个近年来的总统和首相的贡献还要大。

简单地说，真空中的麦克斯韦方程组说明：（1）真空中没有电荷分布；（2）真空中没有磁单极子；（3）变化的磁场产生出电场；（4）反过来也成立。

当麦克斯韦将方程组以这种形式表述时，他就很容易说明电场和磁场在空间中的传播就像波一样。更进一步的是，他还能计算出波速，也就是 μ_0 和 ε_0 的乘积的平方根的倒数。但是 μ_0 和 ε_0 已经由实验测得。如果你把数字代进去，你会惊奇地发现，真空中的电场和磁场竟然以与已经测得的光速同等的速度传播。这种速度如此一致，以至于不可能纯属巧合。电和磁突然不露声色地与光的属性紧密地结合到一起。

既然现在已知光的行为就像波动一样而且是从电磁场中衍生出来的，麦克斯韦就将之称为"电磁的"。那些用电池和电线所做的不太清楚的实验都与太阳的亮度、我们所看的方式以及是什么样的光有关。很多年以后，阿尔伯特·爱因斯坦反思麦克斯韦的发现时写道：“在这个世界上很少有人能够获得这种经历。”

麦克斯韦自己被这些结论困扰着。真空的作用似乎就像电介质一样，他说它能够被“电极化”。生活在一个机械化时代，麦克斯韦总是感觉有责任为电磁波在纯真空中的传播提供某种机械模式。因此，他设想空间充满着一种叫作“以太”的神秘物质，它支撑并包含着随时间变化的电磁场，就像是一种振动但却看不见的果冻渗透在宇宙之中。以太的振动就是使光穿过它的原因，正如水波通过水来传播、声波通过空气传播。

但是这种以太一定是一种非常奇特的物质。它非常稀薄，像幽灵一样，几乎没有确定的形状。太阳和月亮、行星和恒星在不减速和不被注意的情况下在它中间穿行。同时，它又必须十分坚固，使得它足以支持所有这些波以惊人的速度传播。

“以太”一词表示出以一种散漫的形式静止存在。在使用上，英文中主要表示存在于以太中惰性较强的物质。它与更现代意义上的“太空的”“空间外的”有某种类似的含义。在无线电广播的早期阶段，当人们说正在播出时，常用“通过空气”（on the air）一词来表达，他们头脑中所想的就是以太（俄语的用词在词源上更接近于“在以太中”。但实际上无线电波更易在真空中传播，这是麦克斯韦的重要结论之一。无线电波的传播不需要空气。如果在空气中传播的话，反而有所阻碍。

整个关于光和物质通过以太运动的思想引发了另外长达 40 年的研究，出现了爱因斯坦的狭义相对论，即 $E = mc^2$ 以及其他的一些重要成就。相对论以及得出有关理论的实验都表明了并没有以太在支持电磁波的传播，爱因斯坦在他的著名论文中阐明了这一结论，我在第二章中对他的这个理论已经进行了阐述。波是自行传播的。变化的磁场产生电场，变化的电场产生磁场，它们依靠自己的力量而互相关联着。

很多物理学家被这种“传播光的”以太的作用的被否定而感到深深的困

扰，他们需要某种机械模式以使得整个“光在真空中传播”的概念变得合情合理、令人信服而且易于理解。但是这是一个为自己的理论寻找支持而出现的东西，是对我们面临的困难所做出的一个反应，它表明在探索的领域内，普通的感觉再也不管用了。物理学家理查德·费曼[1]这样描述道：

> 今天，我们已经更深刻地理解了这些方程式本身，而不是那些用来推导出方程式的模式。我们可能只须问这些方程式是否正确。这可以通过实验来回答，无数的实验已经证实了麦克斯韦方程组。如果我们移走那些他建立这些方程时所使用的支架，我们发现麦克斯韦高大而宏伟的大厦依靠自己的力量仍高高耸立。

但是这些穿透整个空间的随时间而变化的电场和磁场究竟是什么呢？意义何在？我们对于诸如接触、摇晃、推、拉的概念比起通过“场”神奇地移动一定距离之外的物体或者纯粹的抽象数学概念要感觉舒服得多。但是，正如费曼所指出的，我们通过至少在日常生活中我们可以依赖固体的、可以感觉到的物理接触所获得的感觉，用来解释当你拿起切黄油的刀时它就到了你手中之类的问题，但这种感觉只是一种误解。物理接触意味着什么？当你拿起一把刀、推秋千，或者有节奏地拍打水床形成水波的时候，究竟发生了什么现象？当我们深入研究时，我们发现这里并没有什么物理接触。实际上，是你手上的电荷影响了刀、秋千或者水床中的电荷，反之亦然。不论日常经验或一般的感觉如何，这里其实只有电场的相互作用，并没有什么物体实际接触。

没有哪个物理学家起初就对通常意义上的概念表示厌烦，并期望用某种只有极少数高深的理论物理学家才能理解的数学抽象概念来代替它们。实际上，他们一开始也和我们大家一样，有着感觉舒服的、标准的、通常的概念。

[1] 理查德·菲利普斯·费曼（Richard Phillips Feynman，1918—1988）：美国物理学家。发明费曼图，用简单的图解说明虚光子交换所产生的带电粒子之间的相互关系。因发展了量子力学，与日本的朝永振一郎和美国的朱利安·斯温格共获 1965 年诺贝尔物理学奖。——译注

问题在于自然并不遵从人们的愿望。如果我们不再坚持我们认为自然应该怎样去行为的观点，而是以一种开放和接纳的思想去面对自然，我们就会发现通常的感觉是错误的。为什么是错误的呢？因为我们关于自然规律的认识，不论是先天的还是学来的，都是在数百万年中当我们的祖先还过着群居的狩猎生活时所形成的。在这种情况下通常的感觉就是一种不可信赖的导引，因为狩猎的群居者不是靠对变化的电磁场的理解来指导自己的生活的。不了解麦克斯韦方程组也不会受到进化过程中的任何惩罚。但在我们今天的时代，情况就不同了。

麦克斯韦方程组表明了快速变化的电场能产生电磁波。1888 年，德国物理学家海因里希·赫兹在实验中发现了一种新的辐射波——无线电波。七年以后，英国剑桥的科学家在 1000 米的距离之外传输了无线电信号。到 1901 年，意大利的马可尼[1]用无线电波进行穿越大西洋的通信。

现代社会通过广播塔、微波转播和通信卫星建立起来的经济、文化和政治上的广泛联系都直接产生于麦克斯韦在他的真空状态下的方程组中包含位移电流的判断。电视也是源自他的发现，它并不十分完美地指引着我们的生活并提供娱乐。雷达成为英国在“二战”时反击侵略和粉碎纳粹的战斗中的决定性因素（我们所认为的那个与社会总是感到不和谐的人的发明影响到未来，并且拯救了那些使他感到十分不舒服的人的后代）。飞机、船舶和宇宙飞船的控制与导航，射电天文学和探索外星智能以及电力和微电子工业的重要作用都要归功于麦克斯韦。

另外，法拉第和麦克斯韦关于场的概念对于理解原子核、量子力学和物质的精细结构都具有重大的影响。他将电、磁、光统一成为一种连续的数学整体形式的思想促使后人为此做出了最后的尝试——有的获得了成功，有的还处于初试阶段——将物理世界的各方面，包括引力和核力，统一为一个宏大的理论。我们可以毫不夸张地说，麦克斯韦引导我们进入了现代物理的时代。

[1] 古列尔莫·马可尼（Guglielmo Marconi，1874—1937）：意大利物理学家，电器工程师，无线电通信的发明者，生于博洛尼亚。1909 年与 K. 布劳恩共获诺贝尔物理学奖。——译注

理查德·费曼用下面的文字阐述了我们关于麦克斯韦变化的电磁矢量的寂静世界的观点：

> 让我们尝试着想象一下电磁场在这个讲演厅的空间中是个什么样子。首先，这里有一个固定的磁场，它来自地球内部的流体——即地球本身固有的磁场。还有不规则的、基本上属于静电场的场，它们可能是由于许多人在他们的椅子上挪动或将衣袖在椅子扶手上摩擦而产生的。还有一些通过电线中的振荡电流而产生的磁场，这些场以每秒60个周期的频率变化，与博尔德水坝的发电机同步。更有趣的是电磁场以更高的频率变化。比如当光从窗户到地板，从一面墙到另一面墙时，就有以每秒18.6万英里的速度运动的电磁场的振荡。此外还有从温暖的前额传输到冰冷的黑板的红外波。我们还忘记了穿过这个房间的紫外光、X射线和无线电波。
>
> 飞越这个房间的是携带着爵士乐队的音乐的电磁波。有很多波被一系列表达在世界其他地方所发生事件的场景的脉冲所调制，或者我们想象的阿司匹林溶解在胃中的脉冲。为了证实这些波动的存在，只须打开电子设备将这些波动转化为声音和图像。
>
> 如果我们更细致地分析那些最小的振荡，就会发现那些从十分遥远的地方传到这个房间的很小的微电磁波。现在就有了电场的微弱振荡，其波峰相隔有一英尺的距离，它们是从百万英里之外刚刚经过金星的“水手2号”宇宙飞船上传输给地球的。它的信号装置中装载着关于各个行星的大量信息（这些信息是通过收集从行星向宇宙飞船传播的电磁波而获得的）。
>
> 有些非常微弱的电磁场振动是来源于亿万光年以外——宇宙中最遥远的角落里的星系——的波动。现在这一事实已通过“将房间里装满电线”的方法得以证明，即建立一个像房间一样大的天线。这种无线电波已经从空间中的不同位置被探测出来，而这种太空空间即使用最大的光学望远镜也难以观察到。即使是这些光学望远镜也仅仅是电磁波的收集

器。我们所说的恒星仅仅是一种推测，通过我们从它们那儿得来的物理事实，通过对到达我们地球的电磁场的永无止境的复杂波动的细致研究而推断出来的。

当然，更多的是通过数英里之外的闪电产生的场，当带电的宇宙射线微粒快速穿过房间时会产生场并发生其他变化。在你周围空间中的电场是一个多么复杂的东西呀！

如果维多利亚女王曾经召集她的顾问们开一个紧急会议，命令他们发明一种类似于收音机或电视的东西，他们中间任何人都不太可能会想象到通过安培[1]、毕奥、奥斯特、法拉第的实验、四个矢量微分方程、在真空中保留位移电流项的判断等途径去实现。我想，他们可能会一无所获。然而，仅仅是出于好奇，几乎不需要政府的任何资助，甚至连他自己都没有意识到他正在为威斯敏斯特工程打基础，“书呆子”胡涂乱写出了一个发明。甚至自认无足轻重的、不善交际的麦克斯韦先生是否曾经想到自己正在进行的研究都是值得怀疑的。如果他曾经这样想过，那么，政府很可能会告诉他该思考些什么、不该思考什么，而这不仅无助于反而会阻碍他的伟大发明。

在他的晚年时期，麦克斯韦还真的和维多利亚女王有过一次会晤。在会面之前他还有点担心——主要是担心他是否能够让一个对其专业一窍不通的人了解科学——但是女王似乎有些烦乱，所以会晤没有持续很长时间。与英国近代史上其他四位杰出的科学家迈克尔·法拉第、查尔斯·达尔文、P. A. M. 狄拉克[2]和弗朗西斯·克里克[3]一样，麦克斯韦从未被授予爵士称号（虽然莱

[1] 安德烈·玛丽·安培（Adre Marie Ampere，1775—1836）：法国物理学家、电磁学的开拓者。致力于电流间相互作用力以及电流与磁场关系的基础研究。总结出安培定律、安培定则和分子电流等。首次制造出测量电流的电流计。量度电流的单位以其姓氏命名。——译注

[2] 保罗·阿德里安·莫里斯·狄拉克（Paul Adrien Maurice Dirac，1902—1984）：一译狄喇克。英国理论物理学家、量子力学创始人之一。首创量子力学的变换论和辐射量子论，并与人合作创立了费米 - 狄拉克统计。1933 年和奥地利物理学家 E. 薛定谔共获诺贝尔物理学奖。——译注

[3] 弗朗西斯·哈里·康普顿·克里克（Francis Harry Compton Crick，1916—2004）：英国生物物理学家、遗传学家。1962 年与沃森和莫里斯·威尔金斯共获诺贝尔生理学或医学奖。——译注

尔、开尔文、J. J. 汤姆逊、卢瑟福、艾丁顿、霍伊尔等下一层次的科学家都被授予爵士头衔）。对于麦克斯韦来说，甚至都找不到什么理由能够认为他可能持有与英国教会不一致的观点，他是那个时代绝对正规的基督教徒，比大多数人都要虔诚，或许这正是他迟钝而不通世故的一面。

据我所知，传播媒体——詹姆斯·克拉克·麦克斯韦使其成为现实的教育和娱乐工具——从来没有为它的恩人和创立者拍摄过一部短短的系列剧以表现他的生活和思想。换个角度想一下，假如没有电视告诉你，比如戴维·克罗克特[1]、小子皮莱[2]或阿方斯·卡彭[3]的生活和年代，成长在美国将会是多么困难。

麦克斯韦很年轻时就结了婚，但是他的婚姻中似乎既缺少激情也没有孩子。他的热情全都留给了科学。这位现代文明的奠基者死于 1879 年，死时年仅 47 岁。就在大众文化几乎将他完全忘记的时候，其他国家知名的射电天文学家们记起了他：他们从地球上发射无线电波，然后从金星上反射回来并探测出微弱的回应，从而发现了金星上的巨型山脉，这些天文学家以他的名字命名了金星上的这个山脉。

在麦克斯韦预言无线电波之后不到一个世纪的时间内，人类开始了第一次对于外星球中可能存在的文明世界的探索。从那时起，人类进行了多次太空探索，其中有些探索我已在前面提到过，这些探索在浩大的星际空间寻找可能由外星智慧生物发出的随时间而变化的电磁场。这些可能存在的外星生物也许从生物学角度来说与我们完全相同，但他们也许曾在他们的发展历史中受益于他们那里的詹姆斯·克拉克·麦克斯韦式的人物。

---

[1] 戴维·克罗克特（Davy Crockette，1786—1836）：美国边疆开发者、传奇式人物。1813—1815 年参加克里克战争，因此成名。1821 年当选田纳西州议会议员，迄 1835 年几次当选为美国众议员。参与得克萨斯为摆脱墨西哥统治争取独立的战斗，被墨西哥军杀死。——译注

[2] 小子皮莱（Billy the Kid，1859—1881）：美国亡命徒。原名威廉·H. 邦尼，生于纽约市。1873 年随母亲和继父迁居新墨西哥州。在西部横行不法，共杀害 21 人。1880 年被捕并被判处死刑，后越狱逃跑被击毙。——译注

[3] 阿方斯·卡彭（Alphonse Capone，1899—1947）：美国一歹徒。生于意大利。20 世纪 20 年代后期为芝加哥地下犯罪集团头子。设赌营妓、贩运私酒。至 1927 年财产近 1 亿美元。在 1929 年圣瓦伦丁节惨案中，其帮伙杀死疯子莫兰黑帮 7 人。1937 年因偷窃联邦所得税而被捕入狱。——译注

1992 年 10 月，在莫哈韦沙漠，在波多黎各喀斯特岩溶洞谷，我们开始了一项迄今为止最有希望、最强有力且最全面的对外星智能生命的搜索计划。美国航空航天局第一次组织并参与这项计划。我们将在长达十年的时间内，使用最为敏感的仪器和最高的频率对整个太空进行探测。如果在组成银河系的 4000 亿颗恒星中有一颗星上有生命给我们发射无线电信号，我们将有极大的可能接收到。

仅一年后，国会毁掉了这项计划。外星智能生命搜索计划并非十分重要，利益有限，代价过高。但是人类历史上每一次文明的进步都投入了大量的资金用于研究宇宙深层次的问题，很难想象还有什么比“我们是不是孤独的文明形式”更为深刻的问题。即使我们永远破译不了那些信息内容，但是，收到这样的信号也能够传送出我们关于宇宙和我们自身的观点。如果我们能够理解来自先进技术文明世界的信息，那么，其现实益处将是前所未有的。外星智能生命搜索计划并非基础薄弱，它受到了科学界的热烈支持，也根植于大众文化之中。公众对于这项事业的热情是广泛而持久的，而且认为开展这项研究是值得的。此外，这一计划也并非代价昂贵，其费用每年仅约一架军用直升机。

我感到奇怪的是，那些关心费用的国会议员为何不更多地关注一下国防部。随着苏联解体和冷战结束，所有的费用都应该符合和平时期的要求，而国防部每年仍要花掉 3000 多亿美元的费用（政府内的其他机构还有很多为改善生活增加福利而实施的计划）。当我们的后代回顾我们这个时代时可能会对我们的所作所为感到惊异——我们拥有探测其他生命的技术，但是我们对许多有益建议却充耳不闻，反而一味坚持花费大量的国家财富来使我们免于遭受实际上并不存在的敌人的袭击。[1]

加州理工学院的物理学家戴维·古德斯坦指出，几个世纪以来科学几乎一直呈指数增长，它不可能继续保持这种增长，因为到那时候地球上每一个人都将成为科学家，那时增长就不得不停止。他做出推测是基于这个原因，而不

[1] 外星智能生命搜索计划在 1995 年被命名为“不死鸟计划”，经费来自私人捐款。

是因为对科学本身的冷淡与疏远，但在过去的几十年中科学经费的增加已大大减缓。

尽管如此，我关心的是，研究经费是如何分配的。我担心取消对外星智能生命搜索计划的政府资助仅仅是这种对科学研究削减经费的发展趋势的一个组成部分。政府一直对国家科学基金会施加压力，迫使其将经费支持重点从基础科学研究转向支持技术、工程及应用。国会建议取消美国地理勘查局，削减对于地球易受损害的环境研究的财政支持。国家航空航天局对于已获数据进行研究和分析所需的财政支持正在受到越来越多的限制。很多青年科学家不仅找不到经费开展研究，他们甚至连工作都找不到。

近年来，美国各公司的工业研究和开发经费全面削减。政府用于研究和开发的经费同期也在下降（20 世纪 80 年代，只有军事研发经费在增长）。在年度支出中，日本是世界上对民用研究和开发投资最多的国家。在计算机、通信设备、航空航天、机器人、科学精密设备等领域，美国在全球出口份额的比例下降，日本的份额在上升。同一时期，美国把大多数半导体技术中的领先地位让给了日本。美国的彩电、录音机、电唱机、电话机及机械工具的市场份额也急剧下降。

基础研究领域是科学家自由追随其好奇心和探索自然的地方，不要求在短期内获得可见的实际效果，而是探索知识本身的真谛。科学家当然对基础研究有着浓厚的兴趣，这是他们乐于从事的事业，从许多方面来说，这也是使他们成为科学家的首要因素。但是支持基础研究是为了社会的利益，这也是为什么有利于人类的重大发明大量涌现的原因。少数规模宏大的、野心勃勃的科学研究计划是否就应该获得比数量众多的小型研究计划更多的投资，这是一个值得研究的问题。

我们在开展以促进经济和保卫我们生活为目的的发明研究时深感力不从心，这是由于我们历来缺乏基础研究。事实上，我们对自然的广泛探索，产生了我们从来没有想到过的可应用成果。当然这种成果并不经常出现，但出现的次数已经足够。

把钱给麦克斯韦这样的人似乎是对纯属“靠好奇心驱动的科学”所进行的最荒唐的鼓励行为，也被认为是务实立法者的草率判断。为什么现在要把钱送给那些只会讲普通人难以理解的胡话的“书呆子”科学家，让他们满足其嗜好，而同时却有许多国家急需却得不到解决的问题无人理睬？根据这一观点，我们可以很容易理解为什么将科学放置到另一个地位的原因。科学团体只不过是另一种压力集团，他们急切地希望保持资金不断投入，这样，科学家不必整天去艰苦工作就可以领到工资。

当麦克斯韦第一次得出四个基本电磁方程式时，他并没有想到收音机、雷达和电视；当牛顿首先了解了月球的运动规律时，他从没想过太空飞行或通信卫星；当伦琴[1]研究一种被他称为 X 射线的神奇的穿透性辐射时，他并未打算用于医疗诊断；当居里夫人辛苦地从数以吨计的沥青铀矿中提炼出含量极少的镭时她没有想到过癌症的治疗；当弗莱明[2]注意到一株细菌菌落周围长满霉菌的现象时，他没有打算用抗生素来拯救无数人的性命；当沃森[3]和克里克对 X 射线对 DNA 衍射产生的结果感到迷惑不解时，他们没有想到过这个发现可用于遗传疾病的治疗；当罗兰和莫里纳开始研究卤素在平流层光化学中的作用时，他们并没有指出氟利昂对臭氧层的破坏作用。

国会议员和其他政治领导人不时忍不住对那些要求政府资助的看起来很费解的科学研究建议进行嘲笑。甚至于像哈佛大学的毕业生威廉・普鲁克斯米尔这样有才华的议员也有偶尔颁发“金毛羊”奖的习惯——很多是为了纪念一些表面看起来毫无用处的科学工程的奖，包括外星智能生命搜索计划。我猜想以前的政府可能也有同样的想法：弗莱明先生只是希望研究发臭乳酪中的虫

[1] 威廉・康拉德・伦琴（Wihelm Konrad Roetgen，1845—1923）：德国物理学家，因发现 X 射线，1901 年获第一次诺贝尔物理学奖。——译注

[2] 亚历山大・弗莱明爵士（Sir Alexandar Fleming，1881—1955）：英国细菌学家。曾任伦敦大学教授和瑞特－弗莱明研究所所长。1928 年发现青霉素，其医疗价值被英国病理学家佛罗理和德国病理学家钱恩所肯定。三人合得 1945 年诺贝尔生理学或医学奖。——译注

[3] 詹姆斯・杜威・沃森（James Dewey Watson，1928— ）：美国遗传学家、生物物理学家，生于芝加哥，以发现遗传基因 DNA 的分子结构著称。著有《基因分子生物学》（1965）和《双螺旋》（1986）等。——译注

子；一位波兰妇女只是想从数以吨计的中非矿石中筛炼出极少量的她说能在黑暗中发光的物质；开普勒先生也只是想听听行星们所唱的歌。

这些发现以及其他大量的发现为我们这个时代增添了光彩，并构成了我们这个时代的特征，我们应该感谢这些发现，是这些发现使我们过上现在的生活。这些发现完全是那些有机会按照自己的思考进行研究的科学家创造的，是在同行们严格的检验下进行的，是对自然进行基础研究获得的结果。在最近20年中，日本在工业可应用的发明方面取得了很好的成就。但是可应用的发明是如何获得的？它们来自基础研究，来自对自然本质问题的研究。只有通过这些基础研究，我们才能获得用于发明实用技术的新知识。

科学家们有义务，特别是当他们要申请大笔经费的时候，就更需要非常明确而诚实地说明他们要进行的研究。超导超级对撞机（SSC）可能是我们这个世界上探究物质的细微结构和早期宇宙本质的重要工具。它的造价估计在100亿到150亿美元之间。1993年，这个工程在花费了近20亿美元之后被国会取消了，这个结果无论对科学家还是对政府来说都是最糟糕的。但是这场争论的结果却不是最糟糕的。我认为，争论主要告诉了我们政府对科学支持的兴趣日益降低。国会中几乎无人知道现代高能加速器的作用。它们不是用来制造武器的。它们没有实际应用价值。在很多人看来，它们是用来产生令人担忧的被称作“阐释万物的理论”的东西。包括各种对夸克、吸引力、气味、颜色等物质存在形态的解释，让人听起来觉得似乎物理学家很聪明。至少是在那些我曾与之交谈过的国会议员们看来，整个事情说明“一帮‘书呆子’在发疯”。我想这是一种描述建立在探究精神基础上的科学的不大宽容的方式。如果没有人知道什么是希格斯玻色子[1]，也就不可能有人会为此而掏钱。我曾经读过一些试图说明建造超导超级对撞机必要性的材料。在说明其最终用途上，有些材料写得还不错，但是没有任何文章是真正为那些具有相当高的知识水平、虽然

[1] 希格斯玻色子（Higgs bosons）：一些重的标量介子。它们的存在是由弱相互作用和电磁相互作用的某种统一规范理论所预言的，并且由于希格特机制而不被消去。——译注

不是物理学家但却不乏怀疑精神的人写的。如果物理学家们申请100亿到150亿美元去建造一个毫无实用价值的机器，那么他们至少应该花大力气，用复杂的图形、术语和可以使用的英语来说明他们的建议的合理性。我想，资金管理不善，财政有限和政治上的不称职，这些都是导致超导超级对撞机计划失败的关键因素。

现在越来越多地出现了一种关于人类知识自由市场化的观点，这种观点认为，基础研究不应该依靠政府资助，而应与社会其他机构和寻求资金的人展开竞争。如果他们的研究得不到政府资助，就必须参与他们所处的那个时代的自由市场经济的竞争。那么，在我的名单上罗列的任何科学家都不可能进行其基础性研究。现在基础研究的费用要比麦克斯韦时代多得多，这些费用不仅用在理论研究上，而且还用在实验研究中。

即使是基础研究要参与自由市场竞争，但是自由市场的力量是否能支持基础研究？如今仅有10%的值得称赞的医学研究申请课题获得了经费。花在庸医上的钱比用于所有的真正医学研究上的钱却要多得多。如果政府不支持医学研究将会出现什么结果？

基础研究的必要性就在于它在未来将产生其应用效果，这种应用价值在几十年、甚至几百年之后才会显示出来。另外，没人知道基础研究的哪些领域会具有或不具有实用价值。如果科学家都不能做出这种预测的话，政治家或实业家们可能做出吗？如果自由市场的力量只注重于短期效益——正如美国的公司中进行的大部分研究必然会大幅度衰退一样——这种解决问题的方式不就等于放弃了基础研究吗？

砍掉基础性的、按照科学家的兴趣所进行的科学研究无异于吃掉玉米种子。今年冬天我们可能还会有一点吃的，但是明年我们将拿什么去种植，以使我们和子孙后代们能有足够的玉米以度过下一个冬天呢？

当然，我们的国家和人类正面临着许多亟须解决的难题。但是减少基础科学研究不是解决问题的办法。科学家并不构成一个选举集团，他们也没有可以有效地向议员进行游说的团体。然而，他们的许多工作都是为所有人谋福利的。放弃基础研究将会对科学家的勇气、想象力造成挫折，使我们未竟的美好研究项目毁于一旦。它还可能会沉重地打击那些我们曾描绘过的假想出来的外星生命，它们再也看不到未来。

当然我们需要扫除文盲的工作、教育、就业、足够的医疗和国防力量、环境保护、老年人的保障、预算平衡以及许许多多其他的事情。但是，我们的社会是富足的，难道我们不能培养出我们这个时代的麦克斯韦吗？举一个具有象征性的例子，我们难道真的无力支付仅值一架攻击型直升机的钱（相当于购买玉米种子）用于倾听来自外星生命的声音吗？

chapter twenty-four / 第二十四章

科学与巫术[1]

哪里有怀疑，哪里就有自由。

——拉丁谚语

[1] 本章与安·德鲁彦合著。在本章和后面的一章中有比本书其他部分多一些的政治内容。我并不认为倡导科学和怀疑精神必定会导致我所说的政治或社会的后果。尽管怀疑的思维方式在政治中是极其重要的，但是，政治毕竟不是科学。

1939年纽约世界博览会题目为“未来世界”，这个展览使我这个来自最封闭的布鲁克林市的小观众目瞪口呆。仅从这个主题上看，它在向我们说明我们会拥有一个未来的世界，即使是最不经意的一瞥也足以证明它将比1939年的世界更加美好。尽管我没有注意到那些细微的异常情况，但是许多人在人类历史上最残暴、最不幸的战争开始前夕仍渴望着能消除对战争的恐惧和疑虑。我知道至少我将在未来的世界中成长。博览会所展示的明亮而光辉的“未来”令人向往、充满希望。而被称作科学的东西显然是实现美好未来的手段。

但是如果博览会的活动稍稍有所不同，那么，它给我的教益可能就会大得多。光彩的场景后面是残酷的争斗。大出风头的是博览会主席和主要发言人格罗弗·惠伦，他曾是公司董事，后来在前所未有的警察残暴统治时期任纽约市警察局局长，还是公共关系的改革派。正是他希望博览会大厦主要用于商业性、工业性，特别是消费品的展览，也正是他使斯大林和墨索里尼坚定不移地认为应该建造奢侈的国家级豪华建筑（后来他还抱怨他经常不得不敬法西斯式的礼）。据一位设计师说，展览会的层次只适应12岁儿童的智力。

然而，正如美国大学的历史学家彼得·库兹尼克所描述的那样，包括哈罗德·尤里和阿尔伯特·爱因斯坦在内的一群杰出的科学家认为，将科学介绍给公众是为了科学本身的发展，而不是仅仅为了出售一点科学小成品。传播科学的重点在于科学的思维方法，而不仅是介绍科学的成果。他们坚信广大公众对科学的理解是抵制迷信、防止执拗褊狭思维方式的有效手段。正如科普专家沃森·戴维斯所言："科学之路即民主之路。"另一位科学家甚至认为，公众对科学方法的理解将会起到"最终战胜愚昧"的作用。这是一个很重要，但也很难实现的目标。

事情很明显，尽管科学家不断地提出抗议和要求按严格的科学原则办科学博览会，但是，博览会的展品中基本上没有真正的科学内容。尽管如此，还是有一些细微的科学思想渗透到我的脑海之中，对我童年时期的思想进步具有帮助作用。公司和消费者仍是博览会关心的重点，而且基本上没有涉及科学思维方式的展览内容，也没有起到保障自由社会发展的作用。

半个世纪后，恰值苏联解体前夕，安·德鲁彦和我在莫斯科城外一个叫作佩里德尔基诺的小村庄里参加一次宴会。这个小村庄是共产党官员、退休将军及一些受宠知识分子的消夏之地。这里充满着对新自由——特别是表达自己思想，即使是政府不喜欢听的思想的权利——的渴望的气氛。蕴藏在公众中的日益增长的期望正在迅速发展。

但是，尽管苏联已经开始提倡公开性，但是在人们中间还是广泛存在着许多疑惑。当权者真的允许自由开展对他们的批评吗？言论、集会、新闻、宗教信仰的自由真的会被允许吗？从未体验过自由的人能够承受这种压力吗？

在宴会中，有些苏联公民表达了他们不畏艰辛奋斗了几十年的对自由的向往之情，而这种自由大多数美国人认为是理所当然的。他们确实受到美国民主实验的鼓舞。在这个现实世界中所做的实验告诉人们，任何一个民族，甚至是多元文化和多种族的民族，只要这些自由受到理性的保护，那么，这个民族就必定能够生存和繁荣。他们的话题甚至谈到自由会使一个国家获得越来越多的繁荣昌盛的机会，尤其在高科技和飞速发展的年代中，自由和科学技术发展的命运是紧密联系在一起的，二者总是同起同落。科学和民主的开放性、它们要实现的目标，都要经过实验进行判断，而实验则与思维方式密切相关。

宴会上人们频繁祝酒，就像在苏联这种国家人们吃饭时的习惯一样。给我留下了最深印象的是一位世界著名的苏联小说家。他站起身来，举起酒杯，凝视着我们说："这杯酒献给美国人。他们享受到一点自由。"他停顿了一下又补充道："而且他们知道如何保护自由。"

果真如此吗？

《人权法案》[1]墨迹未干之时，政治家们就找到了推翻它的途径——利用恐惧和爱国热情。1798年，在朝的联邦党[2]知道，种族和文化偏见是容易激发的民族情绪。联邦党利用法国和美国的紧张关系以及人们普遍存在的法国和爱尔兰移民天生就不适合成为美国人的忧虑，通过了一套法案，即众所周知的《客籍法和镇压叛乱法》[3]。

一个法律将公民居留权增加了5～14年（法国和爱尔兰血统公民通常投票支持其反对派，即托马斯·杰斐逊的民主共和党）。《客籍法》赋予约翰·亚当斯总统可以驱逐任何他认为可疑的外国人的权力。一个国会议员说："令总统不安的是新犯罪。"杰斐逊认为，制定《客籍法》的目的就是驱逐法国历史学家和哲学家C. F. 沃尔尼[4]，著名化学家族的权威皮埃尔·塞缪尔·杜邦·德尼莫尔[5]，氧的发现者、英国科学家约瑟夫·普里斯特烈以及天才的先知先觉者詹姆斯·克拉克·麦克斯韦这样的科学家的。在杰斐逊看来，这正是美国所需要的人才。

《镇压叛乱法》将出版对政府进行"错误的或恶意的"批评的文字或者鼓

---

[1]《人权法案》(*Bill of Rights*)：美国宪法的头10条修正案。主要内容有：言论和出版自由、宗教信仰自由、携带枪支的权利、禁止驻扎军队、人身和财产不受无理搜查和扣押的权利、享受正当的法律程序的权利等。——译注

[2] 联邦党（Federalist Party）：美国历史上主张加强联邦政府的政治派系。主张加强联邦政府的权力，鼓励发展工业、建立国家银行、稳定货币、注重大商人和种植园主的利益，执行亲英的外交政策。——译注

[3]《客籍法和镇压叛乱法》(*Alien and Sedition Acts*)：1798年美国颁布的法律。美联邦党为了在可能爆发的对法战争中保障国内安全，防止颠覆而由国会通过的内部安全法。——译注

[4] 沃尔尼1791年写的《堕落》(*Ruins*)一书中具有代表性的一段话这样写道："你为不明确的、你感到怀疑的事情争论、争吵和战斗。啊，人哪！这难道不愚蠢吗？……我们必须在可证实和不可证实的事物之间划一道界限，将荒诞和现实用一道不可逾越的障碍区分开来。也就是说，公众的影响必须与神学和宗教观点区分开来。"

[5] 皮埃尔·塞缪尔·杜邦·德尼莫尔（Pierre Samuel Du Pont de Nemours，1890—1959）：法国经济学家。由法国政府资助开办火药厂，因生产高效炸药而发迹。其后裔1802年在特拉华创建杜邦公司，形成杜邦集团。——译注

动反对该法中的任何条款都视为非法。20 多人被捕，10 多人被判有罪，更多的人受到搜查或者受到必须保持沉默的威胁。杰斐逊说：这个法令试图“通过确定所有对于联邦党官员和政策的批评都为犯罪，来打击所有政治上的反对势力”。

杰斐逊刚刚当选总统后，即 1801 年刚开始总统任期的第一个星期，就对《镇压叛乱法》的所有受害者实行大赦。他说，因为该法违反美国的自由精神，这好比国会命令我们所有人都俯下身去拜祭一头金牛。1802 年，《客籍法和镇压叛乱法》的内容被从各种书籍中删除。

在长达两个世纪的时间内，使法国人变得疯狂的情绪和“疯狂的爱尔兰人”对我们形成了一种严重的威胁，好像我们愿意放弃最为宝贵的自由，彼情彼景，不堪回首。赞赏法国和爱兰尔的文化成就，主张赋予他们同等的权利，在实践中就会被保守人士诋毁为温良恭俭让——不现实的政治改良，但正是这种主张在管理社会中总是有效的。后来似乎出现了偏差。到出现偏差时，我们就必定被卷入新的一股狂热之中。

那些不惜一切代价谋求权力的人总是在寻找社会弱点，唯恐不能实现权力的梦想。其原因可能是当时的种族差异，也可能是皮肤中色素含量不同，哲学或宗教信仰不同，也可能是吸毒、暴力犯罪、经济危机、学校祷告或者“亵渎”（书面语，意指侮辱神圣的东西）国旗。

无论遇到什么问题，快速的解决方法就是从《人权法案》中减掉一些有关自由的内容。确实如此，1942 年，日裔美国人受《人权法案》保护，但是我们却随随便便地就将他们抓起来，毕竟这是战争时期嘛。宪法中也确实有禁止无证据搜查和拘禁的条款，但是我们正在进行打击贩毒吸毒的战斗，而且，暴力犯罪已经超出控制范围。言论自由也是不假，但是我们不想让外国作家在美国大肆传播外国的意识形态，难道我们不是这样做的吗？每年我们都会有不同的借口，但是结果都是一样的：更多的权力集中到少数人手中，并压制各种不同的观点——尽管经验已经明确地告诉我们这种做法是多么危险。

如果我们不知道我们能做什么，我们就无法评价保护我们自己免受别人迫害的措施。我在谈论外星人绑架地球人问题时曾谈过欧洲搜捕女巫的狂热行为。我希望读者能够谅解我重谈这个问题的政治背景，我们可以通过这个问题管窥人类的自我认识能力。如果我们仔细考察一下 15 世纪到 17 世纪搜捕女巫时，那些宗教和政权机构所提供的被认为是可接受的证据和审判的公正性，我们就可以清晰地看出，18 世纪的美国宪法和《人权法案》中许多新鲜而独有的特点：陪审团的判决、反自证其罪禁令、反对酷刑和非正常惩罚禁令、言论和出版自由、审讯正当程序、权力制衡以及教会与国家分立。

弗里德里希·冯·希培是一个耶稣会牧师，他不幸听到了那些在德国维尔茨堡市被指控为从事巫术活动的人的忏悔（见本书第七章）。1631 年，他出版了《谨防控告人》（*Cautio Criminalis*）一书，书中揭露了教会和国会联手制造的对无辜大众实行的恐怖主义的实质。他在受处罚之前死于瘟疫，死时仍是一个普度众生的教区牧师。以下是他的具有警示意义的书中的一段摘录：

1. 令人难以置信，在我们德国人中，特别是（说到此，我感到羞耻）在天主教徒之中普遍存在着迷信、妒忌、污蔑、中伤、含沙射影等做法，这些做法既不受惩罚也不遭到排斥，却开始了对巫术的怀疑。对所有的一切负责的不再是上帝或自然，而是巫师们。

2. 因此人人都叫嚷着要地方法官对巫师们进行调查——只有公众的闲言碎语才会说出这么多的巫师来。

3. 于是，君主们就命令法官和律师们对巫婆提起诉讼。

4. 由于法官们没有证据或证明，因此，他们不知以什么理由提起诉讼。

5. 与此同时，人们又说这种拖延值得怀疑，一些告发者一个接一个地对君王们陈述他们的怀疑，使得君王们也认为如此。

6. 在德国，触犯君王是大罪，甚至连牧师都赞成尽可能地取悦他们，至于是谁唆使了这些君王（但是出于好意）倒不必在意。

7. 因此，法官最后只得屈从于他们的愿望并谋划如何开始审判。

8. 由于还有拖延办案的法官害怕卷入这件棘手的事情，因此为他们派来了一个特别调查员。在调查方面，不论他在工作中是何等傲慢和缺乏经验，都得被视为对正义的高度热忱。这种热忱在有利可图的时候会更加强烈，特别是如果这个调查员既穷又贪心而且还拖家带口，那么，除了调查的附加费用和津贴之外，这个调查员还按每个被烧死的巫婆抽取人头费等许多费用，这些费用都是调查员们获准向其传唤者随意勒索所得。

9. 如果一个疯子胡言乱语和一些恶毒的、无聊的谣言（因为不需要任何诽谤的证据）针对的是某个无助的老妇人，那么她将成为第一个受害者。

10. 然而，为了避免表面上看来起诉她的理由仅仅是依据谣言而没有任何证据，他们就通过提出以下两种情况来得出某种有罪推定：她是过着一种邪恶的、不正当的生活还是过着一种善良的、正当的生活。如果是邪恶的生活，那么她将被认为有罪。另外，如果她过的是善良的生活，对她同样不利，因为巫师们总是会掩饰自己的过失并竭力使自己看上去特别高尚。

11. 这样，老妇人就被投入监狱。他们通过第二次判断找到新的证据：她害怕还是不害怕。如果害怕（当她听到对巫婆使用的那些可怕的用刑声音时），这就是确凿的证据。因为她的良心受到了谴责。如果她并未表现出恐惧（相信她自己是清白的），同样也是证据。因为巫师就善于装出一副无辜的样子，竭力表现出勇敢和快乐以掩盖自己真实的感情。

12. 由于对这些仅有的证据感到心虚，调查者还委派通常都是些堕落分子和邪恶人士的密探，去调查她过去的生活。当然，这样就必须查出她的某些说法或做法，以使得那些随意办案的人能够轻易地将事实真相进行歪曲或捏造出她从事巫师活动的证据。

13. 任何认为她是邪恶的人现在都有充足的机会对她提出他们所喜欢的任何指控。每个人都说控诉她的证据是充分的。

14. 这样，她很快就开始被施以酷刑。这些巫师在被捕的当天就要遭受酷刑也是经常发生的事情。

15. 在这些审判的过程中，任何人都不允许请律师或通过其他方式为自己做公正的辩护，因为巫术被认为是一种非同一般的罪行（所有的法律程序规则对这种罪行都可以延缓使用），任何想冒险去为犯人辩护的人，最终的下场是连自己也被怀疑为从事巫术活动。那些敢于对这些案件的判决方式表示抗议，而且敦促法官谨慎行事的人后果也将是同样，因为他们将立刻被定罪为巫术的支持者。这样所有的人都由于恐惧而三缄其口。

16. 这样看来这个女人似乎还有一点机会可以自我辩护。她被带到法庭，法官宣读对她罪行的指控，并开始进行庭审——如果这可以被称为庭审的话。

17. 即使她否认这些起诉，并且圆满地回答了每一项起诉所提出的问题，但没有人会理会她的话，甚至她的答辩都不会被记录在案。无论她的回答多么完美无缺，但所有的指控仍然具有原来的效力，其有效性没有受到任何损害。她又被下令押送回狱，再仔细想想她是否还要固执己见——因为，她已经否认了她的罪行，所以她被视为是顽固的。

18. 第二天她又被带了出来，听取一条关于酷刑的法令，就好像她从来没有反驳过起诉一样。

19. 然而，在被施以刑罚之前，法庭人员在她身上搜查护身符：她全身的毛发都被刮光，甚至隐私部位也不放过，这种做法表明，女性可以被随心所欲地检查。

20. 什么事情会如此令人震惊？连神父也会遭到同样对待。

21. 当这个女人被刮光并搜身之后，她被施以酷刑以使得她坦白真相，也就是要说出他们所希望得到的，因为在正常状态下所说出的任何事都不会是，也不可能是事实真相。

22. 他们开始施用酷刑的第一步，这是相比较不太严酷的刑罚。虽然这实际上已经相当严酷了，但是比起后边的刑罚还算是轻的。如果她因此而坦白，他们就会说这个女人未经过酷刑就坦白了！

23. 现在，当他们告诉君王这个女人未经过酷刑就主动坦白了罪行时，她还有什么可怀疑的呢？

24. 然后她就毫不迟延地被处死了。但是，即使她没有承认，她也可能被处死。因为一旦开始实施酷刑，她就注定要死，她无法逃脱，她必定要死。

25. 不论她承认与否，结果都是一样的。如果她承认，她的罪过就是明确无误的——她将被判死刑。无论她如何表示其忏悔之情都徒劳无益。如果她不承认，将被不断地拷打，一次、两次、三次、四次。对待特别罪行，拷打持续的时间、严酷程度及施用频率都是不受限制的。

26. 在拷打过程中，如果老妇人因为痛苦而面容扭曲，他们就说她在笑；如果她昏了过去，那么她就是睡着了或者施了巫术使自己变得沉默。如果她始终沉默不语，她必定会被用火烧得重新苏醒过来，经过多次酷刑之后仍然不说出调查者所希望听到的话，在这种情况下，这些人将被施以一种火烧的酷刑。

27. 甚至告解神父和牧师们都认为她是由于顽固和毫无悔恨之心而死；她不可能改变信仰，也不可能放弃自己邪恶的念头，除非她忠实于他们。

28. 然而，如果她死于这种酷刑之下，他们就说是魔鬼掐断了她的脖子。

29. 因此她的尸体被埋在绞刑架下。

30. 换一个角度讲，假使她没有死于酷刑，假使有一些特别正直的法官在没有获得更多的证据时不想对她再施酷刑，也不想在她还没有坦白时就烧死她，那么，她将继续被关押在监狱内，并被更加残酷地用链子锁住，除非她最后认错坦白，否则，即使是锁上整整一年也不会放开她，直至她在监狱里饿死、腐烂。

31. 她永远也无法为自己洗脱罪名。如果调查委员会宣告一个女人无罪，他们会觉得这是一种耻辱。只要将这个女人逮捕并用锁链将其锁住，那么，她就必定是有罪的，不管用公正的手段还是恶毒的方法都要证明这一点。

32. 同时，任性无知的教士们折磨这个可怜的女人，使得她无论事实真相如何，只能承认自己有罪。他们说，如果她不这么做，她就是不可救药之人，就不能领取圣餐。

33. 更博学多识的牧师们不能去监狱探望她，以免被人认为他们是给她出主意的，或者通告君王事情的真相。没有任何事情比揭发和证明被指控人是无辜的更为可怕，任何试图这样做的人都会被认为是惹是生非之人。

34. 在她被囚禁并经受拷打时，法官们想出多条妙计，编制出可以指控她有罪的新证据，这样，在审查这个判决结果时，某些大学教师就能确认将她活活烧死的判决是正确无误的。

35. 一些看似极为正直的法官，逼迫这个女人施法驱邪，将她转移到别处，不断地拷打她让她坦白。如果她坚持不承认罪行，那么他们最后就会烧死她。我现在以上帝的名义，想知道，既然她坦白或者不坦白都是一样的死，那么这些人，不论多么清白无辜，又怎能逃脱这种可怕的惩罚呢？可怜的女人哪，你又为何竟然不知其后果而对法庭怀有希望呢？你为何不在最初入狱时就按他们想知道的承认一切呢？愚蠢而痴狂的女人哪，为什么当你可以死一次时，却要死许多次呢？听从我的劝告吧，在经受所有的皮肉之苦之前就承认你是有罪的，然后死去。你是无法逃脱的，因为这对于德国人的狂热来说会是一种灾难性的耻辱。

36. 当这个巫婆在巨大痛苦的压力之下承认罪行之后，她的处境将是难以形容的。不仅她自己无法逃脱，而且她会被迫指控那些她根本都不认识的人，调查员不断地提起这些人的名字并逼迫她说出来，或者行刑人引诱她说，这些名字也有可能是她听到的一些被怀疑或被起诉的人的。这些人又被迫指控其他人，其他人又被迫指控另一些人。如此进行下去：既然这种事情必须继续下去，谁又能阻止得了呢？

37. 法官的所作所为必定是延缓审判（这样就会影响它们的有效性）

或烧死他们自己的亲戚朋友、他们自己，或者其他人。因为所有这些早晚都要被错误地指控，而且如果受拷打，一切都将被证明有罪。

38. 这样，那些起初叫嚷得最厉害的煽风点火的人自己最终也被卷了进去，因为他们草率得没有发觉自己的厄运也将到来。这样上帝公正地惩罚了那些用自己讨厌的舌头编造出那么多巫婆，而将那么多无辜者送上了火刑柱的人……

冯·希培对于酷刑中所用的那些残暴的方法并不十分清楚。以下是从罗塞尔·霍普·罗宾斯所编的一本宝贵的汇编《巫术魔法大全》（1959）中摘录的一段话：

你可以看一看在班贝格地区人们使用的一些特殊刑罚，比如强迫犯人吃下用盐烹制的鲱鱼，但此后不给他水喝。还有一种类似的精心设计的做法，将犯人浸入加了石灰的沸水。对付巫师的方法还有木马、各种刑架、烧红的铁椅、腿钳（西班牙靴），还有将滚烫的沸水或熔化的铅倒入其中的用皮制的或金属制的大靴子（当然，要把脚放在里面）。在对犯人使用水刑时（即 question de l’eau），要将水连同一块软布塞入犯人的喉咙使其窒息。然后，迅速地将这块布抽出来，这样，内脏及肠子就会断裂破碎。拇指夹（gresillons）是一种专门设计的老虎钳，它将大拇指或大脚趾压到钉子的根部，巨大的压力会产生无比剧烈的疼痛。

除此之外，更常使用的吊坠刑以及其他更可怕的酷刑，我不想再对其进行描述了。使用酷刑之后，以及使用了被看作是很平常的酷刑工具之后，受害者就要在一个坦白书上签字。这个坦白书被称为是一种自愿承认的“自由忏悔”。

冯·希培冒着巨大的个人风险，反对迫害巫师热。反对这种狂热的还有其他一些人，他们主要是亲眼看到过这种罪行的天主教和新教的教士们——包括 16 世纪意大利人齐安弗朗希斯克·庞兹尼比奥、德国的科尼利厄斯·路斯和英国的雷金纳德·斯科特以及17世纪德国的约翰尼·梅福斯（“听，你们这些嗜财如命的法官和嗜杀成性的起诉人，魔鬼显现的都是谎言”）和西班牙的阿隆卓·萨那查·德·福爱斯。他们和冯·希培与公谊会会友[1]一样是我们人类的英雄，为什么他们不能更加知名一些呢？

在《黑暗中的蜡烛》（1656）一书中，托马斯·艾迪阐述了一个关键的问题：

> 有些人又会出来反对，并且说，如果巫婆不能杀，而且还用巫术做出一些怪事来，为什么那么多巫婆都承认她们做了谋杀之类的事情和其他一些她们被指控的怪事呢？
>
> 对于这一点我的回答是，如果亚当和夏娃都那么容易上当并被引诱去犯罪，那些身陷困境的可怜人经过劝诱、许诺和威胁、不允许睡觉以及持续遭受拷打又怎能不被迫承认那些虚假的、根本不可能的、有悖于基督徒信仰的事情呢？

直到18世纪在对巫师的迫害中幻觉成分的可能性才被认真考虑。毕晓普·弗朗西斯·哈齐森[2]在他的《关于巫术的历史文章》（1718）中写道：

> 很多人确信自己看见了外在的鬼魂，而实际上这只不过是活跃在他头脑中的一种内在的幻影。

由于巫术狂热反对者的勇气感染了特权阶层，同时资本主义体制正走向确立，尤其是欧洲启蒙思想的广泛传播，使得焚烧巫婆的行为最终消失了。在荷兰，这个启蒙时代的发源地，最后对巫师执行死刑是在1610年；英国是在

[1] 公谊会（Quakers）：亦称贵格会或教友会，为基督教一教派，由乔治·福克斯于17世纪40年代创建于英格兰。他们在礼拜会上崇拜上帝，相信上帝存在于内心，等待上帝发出指示。——译注

[2] 弗朗西斯·哈齐森（Francis Hutcheson，1694—1746）：苏格兰哲学家，生于爱尔兰，格拉斯格大学教授。认为一切意识中道德意识最重要。赞同道德，反对邪恶。曾预言功利主义哲学之“最大多数的最大幸福”的信条。著有《道德哲学体系》（2卷，1755）等。——译注

1684 年；美国是在 1692 年；法国是在 1745 年；德国是在 1775 年；波兰是在 1793 年。在意大利，直到 18 世纪末审判中还将人处以死刑，而在天主教会中直到 1816 年才废除了在审讯中使用酷刑的惯例。基督教会是巫术的真实性和处罚的必要性的最后支持者。

对巫术的迫害狂热是可耻的。我们怎么能这么做呢？我们怎么会对我们自己和我们的弱点如此无知而愚昧？这种现象怎么会发生在当时地球上最“发达”、最“文明”的国家？它为什么会受到保守党人、君主主义者和宗教原教旨主义者的坚决支持？这种现象为什么会受到自由主义者、公谊会会员和启蒙思想追随者的反对？如果我们坚定不移地认为我们的信仰是正确的，而别人的观点是错误的；我们的动机是善良的，而别人的动机则是邪恶的；宇宙之王只对我们说话，而不理会其他不同信仰的信徒；对传统信念提出挑战或提出一些探索性的问题是邪恶的；我们所需要做的事情就是相信和服从；这样的话，对巫师的迫害狂热就会以各种各样的不同形式继续下去，直至最后一个人。请注意一下弗里德里希·冯·希培提出的第一个观点以及提高公众对于迷信和怀疑论的理解的意义可能有助于我们在整个因果关系中迅速地找到答案。如果我们不知道事情在最后一环上的发展情况，那么，当它再次出现的时候我们就无法认识它的本来面貌了。

纳粹宣传部长约瑟夫·戈培尔[1]说：“对公众舆论的形成实行监督是政府的绝对权力。”在乔治·奥维尔[2]的小说《1984》中，“老大哥”国家雇用了大量的官僚人员，专门篡改历史记录以迎合当权者的利益。《1984》并不是一部简单的引人注目的政治虚构小说，它是根据斯大林主义苏维埃联盟的真实事件写成的。在这个国家，篡改历史已经形成了制度。斯大林当权不久，他的对手列昂·托洛茨基——一个在 1905 年和 1917 年革命中的伟大人物——的肖像就

[1] 约瑟夫·戈培尔（Joseph Goebbels，1897—1945）：德国纳粹头目。1926 年起追随希特勒，成为在柏林的纳粹党领袖。1933 年任纳粹宣传部长，被称为“说谎大王”。——译注

[2] 乔治·奥维尔（George Orwell，1903—1950）：英国小说家。他的许多小说是自传体或以反映社会政治为题材。如《巴黎伦敦落魄记》（1933）、《缅甸岁月》（1934）、《通向威根码头之路》（1937）、《向加泰罗尼亚致敬》（1938）、《动物农场：一个童话》（1945）的出版使他一举成名，而描写未来独裁的《1984》（1949）的问世更使他红极一时。——译注

开始消失了。

新一代人成长起来了，他们确信这就是他们的历史。而老一辈的人却开始感觉到他们想起了某些事情，这是一种政治错误记忆综合征。奥维尔把他们的真实记忆与领导人希望他们相信的事情之间取得一致的思维方式描述为“双重思维”。那些不肯顺从的人，那些还能记得斯大林在革命中的次要作用，而托洛茨基实际上起主要作用的老布尔什维克，都被指责为叛徒、无法改造的资产阶级或“托洛茨基分子”或“托洛茨基法西斯”，他们被逮捕入狱、遭受酷刑、被迫当众承认他们的叛国罪行，然后被处决。如果你绝对控制了媒体和警察，如果你拥有一代人的时间去实现你的目标，要改写千百万人的记忆是可能的。几乎在任何时候，这种方法都是用来满足掌权者加强控制，满足国家领导人的自我陶醉、妄自尊大、偏执多疑的需求的。它使改正错误的机制完全变成人为的控制过程。其作用是使公众忘记他们所犯的重大政治错误，这样就能够保证他们最后再犯同样的错误。

在我们这个时代，对真实静物、活动图片和录音带进行全盘伪造，从技术上讲毫无问题。在我们这个时代，每个家庭都有电视机，批判的思维能力在日渐下降，重新编造新的社会记忆似乎是可能的，甚至用不着秘密警察的过多关注。我这里所设想的并不是指由国家指定的精神病医生在特殊治疗室中在我们每个人的头脑中植入事先设计好的记忆。我所说的是，对新闻报道、历史书籍具有强大控制权力的少数人，他们对舆论的控制深刻地影响着人们心中的各种形象，甚至对公众的整体态度产生重大的变化。

我们所说的这一切在 1990—1991 年的现实事件中得到了微弱的证实。就在那段时间内，伊拉克的独裁者萨达姆·侯赛因在美国人的心目中有了一个突然的转变，他从一个名不见经传的亲近同盟——能够生产好商品、拥有高技术、武器精良，甚至拥有卫星智能数据——变成了一个危害世界的、对邻国财富垂涎欲滴的魔鬼。我本人不是侯赛因先生的崇拜者，但是他如此迅速地就从一个美国人几乎没有怎么听说过的人变成了邪恶的化身，这确实令人感到惊奇。这些天以来，令人愤怒的政府机构正忙于其他事情。我们对于那些策动和控制公众舆论的权力将永远掌握在有责任心的人之手这一点是否有信心呢?

另一个现实的例子是毒品之“战”。政府和受到慷慨资助的市民团体有计划地歪曲，甚至还捏造出毒品的有害副作用的科学证据（特别是大麻），在这方面，没有任何一个公共官员获准将这个话题让公众进行公开讨论。

但是想把令人信服的历史真相永远封锁是十分困难的。新的资料库不断地被公开。具有新思想的、受意识形态影响较少的一代历史学家成长起来了。20 世纪 80 年代后期和在此以前，安·德鲁彦和我还定期地非法携带一些托洛茨基的书——《俄国革命史》到苏联，这样我们的同事就能知道一些他们自己的政治起源的真相。在托洛茨基遇害（斯大林的刺客用锤子砸碎了托洛茨基的头）50 周年纪念日时，《消息报》就能称赞托洛茨基是“伟大的、无可指责的”革命家。[1] 一份德国共产党的刊物更将他描述为:

> 他为我们热爱人类文明的人而战，对这些热爱人类文明的人来说，文明就是我们的民族精神。谋杀他的刽子手……试图杀害他，扼杀我们的文明……他的头脑中有着最具价值的思想，他具有最为清晰的头脑，这些用锤子是永远也打不碎的。

现在正在出现一种向公众灌输仅由少数人确定的看法、历史事件和舆论的倾向，包括由少数有实力的具有同样动机的公司和个人控制主要电视网络和报纸的趋势。在很多城市中，有竞争力的报纸已经消失，独立力量的争论被政治运动中的倒退所取代，权力分离的原则被逐渐削弱。据美国媒体专家本·巴格狄金进行的调查显示，不超过 24 家公司控制了一半以上的“全球商业性日报、杂志、电视、书籍和电影”。有线电视频道、廉价长途电话、传真机、便宜的电脑布告牌和计算机网络的猛增、只须花很少的钱就可以利用电脑自己出版作品，以及现存的传统自由主义艺术大学课程却展现出完全相反的发展方向。

[1] 这说明当局并不很了解他们的历史，他们只是在无可指责的人物的名单上用一个历史人物替换另一个历史人物。

很难确定其发展方向。

怀疑主义者所从事的事业是危险的事业。怀疑主义对现有制度提出了挑战。如果我们教育包括高中学生在内的所有人要具备怀疑的思维方式，那么，他们可能就不会仅仅用怀疑的思维方式来思考 UFO、阿司匹林的商业广告和年龄达 3.5 万岁的可与上帝交谈的大师了。也许他们将开始问一些有关经济、社会、政治或宗教制度的令人感到尴尬的问题。也许他们将对那些当权者的观点提出挑战。到那时，我们的社会将会发生什么变化呢？

最近，在世界各地流行着人类中心主义、盲目排外意识和民族主义。政府对于他们不喜欢的观点进行压制的做法仍广泛存在。错误的或误导性的历史事件被强行灌输给广大公众。对于维护这种观点的人来说，科学是一个专门捣乱的东西。它主张追求在极大程度上独立于种族和文化偏见的真理。科学的最根本的本质就是不受国界的限制。若把同一研究领域的科学家放在一个屋子里，即使他们在语言上并不相通，他们也会找到交流的方法。科学本身就是一种跨国界的语言。科学家本能地就有四海皆一家的理想，他们不可能通过研究将人类大家庭划分为许多小的、敌对的团体。俄国剧作家安东·契诃夫说："不存在属于哪个国家的科学，就像不存在属于哪个国家的乘法表一样。"（其他很多东西也是如此，比如虽然民族主义的宗教有成千上万的信徒，却并不存在一种类似国家宗教的东西。）

科学家在社会批评家（或者用不太宽容的说法，叫作"持不同政见者"）的队伍中占有不成比例的数量。他们对自己国家的政策和神话提出挑战。苏联物理学家安德烈·萨哈罗夫[1]、美国的阿尔伯特·爱因斯坦和利奥·齐拉特[2]

[1] 萨哈罗夫作为苏联十分荣耀的"英雄"参与了核机密事务。1968 年冷战时期，在出版于西方并在苏联暗中广泛流传的一本书中大胆地写道："思想的自由是防止受到大众神话影响的唯一保证，这种大众神话在危险的伪君子和煽动家的控制之下就可能转变为血腥的统治。"他所考虑的范围包括东方和西方。我想补充的一点是，自由思想只是民主的一个必要的，而非充分的条件。

[2] 利奥·齐拉特（Leo Szilard，1898—1964）：美国核物理学家和生物学家，是首先认识到核链式反应可被利用于制造原子弹的人之一。后积极宣传原子能的和平利用，反对核战争。1959 年获得和平应用原子能奖。——译注

这些勇敢者的名字很容易出现在人们的脑海中，他们是始终一贯地将自己的生命置之度外的人。特别是在由于核武器的发明而给人类带来灾难后，科学家们被描绘成道德白痴。当你考虑到所有那些有时要冒着巨大的个人风险，说出反对自己国家错误使用科学技术的言论的人，这种说法是不公正的。

比如化学家莱纳斯·鲍林[1]（1901—1994）在1963年签署《禁止核武器试验条约》的工作中比其他任何人都承担了更大的责任。该条约阻止了美国、苏联和英国在地面进行核武器爆炸试验。他将反核试验运动逐步推向深入，直至演变成谴责残暴践踏道德的运动。由于他是诺贝尔奖获得者，因此，他提供的科学数据使人们感到更为可信。由于他对核试验的阻拦，使得美国新闻界在有关他的报道中有意地进行了贬低。20世纪50年代，美国国务院取消了他的护照，因为他没有全力反对共产主义。他因量子力学应用方面的研究成果而获得了诺贝尔奖。他的研究成果包括共振态以及所谓杂化轨道等，他说明了将原子结合成分子的化学键的本质，这些思想已经成为现代化学的基石。但是，在苏联，鲍林在结构化学方面的研究工作被指责为与辩证唯物主义原理相违背，官方还禁止苏联化学家研究他的理论。

鲍林并没有被这些来自东方或西方的批评所吓倒——实际上，对他的批评一直没有减弱——他继续不懈研究麻醉剂的作用，他证明了镰形红细胞贫血症的病因（DNA中唯一核苷酸被其他核酸所取代），并且说明了如何通过对各种有机体的DNA的比较来了解生命进化的历史。他竭尽全力研究DNA结构并取得了重要的进展；沃森和克里克有意地加快研究步伐，在鲍林获得最终结果之前取得成功。他对维生素C的评价至今仍然有效。爱因斯坦在评价他时说："那个人是个真正的天才。"

与此同时，他继续为和平与友好而努力工作。当安和我问鲍林他为什么如此热心社会问题时，他给了我们一个难忘的回答："我做这些事是出于我对

---

[1] 莱纳斯·卡尔·鲍林（Linus Carl Pauling，1901—1994）：美国化学家，获1954年诺贝尔化学奖。第二次世界大战后，成为和平运动，特别是核裁军运动的领导者，并因此而获得1962年诺贝尔和平奖。——译注

妻子的尊重。”也就是海伦·艾娃·鲍林。他获得了第二个诺贝尔奖，这次是和平奖，表彰他在禁止核试验方面所做的贡献。他成为历史上唯一两次独立获得诺贝尔奖的人。

有人将鲍林看作是爱惹是生非的人。那些不喜欢社会变化的人可能很容易接受对科学所持的怀疑态度。他们认为，技术是安全的，容易受企业和政府的引导和控制。但是，纯科学，为科学本身而进行的科学研究，为满足科学家的好奇心而进行的科学研究，对科学不加任何限制，任由科学随意发展，用科学挑战所有的事物，那就是另外一回事了。纯科学的某些领域是未来技术得以开发的唯一途径，这是千真万确的。技术得到广泛的应用，那么，对科学的这种态度就应该被看作是危险的。社会利用工资、社会压力和名誉与报酬的分配等手段，竭力将科学家驱赶到比较安全的中间地带，这个中间地带介于收获很小的长期技术进步和过多的短期社会批评之间。

很多科学家不像鲍林那样，他们把他们的研究工作只看成狭义的科学。他们认为，参与政治或参与社会批评不是脱离科学生活，而是科学生活不可或缺的组成部分。正如我在前面所提到的，在执行曼哈顿计划时，“二战”中美国成功地赶在纳粹之前研制出了核武器。一些参与研究的科学家开始有了保留意见，当这些武器的巨大威力清楚地显示出来的时候，对这种武器的保留意见也就越来越多。有些科学家，如利奥·齐拉特、詹姆斯·弗兰克、哈罗德·尤里和罗伯特·R. 威尔逊等，竭力引起政治领导人和公众（特别是在粉碎纳粹之后）对即将出现的军备竞赛的危险的注意。他们非常清楚地预见到这种军备竞赛将在美国和苏联之间展开。其他人认为，政策问题不是他们应该管的事情。恩里科·费米说：“我是为了做出一些发现才来到这个地球上的，政治领导人的所作所为与我无关。”但是尽管如此，费米还是被爱德华·泰勒所鼓吹的热核武器的危险所震惊，他与其他科学家联合签署了一份著名的文件，敦促美国不要制造核武器，他将这种武器说成是“罪恶的”东西。

在前一章我已讲过泰勒总是为热核武器辩护，美国科学家联合会主席杰里米·斯通用下面的话来描述他：

爱德华·泰勒……起初是由于个人才智的原因，后来则是由于地缘政治的原因而坚持要制造氢弹的主张。他使用夸大其词，甚至诽谤的手法，成功地操纵着政策制定过程达50年，斥责所有形式的军备控制措施，并且促进各种加强军备竞赛的计划。

苏联听说了他的氢弹制造计划后，也制造了自己的氢弹。由这个特别人物的不寻常的个性和氢弹的巨大威力所产生的直接后果是，这个世界将面临被毁灭的危险。这种毁灭的命运要么降临到人类，要么推迟降临，或许能置于更好的政治控制之下。

如果是这样的话，那么没有哪一个科学家比爱德华·泰勒更能使整个人类承担风险，泰勒在整个军备竞赛过程中的行为是应受到谴责的。

爱德华·泰勒对于氢弹的执着可能使他比我们人类中任何一个人都有可能做出更多危害这个星球的事情……

与泰勒相比，西方原子科学的领头人经常在政治困境中受人左右。在这方面，他们的领导能力应该由他们的专业技能而不是由政治技巧所决定。

我在此并不是想指责某位科学家屈服于人类的某些激情，而是想重申这种新的责任：因科学发展而获得的空前力量必须与科学团体的道德关注和关心程度相辅相成，必须建立在最广泛的对公众进行的科学与民主重要性的教育基础之上。

chapter twenty-five / 第二十五章

真正的爱国者应该提问题

防止民众犯错误不是政府的功能，而阻止政府犯错误才是民众的作用。

——美国最高法院法官罗伯特·H. 杰克逊[1]（1950）

[1] 罗伯特·霍沃特·杰克逊（Robret Houghwout Jackson，1892—1954）：美国律师及法理学家，1941—1954年任美国最高法院大法官，1945—1946年任审判纳粹的纽伦堡国际法庭美国首席检察官。——译注

在我们这颗饱受烦扰的小星球上，人类生活中的一个事实是，专制政府管理下的国家广泛存在滥用酷刑和饥荒，而且政府本身的渎职行为远比民主国家为多。为什么会出现这种现象？因为在出现错误行为时，前者的统治者下野的可能性远比后者要小。这就是政治中的错误修正机制。

科学的方法——与其所有缺陷——可以用来改进社会、政治和经济体系。我想不管采用什么样的改进标准，这一点都是正确的。如果说科学离不开实验，那么，社会和政治改进的实验怎样进行呢？人类不是电子，也不是实验用老鼠。但是，国会的每一项法案、最高法院的每一项裁决、每一个总统发布的国家安全命令、每一个最优惠利率[1]的变化都是一种实验。经济政策中的每次变化、优先发展项目基金的每次增加或减少、每一次对犯罪判刑的加强都是一种实验。更换针头、使公众免费使用避孕套、将吸食大麻列为非刑事案件，这些都是实验。不支持阿比希尼亚[2]反对意大利、阻止纳粹德国入侵莱茵兰地区是一种实验。东欧、苏联和中国的共产主义是一种实验。精神病医疗或监狱的私有化是一种实验。日本和西德在科学技术上大量投入，但在防务上不进行投

[1] 最优惠利率（prime rate）：受特惠的顾客用以向银行借款的利率，这种利率是在特定时间特定地点的最低商业利率。——译注

[2] 埃塞俄比亚的旧称。——译注

入——结果导致经济的迅速增长——是一种实验。西雅图允许公民持枪用来自卫，而其邻居加拿大的温哥华却不允许，因而西雅图的枪杀犯罪率高出温哥华5倍，使用手枪自杀的比例高出温哥华10倍。枪支使得人们由冲动而造成的杀人变得容易，这也是一种实验。在所有的这些事例中，都没有进行足够的控制实验，或者说变量没有完全分离。然而，政策思想可以在某种特定和通常有益的程度上进行实验。由于社会实验的结果似乎在意识形态上无法鉴定，实验所造成的巨大浪费经常被人们忽视。

现今地球上没有任何一个国家对21世纪中叶感到乐观。我们面对着大量细微而复杂的问题，因此，我们需要巧妙而精细的解决办法。由于不存在社会组织结构的演绎理论，因此，我们唯一的求助对象就是科学实验——在小范围内（如社区、城市和州）用多种方式进行实验。在公元前5世纪的中国，获得相印的一个方法是你必须在你家所在地或省建构一个政府模式。这正是孔子一生中的重大失误，他从未进行过尝试，对此他感到悲哀。

即使我们对历史进行一次随意审视，也会发现我们人类有一种不断地犯同一种错误的悲哀倾向。我们害怕与我们稍有差别的陌生人或其他人。当我们害怕的时候，我们就开始摆布别人。我们有随时可以被利用的情感系统，当这些系统被触动时，强烈的感情就会被释放出来。我们会被聪明的政治家操纵得毫无察觉。当我们有了我们感觉好的领导，我们就像催眠师最易摆布的受试者一样，我们乐意去做他想让我们做的任何一件事情——即使有些事情我们明知是错误的。联邦宪法的制定者是历史的学生。他们在认识到人类处境的前提下，一直力图发明一种手段，以保证我们的自由，来自自己的限制另当别论。

美国联邦宪法的一些反对者坚持认为，联邦宪法从没有起过作用。纽约州州长乔治·克林顿认为，在这种“气候、经济、道德、政治和人都不同”的国家实行共和政府形式是不可能的。弗吉尼亚的帕特里克·亨利宣称，这样的政府，这样的联邦宪法，“与世界各国的实践相违背”。即使如此，人类还是进行了这种实验。

创建美利坚合众国的人中从事科学发现的人很多，他们对问题的看法也是基本相同的。超越于任何个人观点的，任何著述、任何启示的最高权威——正如《独立宣言》中所说——是“自然的法则和自然的上帝”。本杰明·富兰克林在欧洲和美国被推崇为电物理学新领域的奠基者。在1789年的联邦制宪会议上，约翰·亚当斯反复求助于机械平衡模拟，其他人则对威廉·哈维[1]的血液循环的发现感兴趣。在以后的岁月中，亚当斯写道：“所有人从出生到死亡都是化学家……物质世界就是化学实验。”詹姆斯·麦迪逊在他的《联邦主义者文集》(*The Federalist Papers*)中使用了化学和生物的隐喻手法。美国革命家是深受欧洲启蒙运动精神影响的人，欧洲启蒙运动为人们理解美国的起源和目标奠定了重要的基础。

美国历史学家克林顿·罗西特写道：“科学及其哲学推论可能是决定18世纪美国命运最重要的知识力量……富兰克林仅是一批已经认识了科学方法和民主进程密切关系的目光远大的殖民主义者之一。自由的研究、信息的自由交流、乐观主义、自我批评主义、实用主义、客观性——所有这些形成未来共和国的因素在18世纪即已繁荣的科学界就已经形成并生机勃勃、充满活力了。”

托马斯·杰斐逊是科学家，这是他对自己的描述。当你参观他在弗吉尼亚蒙特塞罗市的家时，一进家门你便会发现他对科学有巨大兴趣的充分证据——不仅仅是他拥有的数量巨大、种类多样的图书，还有复印机、自动门、望远镜以及其他一些装置，有些还是19世纪早期的尖端技术制造的。其中有些是他的发明，有些是他复制的，有些则是他买来的。他进行过美国和欧洲植物和动物的比较研究，挖掘过化石，还用微积分来设计一种新型的犁。他精通牛顿物理学原理。他说他命中注定要成为一个科学家，但是在独立战争前的弗吉尼亚没有机会成为科学家，有更紧急的事情需要他去做，于是他投身到发生在那个时代具有历史意义的事件中。他说，独立战争胜利后，后代人就可以全身心地投身于科学和学术中了。

---

[1] 威廉·哈维(William Harvey，1578—1657)：英国医生、生理学家、组织胚胎学家。发表《动物心血运动研究》(1628)，在医学界引起轰动和争论，但该理论逐渐被接受。对组织胚胎学有贡献。出版《论动物的生殖》(1651)。——译注

杰斐逊是我早期崇拜的英雄之一，不仅是因为他有深厚的科学造诣（尽管科学知识对他政治哲学观的形成具有很大的帮助作用），而且是因为他在世界范围内推广民主制度比其他人的贡献更大。这种思想——那时是令人兴奋、激进和革命的（在现今世界的许多地区也还是如此）——指出，不是国王、牧师、大城市老板、独裁者、军队集团和有钱人组成的事实上的阴谋集团，而是普通的民众，共同努力管理国家。杰斐逊不仅是这场革命主要的理论家，而且他也以最现实的方式投身于其中，同他人一道开始了从那时起即令世界钦佩和效仿的政治大实验。

杰斐逊于 1826 年 7 月 4 日死于蒙特塞罗。刚好是美国发布由他起草的激动人心的文件——《独立宣言》50 周年的日子。这个宣言曾受到独裁统治、贵族统治和国家支持的宗教势力所统治的各国保守主义者的痛骂，这些统治势力正是当时的保守派所极力维护的。在他临死前几天写的一封信中，他写道，正是“科学的光芒”告诉了我们“并不是人类大众生来便背着枷锁”，也不是少数被偏爱的人生来便“高官显赫，荣华富贵”。他在《独立宣言》中写道：我们所有的人都毫无疑问地拥有同样的机会，拥有同样的“不可剥夺的”权利。假如 1776 年对于“所有人”的定义是令人感到可耻地不完全的话，那么《独立宣言》的精神就不可能如此高尚，以至于今天“所有人”的含义更为广泛。

杰斐逊是个向历史讨教的学生。这个历史不仅是那个颂扬我们自己的时代、国家或种族的既抱怨又不对其有任何伤害的历史，而且也是那个说明我们真实的人类、我们的弱点以及我们的力量的真实历史。历史告诉他，如果给予富人和权贵一半的机会，那他们就会去偷、就会去压迫别人。在他任美国驻法国大使期间，他用自己的所见所闻描述了欧洲国家的各个政府。他说，在政府的主张下，它们的国家已经被分成两个阶级：狼和绵羊。杰斐逊说，当一个政府将所有的权力交于统治者而无人监督时，那么这个政府就将堕落。因为统治者——真正实行统治行为的人——将会滥用民众的信任。他说，民众本身是唯一具有远见卓识的可信赖的力量。

但是他担心，民众——这个观点可以追溯到修昔底德和亚里士多德——是很容易被误导的。所以他提倡保护性措施和保险性政策。其中一个措施是在联邦宪法上确定权力分离。与此相适应，各个追求各自利益的利益集团，要相互制衡，防止国家机构失去控制，损害国家利益。这些机构包括行政、立法和司法，众议院和参议院，州政府和联邦政府。同时他还充满激情地不断强调，对民众来说，理解政府所承担的风险和利益、教育自己以及参与政治过程是很重要的。他说，没有这些措施，狼将控制整个国家。下面这段摘自《弗吉尼亚笔录》的文字，强调指出那些手中握有大权的无耻之徒如何寻找他们可以利用的软肋：

> 地球上的每个政府都具有某些人类弱点的形迹，都有一些腐败、堕落的蛀虫。他们的狡诈迟早会被发现，他们的道德堕落会在他们没有察觉的情况下被公众所了解、所探察、所深究。当政府效忠无人监督的统治者时，这个政府便开始堕落。在这种情况下，民众只有自己保护自己。即使他们是安全的，他们也仍然处于这种状况，他们的思想必须得以升华……

杰斐逊没有参与美国联邦宪法的实际起草工作。在联邦宪法正式确立的过程中，他正出任美国驻法国的大使。当看到联邦宪法条款时，他非常高兴，但提出了两点意见。他认为，联邦宪法的一个缺陷是没有限定总统任期期限。杰斐逊担心，如果这一点不在联邦宪法中确定下来，将会使得总统变成国王。另一个重要的缺陷是缺少一个人权法案。杰斐逊认为，如果缺少这个法案，那么，公民——每一个人——被当权者无可避免地滥用权力时，将不能得到充分的保护。

他主张言论自由，只有言论自由才能使与众不同的观点可以在某种程度上自由表达；只有言论自由，不同于传统常识的意见才能得到认真考虑。从个人来讲，他是个非常和蔼可亲的人，甚至不愿意批评他不共戴天的敌人。他对其主要对手亚历山大·汉密尔顿在蒙特塞罗戏院大厅里的攻击泰然处之。但是，他认为用怀疑的态度看待所有事情的习惯是有责任心的公民所应该具备的诸种条件中的首要条件。他认为，与愚昧和将政府拱手交与饿狼所付出的代价相比，教育的费用是无足轻重的。他告诫说，只有国家是由民众来管理的时候，这个国家才是安全的。

亲近政府、按长官意志办事不是公民资格中应尽的义务。我希望最近的移民公民权利宣言和学生反复背诵的誓词中应包括“我保证对我上司让我做的任何事情提出疑问”之类的话。那将真正体现托马斯·杰斐逊的观点。“我保证使用我的批评才能。我保证发展我的独立思想。我保证接受教育，从而使自己能够自作判断”。

我同时希望当总统宣誓就职时，对美国的效忠宣誓的内容应该是对联邦宪法和人权法案的效忠，而不是对国旗和国家的效忠。

当我们想起我们国家的创建人——杰斐逊、华盛顿、塞缪尔、约翰·亚当斯、麦迪逊、门罗、本杰明·富兰克林、汤姆·佩恩以及其他许多人（我们至少有十个，甚至可能有几十个伟大的政治领袖），我们就会想起，他们都是受过良好教育的人，是欧洲启蒙运动的产物，他们也是向历史学习的学生。他们深谙人类易犯错误的本质、弱点以及易于趋向腐败的特性。他们的英语准确流利。他们自己撰写演讲稿。他们既现实又实际。但是与此同时，他们又有高尚的行为准则。他们不需要询问民意测验专家这个星期要思考什么，他们知道应该思考什么。他们乐于进行长远思考、做出比下一届总统选举更长远的计划。他们满足于自己的所作所为，并不要求以政治家或游说议员者为谋生职业。他们是我们人类中最出色的人。他们对科学很感兴趣，他们中至少有两个人精通科学。他们试图为美国长远未来描绘出一种方向——不是建立法律，而是为什么样的法律应该得以通过设定限制。在什么样的法律应允许通过的问题上采用制定法律的方式不如采用设置限制的方式那么广泛。

《联邦宪法》和《人权法案》在这方面起到了非常好的作用，人类固然有其自身的弱点，但是，这些法案比以往任何时候都更有效地建立起了能够对自己的方向进行校正的机制。

建立这两个法案的时候，美国大约只有250万公民。而今天公民人数则增长了约100倍。假如那时有10个托马斯·杰斐逊那样的人，那么，今天应该有10×100=1000个杰斐逊。

这些人在何处？

《联邦宪法》之所以是一部大胆而敢于创新的文件，一个原因是它能够保障社会不断地发展变化，只要人们愿意，甚至可以改变政府本身的形式。因为没有一个人能够英明到预见到解决社会最紧迫的问题时究竟需要什么观念——即使某些观点与我们的直感明显相冲突，而且在过去曾带来一些麻烦——这个文件能够保证它有权得到最充分和最自由的表达。

当然，这需要付出代价。当我们的个人观点面临着被压制的危险时，大多数人是赞成言论自由的。然而，当我们不喜欢的观点在各处遭到查禁的时候，我们并没有不高兴的感觉。但是在一定的狭小限制范围内——法官奥利弗·温德尔·霍姆斯[1]的著名例子是在拥挤的剧院前谎称“着火了”并引起恐慌不应算作犯罪——美国允许公民享受很大的自由。

- 枪支拥有者有使用首席大法官、白宫发言人或联邦调查局局长的肖像作为练习射击的靶子的自由；受到伤害的普通市民有烧掉美国总统肖像的自由。
- 即使是鬼神的崇拜者讥讽了佛教、基督教、伊斯兰教的价值观，嘲笑了我们视为亲切可爱的所有东西，但是，只要他们不违反联邦宪法规定有效的法律条款，他们就有权进行他们的宗教活动。
- 断言一个人种比另一个人种“优越”的说法具有科学性的文章或很流行的书，不管它们多么有害，政府都不应该查禁。对付谬误论点的最

[1] 奥利弗·温德尔·霍姆斯（Oliver Wendell Holmes，1841—1935）：美国法律学家和法律哲学家，以“伟大的异议者”而闻名。主张放宽法律对个人权利的过分限制，著有《习惯法》（1881）。——译注

好方法是更好的论点，而不是对思想的压制。

- 个人或者团体都有权自由谈论犹太或共济会的阴谋正遍及整个世界，或联邦政府与撒旦结盟。
- 只要他们愿意，任何个人都有权赞美如阿道夫·希特勒、约瑟夫·斯大林之类有无可争议的恶名的人的生活和政治活动。甚至可恶的观点也有发表的自由。

由杰斐逊、麦迪逊及他们的同伴所建立的制度为那些不理解这个制度的起源，并希望用另外的制度替换它的人表达自己的意愿提供了途径。例如美国最高法院大法官和主要法律的执行官汤姆·克拉克[1]在1948年提出以下建议："那些不赞同美国意识形态的人不应被允许留在美国。"但是如果存在一种主要的和有代表性的美国意识形态，那么就不存在强制性的和被禁止的意识形态。我们看一下20世纪90年代的案例：约翰·布洛克霍夫特，因为炸掉了一个位于辛辛那提的堕胎诊所而入狱，他在一篇《回味生活》的时事通讯中写道：

> 我是一个思想非常狭隘、没有宽容心、反对改革和进步、维护《圣经》教义的原教旨主义者……一个狂热分子和盲信者。……美国从前之所以曾是个伟大国家，其原因除了上帝保佑外，是因为她是建立在真理、公正和博大的基础上的。

兰德尔·特丽是"营救行动"（Operation Rescue）组织的创始人，这个组织专门封锁堕胎诊所。她在1993年8月的一个集会上讲道："让不宽容的思想冲击你们吧……是的，憎恨很好，我们的目标是建立一个基督教国家，上帝召唤我们去控制这个国家……我们不想要多元论。"

---

[1] 汤姆·坎贝尔·克拉克（Tom Campbell Clark，1899—1977）：美国法官，律师。1949年被任命为美国最高法院大法官。任职期间以积极推行反颠覆计划和扩大联邦调查局的权力著称。是公民自由权利的支持者，其有关公民自由权的意见给后来许多为争取公民权进行的合法斗争奠定了基础。——译注

这些言论的表达是受到保护的，按照《人权法案》的条款，这种言论的表达确实受到了保护。即使是在获得了机会的时候，这些受到保护的言论甚至会废除《人权法案》。而对于我们其他人来说，保护我们的人权的方法就是利用这部《人权法案》所允许我们的言论自由，使每个公民都知道《人权法案》是必不可少的。

用什么方法防止人类自己少犯错误？其他学说和机构是否为我们提供了防止错误的机制？是不犯错误的领袖？是人种？是民族主义？还是除了炸药和自动化武器，所有一切都与文明相分离？特别是在 20 世纪的黑暗之中，他们又如何能保证自己不会屡犯错误？他们不需要蜡烛吗？

英国哲学家约翰·斯图亚特·密尔[1]在他写的著名的小册子《论自由》中认为，使一种观点噤声是“一种特别的罪恶”。如果这个观点是正确的，那么我们就被剥夺了“以真理取代谬误的机会”；但是，如果观点是错误的，我们同样丧失了在“真理与谬误发生冲突”时对真理加深理解的机会。如果我们只知道我们这面的论点，那便很难知道另一面，这样，这个观点就会变得陈旧落后，不久，人们就靠死记硬背学习这种没有经过证明的、苍白无力和毫无生命力的真理。

密尔还写道：“如果社会让相当数量的成员仅仅像小孩子般地成长，使他们不能在对长远目标进行理性思考的基础上决定行动的话，那么这个社会本身应当受到谴责。”杰斐逊曾用更强烈的语言表达了同样的观点：“如果一个国家想在文明状态下使愚昧与自由共存，那么，过去做不到，今后也做不到。”在给麦迪逊的一封信中他进一步阐述了这种想法：“一个社会想用少量的自由换取少量秩序，那它将一无所得，它也不应该有所获得。”

当人们获准倾听其他观点并参加实际的争论时，他们往往会改变自己的主意。这种事情是可能发生的。例如雨果·布莱克[2]，年轻时是三 K 党党员，

---

[1] 约翰·斯图亚特·密尔（John Stuart Mill，1806—1873）：英国哲学家、经济学家、逻辑学家。19 世纪最伟大的思想家之一。作品有《论自由》《政治经济学原理》《功利主义》和《自传》。——译注

[2] 雨果·拉斐特·布莱克（Hugo Lafayette Black，1886—1971）：美国最高法院法官。任最高法院法官后，写了大量的文章维护人权和自由。——译注

后来成了最高法院法官，也是历史上最高法院重大裁决的重要人物。之所以如此，部分是依据联邦宪法第 14 条修正案。该法案确保所有美国人的公民权：也就是说，当他年轻时，他穿上白袍子恐吓黑人，老了时，穿上黑袍子恐吓白人，据说，这是法律允许的。

在一些刑事犯罪审判方面，《人权法案》还认识到威胁证人，加快审判进度对警察、检察官和法官所产生的诱惑。刑事犯罪审判系统容易发生错判：无辜的人们可能会因为他们并没有从事刑事犯罪，却被判刑；而政府特别善于蓄意编造理由，给那些与蓄意犯罪毫无关系，但是他们不喜欢的人罗织罪名。因此，《人权法案》制定了保护被告的条款。这是一种成本–利益分析方法。罪犯可能偶尔因此获释，但这样可以保证无辜者不受惩罚。这不仅仅是个美德问题，同时也禁止犯罪审判系统出现压制不受欢迎的观点或受鄙视的少数派等方面的误用。这是错误修正机制的一部分。

新思想、新发明、新创造通常总是充当自由的先锋，它们从束缚人类思想的羁绊中挣脱而出。自由是进行精确科学实验的先决条件，这就是为什么苏联无法维持极权主义政府和展开技术竞争的一个原因。同时，科学——或者更确切地说是开放与怀疑主义的巧妙结合，以及对多种观点和争论的鼓励——是在工业化和高度技术化的社会中进行精确的、自由的实验的前提。

从前当你对地球是宇宙的中心这个宗教始终坚持的流行观点提出疑问时，你为什么会接受“上帝派国王来统治我们”这些被教会领袖们反复强调并确信无疑的观点呢？在 17 世纪，如果你提出这种问题，你很有可能引起英国和殖民地陪审团对你的极大愤怒，会指责你对上帝不忠，或被认为是异端邪说。他们可以随意因为你有自己的信仰而将你折磨至死。但到了 18 世纪，他们却不敢这样做。

罗赛特又写道（摘自《共和国的萌芽时期》，1953）：

> 在美国社会环境压力下，基督教变得更加仁慈和温柔，对宗派间的争斗也更宽容，对乐观主义和理性主义的发展也给予更多自由，对科学

的兴起给予了更多的实验机会，对民主的到来持更为放任的态度。同样重要的是，正如大量传教士所高声哀叹的那样，越来越多的殖民主义者放弃了世俗的观念，开始对各种事物充满好奇心，逐渐开始用怀疑主义的眼光审视事物。

《人权法案》将宗教与政府分离开来，这样做的部分原因是许多宗教已经成为一种极端主义的思维方式，各个宗教视其自身为真理的化身，并急切地希望将这个真理强加于其他人。极端主义宗教的领导者和实行者通常不知道真理和谬误之间的差异，也没有意识到真理可能就是从表面上看起来完全相反的观点中产生出来的。

《人权法案》的制定者参照了英国的先例，那时的英国，基督教的叛教罪和世俗的叛国罪几乎没有任何区别。早期的许多移民是为了逃离宗教迫害而来到美国的，尽管他们中的一些人非常乐于因为别人与他们自己的信仰不同而去迫害别人。我们国家的创始者认识到了政府与各个争吵不休的宗教之间的密切关系对自由将形成致命的威胁，对宗教自身也同样有害。法官布莱克在 1962 年恩格尔诉维塔尔一案的最高法院判决中这样描述第一修正案的设立条款（Establishment clause）：

它的首要和最直接的目的是基于这样的观点而确立的，即政府和宗教的联合将导致政府的毁灭和宗教的堕落。

而且，《人权法案》对权力的分离也具有制约力量。沃尔特·萨维奇·兰多[1]曾经说过，每个教派和宗派都对其他教派是一种道德检验：“竞争在宗教中的作用就如同在商业中一样有益。”但是代价是高昂的：对于宗教团体来说，

[1] 沃尔特·萨维奇·兰多（Walter Savage Landor，1775—1864）：英国作家。作品有抒情诗、剧本与英雄史诗。代表作为《想象的对话》。——译注

竞争对采取一致行动获得其共同利益是一个障碍。

罗赛特总结道：

> 教会与政府分离以及个人意识自由这对双胞胎是我们民主制度的精髓，这实际上是美国对于西方人获得自由的最伟大贡献。

现在，当人们获得了这些权利，却并不使用它，这可是件糟糕的事情——有言论自由权，但没有人提出与政府相反的意见；有新闻自由，却没有人愿意提出尖锐的问题；有集会的自由却无人举行抗议游行示威；有了普遍的选举权，参加投票选举的人却不够半数；有了教会与政府相分离的法案，却无人监督其分离的有效性和长期性。由于公众没有有效地使用他们的权利，因此，他们变成了还愿的供品和口头爱国者。权利与自由：要么使用它们，要么失去它们。

多谢《人权法案》制定者们的高瞻远瞩，更要感谢那些甘冒个人风险的人坚持施行这些权利。由于他们的努力，现在要压制言论自由是很困难的。学校图书馆委员会、移民局、警察局和联邦调查局以及那些寻求廉价选票的野心勃勃的政治家，可能会不时地尝试着去压制言论自由，但这种压制迟早会引起爆炸。尽管《联邦宪法》是这个国家的法律，公共官员都发誓要坚定不移地执行这部大法，但是，仍有一些活动家和法院偶尔也会以身试法。

然而，如果降低教育标准、放松知识竞争、削弱对重要问题的争论的热情，以及制定限制怀疑精神发展的社会约束法令，那么我们自由的根基会慢慢地销蚀，我们的权利会被取消。宪法的创立者们深刻地理解了这一点："我们的统治者变得诚实可信，我们团结坚如磐石之时，即是在法律的基础上每一个基本权利确立之日。"托马斯·杰斐逊这样说：

> 从这次（革命）战争结束时起，我们就在走下坡路。从那时起，每时每刻都寻求人们的支持没有必要。因此，人们会被遗忘，他们的权利

也会被漠视。除了挣钱的唯一本能，人们忘记了他们自己所有的一切，他们从来没有想到团结一致，给予自己的权利以应有的重视。因此，在战争结束时仍未摆脱的锁链仍将长久地束缚着我们，而且将越来越紧，直至我们重新获得权利或在抽搐中死去。

接受言论自由和《人权法案》所规定的人们可以享受的其他自由的重要性的教育，了解当你丧失了这些权利将会发生什么事情，以及如何行使你的权利和维护这些权利，是成为一个美国公民的首要条件。当然，这也是任何一个国家的公民所必须知道的事情，除此而外，更应该了解这些权利随时有被人侵害的可能。如果我们不能为自身利益着想，如果我们不愿意给当局提出问题，那么我们就会任由那些有权势的人摆布。但是，如果人们接受了很好的教育并且有了自己的观点，那么这些有权势的人物将为我们工作。在每一个国家，我们都应当教育我们的孩子懂得科学的方法和设立《人权法案》的理由。与此同时，还应该教育我们的孩子要正派、谦逊并具有团队精神。在这个魔鬼出没的世界里，我们作为人而居住在这里，这可能便是我们与这个日益增长的黑暗势力之间的全部区别所在。

Thanks / 致谢

在康奈尔大学给一个高级研讨班讲授批判性思维的课程的许多年里，我一直十分愉快。我一直可以在整个大学范围内，根据能力、文化和专业各方面挑选学生。我们强调写作水平和口头表达能力。在课程结束时，学生们选择一些他们非常感兴趣的广泛争论的社会问题，两个为一组练习期末口头争论的整个过程。但是，在开始争论之前的几周中，我们告诉他们每个人的任务是以使对方满意的方式给对方提出观点。这样，对方会说："对，那是对我的观点的很好的表达。"在编组的书面讨论中，他们探讨各自的不同观点，这种争论的过程已对他们更好地理解相反的观点有帮助作用。这本书中的一部分题目最初是给这些学生争论时使用的。我从他们接受或批评我的观点中学到了许多东西，在此我想表达对他们的感激之情。我还要感谢康奈尔大学天文系及其系主任耶温特·特兹安，感谢他们允许我教授这门课程，尽管它以天文学 490 命名，但实际内容只有很少一点天文学知识。

本书的部分内容已在《展示》杂志中刊出，这份杂志是全北美星期天报纸的一种补遗，读者达到每周 8300 万。读者给我的热情洋溢的反馈信息使我大大提高了对本书中讨论的问题的认识，也了解了公众各种不同的看法。我在书中的一些地方摘录了部分《展示》读者给我的来信内容，这些来信使我感觉到了美国公众的内心世界。《展示》的主编沃尔特·安德森和高级编辑戴维·柯里以及这份引人注目的杂志的编辑和研究人员在许多地方极大地改进了我的观念的表述方式。同时他们也允许我表达那些可能不会在大众出版物上发表的观点，因为这些大众刊物较少谈论《美国联邦宪法》“第一修正案”。书中的部分内容首先刊登在《华盛顿邮报》和《纽约时报》上。最后一章的部分内容是根据一次演讲写成的。那次演讲是 1992 年 4 月，在蒙特塞罗的东门廊——即“五分镍币的背面图案”，我有幸在有来自 31 个其他国家的人的美国公民宣誓仪式上做了演讲。

我的关于民主制度、科学方法和公共教育的观点在过去的许多年里，受到许多人的影响，在本书的正文中，我提到了他们中的许多人。但是在这儿我想指出给我带来启示的人是：马丁·加德纳、伊萨克·阿西莫夫、菲利普·莫里逊和亨利·斯蒂尔·康马杰。限于篇幅，其他许多给我提供了便于理解和清晰的事例的人、帮我改正由于疏忽所造成的错误的人，在这儿不一一列出了。但在此我要告诉他们，我十分感激他们。同时我必须明确地感谢下列朋友和同事，他们十分认真地审阅了本书最初草稿的全部内容或部分内容。他们是：比尔·奥尔里奇、苏姗·布莱克默、威廉·克罗默、弗雷德·弗兰克、肯德里克·弗兰泽、马丁·加德纳、艾拉·格拉则、弗雷德·戈尔登、库尔特·高特弗里德、莱斯特·格林斯波、菲利普·克拉斯、保罗·库尔茨、伊丽莎白·洛夫图斯、戴维·莫里林、理查德·奥弗舍、杰伊·奥雷亚、阿尔伯特·佩尼贝克、弗兰克·普雷斯、詹姆斯·兰迪、西奥多·罗扎克、多里尔·萨根、戴维·萨皮斯坦、罗伯特·塞普、史蒂文·索特、杰里米·斯通、彼得·斯特罗克和耶文特·特泽。

我同样也感谢我的著作代理人莫顿·詹克罗和他的全体工作人员，他们给了我很明智的建议。安·戈多弗以及其他兰登书屋在出版过程中做出贡献的人——恩里卡·加得勒、J. K. 兰伯特和罗森布卢姆；威廉·巴尼特审阅了手稿全文；出版过程也得到了安德烈·巴尼特、劳雷尔·帕克、凯伦·戈布莱希特、辛迪·维塔·沃格尔、吉尼·赖安和克里斯托弗·拉塞的帮助。还应该感谢的有康奈尔图书馆系统，包括神权和迷信珍本书籍收藏部门的人，这些书的收藏最初是由该大学第一任校长安德鲁·迪克逊·怀特进行的。

本书有四章的某些部分是由我的妻子及长期合作者安·德鲁彦写的，她还是美国科学联合会的秘书。这个组织于 1945 年由曼哈顿计划最初的几位科学家创立，目的是检验科学和高技术在使用中的伦理问题。她还为我在过去 10 年中每个阶段的写作、本书的内容和风格提出了极富建设性的指导意见、建议和批评。我从她那儿学到的东西一言难尽。我知道，我能够找到一个既能给我提出建议，又能进行评论，既富幽默感又能给予我鼓舞力量的人是十分幸运的。我对她身上所具备的这些特点深感钦佩。她还是我生活中最理想的爱人。

Reprint afterword / 再版后记

当我把《魔鬼出没的世界》（下文简称《魔鬼》）再版校译稿交给海南出版社的时候，心里不免再次唠叨了一句："10 年了！时间怎么这么快呢？"

在这 10 年时间内，人们没有忘记卡尔·萨根。在萨根辞世后的 3 年时间内，共出现了 5 本萨根传记。其中《展演科学的艺术家》已经由上海科学教育出版社出版。其他的 4 本是：威廉·庞德斯通的《卡尔·萨根：宇宙中的一员》、杰里米·比曼的《向宇宙接触的卡尔·萨根》、埃伦·巴茨的《卡尔·萨根》和琼·布拉什菲尔德的《天文学家卡尔·萨根》。2006 年 10 月 22 日，以探索宇宙生命为职责的卡尔·萨根中心正式成立。

2001 年，在萨根逝世 5 周年的时候，我们曾经邀请萨根的儿子多利昂·萨根（Dorion Sagan）和萨根生前的一个好友来京参加了"科学与公众论坛"。北京电视台的《世纪之约》栏目特意举办了题目为《魔鬼出没的世界》的节目，中国著名天文科普专家李元、科学记者尹传红和我在节目中做嘉宾，与现场观众互动，介绍了萨根的科学思想和主要贡献。时任国务院副总理的李岚清同志看到节目后，打电话调了节目光盘，同时还委托中国科协找到我，要了一本《魔鬼》。2001 年 11 月 23 日上午 9 时，应李岚清副总理的邀请，李元、尹传红和我参加了在国务院第二会议室召开的"国务院科普工作座谈会"。中国科协副主席、科技部副部长、广电部副部长、中央电视台副台长、北京市副市长、北京电视台总编、中科院副院长、教育部副部长、610办公室副主任等许多领导（排名不分先后）都参加了这个座谈会。会议除了讨论了中国科普存在的各种问题以及解决的方案以外，决定实行科普活动减免税制度和在2002年召开“全国科普工作会议”。会后发布了《研究加强科学普及工作的会议纪要》。

《魔鬼》简体中文版在这10年时间内，获得了很多好评。2000年，《魔鬼》入选“吴大猷科学普及著作奖”。中国科普作协翻译委员会在2008年评选的“改革开放30年30部优秀科普翻译图书”中《魔鬼》榜上有名。一些教育机构将《魔鬼》规定为大学生科学文化修养的必读书。一些中小学将其中一些章节（比如《世上没有傻问题》《我的老师》等）编入课外读物。我还经常接到一些电话询问是否可以将某些章节编入自己的教材。还有一些“解读”之类的图书出现在书店中。

任何一本译著没有错误基本是不可能的。这是由于文化和语言的差异造成的。任何人对同一句话都会有不同的理解和不同的译法。但是，最重要的是，你是否真的理解了作者，而不是仅仅在某些字句上较劲。我爱萨根，我爱萨根的思想，我更爱萨根内心的激情和理性。任何一个好译者不应该停留在语言层面进行翻译，而应该进入作者的内心，深刻地了解他，甚至和他一同思索，一同感受，一同阐发自己的思想，然后再在语言的层面上将他的思想转述出来。在翻译的过程中，我不止一次被萨根所感动，甚至在翻译《自由之路》和《魔鬼出没的世界》的时候，我感觉到了他的呼吸和说话时的激情。有些话和整段的句子自然而然地流淌到纸上。因为我知道，那些话就是他要表达的，就是他要说的，就是他激昂的声音。

萨根夫人安·德鲁彦（Ann Druyan）在纪念萨根逝世10周年写给中国读者的信中说：“萨根将怀疑主义和对未解之谜的探索视为同样重要，并努力将其融合在科学事实、科学价值观和科学方法的传播中。他的这一做法，吸引了许多人的关注。”这个评价应该说是恰如其分的。有些人认为萨根是典型的科学主义，甚至蔑视除科学以外的所有文化和价值。在重新修改《魔鬼》这本书的译文的时候，我深深地感到，尽管书中列举的例子已经有点过时，但是，他的怀疑精神和探索精神仍然清晰可见。他怀疑任何没有证据的关于外星生命的传说，但是，同时他又是探索外星生命证据的积极参与者。作为科学家，他不仅仅是著名的天文学家和物理学家，同时也是和平主义者和环境主义者。他提出的“核冬天”的概念至今仍然是科学家在讨论核竞赛时经常提到的思想。他是科学和理性、冷静与激情兼具的科学人。

由于各种原因，在中国，萨根不像斯蒂芬·霍金（Steven Hawking）、艾萨克·阿西莫夫（Isaac Asimov）等人那么有名，但是，在美国，萨根的名字仍然十分响亮。萨根的书更多的是从科学思想和科学方法等角度阐释科学的，同时，在阐述的过程中列举众多的令人震撼的事实，这些事实不仅仅是现实的，而且有非常多是历史上曾经发生过的。这种描述方式使得他的思想更加具有说服力。在中国这样一个历史悠久但是科学研究历史却短暂的国家，萨根的思想应该具有更加重要的意义。我真诚地希望，有见识的出版社能够将萨根的其他作品译介给中国读者。

詹姆斯·兰迪（James Randi）是萨根的好朋友，也是在《魔鬼》中提到的反伪科学的重要人物。2000 年，他来中国参加了“中国国际科普论坛”。他的重要作用在于，他能够从内行的角度揭示那些骗人的把戏。他的作用是其他人不能替代的。由崔永元主持的《实话实说》节目中，他用自己娴熟的魔术技巧揭穿了那些声称人所具有的“特异功能”。会后，李岚清副总理接见了与会代表，其中包括兰迪。在《魔鬼》再版的时候，我想起了他，邀请他为再版写序。他非常快就回信，而且不顾自己年老病重，写了一个令人感动的序。我为这个被《怀疑探索者杂志》（*Skeptical Enquirer*）评选为 20 世纪“十大反伪科学斗士”之一的老人所深深感动。

我想用安·德鲁彦来信中的话作为结尾：“让我们不断努力将揭示科学事实的伟大事业牢记在心，并付诸行动。”

李大光

2009 年 9 月 22 日于北京